K. Hecht, A. Engfer,
J. H. Peter, M. Poppei (Hrsg.)

Schlaf, Gesundheit, Leistungsfähigkeit

Mit 93 Abbildungen und 33 Tabellen

Springer-Verlag
Berlin Heidelberg New York
London Paris Tokyo
Hong Kong Barcelona Budapest

Prof. Dr. med. Karl Hecht
Dr. Marianne Poppei
Humboldt-Universität zu Berlin,
Institut für Pathologische Physiologie,
Ziegelstraße 5-9, O-1040 Berlin

Dr. Adalbert Engfer
Schering AG, Pharma Deutschland Medizin,
Postfach 65 03 11,
W-1000 Berlin 65

Dr. Jörg Herrmann Peter
Zentrum für Innere Medizin,
Medizinische Poliklinik,
Baldingerstraße, W-3550 Marburg

ISBN-13: 978-3-540-54843-0   e-ISBN-13: 978-3-642-77111-8
DOI: 10.1007/ 978-3-642-77111-8

Die Deutsche Bibliothek – CIP-Einheitsaufnahme

Schlaf, Gesundheit, Leistungsfähigkeit: mit 33 Tabellen/Karl Hecht ... (Hrsg.). – Berlin; Heidelberg; New York;
London; Paris; Tokyo; Hong Kong; Barcelona; Budapest: Springer, 1992
NE: Hecht, Karl [Hrsg.]

Dieses Werk ist urheberrechtlich geschützt. Die dadurch begründeten Rechte, insbesondere die der Übersetzung,
des Nachdrucks, des Vortrags, der Entnahme von Abbildungen und Tabellen, der Funksendung, der Mikroverfil-
mung oder der Vervielfältigung auf anderen Wegen und der Speicherung in Datenverarbeitungsanlagen, bleiben,
auch bei nur auszugsweiser Verwertung, vorbehalten. Eine Vervielfältigung dieses Werkes oder von Teilen dieses Werkes ist auch im Einzelfall nur in den Grenzen der gesetzlichen Bestimmungen des Urheberrechtsgesetzes
der Bundesrepublik Deutschland vom 9. September 1965 in der jeweils geltenden Fassung zulässig. Sie ist
grundsätzlich vergütungspflichtig. Zuwiderhandlungen unterliegen den Strafbestimmungen des Urheberrechtsgesetzes.

© Springer-Verlag Berlin Heidelberg 1993

Die Wiedergabe von Gebrauchsnamen, Handelsnamen, Warenbezeichnungen usw. in diesem Werk berechtigt
auch ohne besondere Kennzeichnung nicht zu der Annahme, daß solche Namen im Sinne der Warenzeichen-
und Markenschutz-Gesetzgebung als frei zu betrachten wären und daher von jedermann benutzt werden dürften.
Produkthaftung: Für Angaben über Dosierungsanweisungen und Applikationsformen kann vom Verlag keine
Gewähr übernommen werden. Derartige Angaben müssen vom jeweiligen Anwender im Einzelfall anhand anderer Literaturstellen auf ihre Richtigkeit überprüft werden.

Gesamtherstellung: Brühlsche Universitätsdruckerei, Gießen
25/3020 - 5 4 3 2 1 0 – Gedruckt auf säurefreiem Papier

Vorwort

Ergebnisse verschiedener epidemiologischer Untersuchungen zufolge sind etwa $^2/_3$ der erwachsenen Bevölkerung als Schlafgesunde einzustufen, etwa $^1/_3$ erwacht aber morgens mit Unzufriedenheit über die erhoffte Erholung des Nachtschlafs, und etwa $^1/_8$ leidet an chronischen Schlafstörungen, die mehr als ein Jahr bestehen. Diese Patienten stehen gewöhnlich nicht nur unter einem starken Leidensdruck, sondern werden häufig auch noch von ihrem Hausarzt nicht verstanden, obgleich sie in ihrer Gesundheit erheblich eingeschränkt sind. Es ist eine unumstrittene Tatsache, daß die vielen vorkommenden Formen der Schlafstörungen Krankheitswert haben. Sie beeinträchtigen psychisches Wohlbefinden, physische Kondition, soziale Kommunikation sowie die Leistungsfähigkeit und Verkehrstüchtigkeit. Nicht zuletzt sind sie Risikofaktoren für psychische und somatische Erkrankungen.

Untersuchungen in Mannheim ergaben, daß Allgemeinmediziner nur bei 37% ihrer Patienten um deren Schlafstörungen wußten.[1] Offensichtlich sind die Ursachen hierfür in einem unzureichenden Vertrauensverhältnis zwischen Patient und Arzt in bezug auf die Schlafstörungen und in nicht ausreichenden schlafmedizinischen Kenntnissen dieser Ärzte zu suchen. Darin reflektiert sich das unverständliche Faktum, daß den Medizinstudenten an den meisten deutschen Universitäten nur in 2–4 Vorlesungsstunden „etwas" über die Physiologie des Schlafs und über die Schlafstörungen angeboten wird.

In diesen wenigen Daten, die keinen Anspruch auf Vollständigkeit erheben, offenbart sich das gegenwärtig real existierende Mißverhältnis der klassischen Medizin zur sich rasant entwickelnden Schlafmedizin. Erfreulicherweise hat sich im Gegensatz dazu bei vielen Kostenträgern ein Wandel im diesbezüglichen Denken vollzogen, indem sie sich, nicht zuletzt im eigenen Interesse, der Herausforderung stellen und in vielen Bereichen das präventive diagnostische und therapeutische Potential der Schlafmedizin zum Wohl und Nutzen der Patienten in Anspruch nehmen. Schließlich sind die Fortschritte der Schlafmedizin unverkennbar. Dafür sprechen u. a.
- neue Erkenntnisse der Forschung über die verschiedenen zu differenzierenden Schlafstörungen,
- die erstmalig erfolgte Aufstellung eines international verbindlichen Diagnostik- und Code-Manuals für Schlafstörungen,

---

[1] M. Berger (Hrsg) (1992) Handbuch des normalen und gestörten Schlafs. Springer, Berlin Heidelberg New York

– das Erreichen eines hohen Sicherheitsgrades in der Diagnostik und eine hohe Effizienz der Therapie bei der Schlafapnoe,
– das Durchsetzen einer chronobiologischen Denkweise und die Erarbeitung schlafhygienischer Programme.

Das Netz der Schlaflabore wird im internationalen Rahmen gesehen, wenn auch noch nicht in dem notwendigen Tempo, dichter, wobei, von den USA mit dem dichtesten Schlaflabornetz ausgehend, ein rapides West-Ost-Gefälle unverkennbar ist. Das heißt im Klartext: In den USA sind viele, in Westeuropa zu wenige und in Osteuropa nur vereinzelte Schlaflabore zu registrieren. Die Schlafmedizin in Osteuropa, besonders die der GUS, benötigt folglich Hilfe und Unterstützung. Der „Westen" sollte daher die große Chance wahrnehmen, positiv auf die Entwicklung der Wissenschaft und Gesundheitspolitik dieser Länder Einfluß zu nehmen. Auf dem Berliner Charité-Symposium, das sich mit der anspruchsvollen Thematik „Schlaf, Gesundheit, Leistungsfähigkeit" befaßte, wurde bereits in dieser Richtung gedacht. Hier trafen sich vom 30. 1.–2. 2. 91 Schlafmediziner der deutschsprachigen Länder Europas mit ihren russischen Kollegen zum fruchtbaren wissenschaftlichen Gedanken- und Ergebnisaustausch. Dieses Symposium war übrigens die erste größere internationale wissenschaftliche Veranstaltung mit einer schlafmedizinischen Thematik auf ostdeutschem Territorium. Mit dieser Veranstaltung und der Themenwahl war beabsichtigt, breiten Fachkreisen, v. a. den allgemeinmedizinischen Ärzten, und der Öffentlichkeit in Berlin und in den neuen Bundesländern das Wesen der Schlafmedizin allgemein und die Bedeutung der Beziehungen zwischen dem Schlaf-Wach-Zyklus und der Gesundheit und Leistungsfähigkeit im Besonderen vorzustellen. Von den 58 auf dem Charité-Symposium dargelegten wissenschaftlichen Beiträgen werden 26 in diesem Band in schriftlicher Form vorgelegt. In gleicher Weise wie im Symposiumsprogramm gliedert sich der Band in 5 Themenkomplexe, in denen auf wesentliche Probleme der Schlafmedizin eingegangen wird. Es handelt sich um ausgewählte Arbeiten, deren Inhalte der ärztlichen Fortbildung, der Vervollständigung der Kenntnisse und Fähigkeiten auf schlafmedizinischem Gebiet sowie dem Aufzeigen neuer wissenschaftlicher und praxisorientierter Trends dienen sollen.

Im Gegensatz zu einem Lehr- oder Handbuch werden im vorliegenden Band neue wissenschaftliche Ergebnisse dargelegt und Standpunkte vertreten. Der aufmerksame Leser wird daher konstatieren, daß an verschiedenen Stellen widersprüchliche Auffassungen zu gleichen schlafmedizinischen Themenkreisen offensichtlich werden. Diese Widersprüche sollen keinesfalls irritieren, sondern vielmehr zum einschlägigen Denken stimulieren.

Der Fa. Schering, die es ermöglichte, daß dieser Band in der gegebenen Form und mit einem außergewöhnlichen Umfang publiziert werden konnte, wird aufrichtiger Dank entboten. Dank gilt auch dem Springer-Verlag, der die hohen Ansprüche bei der Gestaltung dieses Bandes voll erfüllte.

Berlin, September 1992　　　　　　　　　　　　　　　　　　　　　　　Karl Hecht

Mitarbeiterverzeichnis

Airapetjanz, M.G.
Institut für höhere Nerventätigkeit und Neurophysiologie der Akademie der Wissenschaften der UdSSR, Uliza Butlerova 5 a, Moskau 117863

Balzer, H.-U.
Institut für Pathologische Physiologie der Medizinischen Fakultät (Charité) der Humboldt-Universität zu Berlin, Ziegelstr. 5-9, O-1040 Berlin

Becker, H.
Zeitreihenlabor, Medizinische Poliklinik, Philipps-Universität Marburg, Baldingerstr., W-3550 Marburg

Born, J.
Abt. Psychophysiologie, Universität Bamberg, Markusplatz 3, W-8600 Bamberg

Brandenburg, U.
Medizinische Poliklinik, Philipps-Universität Marburg, Baldingerstr., W-3550 Marburg

Cassel, W.
Medizinische Poliklinik, Philipps-Universität Marburg, Baldingerstr., W-3550 Marburg

Diedrich, A.
Institut für Pathologische Physiologie der Medizinischen Fakultät (Charité) der Humboldt-Universität zu Berlin, Ziegelstr. 5-9, O-1040 Berlin

Dorow, P.
I. Innere Abt. mit Schwerpunkt Pneumologie und Kardiologie, DRK-Krankenhaus Mark Brandenburg, Akademisches Lehrkrankenhaus der Freien Universität Berlin, Drontheimer Str. 39-40, W-1000 Berlin 65

Ehlenz, K.
Abt. Endokrinologie und Stoffwechsel, Zentrum für Innere Medizin, Philpps-Universität Marburg, Baldingerstr., W-3550 Marburg

Fehm, H.L.
Medizinische Klinik, Medizinische Universität zu Lübeck, W-2400 Lübeck

Fietze, I.
Schlafmedizinisches Zentrum, Institut für Pathologische Physiologie der Medizinischen Fakultät (Charité) der Humboldt-Universität zu Berlin, Ziegelstr. 5-9, O-1040 Berlin

Hajak, G.
Klinik und Poliklinik für Psychiatrie der Universität Göttingen, von-Siebold-Str. 5, W-3400 Göttingen

Hecht, K.
Institut für Pathologische Physiologie der Medizinischen Fakultät (Charité) der Humboldt-Universität zu Berlin, Ziegelstr. 5–9, O-1040 Berlin

Heitmann, A.
Schlafpolygraphisches Labor, Wilhelm-Griesinger-Krankenhaus, Brebacher Weg 15, O-1141 Berlin

Herrendorf, G.
Klinik und Poliklinik für Psychiatrie der Universität Göttingen, von-Siebold-Str. 5, W-3400 Göttingen

Hildebrandt, G.
Institut für Arbeitsphysiologie und Rehabilitationsforschung der Universität Marburg, Rober-Koch-Str. 7a, W-3500 Marburg

Iwanchewa, C.
Brain Research Institute, Bulg. Academy of Sciences, BG-1113 Sofia, Uliza „Akadem. Georgi Bontschew" 23

Kaffarnik, H.
Abt. Endokrinologie und Stoffwechsel, Zentrum für Innere Medizin, Philpps-Universität Marburg, Baldingerstr., W-3550 Marburg

Kern, W.
Medizinische Klinik, Medizinische Universität zu Lübeck, W-2400 Lübeck

Klingelhöfer, J.
Klinik für Neurologie der Technischen Universität München, Möhlstr. 28, W-8000 München 80

Kolometzewa, I.A.
Institut für höhere Nerventätigkeit und Neurophysiologie der Akademie der Wissenschaften der UdSSR, Uliza Butlerova 5 a, Moskau 117863

Kowrow, G.W.
Neurologische Klinik des I. Moskauer Medizinischen Instituts, Uliza Rossolimo 11, Moskau 119021

Kurella, B.
Abt. Klinische Psychophysiologie, Zentralklinik für Psychiatrie und Neurologie „Wilhelm Griesinger", Brebacher Weg 15, O-1141 Berlin

Kuschel, C.
Technische Universität Berlin, Sekr. TIB 13, FB 12, Fahrzeugtechnik, Gustav-Meyer-Allee 25, W-1000 Berlin 65

Moog, R.
Institut für Arbeitsphysiologie und Rehabilitationsforschung der Universität Marburg, Rober-Koch-Str. 7a, W-3500 Marburg

Oehme, P.
Institut für Wirkstofforschung, Alfred-Kowalke-Str. 4, O-1136 Berlin

Ott, H.
Laboratorium Pharmazie Psychologie, Schering Forschungslaboratorien, Müllerstr. 172, W-1000 Berlin 65

Ponomarowa, I.P.
Institut für medikobiologische Probleme, Choroschewkoje Chaussee 76 a, Moskau 123007

Penzel, T.
Medizinische Poliklinik, Zentrum für Innere Medizin, Philipps-Universität Marburg, Baldingerstr., W-3550 Marburg

Peter, J.H.
Medizinische Poliklinik, Zentrum für Innere Medizin, Philipps-Universität Marburg, Baldingerstr., W-3550 Marburg

Pietrowsky, R.
Abt. Psychophysiologie, Universität Bamberg, Markusplatz 3, W-8600 Bamberg

Ploch, T.
Medizinische Poliklinik, Zentrum für Innere Medizin, Philipps-Universität Marburg, Baldingerstr., W-3550 Marburg

Podszus, T.
Medizinische Poliklinik, Zentrum für Innere Medizin, Philipps-Universität Marburg, Baldingerstr., W-3550 Marburg

Posochow, S.I.
Neurologische Klinik des I. Moskauer Medizinischen Instituts, Uliza Rossolimo 11, Moskau 119021

Quispe-Bravo, S.
Schlafmedizinisches Zentrum, Institut für Pathologische Physiologie der Medizinischen Fakultät (Charité) der Humboldt-Universität zu Berlin, Ziegelstr. 5–9, O-1040 Berlin

Reglin, B.
Schlafmedizinisches Zentrum, Institut für Pathologische Physiologie der Medizinischen Fakultät (Charité) der Humboldt-Universität zu Berlin, Ziegelstr. 5–9, O-1040 Berlin

Rüther, E.
Klinik und Poliklinik für Psychiatrie der Universität Göttingen, von-Siebold-Str. 5, W-3400 Göttingen

Sarkissova, K.J.
Institut für höhere Nerventätigkeit und Neurophysiologie der Akademie der Wissenschaften der UdSSR, Uliza Butlerova 5 a, Moskau 117863

Schäfer, C.
Abt. für angewandte Physiologie, Ruhr-Universität Bochum, W-4630 Bochum 1

Schäfer, D.
Abt. für angewandte Physiologie, Ruhr-Universität Bochum, W-4630 Bochum 1

Schläfke, M.
Abt. für angewandte Physiologie, Ruhr-Universität Bochum, W-4630 Bochum 1

Schneider, H.
Medizinische Poliklinik, Philipps-Universität Marburg, Baldingerstr., W-3550 Marburg

Schneider-Helmert, D.
Medizinisches Centrum Mariastein (MCM), Klinisches Zentrum für Diagnose und akute Therapie von Schlafstörungen, Streß, chronobiologischen und psychobiologischen Dysregulationen, CH-4115 Mariastein/Basel

Schulz-Varszegi, M.
Klinik und Poliklinik für Psychiatrie der Universität Göttingen, Von-Siebold-Str. 5, W-3400 Göttingen

Shukowa, O.P.
Institut für medikobiologische Probleme, Choroschewkoje Chaussee 76 a, Moskau 123007

Siems, R.
Institut für Pathologische Physiologie der Medizinischen Fakultät (Charité) der Humboldt-Universität zu Berlin, Ziegelstr. 5–9, O-1040 Berlin

Stoilowa, I.
Brain Research Institute, Bulg. Academy of Sciences, BG-1113 Sofia, Uliza „Akadem. Georgi Bontschew" 23

Taubert, K.
Klinik für Physiotherapie, Klinikum Neubrandenburg, Allendestr. 30, O-2000 Neubrandenburg

Thalhofer, S.
Abt. Pneumologie, DRK-Krankenhaus Mark Brandenburg, Drontheimer Str. 39–40, W-1000 Berlin 65

Wachtel, E.
Institut für Pathologische Physiologie der Medizinischen Fakultät (Charité) der Humboldt-Universität zu Berlin, Ziegelstr. 5–9, O-1040 Berlin

Warmuth, R.
Institut für Pathologische Physiologie der Medizinischen Fakultät (Charité) der Humboldt-Universität zu Berlin, Ziegelstr. 5–9, O-1040 Berlin

Wejn, A.M.
Neurologische Klinik des I. Moskauer Medizinischen Instituts, Uliza Rossolimo 11, Moskau 119021

Wesemann, W.
Physiologisch-chemisches Institut der Philipps-Universität Marburg, Abt. Neurochemie, Hans-Meerwein-Straße, W-3550 Marburg

Wichert, P. von
Medizinische Poliklinik, Philipps-Universität Marburg, Baldingerstr., W-3550 Marburg

Willumeit, H.-P.
Technische Universität Berlin, Sekr. TIB 13, FB 12, Fahrzeugtechnik Gustav-Meyer-Allee 25, W-1000 Berlin 65

Inhaltsverzeichnis

1 Gesunder und gestörter Schlaf

1.1 Schlaf und die Gesundheits-Krankheits-Beziehung unter dem Aspekt des Regulationsbegriffs von Virchow
K. Hecht 3

1.2 Psychophysiologische Muster des Schlafs unter verschiedenen Bedingungen
A. M. Wejn... 13

1.3 Auswirkungen der chronischen Insomnie auf Leistungsfähigkeit und Gesundheit
D. Schneider-Helmert 19

1.4 Funktionsstörungen des kardiovaskulären Systems bei nächtlichen Atemregulationsstörungen
P. von Wichert, J. H. Peter, T. Podszus 27

1.5 Alkohol und Schlaf
B. Kurella, A. Heitmann 35

1.6 Somnographische Untersuchungen zum Nachtschlaf von Kosmonauten in der Orbitalstation MIR
I. P. Ponomarowa, O. P. Shukowa, I. Stoilowa, C. Iwanchewa, S. I. Posochow, G. W. Kowrow 39

2 Schlafregulation

2.1 Chronobiologische Aspekte des Schlafverhaltens
H.-U. Balzer, K. Hecht 49

2.2 Chronobiologische Aspekte der Schlafstörungen
G. Hildebrandt, R. Moog 57

2.3 Wochenrhythmus und Adaptation des Schlafverhaltens während einer Langzeitschlafpolygraphie
A. Diedrich, R. Siems, K. Hecht 69

2.4 Hormone als Determinanten des Schlafs
J. Born, R. Pietrowsky, W. Kern, H. L. Fehm 87

2.5 Das serotoninerge System: Schlaf – Streß – Depression
W. Wesemann 95

2.6 Schlaf, Hirnstoffwechsel und zerebrale Durchblutung
G. Hajak, J. Klingelhöfer, M. Schulz-Varszegi, E. Rüther 101

3 Therapie von Schlafstörungen

3.1 Therapie von Insomnien
G. Hajak, G. Herrendorf, E. Rüther 123

3.2 Erfahrungen über die Behandlung von Insomnien mit schlafhygienischen und physiotherapeutischen Mitteln
K. Taubert 177

3.3 Fortschritte der nasalen CPAP-Therapie
H. Becker, U. Brandenburg, J. H. Peter, H. Schneider, P. v. Wichert 185

3.4 Schlafstörungen bei experimenteller Neurose und deren Korrektur mittels Substanz P (SP 1–11)
M. G. Airapetjanz, K. Hecht, I. A. Kolometzewa, K. J. Sarkissova 193

3.5 Modulierende Funktion von Substanz-P-Sequenzen in der Regulation von Schlaf-Streß-Beziehungen
E. Wachtel, K. Hecht, P. Oehme 199

4 Schlafbezogene Atmungsstörungen

4.1 Schlafbezogene Atmungsstörungen – eine Herausforderung für die pathologische Physiologie
J. H. Peter 213

4.2 Verlaufsbeobachtungen von Patienten mit schlafbezogener Atemregulationsstörung
P. Dorow, S. Thalhofer 221

4.3 Erste Erfahrungen bei der Diagnostik und Therapie von schlafbezogenen Atmungsstörungen im Schlaflabor der Charité
I. Fietze, R. Warmuth, S. Quispe-Bravo, B. Reglin 225

4.4 Schlafbezogene Atmungsstörungen: Unfallgefahr als psychosozialer Risikofaktor
W. Cassel, T. Ploch 233

4.5 Kardiovaskuläre Hormone und Schlaf – Bedeutung für die Hypertonie
K. Ehlenz, J. H. Peter, H. Kaffarnik, P. von Wichert 243

5 Methodische Aspekte der Schlafforschung

5.1 Schlaflabor für Kinder: Instrument der Früherkennung und kontrollierten Therapie
M. E. Schläfke, T. Schäfer, C. Schäfer, D. Schäfer 265

5.2 Auswertung von Biosignalen des Schlafs unter besonderer Berücksichtigung von Nicht-EEG-Parametern
T. Penzel, U. Brandenburg, J.-H. Peter, P. von Wichert 273

5.3 Messung der Tagesvigilanz durch Leistungstests und Selbstbeurteilungsskalen
H. Ott 285

5.4 Einfluß von Benzodiazepinrezeptorliganden auf die Fahrtüchtigkeit
H.-P. Willumeit, H. Ott, C. Kuschel 301

Sachverzeichnis 313

1 Gesunder und gestörter Schlaf

1.1 Schlaf und die Gesundheits-Krankheits-Beziehung unter dem Aspekt des Regulationsbegriffs von Virchow

K. Hecht

Schlafdiagnostische Methoden unzureichend

Das Grundprinzip der medizinischen Betreuung: „Vor Beginn einer Therapie muß eine gesicherte Diagnose vorliegen" kann bezüglich der Schlafstörungen nur im Schlaflabor erfüllt werden, wenn die – wie die bei allen anderen Krankheiten zur Anwendung kommenden – diagnostischen Verfahren der biologischen Befunderhebung zugrundegelegt werden.

Schlaflabors sind aber in der medizinischen Landschaft Europas noch eine Rarität.

Der niedergelassene Arzt, der als erster und mit dem größten Teil der Schlafgestörten konfrontiert wird (53% der von Fischer [9] erfaßten Patienten in Hamburg konsultierten einen Arzt wegen Schlafstörungen; U. Frey und B. Gensch [12, 13] in Ostberlin gaben 39% an), kann keine objektiven Befunde mit der Schlafpolygraphie erheben. Er ist lediglich auf die unkontrollierbare Aussage der Patienten angewiesen. Die dadurch entstehende diagnostische Unsicherheit für eine wissenschaftlich fundierte Therapie soll an folgenden Beispielen gezeigt werden:
Erstens:
Von 305 Insomniepatienten verglichen wir deren Angaben bei der Anamnese der ersten Konsultation mit denen, die nach zwei Wochen der Führung eines Schlafprotokolls niedergeschrieben worden waren. Die Ergebnisse sind aus Tabelle 1 zu entnehmen. Daraus wird ersichtlich, daß es erhebliche Unterschiede zwischen den Angaben der beiden Erhebungen gibt. Selbst wenn berücksichtigt wird, daß das

Tabelle 1. Probleme der anamnestischen Erhebung für die Diagnose „Schlafstörungen" (n = 305 Patienten mit Insomnie, 1. vs. 2.; *p < 0,05)

	1. Angaben bei der Anamnese der ersten Konsultation	2. Angaben nach 2 Wochen der Führung des Schlafprotokolls
Einschlafdauer	56,4±28,6 min	24,2± 8,4 min*
Häufigkeit des nächtlichen Erwachens	9,4± 4,8mal	2,4± 1,6mal*
Dauer des nächtlichen Erwachens	122,1±56,3 min	34,4±21,8 min*
Schlafdauer	289,2±56,8 min	422,6±96,4 min*

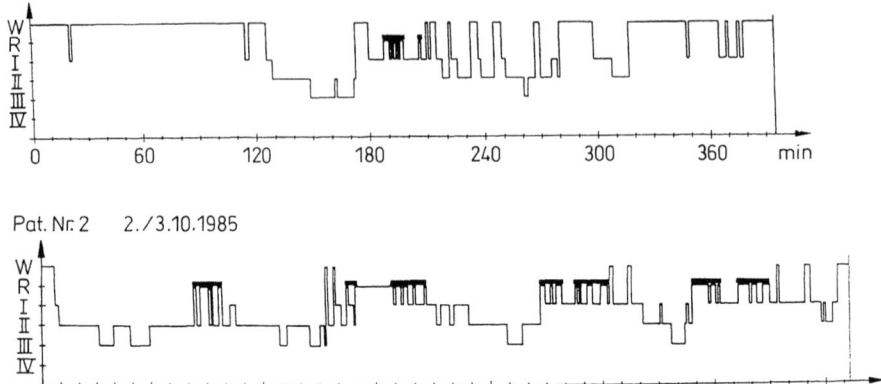

Abb. 1. Schlafzyklogramme von zwei Patienten mit subjektiv angegebenen Schlafstörungen. Beide berichteten am Morgen, die ganze Nacht nicht geschlafen zu haben. Die Wachzeit des 1. Patienten (*oberes Diagramm*) betrug ca. 4 h, also etwa die Hälfte der Registrierzeit. Beim anderen Patienten (*unteres Zyklogramm*) war lediglich 6mal – jeweils für die Dauer von höchstens 2 min – eine Wachzeit zu registrieren, d. h. während einer Liegezeit von ca. 7 h betrug die Wachzeit nur 12 min [15].

Schlafprotokoll als Methode nicht rückwirkungsfrei ist, sind die Angaben der Patienten bei der Anamnese der ersten Konsultation als eine Überschätzung ihres schlafgestörten Zustandes zu bewerten.
Zweitens:
In Abb. 1 sind 2 Schlafzyklogramme von 2 Patienten dargestellt, die am Morgen behaupteten, die ganze Nacht nicht geschlafen zu haben. Die Wachzeit des 1. Patienten (*oberes Diagramm*) betrug ca. 4 h, also etwa die Hälfte der Registrierzeit. Beim anderen Patienten (*unteres Zyklogramm*) war lediglich 6mal – jeweils für die Dauer von höchstens 2 min – eine Wachzeit zu registrieren, d. h. während einer Liegezeit von ca. 7 h betrug die Wachzeit nur 12 min [15] (Abb. 1).

In diesem Zusammenhang erhebt sich die Frage, ob eine subjektive Einschätzung der Schlafqualität überhaupt möglich und eine ausschließlich auf anamnestischen Daten beruhende Diagnose <Schlafstörungen> gerechtfertigt ist.

Schlafstörungen haben Krankheitswert

Folgende Ergebnisse belegen den Krankheitswert von Schlafstörungen: die von uns durchgeführten Studien in Ostberlin und Zerbst (eine ländliche Kreisstadt in Sachsen-Anhalt), in die jeweils 1000 Personen einbezogen waren, ergaben, daß 15% (Ostberlin) und 11,5% (Zerbst) der erwachsenen Bevölkerung zwischen 18 und 60 Jahren an chronischen Schlafstörungen leiden [10, 11, 17]. Diese Ergebnis-

1.1 Schlaf und die Gesundheits-Krankheits-Beziehung

se stehen mit Ergebnissen jener Untersuchungen in Übereinstimmung, die sich auf chronische Schlafstörungen gemäß der angeführten Definition konzentriert haben [4].

Chronische Schlafstörungen (Insomnien) liegen vor, wenn *mindestens 3mal in der Woche* für die Dauer von *mindestens 1 Monat* verminderte Schlafqualität nachgewiesen wurde, die zu permanenten Beeinträchtigungen der Leistungsfähigkeit, des Wohlbefindens und der Lebensqualität führen [3].

Andere Studien weisen gewöhnlich einen höheren Anteil an Schlafgestörten aus [19, 21, 22, 25, 30]. Würden wir die von uns erfaßten gelegentlichen Insomnien mit anführen (Ostberlin 13% und Zerbst 10,5%), dann würden wir zu ähnlichen Resultaten gelangen.

Allen angeführten Studien ist zu entnehmen, daß Insomnie in der erwachsenen Bevölkerung häufig vorkommt und deshalb nicht übersehen werden darf, daß infolgedessen die Leistungsfähigkeit und die Lebensqualität einer großen Population eingeschränkt sind. In einer Aufstellung der am häufigsten gestellten Diagnosen stehen Schlafstörungen auf Rang 4 hinter essentieller Hypertonie, Bronchitis und Herzinsuffizienz [20].

Permanent bestehende Insomnien haben größtenteils Einschränkungen der geistigen Leistungen (Gedächtnis, kognitive Prozesse, psychische Konzentration), depressive Verstimmungen, gesteigerte Gereiztheit und Aggressivität, Angst, Neigung zu Fehleinschätzungen und Fehlhandlungen, z.B. im Straßenverkehr, zur Folge.

Diesen auf Empirie und Erfahrung beruhenden Tatsachen wird nicht immer die entsprechende Aufmerksamkeit geschenkt. Schließlich fehlen häufig die entsprechenden diagnostischen Methoden, um derartige Befunde zu objektivieren.

Wenn wir davon ausgehen, daß im Schlaf das Bewußtsein ausgeschaltet ist, so können wir Schlaf- und Traumerleben nur so beurteilen, wie wir uns im Wachzustand daran erinnern können. Bezüglich der subjektiven Einschätzung der Schlafqualität bestehen unseres Erachtens Abhängigkeiten

- von dem bewußten Schlaferleben,
- von der Zeitwahrnehmung, die über Schlaf irreal ist,
- vom Vigilanzgrad nach dem Erwachen,
- vom Erinnerungsvermögen an Wachepisoden während des Schlafes,
- von individuellen Bedürfnisvorstellungen in bezug auf den Schlaf,
- von der Fähigkeit, die Einschätzung der Schlafqualität gelernt zu haben (Kontrolle durch Führen eines Schlafprotokolls kann hierbei ein wichtiges Hilfsmittel sein).

Die Analyse unserer beiden Studien in Ostberlin und Zerbst ergaben, daß ca. die Hälfte der Patienten über Einschlaf- und Durchschlafstörungen klagten und auch verlängerte Einschlafzeiten und mehrmaliges nächtliches Erwachen auswiesen, dennoch einen guten bzw. ausreichenden Erholungswert ihres Schlafes und entsprechende Leistungsfähigkeit am Tage angaben (Tabelle 2).

Diese Ergebnisse veranlaßten uns zu der Frage: Ist es vielleicht sinnvoller, die Schlafgüte an Leistungs- und Streßparametern am Tage zu beurteilen?

Tabelle 2. Subjektiv angegebener Wert zur Erholung durch den Nachtschlaf bzw. der Leistungsfähigkeit am folgenden Tag von Patienten, die häufiger oder permanente Einschlafstörungen angaben

	Ostberlin (n = 130) Patienten in %	Zerbst (n = 114) Patienten in %
Gut	10	17
Ausreichend	35	50
Unzureichend	55	33

Im Schlaflabor der Charité wird vor dem „Zubettgehen" und nach dem Aufstehen ein psychophysiologischer Leistungstest durchgeführt, um anhand der daraus gewonnen Daten den Leistungszuwachs durch den Schlaf objektiv beurteilen zu können [7, 8].

Derartige somnographische Untersuchungen an gesunden Versuchspersonen während 16 Nächten erbrachten des weiteren interessante Korrelationen zwischen Schlafparametern und der elektrodermalen Aktivität (Hautwiderstand) am Tage [8]. Eine Verminderung der Schlafeffizienz, der prozentualen Anteile von NREM-Stadien I, II und IV, der Zyklenzahl, der REM-Dichte sowie eine Verlängerung der Schlaflatenz und eine Erhöhung der Stadienwechsel hatten am nächsten Tag einen herabgesetzten Hautwiderstand (gemessen über den ganzen Tag in 1stündigen Intervallen) zur Folge. Ein herabgesetzter Hautwiderstand am Tage wiederum führte in der folgenden Nacht zu einer verlängerten REM-Latenz und zu einer Verminderung des prozentualen Anteils des REM-Schlafes.

(Ein niedriger Hautwiderstand bringt bekanntlich eine gesteigerte psychophysiologische Reaktion im Sinne von Streß und ein hoher Hautwiderstand dagegen einen relaxierten psychophysiologischen Zustand zum Ausdruck.)

Aus diesen Resultaten geht hervor, daß eine verminderte Schlafqualität einen erhöhten Erregungszustand zur Folge hat und daß andererseits ein Tag mit viel „Streß" die Qualität des REM-Schlafes herabsetzen kann.

Mit der Einbeziehung von Leistungsuntersuchungen am Tage in die Beurteilung der Schlafqualität bzw. in die Diagnose von Schlafstörungen werden u. E. neue Wege der Schlafmedizin geöffnet.

Wie wird Gesundheit definiert?

Die Betrachtung des Schlafs unter dem Aspekt Gesundheit – Krankheit erfordert prinzipiell die Beantwortung der Frage: Wie diagnostizieren wir die Gesundheit?

Hierbei sollten wir uns einer Anregung von R. Virchow [28] erinnern, der 1869 schrieb: „Die bekannte wunderbare Akkomodationsfähigkeit der Körper; sie gibt zugleich den Maßstab an, wo die Grenze der Krankheit ist.

Die Krankheit beginnt in dem Augenblick, wo die regulatorische Einrichtung des Körpers nicht ausreicht, die Störungen zu beseitigen. Nicht das Leben unter abnormen Bedingungen als solches erzeugt Krankheit, sondern die Krankheit beginnt mit der Insuffizienz der regulatorischen Apparate."

Virchow verweist also auf die Beurteilung der Regulation für die Festlegung der „Grenze" zwischen Gesundheit und Krankheit. Dieser Forderung entspricht I. P. Pawlow [24], der die Gesundheit als dynamisches Gleichgewicht zwischen Organismus und Umwelt beschrieb. Krankheit ist demnach die Störung dieses Gleichgewichts.

Eine Definition der Gesundheit macht es notwendig, neben der Pathogenese auch die Sanogenese [14, 23] bzw. das Synonym Salutogenese [27] mit in die Denkweise des Mediziners einzubeziehen.

Unter Sanogenese verstehen wir einen funktionellen Komplex von Schutz- und Anpassungsmechanismen, die in den dynamischen Organismus-Umwelt-Beziehungen in Abhängigkeit jeweils vorherrschender Reiz-Reaktions-Konstellationen mit dem Ziel mobilisiert werden, die Optimierung der Regulationsprozesse im Organismus aufrechtzuerhalten oder bei Störungen wiederherzustellen. Sanogeneti-

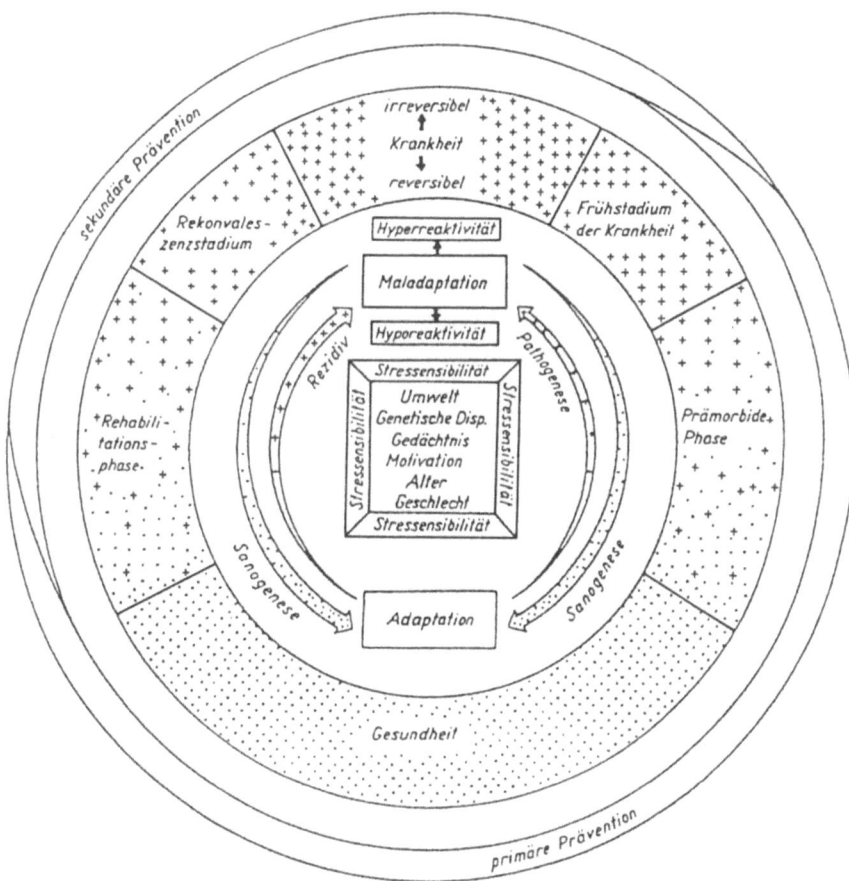

Abb. 2. Schema der Gesundheits-Krankheits-Dynamik (Nach Hecht u. Baumann 1974, [14])

sche und pathogenetische Prozesse stehen in einem Regulationsgleichgewicht zueinander. Überwiegt die Sanogenese, liegt Gesundheit vor; überwiegt die Pathogenese, dann entsteht Krankheit über prämorbide und Frühstadien (Abb. 2).

In diesem Zusammenhang soll an die „Goldene Regel von der Norm" von Anochin oder A-nochin erinnert werden. Sie besagt, daß der im Organismus befindliche Schutzmechanismus stets stärker ist als die maximale Abweichung von der Homöostase, so daß auch dann die Wiederherstellung des Gleichgewichts zur Umwelt erfolgt, wenn die Adaptationskapazität eines Organismus bis an die Grenze belastet ist. Dieser Mechanismus setzt aber die intakte Funktion des regulatorischen Apparates voraus. Sobald er insuffizient wird, ist diese Regel außer Kraft gesetzt.

Hiermit erhebt sich die Frage, haben wir in Bezug auf die Bestimmung der Schlafqualität und auf die Diagnostik von Schlafstörungen Methoden zur Verfügung, die uns Intaktsein oder Insuffizienz des regulatorischen Apparats anzeigen können? Wir haben derartige Methoden zur Verfügung und kennen auch den entsprechenden Zugriff im Organismus. Dazu die nachfolgende Erläuterung:

Die Gesundheit ist als das Gleichgewicht der Regulation funktioneller Zustände in der Zeit aufzufassen. Bezogen auf den konkreten Gegenstand unserer hier vorgenommenen Betrachtung heißt das: Das Gleichgewicht der Regulation der Kardinalzustände Wachsein, Schlaf (NREM-) und Traumschlaf (REM-Schlaf) sichert einen erholsamen, gesunden Schlaf.

Biologische Rhythmen – Basis der Schlafdiagnostik

Die Regulation dieses Gleichgewichts erfolgt durch einen Oszillator (Abb. 3), der körpereigene Rhythmen verschiedener Frequenzen reflektiert. Die biologischen Rhythmen bieten uns daher den Zugriff zum regulatorischen Apparat.

Dieses Postulat soll an einigen Beispielen des Wachrhythmus von Schlafparametern belegt werden. In vorausgegangenen Arbeiten konnten wir einen Wochen-

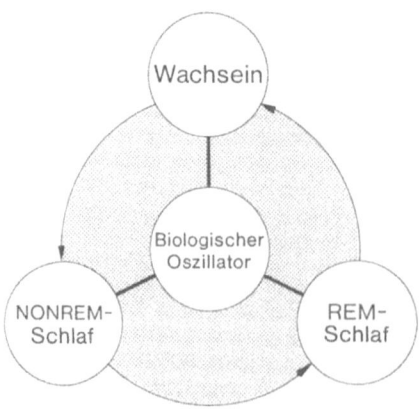

Abb. 3. Einfaches Schema zur Regulation der Kardinalzustände Wachsein, NONREM-Schlaf, REM-Schlaf

1.1 Schlaf und die Gesundheits-Krankheits-Beziehung

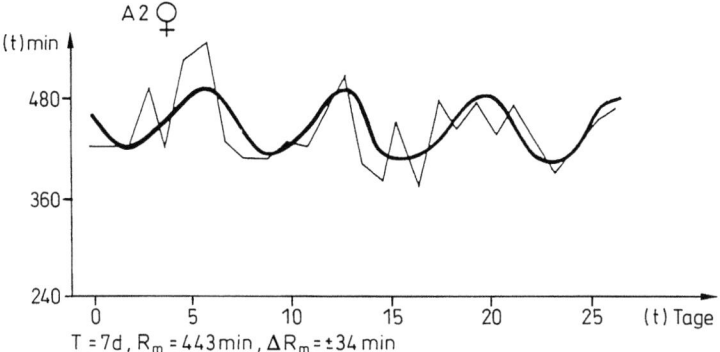

Abb. 4. Wochenrhythmus des Schlafverhaltens einer Gesunden. Biorhythmometrische Analyse der Zeitreihe von Parametern des Schlafprotokolls. Die objektiven Parameter aus dem Schlafprotokoll werden als effektive Ruhe (R_{eff}) bestimmt.

$$R_{eff} = \frac{D}{D+A}(D+A)\,e^{-x/K};\ K = 10$$

R_{eff} effektive Ruhe (effektive Schlafdauer), $D/(D+A)$ Schlafkoeffizient, $D+A$ Liegedauer, D Schlafdauer, A Dauer des nächtlichen Wachseins, x Häufigkeit des nächtlichen Erwachens., T Wochenrhythmus in Tagen, R_m Mittelwert der R_{eff} (Modell), ΔR_m Amplitude des Wochenrhythmus (Modell). Die effektive Ruhe bringt den Anteil an der Gesamtschlafdauer zum Ausdruck, der einen tatsächlichen Erholungswert für den Organismus besitzt (Nach [3])

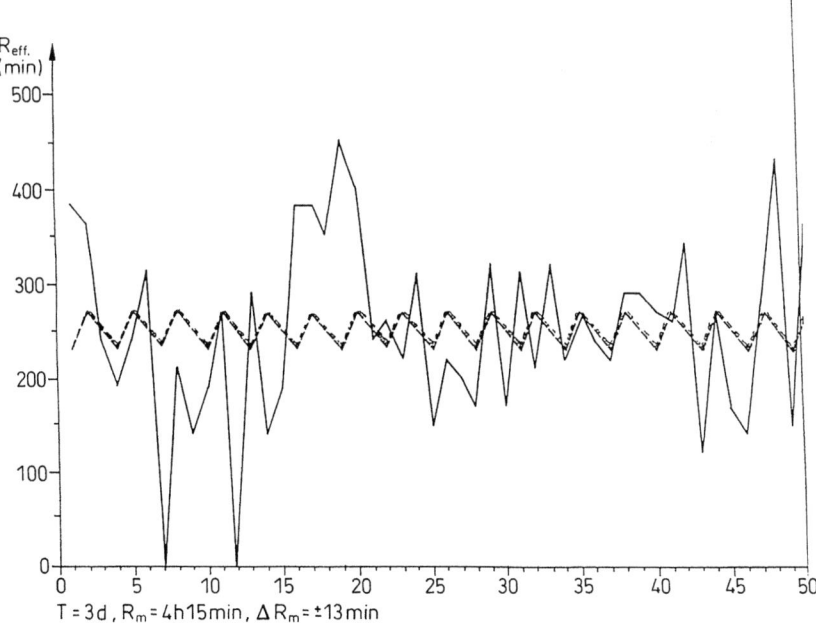

Abb. 5. Zeitreihe von Parametern des Schlafprotokolls. Die biorhythmische Analyse weist eine Schlafstörung aus (R_{eff} = effektive Schlafdauer). T = Wochenrhythmus in Tagen, R_m = Mittelwert der R_{eff} (Modell), ΔR_m = Amplitude des Wochenrhythmus (Modell)

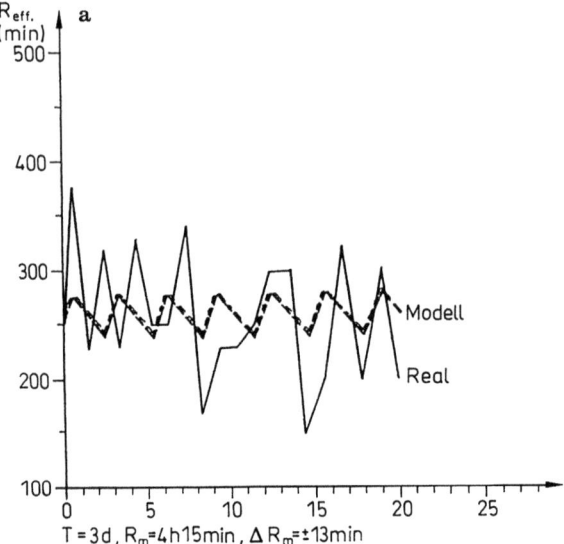
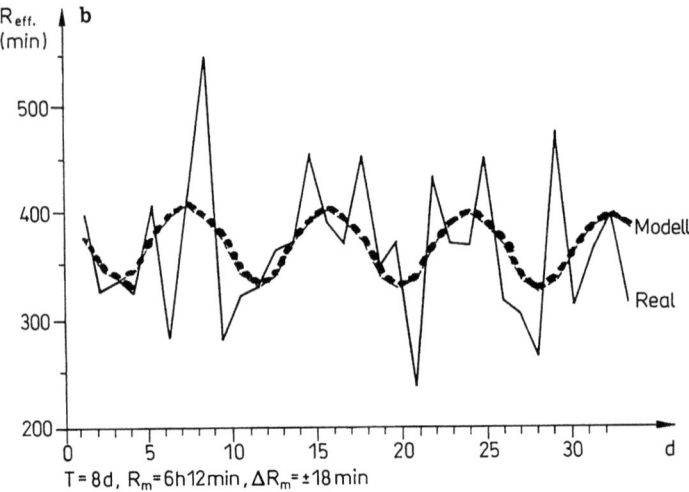

Abb. 6 a, b. a Zeitreihe von Parametern des Schlafprotokolls einer schlafgestörten Patientin nach 3wöchiger Plazeboapplikation (intranasal) und **b** Zeitreihe von Parametern des Schlafprotokolls der gleichen Patientin, nachdem ihr 14 Tage lang täglich eine Dosis 5 µg/kg/Tag Substanz P intranasal appliziert wurde. Die gestörte Rhythmik wurde durch Substanz P restauriert. Der objektive Befund reflektiert sich auch in der subjektiven Angabe über das Schlafverhalten (R_{eff} effektive Schlafdauer), T Wochenrhythmus in Tagen, R_m Mittelwert der R_{eff} (Modell), ΔR_m Amplitude des Wochenrhythmus (Modell)

rhythmus bei Zeitreihen von Schlafparametern, die mit dem Schlafprotokoll erfaßt worden sind, nachweisen [1, 2, 7, 13, 29].

Bei Schlafgesunden dominiert ein Wochenrhythmus (Abb. 4). Chronische Insomniepatienten (Abb. 5) sind durch einen mehr oder weniger stark zerstörten Rhythmus (Desyndronose) charakterisiert. Schlafgesunde und Schlafgestörte lassen sich mit entsprechenden biorhythmometrischen Analyseverfahren anhand des Wochenrhythmus voneinander differenzieren [29]. Es erhob sich in diesem Zusammenhang die Frage, ob bestimmte körpereigene Stoffe in derartige Regulationsprozesse eingreifen können. Das Regulationspeptid Substanz P in einer Dosis von 5 µg/kg/Tag intranasal verabreicht [16, 26], vermag die gestörte Schlafrhythmik wieder herzustellen (Abb. 6a und 6b). Folglich kann die Wiederherstellung des Wochenrhythmus von Schlafparametern als Kriterium für die physiologische Wirkung von schlafinduzierenden Mitteln dienen.

Untersuchungen mit der Schlafpolygraphie ergaben nach der Applikation von Substanz P (5 µg/kg/Tag intranasal) analoge Ergebnisse, bei denen die ultradianen Rhythmen der Schlafzyklen zugrundegelegt worden sind [26].

Zusammenfassend wird postuliert:
1. Der gesunde Schlaf wird bestimmt durch die Güte der Regulation der Ausgewogenheit von Wachsein, NREM-Schlaf und REM-Schlaf.
2. Diese Regulation reflektiert sich in der Dynamik der Biorhythmushierarchie eines Organismus, d. h. in der Dynamik der Phasenkopplungen und -entkopplungen sowie in der Frequenz- und Amplitudenvariabilität.
3. Biorhythmen, die sich mathematisch beschreiben lassen, vermögen den Stabilitätsgrad der Regulation von Wachsein, NREM-Schlaf und REM-Schlaf zu reflektieren.
4. Die Diagnostik und Therapie von Schlafstörungen setzen eine chronobiologische Denkweise voraus.
5. Zeitreihenanalysen in der Schlafdiagnostik und bei Verlaufskontrollen von Therapieeffekten sind daher unerläßlich.
6. Die Schlafmedizin bietet diesbezüglich erste Ansätze für zukunftsträchtige Modelle [5, 18].

Literatur

1. Balzer H-U, Hecht K, Siems R, Walter S, Rammhold A, Kirsch C, Hüller H, Oheme P (1987) Zirkaseptaner Rhythmus des Schlafverhaltens. In: Chronobiologie – Chronomedizin. Wiss Beitr MLU Halle 36 (P 30):211–214
2. Balzer H-U, Hecht K, Walter S, Jewgenow K (1988) Dynamics of processes A. Possibility to analyse physiological parameters. Physiol 31 Suppl:124–125
3. Balzer H-U, Hecht K (1989) Konzeption zur Entwicklung eines diagnostischen Stufenprogramms zur objektiven Beurteilung der Schlafqualität in Beziehung zur Leistungsfähigkeit und zum Stress. Wiss Z HUB 38:441–445
4. Berger M (1991) Zur Bedeutung der gesundheitspolitischen Relevanz von Schlafstörungen anhand einer epidemiologischen Studie bei Allgemeinärzten. In: Vortrag Charité-Symp Schlaf – Gesundheit – Leistungsfähigkeit, 30. 1.–2. 2. 1991, Berlin
5. Borbely AA (1986) A two process modell of Sleep regulation. Human Neurobiol 1:195–204
6. Broen B von (1988) Computergestützte Pilotstudie zur Bedeutung des zirkaseptanen Biorhythmus des Schlafverhaltens in der medizinischen Grundbetreuung, ein Vergleich von Gesunden, Schlafgestörten und Neurotikern. Diss A Med Fak HUB
7. Diedrich A, Siems R, Hecht K (1989) Adaptationsprozesse in der Schlafpolygraphie bei Langzeitableitungen. Wiss Z HUB 38:478–482

8. Diedrich A (1991) Pilotstudie zur Beziehung zwischen Schlaf und Leistung unter chronobiologischen Aspekten. Diss, Med Fak HUB
9. Fischer P-A (1967) Schlafstörung als Problem der ärztlichen Allgemeinpraxis. In: Bürger-Prinz H, Fischer P-A (Hrsg.): Schlaf – Schlafverhalten – Schlafstörungen. Reihe Forum der Psychiatrie Bd. 18. Enke Verlag Stuttgart 1967. S. 81–93
10. Forst U (1985) Beziehungen zwischen Zahnschmerzen und Schlaf. Diss A, Med Fak HUB
11. Forst U, Jakob Ch, Hecht K (1989) Epidemiologische Studien zur Schlafdauer und zu Schlafproblemen in Berlin und Zerbst. Wiss Z HUB 38:435–440
12. Frey U, Gensch B (1989) Computergestützte Analyse des Schlafverhaltens von Hyposomnen mit chronischer Medikamenteneinnahme in der allgemeinen medizinischen Praxis einer Großstadt. Diss A, Med Fak HUB
13. Frey U, Gensch B, Balzer H-U, Hecht K (1989) Ein Beitrag zur Erprobung des Schlafprotokolls zur Beurteilung des Schlafverhaltens von Insomnen in zwei Berliner allgemeinmedizinischen Praxen. Wiss Z HUB 38:451–455
14. Hecht K, Baumann R (1974) In: R. Baumann: Stress – Sensibilität und Adaptation. Ber Ges Inn Med 8:673
15. Hecht K, Balzer HU, Siems R, Fietze I (1989) Zeitwahrnehmung nach Erwecken aus dem Tiefschlaf in Abhängigkeit vom Blutdruck. Wiss Z HUB 38:491–493
16. Hecht K, Vogt W-E, Wachtel E, Oehme P, Airapetjanz MG (1990) Schlafregulierende Peptide. Beitr Wirkstofforsch 37
17. Jakob Chr (1991) Epidemiologische Studie zum Schlafverhalten und zum Einfluß von Zahnschmerzen auf den Schlaf in einem Landkreis – vergleichende Betrachtung mit einer Berliner Studie. Diss Med Fak HUB
18. Koella WP (1988) Die Physiologie des Schlafes. Fischer, Stuttgart New York, S 145–215
19. Kripke D, Ancoli-Israel S (1989) Health risk of insomnia. In: Abstr Int Symp Sleep and health risk, Marburg, p 90
20. Leutner V (1990) Schlaf, Schlafstörungen, Schlafmittel. Roche, Basel
21. Nagy G (1982) Einschlaf- und Durchschlafstörungen. Ther Hung 30, 1:16–24
22. Partinen M, Urponen H, Vuori I, Hassan J (1989) Sleep quality and health. In: Abstr Int Symp Sleep and health risk, Marburg, p 91
23. Pawlenko SM (1973) Der Begriff Prämorbidität und Sanogenese in der Hypertonie. In: „Der emotionelle Stress und die arterielle Hypertonie". Wissenschaftliche Materialien des wissenschaftlichen Rates der 1. Medizinischen Hochschule Moskau. Herausgeber: Akademie der Medizinischen Wissenschaften der UdSSR Moskau 1973, S. 56–68
24. Pawlow IP (1956) Pawlowsche Mittwochskolloquien (Deutsche Ausgabe) Bd 3. Akademie-Verlag, Berlin, S 282
25. Schucklies P (1979) Effektivitätsüberprüfung einer populärwissenschaftlichen Aufklärungsreihe in einer nichtmedizinischen Laienzeitschrift und Aussagen über das Schlafverhalten einer ausgewählten Stichprobe. Diss A, Adak Ärztl Fortbild DDR, Berlin
26. Siems R (1988) Sleep disturbances and Substance P in man. Physiologist 31/1:130–131
27. Uexküll Th v (1990) Über die Notwendigkeit einer Reform des Medizinstudiums. Berliner Ärzte 27/7:11–17
28. Virchow R (1922) Rede von R. Virchow auf der Naturforscherversammlung 1869 in Innsbruck. In: Sudhoff K (Hrsg) Rudolf Virchow und die Deutschen Naturforscherversammlungen. Akademische Verlagsgesellschaft, Leipzig, S 93
29. Walter S, Balzer H-U, Hecht U (1989) Computergestützte Analyse des Schlafprotokolls zur Verifizierung von zirkaseptanen Rhythmen und zum Nachweis von stabilen und instabilen Zuständen des Schlafverhaltens. Wiss Z HUB 38:446–450
30. Wejn A, Rodstat J, Danilin W (1971) Zur Frage der Verbreitung der Schlafstörungen in der Natur. Sov Med 2:114 (auf russisch)
31. American Sleep Disorders Association (ed) (1990) The international classification of sleep disorders. Diagnostic and coding manual.

1.2 Psychophysiologische Muster des Schlafs unter verschiedenen Bedingungen

A. M. Wejn

Schlafmuster und Schlafstruktur unterliegen inter- und intraindividuellen Variabilitäten [1, 3, 7, 8]. Obgleich den Somnologen diese Tatsache bekannt ist, wird in der medizinischen Praxis kaum darauf Rücksicht genommen. Die Ursache hierfür kann darin liegen, daß es nicht einfach ist, Beziehungen zwischen Persönlichkeitseigenschaften und Schlafmuster herzustellen.

Probleme der Bestimmung von Schlaftypen

Die Ergebnisse des Versuchs von Hartman et al. [3], die Psychophysiologie der Kurzschläfer und Langschläfer zu bestimmen, riefen Widersprüche hervor. Auch die Untersuchungen von Monroe u. Marks [5, 6], die Eigenheiten von „guten" und „schlechten" Schläfern zu bestimmen hatten, unterlagen Kritiken. Die Zuordnung der Charakteristika einzelner Elemente (Zyklen, Fragmente) der Schlafstruktur zu psychophysiologischen Funktionszuständen ist deshalb so schwierig, weil zahlreiche Faktoren das individuelle Schlafmuster beeinflussen können. Dabei sind sowohl innere Faktoren (genetische Disposition, Alter, Geschlecht, Persönlichkeitseigenschaften und -eigenheiten sowie permanente und temporäre Zustände des endokrinen und vegetativen Systems) als auch äußere Faktoren (Lebensbedingungen, Lebensweise, physikalische, chemische und soziale Einflüsse) wirksam. Nachfolgend soll der Versuch unternommen werden, Beziehungen zwischen psychophysiologischen Charakteristika und der Schlafstruktur herzustellen. Dabei sollen Beziehungen zwischen bekannten Persönlichkeitsklassifizierungen und Elementen der Schlafstruktur untersucht werden.

Die Persönlichkeit des Menschen, die sich in der Art und Weise seiner Beziehungen zur Umwelt äußert, ist das Ergebnis angeborener Eigenheiten und äußerer Einflüsse. Sie reflektiert in konzentrierter Form die Lebenserfahrung des Menschen und seine individuellen Persönlichkeitsmerkmale. Jeder Mensch ist daher durch bestimmte Eigenschaften und Eigenheiten ausgezeichnet. Diese können sich in bestimmter Weise auch in Verbindung mit dem Schlaf äußern, wie dies von Hartman et al. [3] in bezug auf die Kurz- und Langschläfer herausgestellt worden ist.

Das Ziel dieser Arbeit, in der zunächst nur Schlafgesunde Gegenstand der Untersuchungen waren, bestand darin, einige Grundlagen für eine individuelle Prophylaxe und Therapie bei Schlafstörungen zu erarbeiten.

Persönlichkeitseigenschaften und Schlafstruktur

In unsere Untersuchungen wurden 100 junge, gesunde Männer im Alter von 23–34 Jahren einbezogen. Alle standen im Arbeitsprozeß und übten überwiegend geistige Tätigkeiten aus. Ohne Unterbrechung dieser Tätigkeit am Tag verbrachten sie 2 Nächte im Schlaflabor (eine Adaptationsnacht und eine Verumnacht). Ein Tagfragebogen gab Auskunft über die Belastungen am Tag. Bei Überlastungen am Tag vor der Verumnacht wurde der Proband aus der Untersuchung ausgeschlossen. Zur Charakterisierung der Persönlichkeitseigenschaften wurden gleichzeitig die psychodiagnostischen Verfahren von Eysenck u. Rachmann [2] und Leonardt [4] bei allen 100 Probanden angewendet. Parameter der Schlafstruktur wurden mit Parametern der psychodiagnostischen Verfahren mit Korrelationsanalysen auf ihre Beziehungen zueinander überprüft. Eine Klassifizierung der 100 Probanden in Anlehnung an das psychodiagnostische Verfahren von Eysenck in erregte Extrovertierte (47%), erregte Introvertierte (26%), nicht erregte Extrovertierte (7%) und nicht erregte Introvertierte (9%) führte zu keinem brauchbaren Ergebnis bei dem Versuch der Herstellung von Beziehungen zur individuellen Schlafstruktur.

Weitaus erfolgreicher waren wir mit der Einteilung nach Leonardt [4] in akzentuierte (71%) und nicht akzentuierte (29%) Persönlichkeiten und weiteren Subklassifikationen. Bereits bei einem Vergleich der Gruppen der akzentuierten und nichtakzentuierten Persönlichkeiten ergaben sich zuverlässige Nachweise der Unterschiede in der Schlafstruktur. Bei den akzentuierten Persönlichkeiten waren gegenüber den nicht akzentuierten folgende Differenzen nachzuweisen:

1. Zyklus: kürzere REM-Latenz
2. Zyklus: verlängerte Latenz des Deltaschlafs, erhöhter prozentualer Anteil des Wachseins, des Stadiums NREM I und IV
3. Zyklus: höherer prozentualer Anteil des NREM-IV-Stadiums, verringerter Anzahl der Wachepisoden pro h
4. Zyklus: verlängerte Latenz des Deltaschlafstadiums, verkürzter prozentualer Anteil der Deltaschlafphase.

Wie diese Befunde zeigen, lagen die Unterschiede in den beiden Gruppen in erster Linie in der zyklischen Organisation der Schlafstruktur.

Zusammenfassend kann eingeschätzt werden, daß die Schlafstruktur der akzentuierten Persönlichkeiten gegenüber den nichtakzentuierten einen aktivierenden Charakter auswies. Die Analyse der einzelnen Akzentuierungstypen ließ die Charakterisierung bestimmter Muster der Organisation der Schlafstruktur zu, die nachfolgend beschrieben werden sollen:

Die Klassifikation der 71 akzentuierten Persönlichkeiten ergab folgende Verteilung mit zugeordneten Mustern der Schlafstruktur:

- **Hyperthymer Typ** (39%). Gekennzeichnet durch eine permanent gehobene Stimmung, Aktivität, Zielstrebigkeit, gute psychische und physische Widerstandskraft, Selbstvertrauen, ausgeprägte Kontaktfreudigkeit und Führungsbestreben.
  Schlafstruktur: hoher prozentualer Anteil an Wachsein und Stadium I während der gesamten 8stündigen Liegezeit. Herabgesetzter Anteil des Deltaschlafs und

des REM-Schlafs im 4. Zyklus und Verminderung des Anteils des REM-Schlafs im 5. Zyklus
- **Demonstrativer Typ** (19%). Dieser zeigt i. allg. demonstratives Verhalten, das Bestreben, ständig im Mittelpunkt des Interesses anderer zu stehen, eine Neigung zum Anführen sowie zu vielen, aber oberflächlichen sozialen Kontakten.
Schlafstruktur: Verminderung des Anteils des Deltaschlafs und Zunahme des Anteils des REM-Schlafs im 4. Zyklus.
- **Autistischer Typ** (18%). Charakterisiert durch Eigentümlichkeit des Denkens, emotionelle Abhängigkeit, ausgeprägte Phantasie und Neigung zu wenigen selektiven zwischenmenschlichen Kontakten.
Schlafstruktur: hoher Anteil des NREM- und REM-Schlafs im 4. Zyklus und ein geringer Anteil des REM-Schlafs im 5. Zyklus.
- **Impulsiver Typ** (13%). Neigung zu Impulsivität, Zornesausbrüchen, spontaner Tätigkeit, häufigen Konflikten mit anderen und Schwierigkeiten in den zwischenmenschlichen Beziehungen.
Schlafstruktur: Verminderung der NREM-Stadien III und IV im 3. Schlafzyklus.
- **Superkorrekter Typ** (9%). Gekennzeichnet durch starkes Verantwortungsgefühl, Akkuratesse, Gewissenhaftigkeit in der Arbeit, zögert bei notwendiger schneller Entschlußfassung und selektiven sozialen Kontakten.
Schlafstruktur: Verminderung des NREM-Stadiums III während der gesamten Schlafzeit, besonders ausgeprägt im 2. Schlafzyklus.
- **Rigider Typ** (2%). Allgemeine starre Haltung und Verhaltensweisen.
Schlafstruktur: Erhöhung des prozentualen Anteils des REM-Schlafs und des NREM-Stadiums IV im 4. Schlafzyklus.

Bei den 3 letztgenannten Typen konnten wegen zu geringer Anzahl von Personen in der jeweiligen Gruppe keine eindeutigen Beziehungen sondern nur Tendenzen zur Schlafstruktur hergestellt werden.

Aus den erhaltenen Daten wird ersichtlich, daß die Persönlichkeitsakzentuierung enge Beziehungen zu individuellen Mustern der zyklischen Organisation der Schlafstruktur hat. In weiteren Untersuchungen haben wir an Gesunden spezifische Muster der Schlafstruktur nach physischer und geistiger Belastung gefunden [8].

Körperliche Belastung und Schlafstruktur

Der Einfluß von körperlicher Belastung auf den Schlaf wurde an 39 gesunden Männern im Alter von 25–36 Jahren untersucht. Die körperliche Belastung erfolgte entweder am Vormittag (10.00–12.00 Uhr) oder am Abend (18.00–21.00) mittels eines Fahrradergometers (80 Watt, 60 Umdrehungen/min) für die Dauer von 120 min.

Die Liegezeit im Schlaflabor begann gegen 23.00 Uhr.
Insgesamt wurden 4 somnographische Untersuchungen an aufeinanderfolgenden Tagen vorgenommen:
1. Nacht: Adaptation an das Schlaflabor
2. Nacht: Bestimmung der Ausgangsschlafstruktur

3. Nacht: Nach körperlicher Belastung am Morgen
4. Nacht: Nach körperlicher Belastung am Abend.
Bei diesen Untersuchungen wurden folgende Ergebnisse erzielt:
Erstens: Nach einmaliger körperlicher Belastung am Morgen gab es keine wesentliche Veränderung der Schlafstruktur gegenüber den Ausgangswerten. Lediglich die Latenzzeit des NREM-Stadiums IV war verkürzt.
Zweitens: Nach einmaliger körperlicher Belastung am Abend waren erhebliche Veränderungen der Schlafstruktur festzustellen. Die Schlafdauer war im Mittel um 36 min verlängert, die Schlaflatenz um 6 min verkürzt.

Gegenüber den Ausgangswerten der Schlafstruktur konnten nach einmaliger physischer Belastung am Abend im Mittel folgende statistisch gesicherten Veränderungen der Schlafstruktur festgestellt werden:
– Verkürzung der Latenzzeiten: NREM I um 5 min, NREM III um 7 min, NREM IV um 17 min, REM um 22 min,
– Verminderung des prozentualen Anteils: NREM I um 4%,
– Erhöhung des prozentualen Anteils: NREM IV um 7%,
– Erhöhung des Deltaindex.
Besonders ausgeprägt zeigten sich Veränderungen im ersten Schlafzyklus. Dieser war verlängert (im Mittel um 15 min). Der Anteil des NREM IV war im Mittel um 11% erhöht. Bei einer individuellen Analyse ergab sich, daß die Erhöhung des Anteils des NREM IV nur bei 67% der Untersuchten erfolgte. Bei 33% der Untersuchten blieb das NREM-Stadium IV stabil.

Geistige Belastung und Schlafstruktur

Der Einfluß der geistigen Belastungen auf den Schlaf wurde an insgesamt 13 gesunden Männern im Alter von 23–32 Jahren vorgenommen.

Die geistige Belastung bestand aus der Wiedergabe komplizierter Texte und aus Rechenaufgaben, die im Wechsel gefordert wurden. Insgesamt betrug die Dauer der geistigen Belastung 3,5 h. Sie wurde entweder am Morgen (10.00–13.30 Uhr) oder am Abend (19.00–22.30 Uhr) vorgenommen. Der Schlafbeginn im Schlaflabor war auf 23.00 Uhr festgesetzt.

Die somnographischen Untersuchungen erfolgten nach dem gleichen Schema wie bei der körperlichen Belastung (an 4 aufeinanderfolgenden Tagen).

Die Analyse der Ergebnisse ergab, daß sich Veränderungen von Schlafparametern unabhängig vom Tageszeitpunkt gleichartig äußerten.

Gegenüber den Ausgangswerten waren im Mittel folgende statistisch gesicherten Veränderungen festzustellen:
– Verkürzung der REM-Latenz (um 40 min nach Morgen- und um 28 min nach Abendbelastung),
– Verminderung des prozentualen Anteils des NREM I um jeweils 5%,
– Verminderung des prozentualen Anteils des NREM III um 6% bzw. 7%,
– Erhöhung des prozentualen Anteils des REM-Schlafs um 6 bzw. 9%,

- Verminderung der Dauer der Schlafzyklen um 31 bzw. 26 min,
- Erhöhung des Deltaindex.

Bei der Analyse der einzelnen Schlafzyklen konnte außerdem festgestellt werden, daß sich die größten Veränderungen im 1. Zyklus nach der geistigen Belastung am Abend und im 2. Zyklus nach der Morgenbelastung zeigten.

Aus den dargelegten Ergebnissen geht hervor, daß körperliche und geistige Belastungen beträchtliche Unterschiede in ihrem Einfluß auf die Schlafstruktur aufweisen.

Diese Differenzen beziehen sich nicht nur auf bestimmte Schlafparameter, sondern auch auf die Tageszeitpunkte, zu denen die Belastungen stattfanden. Individuelle Abhängigkeiten waren gleichfalls zu beobachten.

Die unterschiedlichen Veränderungen der Schlafstruktur nach physischer und psychischer Belastung sprechen dafür, daß die Veränderungen der Homöostase der körperlichen Prozesse bereits im Laufe des Tages wieder beseitigt werden können. Die Normalisierung der Homöostase nach geistiger Belastung bedarf des Schlafs, womit dessen bedeutende Rolle, insbesondere die des REM-Schlafs, für die zentralnervösen Informationsverarbeitungen ein weiteres Mal unterstrichen wird.

Literatur

1. Diedrich A, Siems R, Hecht K (1989) Adaptationsprozesse in der Schlafpolygraphie bei Langzeitableitungen. Wiss Z HUB 38, 4:478–482
2. Eysenck, HJ, Rachman S (1967) Neurosen – Ursachen und Heilmethoden. Berlin, Deutscher Verlag der Wissenschaften
3. Hartman E, Backland F, Zwilling G (1972) Psychological differences between long and short sleepers. Arch Gen Psychiatr 26:463–468
4. Leonardt K (1976) Akzentuierte Persönlichkeiten. 2. überarb Aufl. Fischer, Stuttgart New York
5. Monroe L (1967) Psychological and physiological differences between good and poor sleepers. J Abn Psychol, 72:225–264
6. Monroe L, Marks P (1977) M.M.P.I. differences between adolescent good and poor sleepers. J Consult Clin Psychol 45:151–152
7. Nikoforuk KK, Rotenberg VS, Rashidov RN, Lanejev AJ (1986) Faktorny analiz struktury nochogo sna i rezultatov psychidiagnosticeskogo issledovanija i celoveka. Z Vys Ner Dejatl 2:236
8. Wejn AM, Hecht K (1989) Son čelevka. Medizina, Moskau

1.3 Auswirkungen der chronischen Insomnie auf Leistungsfähigkeit und Gesundheit

D. Schneider-Helmert

Die häufigste und medizinisch relevanteste Form der Insomnie ist die chronifizierte Insomnie, meist initial durch Streß ausgelöst. Nach der jüngsten Klassifikation des ICSD [10] wird sie als psychophysiologische Insomnie bezeichnet und ist durch eine Beeinträchtigung der Wachfunktionen charakterisiert. Sie dürfte nach epidemiologischen Studien, v. a. der zuverlässigen Interviewstudie von Ford u. Kamerow [6], bei 10% der erwachsenen Bevölkerung vorkommen. Aus der Sicht des Patienten hört sich dies beispielsweise so an: „Ich bin immer müde und bringe die Leistung nicht, die ich bringen könnte; ich kann mich nicht mehr richtig freuen; alles ist mühsam; ich explodiere rasch; nach der Arbeit fühle ich mich erschöpft; ich kann mich nicht mehr erholen; ich habe keine Energie mehr für meine Hobbys, kein Interesse an sozialen Kontakten, habe mich mehr und mehr zurückgezogen; meine Persönlichkeit hat sich verändert." Im Kontrast zur Eindrücklichkeit dieser Klagen ist Arbeitsunfähigkeit die Ausnahme.

Wie kommt es zu dieser Situation; welche Einflußgrößen müssen berücksichtigt werden? Nach dem Modell des Schlafverhaltens von Webb [26] bilden individuelle Disposition, Alter und organischer Zustand des Individuums die mehr überdauernden, grundlegenden Einflüsse, während zircadiane Rhythmen, das Schlafbedürfnis und die psychische Einstellung des Individuums die aktuelleren Faktoren sind. Sie sind eingebettet in ein psychosoziobiologisches Netzwerk, wie wir es an anderer Stelle dargestellt haben [22]. Dabei steht die psychophysische Organisation des Individuums, einschließlich der biologischen Uhr, in einer Wechselwirkung mit der Umwelt und dem sozialen Umfeld. Sie determiniert das manifeste Schlaf-Wach-Verhalten. Die Wachheit kann bis zu einem gewissen Grad willkürlich induziert, gesteigert und ausgedehnt werden, während der Schlaf auf bewußter Ebene nur indirekt entweder begünstigt oder behindert wird. Die Umsetzung des Schlafbedürfnisses benötigt ein korrektes Zusammenspiel der spezifischen Schlafregulationen. Während bei der akuten Insomnie v. a. der Einschlafvorgang im Sinn einer natürlichen „arousal reaction" verzögert ist, sind bei der chronischen Insomnie diese spezifischen Regulationen im Sinn fehlerhafter Abläufe verändert [21]. Damit in Übereinstimmung ist die Erkenntnis, daß mit psychotherapeutischen, verhaltenstherapeutischen und Biofeedbacktechniken, die unmittelbar die psychophysische Einstellung beeinflussen, nur der Einschlafvorgang erleichtert werden kann, während die Durchschlafstörung ausschließlich mit physiologischen Schlafmodulatoren (DSIP und L-Tryptophan) therapeutisch angegangen werden kann. Hier ergibt sich auch eine entscheidende Verbindung zum zircadianen Rhythmus als wichtiger Einflußgröße: Die Experimente von Lavie [13] mit ultrakurzen Schlaf-Wach-

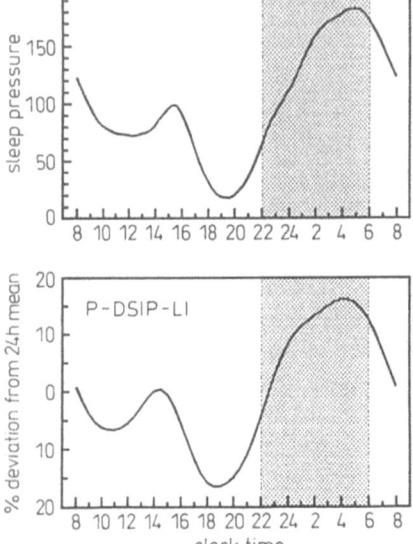

Abb. 1. Die *obere Kurve* zeigt die natürliche Schlaftendenz (Schlafdruck) nach den Experimenten von Lavie [13], die *untere Kurve* die Plasmakonzentration von endogenem, phosphoryliertem DSIP gemäß RIA („radio immuno assay") [4]. (Graphische Darstellung von Dr. phil. A. Ernst)

Rhythmen haben eine differenzierte Zircadiankurve der Einschlafneigung ergeben, die in Abb. 1 (oben) dargestellt ist. Die Leistungsfähigkeit verläuft spiegelbildlich dazu [14]. Ernst u. Schoenenberger [4] konnten nachweisen, daß der Zircadianverlauf der Konzentration von DSIP bzw. phosphoryliertem DSIP dieselbe Form aufweist; sie ist im unteren Teil der Abb. 1 dargestellt. Andere Untersuchungen [8, 20] haben direkte experimentelle Evidenz dafür ergeben, daß DSIP den Zircadianverlauf der Vigilanz beeinflußt. Damit konnte ein konkreter Faktor der Steuerung des Schlaf-Wach-Rhythmus auf biologisch-funktioneller Ebene identifiziert werden. Diese Ergebnisse sprechen übrigens klar gegen die während unseres Jahrhunderts von Piéron [17] bis Borbély [3] geäußerten Vermutungen, daß sich im Verlauf der Wachphasen ein Schlaftoxin oder ein endogener Schlaffaktor kontinuierlich akkumuliere.

Entsprechend diesen Grundlagen ist die Frage nach Leistungsfähigkeit und Gesundheit bei chronischer Insomnie unter den Aspekten der Schlafregulation, der kognitiven und psychomotorischen Leistungsfähigkeit, des Wachbefindens, der zircadianen Rhythmik und möglicher psychologischer Auswirkungen zu betrachten.

Schlafstörung bei chronischer Insomnie

Die chronische Insomnie ist mehr an der Störung des Durchschlafens und Ausschlafens als des Einschlafens festzumachen. Bei unserem in die Hunderte gehenden Krankengut im Medizinischen Centrum Mariastein (MCM) fanden wir eine durchschnittliche Schlafdauer von 4 h. Liegt dies unter dem erforderlichen Mini-

1.3 Auswirkungen der chronischen Insomnie auf Leistungsfähigkeit und Gesundheit   21

mum und lassen sich die wesentlichsten Auswirkungen der Insomnie darauf zurückführen? Akute Deprivationsexperimente sind für diese Frage nicht relevant. Chronische Experimente mit Schlafverkürzungen wurden leider nur zweimal unternommen, zunächst mit 2 [11] und dann mit 8 jungen Erwachsenen [7, 16]. Sie haben gezeigt, daß bei chronischer Verkürzung der Schlafdauer im Bereich von 5 h Schlaf vermehrte Müdigkeit auftritt und bei 4,5 h eine Beeinträchtigung der Stimmungslage; bei 4 h zeichnete sich eine Reduktion der Leistungsfähigkeit ab. Die freiwilligen Probanden jener Studien waren allerdings mehrheitlich nicht in der Lage, mit weniger als 5 h Schlaf auszukommen, was also eine gewisse „Schallgrenze" zu sein scheint. Unsere Patienten mit klinisch schweren Schlafstörungen liegen mit ihrer durchschnittlichen Schlafdauer von 4 h etwa 20% darunter. Angesichts der Spannbreite der Schlafdauer bei Gesunden einschließlich der Kurzschläfer [12, 23, 27] liegen unsere Insomniker aber wohl nicht so weit im Defizit, daß die Schlafdauer eine hinreichende Erklärung für die schwere Beeinträchtigung der Tagesfunktionen ergäbe. Daher muß man sich die Frage nach *qualitativen Merkmalen des Schlafs* stellen. Hierzu ergaben die Experimente von Bonnet [1, 2], daß die Schlafstabilität der maßgeblichste Indikator der Erholungsfunktionen ist. Eine Fragmentierung des Schlafs in Epochen von 10 min oder darunter ergab bereits nach 2 Experimentalnächten signifikante Leistungseinbußen am Tag. Der zweitwichtigste Faktor ist nach diesen Untersuchungen die Summe von REM- und Deltaschlaf. Unsere Insomniepatienten liegen mit einer durchschnittlichen Dauer der Schlaffragmente von 18 min bei nur 25% der in unserem Labor unter identischen Bedingungen erhobenen Norm und mit 90 min REM- plus Deltaschlaf bei nur 50% der Norm. Nimmt man die Mittelwerte minus Standardabweichungen als untere Normgrenze an, ergibt sich für REM- plus Deltaschlaf eine Schwelle von 130 min. Eine Durchsicht der experimentellen Daten von Bonnet sowie der chronischen Schlafverkürzungsexperimente zeigt, daß in der Tat beim Auftreten von Leistungsdefiziten diese 130-min-Grenze von REM- plus Deltaschlaf unterschritten wurde. Wir folgern, daß für die Beurteilung des Schweregrads einer chronischen Insomnie im Sinne der beeinträchtigten Erholungsfunktionen in erster Linie die Schlafstabilität und die Gesamtdauer von REM- und Deltaschlaf relevant ist. Die Schlafdauer ist hingegen kein signifikantes Kriterium.

Leistungsfähigkeit und Müdigkeit bei chronischer Insomnie

Da einzelne Tests der Leistungsfähigkeit bei chronischer Insomnie keine eindeutigen Befunde ergeben hatten [15, 24, 25], führten wir eine vergleichende Studie von 16 Patienten mit chronischer Insomnie und 16 gesunden Kontrollpersonen gleichen Alters und Geschlechts durch, wobei die Leistungsfähigkeit über insgesamt 6 h, zur gewöhnlichen Arbeitszeit zwischen 07.45 Uhr und 16.30 Uhr, gemessen wurde [19]. Es war das Ziel dieses Designs, eine längerdauernde, mittlere Beanspruchung, die etwa einer durchschnittlichen Bürotätigkeit entsprechen mochte, zu untersuchen. Zu diesem Zweck wurde eine Batterie von kognitiven und psychomotorischen Tests kontinuierlich eingesetzt, die durch Ruhepausen zur Messung der Entspannung mittels multiplem Relaxationstest (MRT [18]) unterbrochen waren. Gleichzeitig wurde die subjektive Müdigkeit mit der „Stanford sleepiness scale" (SSS [9]) erhoben. Während die Insomniker über diese Tageszeit hinweg eine signifikant höhere Müdigkeit aufwiesen, zeigten sie nur am Beginn der Arbeitsphase Leistungseinbußen. Unter Einbeziehung psychologischer Beobachtungen vermuteten wir, daß die Insomniker aufgrund der täglichen Anstrengung, gegen eine erhöhte Müdigkeit die gleiche Leistung wie andere erreichen zu müssen, in einer permanent höheren Leistungshaltung stehen und deswegen auch eine höhere Leistungsmotivation aufweisen dürften, was zu einer Verfälschung im Sinne besserer Leistung führt. Diese Interpretation wird durch klinische Beobachtungen unterstützt.

Auf eine weitere mögliche Ursache des negativen Resultats der Leistungsmessung wurden wir erst anhand der umfangreichen Untersuchungen im MCM aufmerksam. Hier erfassen wir regelmäßig die Müdigkeit gemäß SSS über den ganzen Tag und Abend. Die Mittelwertskurve von 100 Insomnikern ist in Abb. 2 dargestellt und der Verlaufskurve, wie sie aus den Untersuchungen von Lavie [13] abgeleitet werden kann, gegenübergestellt. Man sieht, daß zwar bei den Insomnikern über den in unserer experimentellen Untersuchung gemessenen Zeitraum eine höhere Müdigkeit besteht, daß aber die größte Differenz erst *nach 16.00 Uhr* entsteht, wo statt des physiologischen Rückgangs ein dramatischer Anstieg auftritt. Es ist also möglich, daß wir in der experimentellen Untersuchung die zur Identifikation der größten Leistungsdifferenzen entscheidende Tageszeit gar nicht erreicht haben. Dieser massive Anstieg der Müdigkeit entspricht der Klage vieler Insomniker, daß sie nach der Arbeit zu nichts mehr fähig seien und für ihre Freizeitinteressen keine Energie mehr hätten.

Im MCM führen wir regelmäßig auch einen Satz breit gefächerter Leistungsmessungen durch. In der Diagnostik orientieren wir uns an den für die standardisierten Tests etablierten Normwerten. Dieser Vergleich ist aber aus 2 Gründen für die vorliegende Fragestellung wenig geeignet:

1) Die meisten Patienten zeigen nur in einzelnen, jeweils verschiedenen, Parametern Defizite gegenüber der Norm, die daher in den statistischen Werten nur schwach zur Geltung kommen.

2) Wenn die Annahme einer höheren Leistungsmotivation stimmt, verwischt sie die latent vorhandenen, aber mit einer spezifischen Reaktion auf die Krankheit

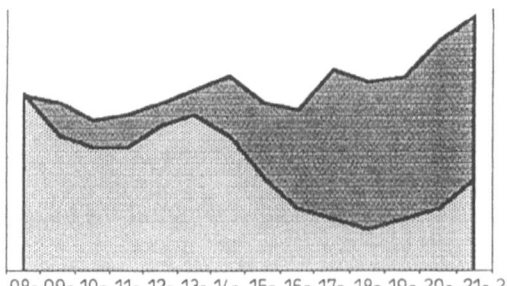

Abb. 2. Müdigkeit im Tagesverlauf: Die *untere Kurve* zeigt das normale Vigilanzprofil, hergeleitet aus den Untersuchungen von Lavie [13, 14], die *obere Kurve* die bei 100 Insomnikern mit der „Stanford sleepiness scale" [9] gemessene Müdigkeit

Tabelle 1. Leistungsfähigkeit bei 100 Patienten mit chronischer psychophysiologischer Insomnie ($\bar{x}$ Mittelwert, s Standardabweichung, p Signifikanzniveau)

Test	Ausgangswert ($\bar{x}\pm s$)	Nach Therapie ($\bar{x}\pm s$)	p
Reaktionsfähigkeit (n=90) (Zeit in $1/_{100}$ s)			
Grundfunktion	87,6± 9,0	84,3± 9,3	0,000
Komplexe Funktion	94,0±11,0	89,3±10,2	0,000
Aufmerksamkeit (n=93)			
Leistung: Grundfunktion	45,7± 7,5	48,0± 9,0	0,000
komplexe Funktion	62,2±11,4	68,9±11,3	0,000
Fehler: Grundfunktion	3,7± 4,7	2,2± 2,9	0,000
komplexe Funktion	6,5± 6,3	4,8± 5,9	0,005
Gedächtnisfunktionen (n=58)			
Kurzzeitgedächtnis:			
„free recall"	6,6± 1,1	7,1± 1,5	0,05
Zahlennachsprechen rückwärts	4,1± 1,0	4,5± 1,1	0,05
IST-70	10,4± 3,4	12,4± 3,2	0,001
mittelfristiges Gedächtnis:			
IST-70 mit 24-h-Latenz	7,5± 3,2	9,8± 3,9	0,01

kompensierten Defizite. Dann müßte sich jedoch unter einer Akutbehandlung mit DSIP innerhalb der bei uns üblichen Vergleichsperiode von 10–12 Tagen parallel zur Verbesserung des Schlafs auch eine Verbesserung in den Leistungsparametern zeigen, d. h. die Defizite würden demaskiert.

Diese Hypothese haben wir an 100 chronischen Insomniepatienten mit einem Durchschnittsalter von 49±14 Jahren überprüft. Der Schlaf verbesserte sich signifikant und klinisch relevant, und zwar in den entscheidenden Polysomnographiekriterien: Die Schlafstabilität stieg um 150% an, indem die Schlaffragmentdauer von 18 auf 46 min zunahm; die Summe von REM- plus Deltaschlaf stieg um 67% von 90 auf 150 min. Die kardinalen Schlafparameter zeigten somit von einem deutlich pathologischen, reduzierten Ausgangswert aus eine Verbesserung weit in den Normbereich hinein. Wie haben sich im Zusammenhang mit dieser entscheidenden Schlafverbesserung die Tagesfunktionen verändert?

Die *Müdigkeit* am Tag, von 8.00–22.00 Uhr gemessen, senkte sich in den 10 Stundenmittelwerten von 12.00–22.00 Uhr signifikant ab und nahm im Tagesverlauf annähernd das in Abb. 2 gezeigte Idealprofil an.

Die wichtigsten Ergebnisse aus den Leistungsparametern sind in Tabelle 1 wiedergegeben. Die durchschnittlichen Basiswerte lagen in der unteren Hälfte des altersentsprechenden Normbereichs, waren aber nicht pathologisch vermindert. Die Daten zeigen nun, daß die Therapie in der psychomotorischen Reaktionsfähigkeit (Wiener Determinationsgerät) zu einer signifikanten Beschleunigung führte; in der Aufmerksamkeit (Aufmerksamkeitsprüfgerät APG nach Arno Müller) wurde sowohl in der Grundfunktion als auch bei komplexer Beanspruchung eine Zunahme der Leistungen und ein Rückgang der Fehlerquoten erzielt; in den Gedächtnisfunktionen traten sowohl in den kurzfristigen Funktionen („free recall", Intelligenzstrukturtest IST-70, Zahlenrepetition rückwärts) als auch in den mittelfristigen

(IST-70 mit 24-h-Latenz) signifikante Verbesserungen ein. Diese Untersuchungen lassen daher den Schluß zu, daß die chronische Insomnie tatsächlich mit einer – gemessen am individuellen Potential – beeinträchtigten Leistungsfähigkeit verbunden ist. Sie ist von individuell unterschiedlicher Art und Ausprägung und oft durch eine kompensatorische Leistungshaltung maskiert. Mit einem differenzierten Untersuchungsansatz läßt sie sich aber klar nachweisen.

Persönlichkeit bei chronischer Insomnie

Verschiedene Untersuchungen an relativ kleinen selektiven Populationen haben Persönlichkeitsprofile im Sinne depressiver, psychosomatischer oder generell chronischer Erkrankungen ergeben, die kaum spezifisch für Insomnie sein konnten. Wir haben die Frage erneut untersucht und die FPI-R-Profile [5] von je 184 männlichen und weiblichen chronischen Insomnikern einer Clusteranalyse unterzogen. Die ersten Ergebnisse dieser von G. Würsch (Lizenzarbeit an der Univ. Zürich, unveröffentlicht) unternommenen Studie zeigen, daß zwischen Männern und Frauen deutliche Unterschiede bestehen. Bei den Männern zeigte fast die Hälfte der Insomniker deutlich pathologische Deviationen, wobei das Profil der Mehrheit mit den Adjektiven „erregbar, bedrückt, aggressiv, unbeherrscht" zu charakterisieren ist, bei der Minderheit als „erregbar, bedrückt, gehemmt, unzufrieden". Bei den Frauen zeigten annähernd $^2/_3$ Normabweichungen, die aber wesentlich geringer als bei den Männern waren und nur mit Zurückhaltung als pathologisch zu bezeichnen sind. Auch hier war Erregbarkeit ein gemeinsames Merkmal; darüber hinaus war eine Mehrzahl zusätzlich bedrückt, unzufrieden, emotional labil; eine zweite Untergruppe zusätzlich bedrückt, gehemmt und introvertiert, während sich eine weitere Gruppe als zwar erregbar und empfindlich, aber selbstsicher und kontaktbereit erwies.

Wir schließen aus diesen Ergebnissen, daß es *das* Insomnieprofil nicht gibt. Eine prämorbide Persönlichkeitsstruktur als typische Disposition oder gar Bedingung für die Entwicklung einer chronischen Insomnie scheint ausgeschlossen. Die erfaßten Varianten dürften hingegen zu einem wichtigen Teil eine Folge der langdauernden Erfahrung der Insomnie als Krankheit und der Selbstbewältigungsversuche wie auch deren Scheitern sein. Die Normabweichungen sind bei den Frauen differenzierter und geringer, während bei den Männern diejenigen Züge penetranter zum Durchbruch kommen, die als Reaktion auf die durch die Erkrankung gefährdete Leistungsfähigkeit im Sinne einer „Fight-or-flight-Reaktion" nach Cannon gedeutet werden können.

Schlußfolgerungen

Wir kommen zu dem Schluß, daß sich eine gesundheitsbeeinträchtigende Insomnie zunächst an 2 exakt zu definierenden Polysomnographievariablen festmachen läßt, nämlich an der Schlafstabilität sowie der Dauer des REM- plus Deltaschlafs. Im Tagesbefinden zeigt sich die Folge einer ungenügenden Erholung im Schlaf einmal in Form einer generell größeren Müdigkeit, die außerdem mit einem zu frühen und zu starken Anstieg am Spätnachmittag ein abnormes Zircadianprofil aufweist. Des weiteren sind – allerdings oft durch eine kompensatorische Leistungshaltung maskierte – Defizite in kognitiven und psychomotorischen Leistungsfunktionen festzustellen, zumindest in der Weise, daß das individuelle Leistungspotential nicht ausgeschöpft werden kann. Schließlich ergeben sich als mögliche Folge langjähriger chronischer Insomnie und der damit erzwungenen Anpassungshaltungen verschiedenartige Beeinflussungen der Persönlichkeit. Damit konnten alle von den Patienten typischerweise beklagten Beeinträchtigungen der Gesundheit objektiviert werden. Eine optimale Therapie sollte sich im Sinne einer ganzheitlichen Behandlung auf alle diese Bereiche ausrichten.

Literatur

1. Bonnet MH (1986) Performance and sleepiness as a function of frequency and placement of sleep disruption. Psychophysiology 23:263–271
2. Bonnet MH (1987) Sleep restoration as a function of periodic awakening, movement, or electroencephalographic change. Sleep 10:364–377
3. Borbély AA, Tobler I, Wirz-Justice A (1981) Circadian and sleep-dependent processes in sleep regulation: Outline of a model and implications for depression. Sleep Res 10:19
4. Ernst A, Schoenenberger GA (1988) DSIP: basic findings in human beings. In: Inoué S, Schneider-Helmert D (eds) Sleep peptides: basic and clinical approaches. Jpn Sci Soc Press, Tokyo/Springer, Berlin Heidelberg New York, pp 131–173
5. Fahrenberg J, Hempel R, Selg H (1984) Das Freiburger Persönlichkeitsinventar FPI. 4. rev. Aufl. Hogrefe, Göttingen
6. Ford DE, Kamerow DB (1989) Epidemiologic study of sleep disturbances and psychiatric disorders. An opportunity for prevention? JAMA 262:1479–1484
7. Friedmann JK, Globus GG, Huntley A, Mullaney DJ, Naitoh P, Johnson LC (1977) Performance and mood during and after gradual sleep reduction. Psychophysiology 14:245–250
8. Graf M, Baumann JB, Girard J, Schoenenberger GA (1982) DSIP-induced changes of the daily concentrations of brain neurotransmitters and plasma proteins in rats. Pharmacol Biochem Behav 17:511
9. Hoddes E, Zarcone V, Smythe H, Phillips R, Dement WC (1973) Classification of sleepiness: a new approach. Psychophysiology 10:431–436
10. American Sleep Disorders Association (ed) (1990) ICSD–International classification of sleep disorders: Diagnostic and coding manual. Diagnostic Classification Steering Committee, Thorpy MJ (chairman) Am Sleep Disorders Assoc, Rochester, Minn
11. Johnson LC, Macleod WL (1973) Sleep and awake behavior during gradual sleep reduction. Percept Mot Skills 36:87–97
12. Jones HS, Oswald I (1968) Two cases of healthy insomnia. Electroencephal Clin Neurophysiol 24:378–380
13. Lavie P (1986) Ultrashort sleep-waking schedule. III, „Gates" and „forbidden zones" for sleep. Electroencephal Clin Neurophysiol 63:414–425
14. Lavie P, Gophar D, Wollman M (1987) Thirty-six hour correspondence between performance and sleepiness cycles. Psychophysiology 24:430–438
15. Mendelson WB, Garnett D, Linnoila M (1984) Do insomniacs have impaired daytime functioning? Biol Psychiat 19:1261–1264

16. Mullaney DJ, Johnson LC, Naitoh P, Friedmann JK, Globus GG (1977) Sleep during and after gradual sleep reduction. Psychophysiology 14:237–244
17. Piéron H (1912) Le problème physiologique du sommeil. Masson, Paris
18. Schneider-Helmert D (1985) Multiple relaxation test (MRT): an investigation into pathophysiology of chronic insomnia. Sleep Res 14:211
19. Schneider-Helmert D (1987) Twenty-four-hour sleep-wake function and personality patterns in chronic insomniacs and healthy controls. Sleep 10:452–462
20. Schneider-Helmert D (1988) DSIP: Clinical application of the programming effect. In: Inoué S, Schneider-Helmert D (eds) Sleep peptides: basic and clinical approaches. Jpn Sci Soc Press, Tokyo/Springer, Berlin Heidelberg New York, pp 175–198
21. Schneider-Helmert D (1988) Towards a concept for chronic insomnia. In: Koella WP, Obal F, Schulz H, Visser P (eds) Sleep 86. Fischer, Stuttgart New York, pp 422–424
22. Schneider-Helmert D (1989) Insomnie – Konzept und therapeutische Konsequenzen. Schweiz Arch Neurol Psychiat 140:253–260
23. Schneider D, Gnirss F (1975) Three cases of extreme idiopathic hyposomnia. In: Levin P, Koella WP (eds) Sleep 1974. Karger, Basel, pp 460–463
24. Seidel WF, Ball S, Cohen S, Patterson N, Yost D, Dement WC (1984) Daytime alertness in relation to mood, performance, and nocturnal sleep in chronic insomniacs and noncomplaining sleepers. Sleep 7:230–238
25. Sugerman JL, Stern JA, Walsh JK (1985) Daytime alertness in subjective and objective insomnia: some preliminary findings. Biol Psychiat 20:741–750
26. Webb WB (1988) An objective behavioral model of sleep. Sleep 11:488–496
27. Williams RL, Karacan I, Hursch CJ (1974) EEG of human sleep: clinical applications. John Wiley & Sons, New York

1.4 Funktionsstörungen des kardiovaskulären Systems bei nächtlichen Atemregulationsstörungen

P. von Wichert, J. H. Peter, T. Podszus

Bei einem nicht geringen Anteil der männlichen Bevölkerung im Alter von über 40 Jahren – Schätzungen und Feldstudien sprechen von etwa 2–5% – kommt es durch einen Verlust bzw. eine Insuffizienz der zentralnervösen Steuerung der Atmung im Schlaf zu Atempausen, die bis zu mehreren Minuten anhalten können und zu einer ateriellen Untersättigung des Bluts führen [14, 19]. Zentralnervöse Aktivierungen (Arousels) reaktivieren die Atemmuskulatur, so daß im Interesse des Funktionserhalts des Gesamtorganismus die Atmung intermittierend einsetzt und das O_2-Defizit ausgleicht. Die genannte Funktionsstörung ist abhängig von der Vigilanz, dergestalt, daß in Tiefschlafstadien und REM-Phasen die Atmungssteuerung in besonderer Weise beeinträchtigt ist, während sie während des Wachseins normal arbeitet. Der Organismus ist mit der Weckreaktion in der Lage, den Circulus vitiosus zu unterbinden und im Interesse des Überlebens des Gesamtorganismus die genannten Probleme durch Veränderung der zentralnervösen Vigilanz zu lösen. Er tut dies auf Kosten der Schlafqualität, da durch die ständigen Weckreaktionen der normale Schlafzyklus nicht eingenommen werden kann, die Entmüdungsfunktion des Schlafs entfällt, und tiefgreifende physische und psychophysische Folgeerscheinungen wie imperativer Schlafdrang, Konzentrationsstörungen, geistiger Abbau etc. stellen sich ein [18].

Differentialdiagnostisch können die nächtlichen Atemregulationsstörungen wie folgt eingeteilt werden (insbesondere wenn sie sich als Hypersomnie manifestieren):
– Hypersomnie assoziiert mit psychiatrischen Erkrankungen,
– Hypersomnie assoziiert mit Drogenmißbrauch inkl. Alkohol und deren Entzugssymptomatiken,
– Hypersomnie assoziiert mit Narkolepsie,
– Hypersomnie assoziiert mit schlafabhängigem Myoklonus,
– Hypersomnie assoziiert mit psychomentaler Überforderung,
– Hypersomnie induziert durch verschiedene Bedingungen wie Kleine-Levin-Syndrom, menstruationsassoziiertes Syndrom u. a.,
– Hypersomnie durch insuffizienten Schlaf,
– idiopathische Hypersomnolenz,
– in den Tag hinein verschobener Schlaf ohne subjektive Beschwerden oder krankhafte Befunde.

Da der ganzen Problematik offenbar eine Alteration der Steuerungsmechanismen der Atemmuskulatur während des Nachtschlafs zugrunde liegt, ist es auch verständlich, daß diese Phänomene repitiert während des Nachtschlafs auftreten und bei vielen Betroffenen in zyklischer Form während der ganzen Nacht beobachtet werden können. Atemstillstände (Apnoe) wechseln sich mit Hyperventilationsphasen ab, in denen das eingegangene O_2-Defizit kompensiert wird. Nicht kompensiert werden natürlich die adrenergen Aktivierungsprozesse und die permanente Störung der Schlafstruktur. Man kann zusammenfassend feststellen, daß sich Patienten mit nächtlichen Atemregulationsstörungen (Schlafapnoe) in einem permanenten nächtlichen Streß befinden.

Nimmt man diese Befunde als Ausgangspunkt, dann verwundert es nicht, daß auch andere Funktionskreise des Organismus betroffen sind. Neben den schon erwähnten psychophysischen Bereichen ist die endokrinologische Ebene und in besonderem Maß das kardiovaskuläre System betroffen. Registriert man polysomnographisch Atemaktivität, O_2-Sättigung, pulmonalarteriellen und systemischen Blutdruck sowie Herzfrequenz, so fallen sofort Veränderungen der Kreislaufgrößen auf, die in strikter Abhängigkeit zu den zyklischen Verbindungen der Atmungstätigkeit stehen. Hierbei sind besonders eindrucksvoll die Schwankungen der Herzfrequenz und des arteriellen Blutdrucks (Abb. 1). Die zyklische Variation der Herzfrequenz ist bei Patienten ohne autonome Neuropathie so charakteristisch, daß sie einen Parameter in der Diagnostik des Schlafapnoesyndroms darstellen kann [7]. Darüber hinaus haben Untersuchungen verschiedener Arbeitsgruppen gezeigt, daß bei den Betroffenen nächtliche Rhythmusstörungen zu beobachten sind, als deren Ursachen sowohl die arterielle Untersättigung während des Nachtschlafs als auch die gleichzeitig ablaufende adrenerge Weckreaktion anzusehen sind [1, 5–7, 23, 29]. Betrachtet man den Verlauf der Herzaktion im Rahmen einer Apnoephyse, so kommt es mit Beginn des Abfalls der O_2-Sättigung zu einer Bradykardisierung, die dann mit Wiedereinsetzen der Atmung in eine Tachykardie umschlägt [7, 29]. Während der bradykarden Phase werden mitunter AV-Blockierungen oder SA-Blockierungen gesehen, wobei sich durchaus die Diskussion über die Notwendigkeit einer Schrittmacherimplantation ergibt (Abb. 2). Hierbei ist natürlich zu beachten, daß nicht jede nächtliche Rhythmusstörung ihre Ursache in einer Atemregulationsstörung hat, sondern daß die koronare Herzkrankheit (KHK) in aller Regel die Basis dieser Veränderungen darstellt, die allerdings durch die hinzutretende nächtliche Atemregulationsstörung in tiefgreifender und therapeutisch wesentlicher Weise modifiziert wird, gelingt es doch, durch eine adäquate Therapie der nächtlichen Atemregulationsstörung in vielen Fällen auch die damit verbundenen Rhythmusstörungen zu beseitigen. Wegen der soeben erwähnten dualen Problematik bedarf es aber einer sehr exakten und präzisen Diagnostik im Einzelfall.

Bedenkt man das Ausmaß der Desaturationen während der Atempausen bei Patienten mit nächtlichen Atemregulationsstörungen, so stellt sich die Frage, welchen Einfluß solche Befunde auf das kardiovaskuläre System haben, wenn dieses, z. B. durch eine vorbestehende koronare Herzkrankheit, geschädigt ist. Diese Frage wird untermauert durch epidemiologische Untersuchungen, die zeigen, daß das Risiko, einen Herzinfarkt zu erleiden, bei Patienten mit einem erhöhten Apnoeindex oder mit nächtlichen Atemregulationsstörungen, die epidemiologisch allein am Symptom des Schnarchens festgemacht wurden, sich von einem Kontrollkollektiv si-

1.4 Störungen des kardiovaskulären Systems bei nächtlichen Atemregulationsstörungen 29

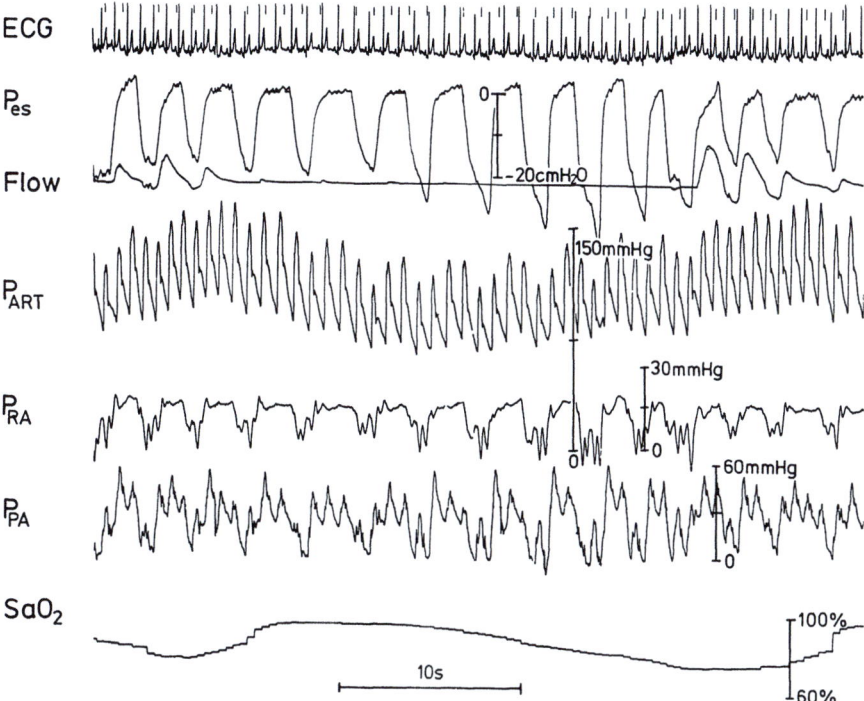

Abb. 1. Polysomnographische Registrierung von EKG, Ösophagusdruck, Atemfluß, arteriellem und pumonalarteriellem sowie rechtem Vorhofdruck und Sättigung im arteriellen Blut. Man erkennt, daß bei dieser obstruktiven Apnoe – die Apnoedauer ist an der 0-Linie im Atemfluß zu erkennen – erhebliche Schwankungen des arteriellen Blutdrucks nachweisbar sind, die zum Ende der Apnoe im Zusammenhang mit der arteriellen Sättigung deutlich hypertone Werte erreichen. Die intrathorakalen Druckschwankungen, ablesbar am Ösophagusdruck (P_{es}), setzen sich auf den rechten Vorhof und die Pulmonalarterie fort

gnifikant unterscheidet, so daß dieses Risiko in einigen Untersuchungen für bedeutsamer als dasjenige des Rauchers berechnet wurde [12, 13, 16]. In gleicher Weise sind Untersuchungen interessant, die zeigen, daß Patienten mit Myokardinfarkt in wesentlich höherem Maß an einer nächtlichen Atemregulationsstörung litten als ein Kontrollkollektiv [2, 9]. Andere Untersuchungen haben analysiert, daß bei Patienten mit vermuteter nächtlicher Atmungsstörung sowohl die Frequenz von Angina pectoris als auch die des Myokardinfarkts wesentlich höher war als bei Patienten, bei denen diese Situation nicht vorlag. Ebenso litten Patienten mit Beschwerden, die bei Aufnahme in ein Krankenhaus auf eine KHK hindeuteten, häufiger unter nächtlichen Atmungsstörungen [12, 13, 17].

Köhler et al. [11] haben deswegen eine Untersuchung bei Patienten mit zumeist angiographisch gesicherter Koronararterienerkrankung durchgeführt, bei der sie in der Lage waren, bei Patienten mit schlafbezogenen Atmungsstörungen die nächtlichen Untersättigungen mit einem 12kanalig abgeleiteten EKG zu korrelieren, wobei sich zeigte, daß es bei einem Teil dieser Patienten während der Hypoxämien zu

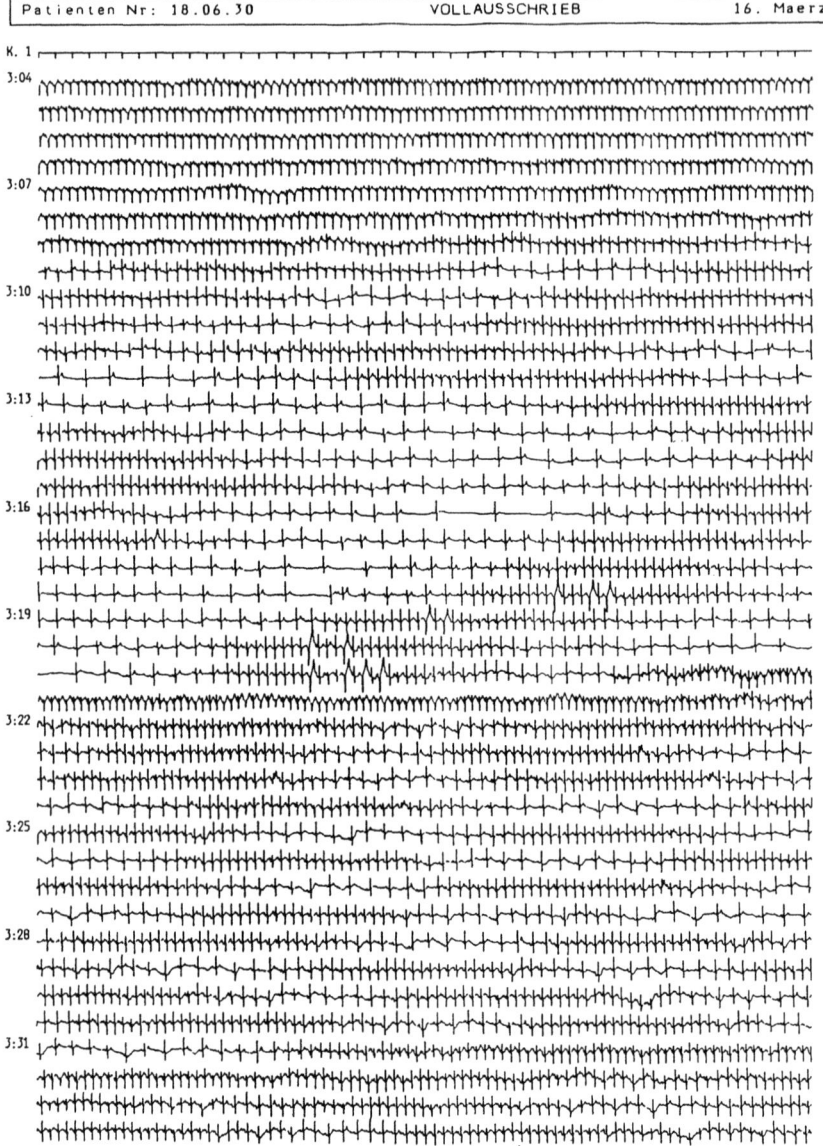

Abb. 2. Auszug aus einem Langzeit-EKG. Man erkennt die Schwankungen des Herzrhythmus, die sich während der Apnoephasen schließlich zu einer deutlichen Sinusbradykardie gefolgt von tachykarden Phasen während des Wiedereinsetzens der Atmung steigern

signifikanten ST-Depressionen kam, die sich mit Wiedereintreten der Atmung wieder aufrichteten. Die elektrokardiographischen Veränderungen spiegelten somit die Situation der Durchblutungsinsuffizienz direkt wider. Hierbei zeigte sich, ebenso wie in vorangegangenen Untersuchungen, daß die elektrokardiographisch sichtbaren Phänomene nicht direkt vom Ausmaß der Koronarerkrankung abhängig waren, wohl aber vom Ausmaß der nächtlichen Atemregulationsstörungen, d. h. der dadurch induzierten Untersättigung.

Man kann also festhalten, daß nächtliche Atemregulationsstörungen ein Risikoprofil haben, das einmal ein unmittelbar bedrohliches Ereignis, zum anderen ein zusätzliches Risiko bei vorbestehenden kardiovaskulären und pulmonalen Erkrankungen darstellt [25]. Im letzteren Fall verstärkt die nächtliche Atemregulationsstörung die ohnehin bestehende Ventilationsstörung bei Patienten mit pulmonalen Erkrankungen noch erheblich [4, 22]. Hierauf wird im Rahmen dieses Beitrags jedoch nicht näher eingegangen, ebensowenig wie auf die Probleme, die sich auf Atemregulationsstörungen bei neuromuskulären Erkrankungen beziehen [26, 27].

Unklar ist, ob nächtliche Atemregulationsstörungen aus sich heraus geeignet sind, Langzeitfolgen am Herz-Kreislauf-System zu induzieren. Ganz zweifellos sind sie nicht direkt für die Entstehung einer koronaren Herzkrankheit verantwortlich, wenngleich sich beide Gegebenheiten gegenseitig zumindest additiv verstärken. Die Frage ist, ob sich nächtliche Atemregulationsstörungen direkt oder indirekt ggf. als Langzeitfolge so auswirken können, daß Schäden oder Dysfunktionen im kardiovaskulären System entstehen können. Hierbei ist es nun auffällig, daß alle Untersuchungen, die sich mit dieser Problematik beschäftigt haben, eine hohe Assoziation des arteriellen Hypertonus mit nächtlichen Atemregulationsstörungen nachwiesen [8, 15, 20, 28]. Man kann davon ausgehen, daß bis zur Hälfte der Patienten mit nächtlichen Atemregulationsstörungen einen arteriellen Hypertonus haben und etwa $1/3$ der Patienten mit arteriellem Hypertonus eine nächtliche Atemregulationsstörung. Diese Beziehung ist nicht allein durch die bei dem hier besprochenen Krankengut häufige Adipositas bedingt, sondern offenbar Ausdruck eines eigenen Wirkungsmechanismus. Untersucht man mit polysomnographischer Technik Patienten mit nächtlichen Atemregulationsstörungen unter Einschluß der Messung des arteriellen Blutdrucks, so fallen die enormen Schwankungen des arteriellen Blutdrucks in Abhängigkeit von den Apnoephasen und Hyperventilationsphasen auf [21]. Es kommt zu deutlichen Blutdruckanstiegen während des Nachtschlafs, die bedingen, daß die physiologische zirkadiane Ruhephase des Blutdruckverhaltens, die ein nächtliches Absinken des Blutdruckmittelwertes vorsieht, aufgehoben ist. Im Gegensatz dazu können die nächtlichen Blutdruckwerte im Mittel sogar höher liegen als am Tag während physischer Aktivität [8]. Der Verlust der zirkadianen Blutdruckrhythmik mit Verlust des nächtlichen Absinkens des arteriellen Blutdrucks wird heute von vielen als ein das Kreislaufsystem besonders belastendes Faktum angesehen, da damit die offenbar notwendige nächtliche Erholungsphase wegfällt und das Herz-Kreislauf-System unter einem permanenten Streß und einer permanenten Druckbelastung steht. Möglicherweise könnte bei entsprechend disponierten Personen diese Belastung des Herz-Kreislauf-Systems besonders nachhaltig wirken und eine Bedingung für die schon weiter oben dargestellten Beziehungen zwischen Herzinfarkt und nächtlichen Atemregulationsstörungen darstellen, aber auch für die bei Patienten mit nächtlichen Atemregulationsstörungen in deutlich höherer Frequenz vorkommenden zerebrovaskulären Insulte [4, 8]. Da sich durch die inzwischen verfügbaren kontinuierlichen, auch nichtinvasiven Blutdruckmeßverfahren schnell deren breite Anwendung ergeben wird, sollte die Feststellung des Fehlens der nächtlichen Absenkung des arteriellen Mitteldrucks ein Grund sowohl dafür sein, nach einem renalen oder endokrinen Hypertonus zu suchen, als auch sich wegen der Häufigkeit dieser Phänomene mit der Frage einer möglichen vorliegenden nächtlichen Atemregulationsstörung zu befassen [3].

Indikationen zur Registrierung nächtlicher Atemaktivität sind:
– intellektueller Leistungsverfall,
– Konzentrationsstörungen,
– Abgeschlagenheit, die anderweitig nicht erklärbar ist,
– Persönlichkeitsveränderungen,
– Depression,
– Impotenz,
– morgendliche Kopfschmerzen,
– lautes und unregelmäßiges Schnarchen;

außerdem
– essentielle Hypertonie,
– nächtliche Herzrhythmusstörungen,
– Belastungsdyspnoe und anderweitig nicht erklärbare Herzinsuffizienz,
– retrosternales Druckgefühl ohne Hinweis auf Koronarsklerose,
– anderweitig nicht erklärbare Polyglobulie,
– anderweitig nicht erklärbare Myogelosen im Nacken und Rücken.

Für den Zusammenhang zwischen arterieller Hypertonie am Tag und der nächtlichen Atemregulationsstörung spricht auch der Befund, daß bei einer Reihe von Patienten nach Einleitung einer adäquaten Therapie durch nasales CPAP die arterielle Hypertonie deutlich leichter wird, d. h. ein geringerer medikamentöser Behandlungsbedarf besteht, in Einzelfällen der Hypertonus sogar allein durch die nasale C-PAP-Behandlung verschwindet. Nach unserer Auffassung ist dieser Sachverhalt besonders aus praktischen Gründen wichtig, da es sich um ein außerordentlich häufiges Problem handelt, wenn man von der Häufigkeit nächtlicher Atemregulationsstörungen in dem relevanten Altersbereich ab dem 50. Lebensjahr beim Mann ausgeht.

Diese Beziehung der nächtlichen Atemregulationsstörung zum kardiovaskulären System mit Rhythmusstörungen, Herzinfarkt, arteriellem Hypertonus und nachgeordneten Problemen ist zweifellos die Ursache für die deutliche Übersterblichkeit von Patienten mit nächtlichen Atemregulationsstörungen, wie in umfangreichen epidemiologischen Untersuchungen nachgewiesen werden konnte. Aus diesen Untersuchungen geht auch hervor, daß eine Therapie der Funktionsstörungen diese Übersterblichkeit beseitigt, was aus unserer Sicht ein weiteres Argument dafür darstellt, die Interaktion von Atmung und Kreislauf nicht nur als theoretisches und bestenfalls pathophysiologisches Phänomen zu sehen, sondern als diagnostisches und therapeutisches Prinzip in die tägliche Arbeit am Krankenbett einzubeziehen.

Literatur

1. Cobb LA (1984) Cardiac arrest during sleep. New Engl J Med 16:1044
2. DeOlazabal JR, Miller MJ, Cook WR, Mithoefer JC (1982) Disordered breathing and hypoxia during sleep in coronary artery disease. Chest 82:548
3. Fischer J, Dorow P, Köhler D, Mayer G, Peter JH, Podszus Th, Raschke F, Rühle KH, Schulz V (1991) Empfehlungen zur Diagnostik und Therapie nächtlicher Atmungs- und Kreislaufregulationsstörungen. Pneumologie 45:45
4. Fletcher EC, Schaaf JW, Miller J, Fletcher JG (1987) Long-term cardiopulmonary sequelae in patients with sleep apnea and chronic lung disease. Am Rev Respir Dis 135:525
5. Guilleminault C, Pool P, Motta J, Gillis AM (1984) Sinus arrest during REM sleep in young adults. N Engl J Med 311:1006
6. Guilleminault C, Connolly SJ, Winkle RA (1983) Cardiac arrhythmia and conduction disturbances during sleep in 400 patients with sleep apnea syndrome. Am J Cardiol 52:490
7. Guilleminault C, Winkle R, Connolly S, Melvin K, Tilkian A (1984) Cyclical variation of the heart rate in sleep apnoea syndrome. Lancet:126
8. Hoffstein V, Chan CK, Slutsky AS (1991) Sleep apnea and systemic hypertension: a causal association review. Am J Med 91:190
9. Hung J, Whitford EG, Parsons RW, Hillman DR (1990) Association of sleep apnoea with myocardial infarction in men. Lancet:261
10. Kales A, Cadieux RJ, Shaw III LC, Vela-Bueno A, Bixler EO, Schneck DW, Locke TW, Soldatos CR (1984) Sleep apnoea in a hypertensive population. Lancet:1005
11. Köhler U, Pomykaj T, Dübler H, Hamann B, Junkermann H, Grieger E, Lübbers C, Ploch T, Peter JH, Weber K (1991) Schlafbezogene Atmungsstörungen (SBAS) und koronare Herzerkrankung (KHK). Pneumologie 45:253
12. Koskenvuo M, Partinen M, Sarna S, Kaprio J, Langinvainio H, Heikkilä K (1985) Snoring as a risk factor for hypertension and agina pectoris. Lancet:893
13. Koskenvuo M, Kaprio J, Telakivi T, Partinen M, Heikkilä K (1987) Snoring as a risk factor for ischaemic heart disease and stroke in men. Br Med J 294:16
14. Lavie P (1983) Incidence of sleep apnea in a presumably healthy working population: a significant relationship with excessive daytime sleepiness. Sleep 6:312
15. Lavie P, Ben-Yosef R, Rubin AE (1984) Prevalence of sleep apnea syndrome among patients with essential hypertension. Am Heart J 108:373
16. Norton PG, Dunn EV (1985) Snoring as a risk factor for disease: an epidemiological survey. Br Med J 291:630
17. Partinen M, Palomäki H (1985) Snoring and cerebral infarction. Lancet:1325
18. Peter JH (1984) Klinik der Hypersomnien. Internist 25:547
19. Peter JH, Siegrist J, Podszus T, Mayer J, Selzer K, von Wichert P (1985) Prevalence of sleep apnea in healthy industrial workers. Klin Wochenschr 63:807
20. Peter JH (1986) Hat jeder dritte Patient mit essentieller Hypertonie ein undiagnostiziertes Schlafapnoe-Syndrom? Dtsch Med Wochenschr 111:556
21. Podszus T, Mayer J, Penzel T, Peter JH, von Wichert P (1986) Nocturnal hemodynamics in patients with sleep apena. Eur J Respirat Dis 69:435
22. Podszus T, Becker H (1987) The prevalence of increased pulmonary arterial pressure among sleep apneics. In: Peter JH, Podszus T, Wichert P von (eds) Sleep related disorders and internal diseases. Springer, Berlin Heidelberg New York, pp 241
23. Podszus T, Feddersen CO, Peter JH, von Wichert P (1991) Cardiovascular risk in sleep-related breathing disorders. Sleep Cardiorespirat Control 217:177
24. Saito T, Yoshikawa T, Sakamoto Y, Tanaka K, Inoue T, Ogawa R (1991) Sleep apnea in patients with acute myocardial infarction. Crit Care Med 19:938

25. Siegrist J, Peter JH (1986) Schlafstörungen und kardiovaskuläres Risiko. Med Klin 81:429
26. Smith PEM, Edwards RHT, Calverley PMA (1989) Oxygen treatment of sleep hypoxaemia in duchenne muscular dystrohy. Thorax 44:997
27. Smith PEM, Edwards RHT, Calverley PMA (1989) Protriptyline treatment of sleep hypoxaemia in duchenne muscular dystrophy. Thorax 44:1002
28. Strading JR (1989) Sleep apnea and systemic hypertension. Thorax 44:984
29. Zwillich C, Devlin T, White D, Douglas N, Weil J, Martin R (1982) Bradycardia during sleep apnea. Characteristics and mechanism. J Clin Invest 69:1286

1.5 Alkohol und Schlaf

B. Kurella, A. Heitmann

Alkohol ist eines der ältesten und bekanntesten Psychopharmaka. Seine Wirkung ist dosis- und zustandsabhängig. Von der Zell- bis zur Verhaltensebene können 3 Wirkungsweisen unterschieden werden: Stimulation, Disinhibition und Inhibition. Bei geringen Dosen überwiegt der erregende, bei höheren Dosen der hemmende Einfluß der Droge, aber insgesamt zählt Alkohol zu den zentralnervös depressorisch wirkenden Substanzen.

Alkohol wirkt bereits auf der Membranebene und beeinträchtigt hier die Ca^{++}-Regulationsmechanismen. Vor allem aber greift er in den Stoffwechsel der Neurotransmitter und ihrer Modulatoren ein und beeinflußt positiv das „Belohnungssystem" des Organismus. Die Verhaltensdepression wird u. a. durch eine Aktivitätsverminderung des noradrenergen Systems und durch eine Erhöhung der GABAergen Effizienz vermittelt [8].

Das Suchtpotential des Alkohols beruht jedoch nicht nur auf seiner unmittelbaren, positiv erlebten Wirkung (Euphorisierung, Enthemmung, Relaxation), auf der die psychische Abhängigkeit begründet ist, sondern v. a. darauf, daß der Organismus auf den sedierenden Einfluß der Droge eine entgegengesetzte Reaktion entwickelt. Die Bedeutung dieser Gegenregulation besteht darin, die sedierende Wirkung des Alkohols zu neutralisieren und ein weitgehend normales Funktionieren des Organismus trotz anhaltend erhöhter Blutalkoholkonzentration zu ermöglichen (pathologische Homöostase). Wird nach wiederholter Alkoholeinnahme diese plötzlich unterbrochen, so kommt es zum Überwiegen der Gegenregulation, zu einer Hyperaktivität des zentralen noradrenergen Systems, zu einer verminderten Effizienz der GABAergen Transmission und damit zu einem Überschießen vegetativer und somatischer Erregung. Der subjektiv als sehr unangenehm empfundene Entzugszustand normalisiert sich erst nach Tagen bzw. Wochen, kann aber auch durch erneute Einnahme von Alkohol neutralisiert werden, was verständlicherweise die Motivation zur Alkoholeinnahme erhöht und der Entwicklung der physischen Abhängigkeit zugrunde liegt.

Die für die Vermittlung der Ethanolwirkung wichtigen Transmitter spielen auch in der Schlafregulation eine große Rolle. Während Noradrenalin ein Transmitter des Wachzustands ist, fördert GABA, als der wichtigste inhibitorische Transmitter des Nervensystems, den Schlaf [2]. Akute Alkoholeinnahme führt zu einer Verkürzung der Einschlaflatenz, zur Zunahme des Tiefschlafs (SWS, Deltaschlaf) und zu einer Abnahme der Schlafstadienwechsel und der nächtlichen Aufwachphasen. Die Dauer des REM-Schlafs nimmt dabei ab [4]. Die SWS-Zunahme wird besonders bei abstinenten Alkoholikern beschrieben [14]; sie korreliert hier mit der vor der Alkoholbelastung beobachteten Tiefschlafdauer [1, 5].

Da die Blutalkoholkonzentration bereits in der 2. Nachthälfte abnimmt, werden hier u. U. schon Symptome des Entzugs deutlich, die sich in einer Abnahme des Tiefschlafs, Zunahme der Stadienwechsel und der Aufwachphasen und einem REM-Schlaf-Rebound äußern können. Im akuten Entzug chronischer Alkoholiker nehmen diese Symptome dramatisch zu. Im Übergang zum Delirium werden extremes Ansteigen der REM-Schlafdauer und vollständiges Fehlen des Deltaschlafs berichtet [11].

Die den Entzug begleitenden Schlafstörungen normalisieren sich im Lauf von ca. 2–3 Wochen, bis auf die Reduktion des Tiefschlafs. Eine Verringerung des Tiefschlafs wird bei abstinenten Alkoholikern noch über Monate, ja Jahre beobachtet und als ein Zeichen erhöhter Toleranz und bleibender Alkoholabhängigkeit interpretiert [1, 3].

Die bei abstinenten Alkoholikern beobachtete Reduktion des SWS beruht – wie auch die altersabhängige Tiefschlafabnahme – vorwiegend auf einer Verringerung der Deltaaktivität im Schlaf. Die Tiefschlafreduktion abstinenter Alkoholiker zeigt keine Korrelation zur subjektiven Einschätzung der Schlafqualität und dem Gefühl des Erholtseins nach dem Schlaf [9]. Die Dynamik der Deltaaktivität im Verlauf der Nacht – ihre Zunahme im NREM-Schlaf und Abnahme im REM-Schlaf und auch der exponentielle Abfall der Deltaaktivität in der Abfolge der Zyklen – bleibt bei den abstinenten Alkoholikern weitgehend erhalten (Kurella et al., in Vorbereitung).

Um den interindividuellen Besonderheiten des Schlaf-EEG und besonders der Deltaaktivität gerecht zu werden, wurde von Schlegel et al. [13] eine adaptive Schlafanalyse entwickelt. Der Bestimmung des Tiefschlafs liegen hierbei nicht die absoluten Amplitudenkriterien [12], sondern die relative Zunahme der Deltaaktivität im Verlauf des NREM-Schlafs zugrunde. Eine vergleichende Untersuchung des Schlafs junger und mittelalriger Normalprobanden und ebenfalls mittelalriger abstinenter Alkoholiker mittels der Standard- und der adaptiven Analyse hat folgendes ergeben (Abb. 1): Nach der Standardanalyse wiesen die abstinenten Alkoholiker die signifikant kürzeste SWS-Dauer auf, während sich die ältere Gruppe ebenfalls signifikant von der jüngeren Normalgruppe unterschied. Die adaptive Analyse ergab eine signifikante Reduktion der Deltaschlafdauer bei den beiden Gruppen mittleren Alters im Vergleich zu den jungen Normalprobanden. Die abstinenten Alkoholiker unterschieden sich jedoch in der Dauer ihres Deltaschlafs nicht von der gleichaltrigen Kontrollgruppe [10].

Eine detailliertere Analyse der Deltaaktivität in den unterschiedlichen Schlafstadien der 3 Probandengruppen hat gezeigt, daß mit dem Alter die Deltaaktivität im Tiefschlaf abnimmt (Abb. 2). In den Stadien 1, 2 und SREM konnte kein Unterschied in der Deltaaktivität zwischen den jungen und den Normalprobanden mittleren Alters nachgewiesen werden. Bei den abstinenten Alkoholikern dagegen ist die Deltaaktivität in allen Schlafstadien signifikant niedriger im Vergleich zu den beiden Kontrollgruppen [6]. Damit ergibt sich ein markanter Unterschied zwischen der alters- und der alkoholismusinduzierten Deltaschlafreduktion. Während sich die erste v. a. in einer Verringerung der relativen Zunahme der Deltaaktivität im NREM-Schlaf äußert, zeigen die abstinenten Alkoholiker darüber hinaus eine ge-

1.5 Alkohol und Schlaf

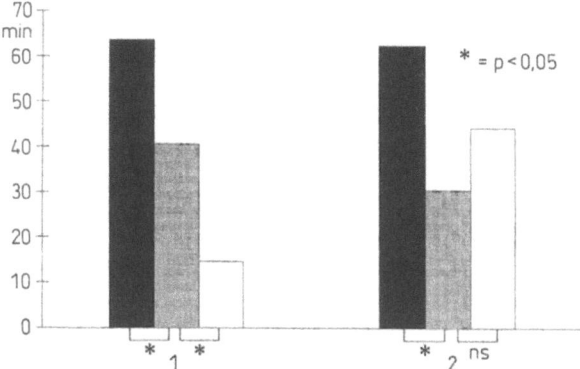

Abb. 1. Mittlere Dauer des Deltaschlafs (in min) der 3 Probandengruppen, ermittelt mittels 1) Standardanalyse, 2) adaptiver Analyse [■ Normalprobanden ($\bar{x}$ = 21 Jahre), ▤ Normalprobanden ($\bar{x}$ = 40 Jahre), □ abstinente Alkoholiker ($\bar{x}$ = 35 Jahre), *ns* nicht signifikant]

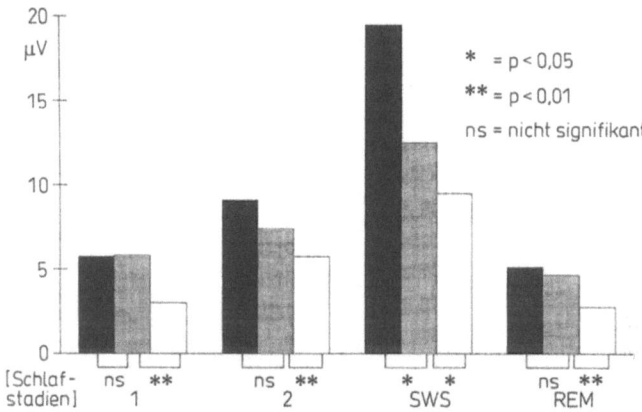

Abb. 2. Mittlere integrierte Deltaaktivität der 3 Probandengruppen in den Schlafstadien 1, 2, 3 / 4 (SWS) und REM [■ Normalprobanden ($\bar{x}$ = 21 Jahre), ▤ Normalprobanden ($\bar{x}$ = 40 Jahre), □ abstinente Alkoholker ($\bar{x}$ = 35 Jahre)]

nerelle Reduktion der Deltaaktivität im Schlaf-EEG. Es ist an dieser Stelle erwähnenswert, daß bei abstinenten Alkoholikern eine kortikale Atrophie beschrieben wird, die eine negative Korrelation mit der Tiefschlafdauer der Patienten aufweist [7].

Zusammenfassung

Die akute Wirkung von Alkohol ist verbunden mit Schlafinduktion und einer Zunahme des Tiefschlafs. Wiederholte Alkoholeinnahme führt zur Entwicklung einer Gegenregulation und letztendlich zum Überwiegen der Entzugssymptomatik und damit zu Schlafstörungen, die ein charakteristisches Symptom des Alkoholentzugssyndroms darstellen. Auch nach langer Abstinenz zeigen Alkoholkranke eine Reduktion des Deltaschlafs, bei fast vollständiger Normalisierung anderer Schlafparameter. Im Unterschied zu der altersabhängigen Verringerung des Deltaschlafs handelt es sich bei den Alkoholikern um eine generelle Abnahme der Deltaaktivität in allen Schlafstadien.

Literatur

1. Allen RP, Wagmann AMI, Funderburk FR, Wells DT (1979) Slow wave sleep: a predictor of individual differences in response to drinking. Biol Psychiat 15:345–348
2. Gaillard Jt (1985) Neurochemical regulation of the states of alertness. Ann Clin Res 17:175–184
3. Gillin JC (1990) EEG sleep studies in „pure" primary alcoholism during subacute withdrawal: relationships to normal controls, age and other clinical variables. Biol Psychiat 27:477–488
4. Gross MM, Hastey JM, Lewis E, Young N (1975) Slow wave sleep and carry-over of functional tolerance and depending in alcoholics. In: Gross MM (ed) Alcohol intoxication and withdrawal: experimental studies II. Plenum, New York
5. Gross MM, Hastey JM (1976) Sleep disturbances in alcoholism. In: Tarter RE (ed) Alcoholism. Addison-Wesley, London, pp 257–307
6. Heitmann A, Kurella B, Meister K, Dormann S (1991) Aging- and alcohol-related changes in delta activity during sleep. In: Chase MH, Parmeggiani PL, O'Connor C (eds) Sleep research, vol 20 A. Brain Inf Serv, Univ Cal, Los Angeles p. 423
7. Ishibashi M, Nakazawa Y, Yokoyama T, Koga Y, Miyahara Y, Hayashida N, Ohse K (1987) Cerebral atrophy and slow wave sleep of abstinent chronic alcoholics. Drug Alcohol Dependance 19:325–332
8. Kemper A, Anochina JP, Koalik F (1989) Neurochemie des Alkoholismus. In: Nickel B, Morosov (Hrsg) Alkoholbedingte Krankheiten. Volk und Gesundheit, Berlin, S 128–148
9. Kurella B, Heitmann A, Dormann S (1990) Schlafpolygraphische Untersuchungen und subjektive Schlafeinschätzung bei abstinenten Alkoholikern. Z Klin Med 45:1519–1522
10. Kurella B, Heitmann A, Dormann S, Meister K (1990) Besonderheiten des Schlafs bei abstinenten Alkoholikern. Vergleich alkohol- und alterungsbedingter Tiefschlafreduktion. Z EEG-EMG 21:157–160
11. Kursawe HK, Ludewig L (1986) Schlafpolygraphische Untersuchungen im Vorfeld des Delirium tremens. Zentralbl Neurochir 47:66–71
12. Rechtschaffen A, Kales A (1968) A manual of standardized terminology, techniques and scoring system for sleep stages of human subjects. Brain Inf Serv, Univ Cal
13. Schlegel T, Kurella B, Heitmann A, Brzozowski M (1990) Automatische Schlafanalyse II. Schlafstadienbestimmung. Z EEG-EMG 21:103–110
14. Zarkone VP, Schreier L, Orenberg GME, Barchas J (1980) Sleep variables, cyclic AMP and biogenic amine metabolites after one day of ethanol ingestion. J Stud Alcohol 41:318–324

1.6 Somnographische Untersuchungen zum Nachtschlaf von Kosmonauten in der Orbitalstation MIR

I. P. Ponomarowa, O. P. Shukowa, I. Stoilowa, Chr. Iwanchewa,
S. I. Posochow, G. W. Kowrow

Einflußgrößen auf den Schlaf von Raumfahrern

Die Umstellung des gesamten Lebensmusters des Menschen von terrestrischen auf kosmische Bedingungen während einer Raumfahrtmission geht mit erheblichen Veränderungen eines Komplexes von psycho-physiologischen Funktionen einher. Davon ist auch der Schlaf-Wach-Zyklus betroffen [1, 3, 4, 11, 12, 15, 17]. Schon allein die Tatsache, daß ein Raumfahrer in der Orbitalstation MIR, welche in ca. 90 min einmal die Erde umkreist, innerhalb eines 24-Stunden-Tages 16mal den Sonnenaufgang und 16mal den Sonnenuntergang registriert und erlebt, schafft Möglichkeiten für die Entwicklung von Störungen der biologischen Zeitregulation (Desynchronose) [1]. Zu diesem ungewöhnlichen Umwelteinfluß gesellt sich als weitere kosmische Einflußgröße die Schwerelosigkeit; außerdem kommen hinzu die Lebensbedingungen in einem engen Raum, erhöhte emotionelle Spannung infolge der hohen Verantwortung für das Gelingen der gestellten Aufgaben einer Weltraummission, Termindruck bei Kurzzeitflügen, Monotonie und soziale Isolation bei Langzeitflügen [8, 11–13].

Die bisherigen Erfahrungen zeigen, daß sich der Grad der emotionellen Spannungen (Streß) am Tage in der Qualität des Nachtschlafes eines Raumfahrers genauso reflektiert, wie unter terrestrischen Bedingungen. Andererseits können die durch die Weltraumbedingungen induzierten Veränderungen in den individuellen Schlafmustern der Raumfahrer zu verstärkter Beanspruchung der physiologischen Reserve zur Aufrechterhaltung der Leistungsfähigkeit führen [5, 6, 11–13, 19]. Obgleich die Anzahl der Raumfahrer, die unter kosmischen Bedingungen ihren Schlaf realisierten, sehr groß ist, ist es – Aufenthalt im Weltraum dabei allerdings meist kurzfristig – gegenwärtig noch sehr schwer, von diesen Erfahrungen allgemeingültige Gesetzmäßigkeiten abzuleiten, weil neben den individuellen Schlafmustern, wie bereits erwähnt, zahlreiche Einflußgrößen die Qualität des Schlafes bestimmen können. In den meisten Fällen erfolgte die Beurteilung des Schlafes der Raumfahrer auf der Grundlage von subjektiven Aussagen und Fragebögen.

Elektrophysiologische schlafpolygraphische Untersuchungen wurden bisher relativ selten vorgenommen [3, 4, 11–13, 15]. Auch dem auf viele Erfahrungen zurückblickenden, sowjetischen bemannten Raumflug ist es erst in den letzten Jahren gelungen, schlafpolygraphische Untersuchungen an Bord der MIR-Station mit brauchbaren Daten durchzuführen. Über Ergebnisse derartiger Untersuchungen bei Kurz- und Langzeitflügen soll nachfolgend in Form einer Kasuistik berichtet werden.

Schlafuntersuchungen an Bord der Raumstation MIR

Voraussetzung für Schlafuntersuchungen an Bord einer Raumstation ist die Gewährleistung eines regelmäßigen Schlaf-Wach-Rhythmus, d. h. ein nach bestimmten Regeln strukturierter Tagesablauf, in dem sich Tätigkeits- und Ruhephasen abwechseln. In der MIR-Station ergab sich in der Regel ein Rhythmus von 16 Wachstunden und 8 Schlafstunden. Besondere Aufgaben, Havariesituationen und unerwartet auftretende Veränderungen im individuellen Schlaf-Wach-Rhythmus führten zu entsprechenden Veränderungen dieser Zeitstrukturierung. Bei zwei Raumfahrern wurde der Schlaf während Kurzzeitflügen (8–10 Tage) und bei einem Raumfahrer während eines Langzeitfluges (241 Tage) untersucht.

Die Bettruhe begann gewöhnlich gegen 23.00 Uhr.

Die Beendigung des Schlafes war von spontanem Erwachen bestimmt. Durch Wecken wurde der Schlaf nur dann beendet, wenn bestimmte Aufgaben dies erforderten.

In der MIR-Station befindet sich ein separater Schlafraum, in dem die Raumfahrer sich erholen können. Der Schlaf erfolgt in einem speziellen Schlafsack, der an einer Wand der Schlafkabine befestigt ist. Durch diese Fixierung ist eine unvorhergesehene Bewegung im Raum infolge der Schwerelosigkeit ausgeschlossen.

Tabelle 1. Fragebogen zum Schlafverhalten von Kosmonauten in der MIR-Station

Name: Datum:	Zeitpunkt des Einschlafens:	Zeitpunkt des Erwachens:	
Fragen	Vorgegebene mögliche Antworten		
Beim Gedanken an den bevorstehenden Schlaf empfinde ich …	… keine Lust, meinen Wachzustand zu beenden	… Schlafwunsch wie gewöhnlich	… ausgeprägten Wunsch zu schlafen
Nach Beginn der Bettruhe …	… bin ich schwer eingeschlafen	… bin ich wie gewöhnlich eingeschlafen	… bin ich sofort eingeschlafen
Meine Schlaftiefe war …	… oberflächlich	… wie gewöhnlich	… sehr tief
Die Anzahl der Aufwachperioden war …	… mehr als gewöhnlich	… wie immer	… weniger als gewöhnlich
Die Schlafdauer war …	… weniger als gewöhnlich	… wie immer	… mehr als gewöhnlich
Was die Schlafdauer betrifft, bin ich der Meinung …	… daß ich nicht genug geschlafen habe	… daß ich noch mehr hätte schlafen können	… daß ich mich vollständig ausgeschlafen fühle
Zum Träumen kann ich feststellen …	… daß ich nicht geträumt habe	… daß ich wie gewöhnlich geträumt habe	… daß ich viel geträumt habe
Nach dem Aufstehen empfinde ich, bezüglich des bevorstehenden Arbeitstages …	… keine Arbeitslust	… meine gewöhnliche Arbeitslust	… erhöhte Arbeitslust

Für diese Untersuchungen wurde der speziell für die Ausrüstung der MIR-Station konstruierte Schlafpolygraphiekomplex „Son 3" [7] eingesetzt.

Der Komplex „Son 3", bestehend aus Signalerfassungsteil, Informationsspeicher und Meßfühleranteil, ermöglichte eine weitgehende Überwindung der bisherigen methodischen Probleme und gewährleistete beim Raumflug eine qualitativ gleichmäßige fortlaufende Schlafpolygraphie (EEG, EMG, EOG, EKG) bis zu einer Dauer von 12 h.

Die EEG-Elektroden wurden bipolar frontal, parietal und okzipital angeordnet und mit elastischen Bändern auf der Kopfhaut befestigt. Zur Registrierung des EMG (Kinnebene), des EOG (vertikale und horizontale Augenbewegungen) und des EKG (thorakal) dienten die üblicherweise verwendeten Elektroden. Nach Angaben der untersuchten Raumfahrer verursachte die verwendete Ableittechnik keine Belastungen und keine unangenehmen Empfindungen. Zwecks späterer Analyse wurden die somnographischen Daten unmittelbar auf einen Magnetbandspeicher übertragen. Die PC-gestützte Schlafanalyse erfolgte nach den Kriterien von Rechtschaffen u. Kales [16].

Von den einzelnen Stadien: „Wachzustand", „NONREM-Schlaf I–IV", „REM-Schlaf" wurden die prozentualen Anteile sowie die Latenzzeiten, die REM-Zyklen und andere Charakteristika ermittelt.

Die elektrophysiologischen schlafpolygraphischen Untersuchungen fanden gewöhnlich in der Vorflugperiode, während der Raumfahrtmission und nach der Landung auf der Erde statt. Des weiteren wurde die subjektive Schlafbewertung anhand eines Fragebogens erfaßt, der am Morgen nach dem Nachtschlaf auszufüllen war [14] (Tabelle 1).

Schlaf während kurzzeitiger Orbitalflüge

Die Analyse der Schlafpolygramme der untersuchten Raumfahrer ergab neben voneinander abweichenden individuellen Besonderheiten auch einige gemeinsame Merkmale. Diese traten vor allem bei den Untersuchungen der beiden Raumfahrer mit Kurzzeitaufenthalten im Orbit auf. Ihre individuellen Schlafmuster hatten zufällig gewisse Ähnlichkeiten. Beide hatten kurze Einschlafzeiten von 0–8 min. Sie schätzten subjektiv ihre Schlafqualität während des Aufenthaltes im Orbit als gut und die Schlafdauer als ausreichend ein. Träume traten wie unter terrestrischen Bedingungen auf. Auch die Trauminhalte unterschieden sich in keiner Weise von denen auf der Erde. Ihre Schlafdauer lag zwischen 6–8 h pro Nacht. Nächtliche Aufwachzeiten waren selten.

Als Beispiel möchten wir nachfolgend die Schlafkriterien des Kosmonauten A (37 Jahre, 10 Tage Aufenthalt im Orbit) ausführlich beschreiben (Tabelle 2).

Die kurzen Schlaflatenzzeiten veränderten sich auch nicht in der Orbitalstation. Sowohl in der Vorflugsphase als auch während des kosmischen Fluges war ein unmittelbarer Übergang vom Wachzustand in das NONREM-Stadium II festzustellen. In diesen Fällen trat das NONREM-Stadium I nicht auf. Der Deltaschlaf wur-

Tabelle 2. Schlafpolygraphische Daten des Kosmonauten A an verschiedenen Tagen während eines Kurzzeitaufenthaltes in der MIR-Station (10 Tage) sowie der Vor- und Nachflugperiode

	90 Tage vor dem Flug	30 Tage vor dem Flug	3 Tage vor dem Flug	4. Flugtag	9. Flugtag	2 Tage nach dem Flug	6 Tage nach dem Flug
Prozentualer Anteil							
Wachzustand	1,4	5,6	0,2	3,4	2,9	1,4	1,4
NONREM I	16,2	14,3	11,6	8,2	4,6	14,9	2,9
NONREM II	49,9	34,5	34,0	48,5	42,9	48,9	54,5
NONREM III/IV	21,3	16,5	3,4	18,7	35,9	18,6	15,1
REM	11,2	15,0	22,6	21,2	13,7	16,2	26,1
Artefakte und Graphelemente, die keinem Stadium zuzuordnen sind	0,0	14,1	38,2	0,0	0,0	0,0	0,0
Totale Schlafdauer in min	357	287	353	518	329	362	374
Latenz in min							
NONREM I	3	16	0	8	2	0	0
NONREM II	11	4	1	1	1	1	1
NONREM III/IV	23	19	31	21	9	16	21
REM	89	121	134	75	77	97	144

de bereits nach 20–30 min Schlafzeit erreicht. Weiterhin war festzustellen, daß am vorletzten Tag des Aufenthaltes im Orbit der Deltaschlaf bereits nach 9 min zu registrieren war.

Die REM-Latenz war an beiden Untersuchungstagen im Orbit mit 75 bzw. 77 min erheblich geringer als in der Vor- und Nachflugphase.

Die totale Schlafdauer, die in der Vor- und Nachflugphase etwa 6 h beträgt, steigt am 4. Tag des Aufenthaltes im Orbit sogar auf etwa 8,5 h an. Dazu muß aber ergänzt werden, daß die ersten Schlafnächte nicht erheblich kürzer waren als in der Vor- und Nachflugphase, obgleich an den ersten Flugtagen infolge der neuen Lebensbedingungen und Aufgaben die emotionelle Spannung am größten war.

Die prozentualen Anteile der Wachzeiten sind zu allen Untersuchungszeitpunkten sehr gering. Die Anteile des NONREM-Stadium I (in %) sind im Weltraum nicht so groß wie in der Vorflugphase auf der Erde. Der niedrigste Anteil wird aber am 6. Tag nach der Landung registriert. Das NONREM-Stadium II weist unter allen Bedingungen relativ konstante, um ein mittleres Niveau schwankende, Werte aus. Ähnliches kann bez. des prozentualen Anteils vom Gesamtschlaf auch über den REM-Schlaf ausgesagt werden. Wenn man die absolute Dauer des REM-Schlafes in Betracht zieht, dann hat dieses Schlafstadium am 4. Flugtag einen besonders hohen Anteil an der gesamten Schlafzeit. Gravierende Veränderungen sind beim Deltaschlaf festzustellen. Äußerst gering ist der Deltaschlaf drei Tage vor dem Start (3,4%). Der höchste Anteil ist am 9. Flugtag nachzuweisen. Die absolute Dauer beträgt 118 min. Annäherungsweise wurde diese Dauer auch am 4. Flugtag erreicht. In der Vorflugphase und in der Nachflugphase liegen die Werte der absoluten Dauer des Deltaschlafes bei höchstens 76 min. 3 Tage vor dem Start sind lediglich ca. 12 min Deltaschlaf registriert worden. Die Ursache für den geringen Anteil des Deltaschlafes dürfte die hohe emotionelle Spannung infolge der großen Erwartungsreaktion, die starken Streß induziert, sein. Dafür und für einen unruhigen Schlaf spricht auch der hohe Anteil der Artefakte und der Anteil der EEG-Signale, die keine Zuordnung zu einem Schlafstadium ermöglichten.

Es kann auf Grund dieser Ergebnisse eingeschätzt werden, daß der Schlaf von Raumfahrern bei Kurzzeitflügen in seiner Struktur Veränderungen durch eine erhebliche Zunahme des Deltaschlafanteils und durch REM-Anteile sowie durch eine Deformation der ultradianen Rhythmen erfährt. Um diese Erkenntnis verallgemeinern zu können, müssen weitere Untersuchungen erfolgen, bei denen aber unbedingt auf die Ähnlichkeit der individuellen Schlafmuster geachtet werden muß.

Schlaf während eines orbitalen Langzeitflugs

Das Schlafmuster des Kosmonauten P (47 Jahre), dessen Schlaf während eines Langzeitfluges untersucht wurde, hatte beträchtliche Abweichungen von den Schlafmustern der anderen beiden Raumfahrer, die während des Kurzzeitfluges untersucht wurden. Daraus wird die Kompliziertheit der Beurteilung der Schlafpolygramme von verschiedenen Personen zu unterschiedlichen Zeiten und unter verschiedenen Bedingungen deutlich. Auf diese Tatsache verweisen nicht wenige einschlägige Arbeiten [5, 6]. Diedrich et al. konnten z. B. bei einer gesunden Person, die sie im Frühjahr und im Herbst jeweils 16 Nächte untersuchten, in den meisten schlafpolygraphischen Parametern statistisch gesicherte Differenzen nachweisen [5, 6]. Unter diesem Aspekt sind auch die Ergebnisse der Untersuchung des Schlafes eines Raumfahrers während eines Langzeitfluges von 241 Tagen zu sehen, über die nachfolgend berichtet werden soll (Tabelle 3). Der Kosmonaut P wies 17 Tage vor dem Flug die kürzeste totale Schlafdauer (302 min) auf. Der prozentuale Anteil des Deltaschlafes betrug 1,8%, der des REM-Schlafes 3,2%. Der Anteil des NONREM-Stadiums mit 59% ist relativ hoch. Die Wachzeit ist kurz und der Anteil der Artefakte und der EEG-Signale, die nicht einem Stadium zugeordnet werden konnten, sehr hoch. Der Schlaf beginnt unmittelbar mit NONREM II nach 9 min Bettruhe, und NONREM-Stadium I tritt erst 16 min später in Erscheinung. Ansonsten sind die Latenzzeiten für das Auftreten von Deltaschlaf und REM-Schlaf relativ lang. Die REM-Zyklen weisen schon in der Vorkontrollzeit Deformationen des ultradianen Rhythmus auf. Offensichtlich ist das bereits vor dem Start Veränderungen unterliegende Schlafmuster des Raumfahrers P auch die Ursache dafür, daß in den ersten Flugtagen die Schlafstruktur stark desorganisiert ist. Die Desorganisation kommt durch folgendes somnographisches Bild zum Ausdruck: Unmittelbar nach Beginn tritt das Stadium NONREM I auf. Deltaschlaf ist nicht nachzuweisen, die REM-Latenz beträgt 48 min und der Anteil des REM-Schlafes 19,4%. Die REM-Zyklen sind deformiert und somit auch der ultradiane Rhythmus. Bei einer Schlafdauer von 444 min sind die Stadien NONREM I mit 4,6% und

Tabelle 3. Schlafpolygraphische Daten des Kosmonauten P an verschiedenen Tagen eines Langzeitaufenthaltes (241 Tage) in der MIR-Station

	17 Tage vor dem Flug	5. Flugtag	71. Flugtag	138. Flugtag	191. Flugtag	192. Flugtag
Prozentualer Anteil						
Wachzustand	0,7	2,6	3,0	0,5	3,1	0,2
NONREM I	11,6	4,6	18,8	27,2	34,5	14,7
NONREM II	59,0	18,2	60,0	39,4	32,1	49,7
NONREM III/IV	1,8	0,0	9,1	21,2	12,0	13,8
REM	3,2	19,4	9,1	11,7	18,3	21,6
Artefakte und Graphelemente, die keinem Stadium zuzuordnen sind	23,7	55,2	0,0	0,0	0,0	0,0
Totale Schlafdauer in min	302	444	358	602	586	592
Latenz in min						
NONREM I	25	0	8	20	5	15
NONREM II	9	27	27	9	127	27
NONREM III/IV	61	–	52	30	197	107
REM	308	84	210	134	213	192

NONREM II mit 18,2% vertreten. Sehr hoch ist der Anteil der Artefakte und der EEG-Signale (55,2%), die nicht einem bestimmten Stadium zugeordnet werden konnten. Die Werte dieser Parameter sind Ausdruck eines unruhigen Schlafes von verminderter Qualität.

Bei etwa 6 h Schlafdauer am 71. Flugtag sind Werte der Schlafparameter zu finden, die sich zum Teil in der Literatur angegebenen Mittelwerten nähern. Die lange REM-Latenz von 210 min und die nicht mehr exakt nachweisbaren REM-Zyklen sprechen für erhebliche Störungen des rhythmischen Anteils der Schlafstruktur.

Mit zunehmendem Aufenthalt in der Orbitalstation erhöhte sich die Schlafdauer auf ca. 10 h pro Nacht. Diese Schlaflänge, die mit Abnahme der NONREM II-Anteile korrelierte, wurde von dem Raumfahrer selbst als außerordentlich ungewöhnlich eingeschätzt. Aussagen über Einschlafstörungen dominierten hierbei.

Bei einem ca. 10stündigen Schlaf pro Nacht unterlagen die somnographischen Parameter von Untersuchung zu Untersuchung Schwankungen von teilweise beträchtlichem Ausmaß. Selbst Daten von zwei aufeinanderfolgenden Tagen wiesen erhebliche Unterschiede auf.

Von langer Dauer ist das Stadium NONREM I bei diesem Raumfahrer im Orbit. Da er selbst seinen Schlaf während seines gesamten Langzeitfluges von 241 Tagen als oberflächlich und von nicht guter Qualität einschätzte, wäre es denkbar, daß dieser subjektive Eindruck v. a. aus dem langen Verweilen im Stadium NONREM I resultieren könnte [6].

Die Ergebnisse unserer Untersuchungen zeigen, daß es außerordentlich schwierig ist, Gesetzmäßigkeiten für das Schlafverhalten unter den Bedingungen eines

Weltraumaufenthaltes abzuleiten. Das scheint vor allem bei Langzeitflügen der Fall zu sein. Damit ergeben sich ähnliche Probleme wie sie Diedrich et al. [5, 6] unter terrestrischen Bedingungen beschrieben haben. Hierbei müssen wir feststellen, daß die Orbitalstation kein Schlaflabor darstellt. Auch wenn eine abgeschlossene Schlafkabine vorhanden ist, wirken neben den bereits oben erwähnten Einflußgrößen auch die Vibrationen und der Lärm der Bordapparaturen auf den Schlaf.

Ungeachtet dieser Problematik und unabhängig von individuellen Schlafmustern, wird bei allen drei Raumfahrern ein Symptom deutlich: die „Deformierung der REM-Zyklen", d. h. des „ultradianen Rhythmus". Bei den beiden Kurzzeitraumfahrern war diese Erscheinung reversibel. Beim Raumfahrer mit einem Langzeitaufenthalt, bei dem sich diese Erscheinung schon in der Vorflugphase andeutete, wurde sie mit zunehmendem Aufenthalt in der Orbitalstation verstärkt.

Ohne die Bedeutung anderer somnographischer Parameter zu unterschätzen (dazu ist die Anzahl der untersuchten Personen zu gering), ist anzunehmen, daß die Orbitalbedingungen in erster Linie einen störenden Einfluß auf die Biorhythmushierarchie des Schlafes nehmen und zwar im Sinne der Verursachung einer Desynchronose. Mit dieser Auffassung stimmen wir mit Arbeiten von Wejn u. Hecht [19], Hecht et al. [10], Wachtel et al. [18] und Balzer et al. [2] überein, die unter terrestrischen Bedingungen bei schlafgestörten Patienten als objektiv nachgewiesenes Hauptsymptom die Störung der REM-Zyklen anführen. Die erhebliche Zunahme des Deltaschlafes während des kurzzeitigen Raumfluges könnte dafür sprechen, daß der Deltaschlaf in die Vorgänge der Adaptation an die Weltraumbedingungen einbezogen ist. Der Langzeitraumfahrer liefert diesen Beweis für eine solche Interpretation jedoch nicht. Möglicherweise waren dafür die bereits unter terrestrischen Bedingungen aufgetretenen Veränderungen des individuellen Schlafmusters die Ursache dafür. Als zweckmäßig hat sich die Vergleichsanalyse der objektiven und subjektiven Schlafparameter erwiesen, die unter Flugbedingungen eine gute Korrelation zeigten. In der Nachflugphase der beiden Raumfahrer mit Kurzzeitaufenthalten im Orbit divergieren jedoch die objektiven Befunde und die subjektiven Aussagen. Offensichtlich ist dieser Befund auf die bekannte Tatsache zurückzuführen, daß die Readaptation an die Erde bei einem Teil der Raumfahrer mehr Komplikationen mit sich bringt, als die Adaptation an die Bedingungen der Orbitalstation [8]. Die erzielten Resultate unterstreichen, daß zur Beurteilung des Schlafes unter Raumstationsbedingungen weitere Untersuchungen im größeren Umfange erforderlich sind.

Literatur

1. Aljakrinskij BS (1972) Problemy skrytogo desynchronosa. Z Kosmičesk Biol Med 1:32–37
2. Balzer H-U, Hecht K, Siems R, Walter S, Rammhold A, Kirsch C, Hüller H, Oehme P (1987) Zirkaseptaner Rhythmus des Schlafverhaltens. Chronobiologie/Chronomedizin. Wiss Beitr MLU Halle 36 (P 30):211–214
3. Berry ChX (1970) Summary of medical experience in the Apollo VII through XI space flights. Aerospace Med 41, 5:500–519

4. Berry ChX, Homick GL (1973) Findings on american astronauts bearing on the issue of artificial gravity for future manned space vehicles. Aerospace Med 44, 2:163–168
5. Diedrich A, Siems R, Hecht K (1989) Adaptationsprozesse in der Schlafpolygraphie bei Langzeitableitungen. Wiss Z HUB 4:478–482
6. Diedrich A (1992) Pilotstudie zur Beziehung zwischen Schlaf und Leistung unter chronobiologischen Aspekten. Diss, Med Fak HUB
7. Dunew S (1985) Portativnoe ustroistwo dlja dlitelnoi sapisi biosignalow. Materialach simpoziuma XVII sojetshatschanija PRGKBM Interkosmos, Moskau, S 40
8. Frost JD, Shumate WH, Booher CR, De Lucchi MR (1975) The Skylab sleep monitoring experiment: Methodology and initial results. Acta astronaut. 2 Nr. 3/4, p 319–336
9. Gazenko OG, Egorov AD (1980) 175 – sutochnij kosmicheskij poljot (nekotorije rezultati medizinskich issledovanije). Vestnik AN SSSR, S 49–58
10. Gurowski NN, Eremin AV, Gazenko OG et al. (1975) Medizinskie issledowania wo wremja poljotow Korablej „Sojus 12", „Sojus 13", „Sojus 14" i orbitalnei stanzii Salyut 3. Z Kosmicesk Biol Med 2:481
11. Hecht K, Wachtel E, Voigt W-E, Oehme P, Airapetjanz MG (1990) Schlafregulierende Peptide. R Wirkstofforsch 37
12. Mjasnikow WI (1974) Isucenie osobennostej sna celoweka primenitelno k uslowijam i sadacam kosmicheskogo poljota. Tezisi vsesojuznogo simpoziuma samoreguljajija prozessa sna. Leningrad, S 22–24
13. Mjasnikow WI (1988) Psychofisiologia sna i problema adaptivnogo powedenia čeloweka w etremanych uslowiach. In: Materialach Simp 21 Sov PRGKMB, Interkosmos, Baranov Sandomersk, S 136
14. Ponomarowa IP (1976) Ispolsowanie elektrofisiol. ogiceskich korrejatov dostotochnosti sna dlja ozenki funktionalnogo sostajania celoweka v experimente i pri otbare kosmonavtov. Diss, Univ Moskau
15. Ponomarowa IP, Mjasnikov VJ, Poljakov VV, Zukova OP, Stoilova J, Ivaceva Ch, Kortenska L (1960) Isuchenie sna w dlitelnom kosmiceskom poljote na OS „MIR". Tezis, Dokl XXIII Sov PRGKMB, Interkosmos, Koshize, S 145
16. Rechtschaffen A, Kales A (1968) The manual of standardized terminology techniques and scoring system for sleep stages of human subjects. Nat Inst Health Publ USA 204
17. Stoilowa I, Ponomarowa I, Shukova O et al. (1990) Study of sleep during a prolonged space flight of the „MIR" orbiting station. Current trends in cosmic biology and medicine, Kosice, CSFR, pp 85–89. Institute of animal biochemistry and genetics, slovak. academicy of sciences, Ivanka pri dunaji
18. Wachtel E, Kolometzewa I, Balzer H-U, Hecht K, Siems R, Oehme P, Vogt W-E (1989) REM-Zyklen als Kriterien zur Beurteilung pathologischer Zustände des Schlafes und von Substanz P-Effekten (SP-Sequenzen). Wiss Z HUB 4:468–472
19. Wejn AM, Hecht K (1989) Son čeloveka j. Medizina, Moskau, S 269

2 Schlafregulation

2.1 Chronobiologische Aspekte des Schlafverhaltens

H.-U. Balzer, K. Hecht

Chronobiologie – Partner der Schlafmedizin

Die Chronobiologie wird in zunehmendem Maß ein unentbehrlicher Partner der Schlafmedizin. Es besteht heute bei den meisten Schlafmedizinern die begründete Auffassung, daß sich die biologischen Funktionen des Schlafs in der Hierarchie der biologischen Rhythmen reflektieren [2, 3, 5, 6, 10–12, 17, 19, 23, 25]. Es wird hierbei davon ausgegangen, daß der biologische Organismus einer Zeitgliederung unterliegt. Bisher wurden Zirkaminuten – [11, 12], ultradiane [19], zirkadiane [5, 6, 17, 25] und zirkaseptane biologische Rhythmen [2, 10, 23, 24] – verschiedener Parameter des Schlafs bzw. des Schlaf-Wach-Zyklus beschrieben.

In der praktischen und klinischen Medizin, z. B. in der Diagnostik zur Verifizierung von Schlafstörungen, fanden die Erkenntnisse der Chronobiologie nur wenig Beachtung. In Anbetracht dieser Situation und der Kritiken an der Klassifikation bei der somnopolygraphischen Analyse nach Rechtschaffen u. Kales [22] in der Schlafdiagnostik [9, 18] haben wir den Versuch unternommen, schrittweise chronobiologische Verfahren in die Diagnostik von Schlafstörungen einzuführen und zu erproben. In vorausgegangenen Untersuchungen war es uns möglich, mit Hilfe eines Schlafprotokolls [16] Zeitreihen von Parametern des Schlafs (Einschlafdauer, Schlafdauer, Häufigkeit und Dauer des nächtlichen Erwachens, Liegezeit und ungenutzte Liegezeit am Morgen) zu erfassen und mit biorhythmometrischen Verfahren zirkaseptane Rhythmen bei Gesunden nachzuweisen [2, 24]. Mit der gleichen Methodik fanden wir, daß Patienten mit Insomnien, die vorwiegend auf Störungen der psychischen Prozesse beruhen, diese zirkaseptane Rhythmik nicht aufweisen, sondern kürzere Periodenlängen oder überhaupt keine Perioden zeigten [8, 13]. Analoge Erscheinungen, d. h. Verkürzungen bzw. Eliminierung der Periodenlängen, wurden früher in tierexperimentellen Untersuchungen von Zeitreihen sensorischer und motorischer Funktionen [14] und in den letzten Jahren in Untersuchungen mit Hautwiderstandsmessungen am Menschen [4] (biologische Rhythmen im Minutenbereich) verifiziert.

Nachfolgend berichten wir über Ergebnisse, die wir bei der Analyse zirkaseptaner Rhythmen von Parametern des Schlafprotokolls in einer Studie zur Wirkung verschiedener Mittel erzielt haben.

Analyse der zirkaseptanen Rhythmik des Schlafverhaltens

Basierend auf einer von Balzer et al. [2] inaugurierten Formel wird mit den angeführten Parametern die effektive Ruhe (R_{eff}) wie folgt bestimmt:

$R_{eff} = D \cdot e^{-x/K}$; K = 10 (Normierungsfaktor)

D Schlafdauer = $L - \sum_{i=1}^{x} A$;

L Liegezeit
A Einschlafzeit bzw. Dauer der nächtlichen Wachperioden
x Aufwachhäufigkeit

Für die Analyse der Zeitreihen R_{eff}, die sich aus 70 Meßwerten (Tagen) des Schlafprotokolls pro Person und Untersuchungsabschnitt ergaben, wurde ein biorhythmometrisches Programm eingesetzt.

Die Analyse erfolgte in Intervallen von 14 Tagen mit Ausgabe
– der mit der höchsten Wahrscheinlichkeit (Korrelationskoeffizienten) auftretenden Periode (AKF – Autokorrelationsfunktion) nach Trendkorrektur
– der Periode, die im Mittel die höchste Auftrittswahrscheinlichkeit hat (LDS Leistungsdichtespektrum) nach Trendkorrektur.

Da in unserem Fall das Leistungsdichtespektrum vorwiegend kürzere Perioden ausgab, wurden die berechneten Werte (Perioden) der AKF mit Trendkorrektur (Integrationsfaktor 9) zur Auswertung verwendet.

Klassifikation von Reaktionsgruppen im Schlafverhalten

Mit dieser Analysemethode konnten 4 Reaktionsgruppen gefunden werden, die folgendermaßen charakterisiert wurden:

1. *Stabile Reaktion.* Der 7-Tage-Rhythmus ist während der 10wöchigen Untersuchung stets nachweisbar. Diese Menschen verfügen über ein relativ starres bzw. stabiles Regulationssystem.

2. *Adaptive Reaktion.* Hierbei zeigt sich ein 7-Tage-Rhythmus, der mit einer zweiten Periodenlänge (2–4 Tage) wechselnd vergesellschaftet ist oder wechselnd auftretend ein 7-Tage-Rhythmus mit einem signifikanten niedrigfrequenteren (2–4 Tage) Rhythmus. Die Menschen dieses Reaktionstyps zeigen sich außerordentlich flexibel und adaptiv an veränderte Situationen.

3. *Relativ adaptive Reaktion.* Hierbei zeigt sich ein 7-Tage-Rhythmus, mit dem wechselnd ein niedrigfrequenterer (2–4) nichtsignifikanter Rhythmus auftritt. Menschen dieses Reaktionstyps sind zwar auch relativ flexibel und adaptiv an veränderte Situationen, jedoch gegenüber der adaptiven Reaktion mit Einschränkungen (geringere Adaptationsbreite).

4. *Labile Reaktion.* Bei diesem Typ zeigen sich sporadisch auftretende Perioden von weniger oder mehr als 7 Tagen sowie Zerfall und Nichtvorhandensein der Perioden. Diese Menschen sind in ihrer Adaptationsfähigkeit erheblich eingeschränkt.

Wirkung von Plazebo und Substanz P auf die zirkaseptane Rhythmik

Unter Anwendung des beschriebenen Analyseverfahrens und der dargestellten Klassifikation untersuchten wir über einen Zeitraum von 10 Wochen

- eine Kontrollgruppe (Schlafgesunde),
- eine Gruppe mit Schlafstörungen, bei der nach 6wöchiger Vorkontrolle (Plazebo) eine 2wöchige Substanz-P- (SP-)Behandlung (5 μg/kg/die intranasal) und eine 2wöchige Nachkontrolle vorgenommen wurde,
- eine Gruppe mit Schlafstörungen, die analog zur SP-Gruppe mit Plazebolösung (intranasal) behandelt wurde,
- eine Gruppe von Schlafgestörten mit Dauerbehandlung mittels verschiedener Benzodiazepinpräparate.

Eine Übersicht der erzielten Ergebnisse ist in Tabelle 1 dargestellt.

Dieses Anwendungsbeispiel zeigt, daß die biorhythmometrische Analyse von Zeitreihen der Daten der effektiven Ruhe (R_{eff}) und die Klassifikation von Reaktionstypen auf der Basis der Dynamik bzw. Stabilität von Periodenlängen im Bereich zirkaseptaner und infradianer biologischer Rhythmen für die Untersuchung der Wirkung von Mitteln geeignet ist [15]. Wie in anderen Untersuchungen [4, 15], zeigte sich auch in diesem Fall, daß äußere Belastungen bzw. pathologische Prozesse die biologische Rhythmik zerstören (labile Gruppe). Des weiteren war festzustellen, daß eine absolute Regulationsstabilität, über die Dauer von 10 Wochen nachgewiesen, eine Adaptationseinschränkung infolge einer Regulationsinsuffizi-

Tabelle 1. Anteile der jeweiligen biorhythmischen Reaktion in den einzelnen Untersuchungsgruppen (Angaben in %)

	Stabile Reaktion	Adaptive Reaktion	Relativ adaptive Reaktion	Labile Reaktion
Kontrollgruppe (n=30)	11,4	57,2	31,4	0,0
Gruppe mit Schlafstörungen und SP-Behandlungen (n=30)	10,1	33,3	40,0	16,6
Plazebogruppe (Schlafstörungen) (n=32)	14,7	35,3	8,8	41,2
Gruppe der Schlafgestörten mit medikamentöser Dauerbehandlung (klassische Sedativa) (n=30)	31,0	0,0	10,3	58,7

enz im Sinne von Virchow [26] darstellt. Über einen längeren Zeitraum betrachtet ist die Flexibilität und die Dynamik im Wechsel der Periodenlängen ein entscheidendes Kriterium für ein intaktes Regulationssystem. Diese Eigenschaften weisen, mit gewissen Unterschieden, die adaptiven und relativ adaptiven Reaktionstypen aus. Wenn wir diese beiden Reaktionstypen zusammenfassen und als Maßstab des Effekts der verwendeten Mittel zugrundelegen, dann ergibt sich bez. ihres Anteils in den 4 Gruppen folgendes Bild:

Kontrollgruppe (Bezugsgröße) 88,6%
SP-Behandlung 73,3%
Plazebobehandlung 44,1%
Dauerbehandlung mit klassischen Schlafmitteln 10,5%

Aus dieser Betrachtungsweise geht hervor, daß auch in der Kontrollgruppe ein kleiner Anteil von Probanden mit einer absoluten Regulationsstabilität enthalten ist. Vergleichen wir die Kontrollen mit den behandelten Gruppen, dann ergibt sich

– bei *SP-Behandlung* ein Minus von 15,3% des angestrebten Effekts der Kontrollen,
– bei der Plazebobehandlung ein Minus von 44,5% und
– bei der Dauerbehandlung mit klassischen Schlafmitteln ein Minus von 78,3%.

Legen wir die Regulationsprozesse, die durch die biologisch-rhythmische Dynamik reflektiert werden, für den Effekt von bestimmten Mitteln zugrunde, dann sind deren physiologische Eigenschaften eindeutig festzustellen. Das träfe in den von uns geprüften Mitteln positiv für das Undekapeptid „Substanz P" zu. Die Dauerbehandlung mit klassischen Schlafmitteln scheint nach unseren Ergebnissen eine Insuffizienz des Regulationssystems zu bewirken, die sich in Regulationslabilität oder Regulationsstarre äußert. Wir gelangen aufgrund dieser Ergebnisse zu der Schlußfolgerung, daß auch für die Prüfung der Wirkung von Pharmaka die Dynamik der Regulationsprozesse im Sinne von Virchow [26] als Kriterium dienen sollte; Virchow postulierte: „Nicht das Leben unter abnormen Bedingungen, nicht die Störung als solche erzeugt Krankheit, sondern die Krankheit beginnt mit der Insuffizienz der regulatorischen Apparate." Unseres Erachtens sollten nur solche Stoffe für eine Therapie zugelassen werden, die eine Insuffizienz des Regulationssystems beseitigen bzw. eine Suffizienz fördern. Das bedarf aber einer generellen Umstellung von der konservativen Betrachtungsweise auf chronobiologisches Denken und Handeln in der Schlafmedizin. Eine wichtige Voraussetzung scheint uns hierfür die Entwicklung entsprechender diagnostischer Methoden zu sein, um auf dieser Grundlage die Chronotherapie in die Schlafmedizin einführen zu können.

Beziehungen zwischen Streßreaktionen und Schlaf-Wach-Verhalten

Da wir unter chronobiologischem Aspekt den Schlaf-Wach-Zyklus als einheitlichen Prozeß verstehen, sollten wir auch entsprechende Funktionen des Wachseins

2.1 Chronobiologische Aspekte des Schlafverhaltens 53

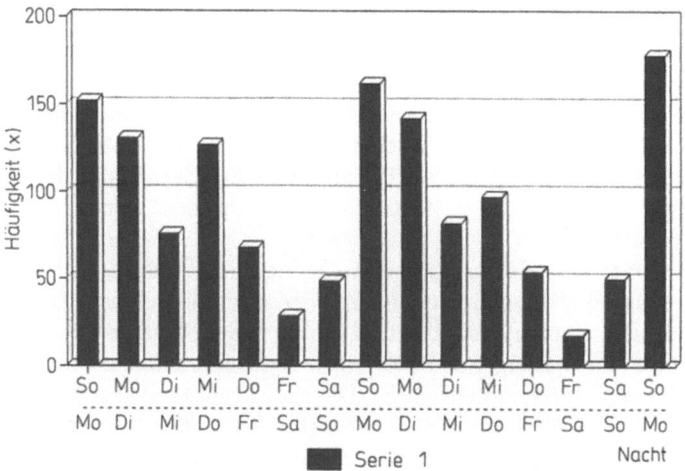

Abb. 1. Häufigkeit des nächtlichen Erwachens von 114 gesunden Personen

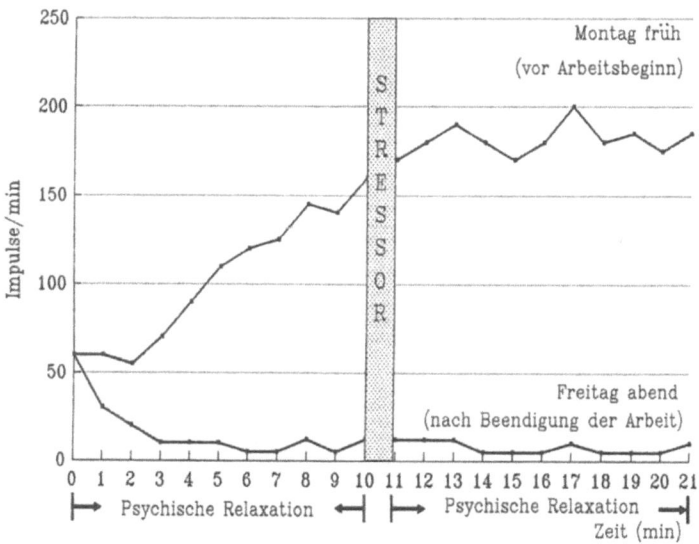

Abb. 2. Elektrodermale Aktivität unter verschiedenen Belastungsbedingungen

mit berücksichtigen. Dazu möchten wir auch den Streß zählen, der im Schlaf und im Wachsein vorhanden sein kann. Folgende Ergebnisse sollen das belegen:

Im Wochenverlauf der Parameter des Schlafprotokolls stellten wir an Gesunden fest, daß die beste Schlafqualität in der Nacht vom Freitag zum Samstag und die schlechteste vom Sonntag zum Montag nachzuweisen war (Abb. 1). Dieses Ergebnis wurde von Nicolau et al. [20, 21] dadurch bestätigt, daß er im Wochenverlauf am Samstagmorgen den niedrigsten und am Montagmorgen die höchste Kortisol-konzentration im Plasma nachwies. Wir fanden außerdem, daß Menschen in verantwortungsvollen Positionen (n=6), bei denen der Hautwiderstand im Wochenverlauf kontrolliert wurde, am Montagmorgen (nach schlechter Schlafqualität der vorausgegangenen Nacht) nicht in der Lage waren, psychisch zu relaxieren (Abb. 2). Auf einen Stressor (Stroboskop mit akustischen und optischen Impulsen) zeigten sie zu dieser Zeit eine hohe Sensibilität. Am Freitagabend nach Beendigung der Arbeit war die Fähigkeit zu psychischen Relaxation voll vorhanden, verbunden mit einer hohen Streßresistenz.

Ausgehend von der Hypothese, wonach das menschliche Gehirn nach dem Prinzip des Vorwärtsspiels [1] funktioniert, interpretieren wir die Befunde als Ausdruck einer gesteigerten emotionellen Reaktion (Streß) in der Nacht vom Sonntag zum Montag, infolge einer gesteigerten Erwartungs- und Unbestimmtheitsreaktion in bezug auf die bevorstehende Arbeitswoche. Die Nacht zum Freitag zum Samstag wird von der Erwartung eines erholsamen Wochenendes geprägt, woraus die für die Schlafqualität bedeutsame Fähigkeit zur psychischen Entspannung und der niedrige Kortisolspiegel im Blut resultiert. Diese Erkenntnisse veranlassen uns zu der praktischen Schlußfolgerung, daß die Notwendigkeit besteht, die Zusammenhänge zwischen Streß und Schlaf differenzierter zu untersuchen. Hierbei müßten zur Verifizierung von Streß objektive Methoden mit biorhythmomemtrischen Analyseverfahren eingesetzt werden. Unsere bisherigen Erfahrungen [4] zeigen, daß der Hautwiderstand bei kontinuierlicher Messung ähnlich wie das Schlafverhalten verschiedene biorhythmische Frequenzbereiche repräsentiert [4, 10].

Die derzeit z. T. noch umstrittene These, wonach der Parameter der elektrodermalen Aktivität emotionelle Reaktivität bzw. Streß widerzuspiegeln vermag [7], kann u. E. aufgrund uns vorliegender, noch unveröffentlichter Ergebnisse unter dem Aspekt der Regulationsbetrachtung auf der Basis der Hierarchie der biologischen Rhythmen eindeutig gestützt werden. Nicht zuletzt halten wir es für sinnvoll, das auf empirischer Grundlage beruhende Auswertungsmanual der Schlafpolygramme durch biorhythmometrische Verfahren zu ersetzen. Daß ein derartiger Weg erfolgversprechend sein kann, belegen erste Ergebnisse orientierender Untersuchungen aus unserem Institut [2, 8, 10–13, 23, 24].

Literatur

1. Anochin PK (1967) Das funktionelle System als Grundlage der physiologischen Architektur des Verhaltensaktes. In: Abhandlungen aus dem Gebiet der Hirnforschung und Verhaltensphysiologie, Bd 1. Fischer, Jena
2. Balzer H-U, Hecht K, Siems R, Walter S, Reinhold A, Kirsch C, Hüller H, Ohme P (1987) Zirkaseptaner Rhythmus des Schlafverhaltens. Wiss MLU Halle 36:211–214
3. Balzer H-U, Hecht K (1989) Konzeption zur Entwicklung eines diagnostischen Stufenprogramms zur objektiven Beurteilung der Schlafqualität in Beziehung zur Leistungsfähigkeit und zum Streß am Tage. Wiss Z HUB R Med 38/4:441–445
4. Balzer H-U, Hecht K (1989) Ist Streß noninvasiv zu messen? Wiss Z HUB R Med 4:459–460
5. Borbély AA (1982) A two process modell of sleep regulation. Human Neurobiol 1:195–204
6. Borbély AA (1982) Sleep regulation: circadian rhythms and homeostasis. In: Ganten D, Paff (eds) Sleep. Springer, Berlin Heidelberg New York, pp 83–103

2.1 Chronobiologische Aspekte des Schlafverhaltens

7. Boucsein W (1988) Elektrodermale Aktivität (Grundlagen, Methoden und Anwendungen). Springer, Berlin Heidelberg New York, S 310 ff
8. Broen B von (1988) Computergesteuerte Pilotstudie zur Bedeutung des zirkaseptanen Biorhythmus des Schlafverhaltens in der medizinischen Grundbetreuung – ein Vergleich von Gesunden, Schlafgestörten und Neurotikern. Diss Med Fak HUB
9. Dement W, Seidel W, Carskadon M (1984) In: Hindmarsch I, Ott H, Roth T (eds) Sleep, benzodiazepines and performance. Springer, Berlin Heidelberg New York, pp 11–43
10. Diedrich A, Siems R, Hecht K (1989) Adaptationsprozesse in der Schlafpolygraphie bei Langzeitableitungen. Wiss Z HUB R Med 4:478–482
11. Fietze I, Balzer H-U, Jewgenow K, Hecht K (1988) Zirkaminutenrhythmen in the waking EEG in healthy subjects and in sleep disturbed patients. Acta Nerv Suppl 30:151
12. Fietze I, Balzer H-U, Hecht K (1989) Minutenrhythmen im Tages-EEG von gesunden Probanden und Patienten mit Schlafstörungen. Wiss Z HUB R Med 4:473–477
13. Frey U, Gensch B, Balzer H-U, Hecht K (1989) Ein Beitrag zur Erprobung des Schlafprotokolls zur Beurteilung des Schlafverhaltens von Insomnen in zwei Berliner Allgemeinmedizinischen Praxen. Wiss Z HUB R Med 4:451–455
14. Hecht K, Treptow K, Choinowski S, Peschel M (1972) Die raum-zeitliche Organisation der Reiz-Reaktionsbeziehungen bedingt-reflektorischer Prozesse. Fischer, Jena
15. Hecht K, Vogt W-E, Wachtel E, Oehme P, Airapetjanz MG (1990) Schlafregulierende Peptide. Beitr Wirkstofforsch 37, Berlin
16. Hüller H, Hecht K, Balzer H-U, Jewgenow K (1985) Schlafprotokoll – eine einfache Methode zur Diagnose von Schlafstörungen. In: Kurzreferate: 6. Gemeinschaftstag Ges Exp Med DDR, Berlin, S 527
17. Koella W (1988) Die Physiologie des Schlafes. Fischer, Stuttgat New York
18. Kubicki St (1991) Zur Konvention der Schlafstudienbestimmung (kritische Bemerkungen zu den Regeln von Rechtschaffen und Kales). Vortrag: Charité-Symp Schlaf, Gesundheit, Leistungsfähigkeit, Berlin 31.1.–2.2.91
19. Lavie P (1986) Ultrashort sleep waking schedule. III. Gates and forbidden zones for sleep. EEG Clin Neurophysiol 63:414–425
20. Nicolau GY, Haus E (1989) Chronobiology of the endocrine system. Rev Roum Med Endocrinol 27:153–183
21. Nicolau GY, Haus E, Popescu M, Sackett-Lundeen L, Petrescu E (1991) Circadian, weekly and seasonal variations in cardiac mortality, blood pressure and catecholamine excretion. Chronobiol Int 8/2:149–159
22. Rechtschaffen A, Kales A (eds) (1968) A manual of standardized terminology techniques and scoring systems for sleep stages of human subjects. Public Health Serv, US Gov Print Off, Washington
23. Walter S, Balzer H-U, Hecht K (1988) Computeranalysis of circaseptanary biorhythm of sleep behaviour. Acta Nerv Suppl 2:143–144
24. Walter S, Balzer H-U, Hecht K (1989) Computergestützte Analyse des Schlafprotokolls zur Verifizierung von zirkaseptanen Rhythmen und zum Nachweis von stabilen und instabilen Zuständen im Schlafverhalten. Wiss Z HUB R Med 4:446–450
25. Webb M, Dube M (1984) In: Aschoff J (Hrsg) Vremennye charakteristiki sna. I: Biologičeskije ritmy. MIR, Moskau, S 191–218
26. Virchow R (1922) Die Verbindung der Naturwissenschaften mit der Medizin. In: Sudhoff K (Hrsg) Rudolf Virchow und die Deutschen Naturforscherversammlungen. Akademische Verlagsgesellschaft, Leipzig, S 261

2.2 Chronobiologische Aspekte der Schlafstörungen

G. Hildebrandt, R. Moog

Einleitung

Der Schlaf-Wach-Rhythmus ist ein wesentlicher Teilbereich des circadianen Systems, das normalerweise durch äußere Zeitgeberwirkungen auf den 24-h-Rhythmus der Erdumdrehung synchronisiert und phasengerecht so eingeordnet ist, daß der Hauptschlaf des Menschen in die nächtliche Dunkelphase fällt.

Im Prinzip stellen daher Schlafstörungen stets Störungen des circadian-rhythmischen Systems dar, wobei allerdings unterschiedliche Mechanismen die Störungen bedingen können (Hildebrandt 1980).

Eingeschränkte Zeitgeberwirkungen

Zum einen können Störungen der externen Synchronisation, z.B. durch Verlust der Zeitgeberwirkungen, Schlafstörungen verursachen. Die Hauptschlafzeiten können sich dabei im Sinne der Phasenverschiebung von den Nachtstunden entfernen und am Tag auftreten, wo der Schlaf infolge der schlechten äußeren Voraussetzungen stärker gestört wird. Häufig kommt es auch zu „freilaufenden" zirkadianen Schlaf-Wach-Rhythmen, die dann intermittierende Schlafstörungen hervorrufen können (Übersicht z.B. bei Peter 1991).

Schlafstörungen dieser Kategorie werden am häufigsten bei Blinden beobachtet, bei denen der natürliche Hell-Dunkel-Wechsel als wichtigste Zeitgeberperiodik nicht wahrgenommen werden kann. Unter gleichmäßigen Ruhebedingungen finden sich daher bei Vollblinden im Vergleich zu Sehenden deutliche Störungen der spontanen Phasenlage tagesrhythmischer Markerfunktionen wie z.B. der Rektaltemperatur.

Auch die Zeitpunkte für das spontane Einschlafen und Erwachen unter gleichmäßigen Kontrollbedingungen zeigen bei Vollblinden - wie bei deren nächtlichem Minimum der Rektaltemperatur - wesentlich größere Streuungsbereiche im Vergleich zu Sehenden (Abb. 1, oben).

Wir haben in einer besonderen Versuchsreihe an gesunden Vollblinden (Alter: $\bar{x} = 20{,}5$ Jahre, $s = 2{,}5$ Jahre), die in einem hohen Anteil an Schlafstörungen litten, durch 3-wöchige Applikation morgendlicher Zeitgeberreize (pünktliches Wecken,

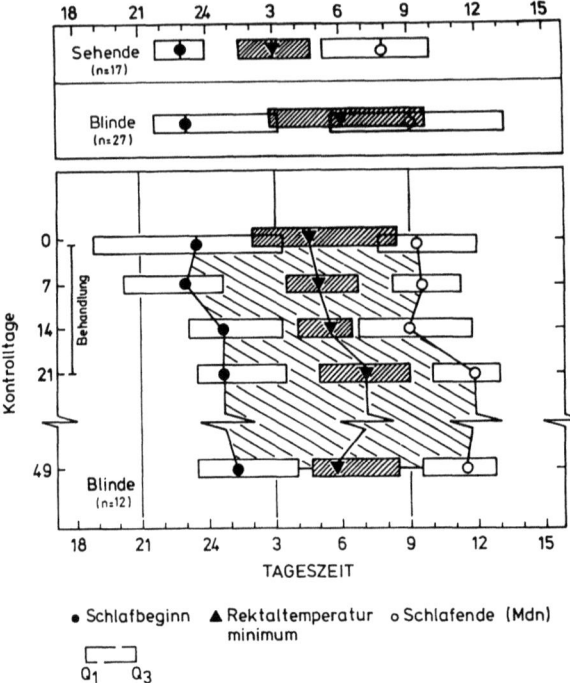

Abb. 1. *Oben:* mittlere zeitliche Lagen des Hauptschlafs (Schlafbeginn und Schlafende) sowie der Rektaltemperaturminima sehender und blinder Versuchspersonen ohne Zeitgeberbehandlung
Unten: Die entsprechenden Daten bei 12 vollblinden Probanden während einer 3wöchigen Behandlung mit dem Zeitgeberkomplex und 4 Wochen nach Behandlungsende (Mdn Median). (Nach Moog u. Hildebrandt 1991)

kalte Dusche, eiweißreiches Frühstück, dosierte Ergometerarbeit: 50 W, 15min) versucht, die zirkadiane Synchronisation zu verbessern und damit die Schlafqualität zu steigern. In der Abb. 1 ist zu erkennen, wie im Lauf dieser Behandlung die Streuungsbereiche der genannten Zeitpunkte sich verkleinern und auch nach weiteren 4 Wochen noch kleiner geblieben sind (Abb. 1, unten). Die dabei eintretenden Phasenverschiebungen führten zu einer Phasenlage, wie sie bei abendtypischen Studenten normalerweise vorzufinden sind. Abbildung 2 zeigt darüber hinaus die Verbesserung der subjektiv geschätzten Schlafqualität in dieser Gruppe.

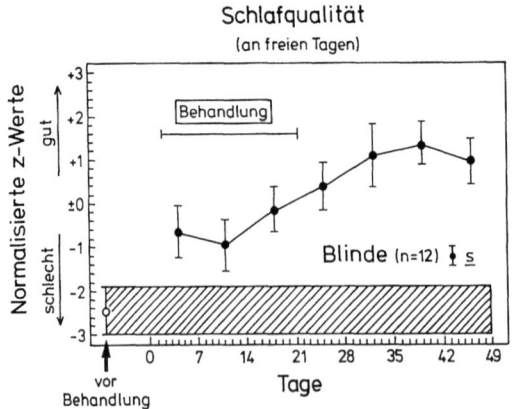

Abb. 2. Einfluß einer artifiziellen Zeitgeberbehandlung auf die selbstbeurteilte Schlafqualität an arbeitsfreien Tagen von blinden Probanden während der 3wöchigen Behandlung sowie 4 Wochen nach Behandlung im Vergleich zu der retrospektiv beurteilten durchschnittlichen Schlafqualität vor Behandlung (SE Standardfehler, z-Werte Standardnormalverteilung standardisiert). (Nach Moog u. Hildebrandt 1991)

2.2 Chronobiologische Aspekte der Schlafstörungen

Störungen des Zeitgebersystems

Hinlänglich bekannt ist andererseits die Tatsache, daß Nachtschichtarbeiter in hohem Maß über Schlafstörungen und Erholungsdefizite klagen. Insgesamt ist die Häufigkeit von Schlafstörungen bei Nacht- und Schichtarbeitern beträchtlich höher als bei Tagarbeitern oder Personen, die keinen Zeitgeberänderungen unterworfen sind (s. Abb. 3; Übersicht bei Knauth 1983).

Die Ursachen dafür liegen keineswegs allein in den am Tage ungünstigen äußeren Schlafbedingungen, sondern auch in der fehlenden oder unzureichenden Umsynchronisation der Zirkadianrhythmik. Vor allem bei sog. Morgentypen besteht eine völlige Unfähigkeit zur Umsynchronisation (Abb. 4 und Moog 1987), weshalb diese im Gegensatz zu Abendtypen (mit verspäteter zirkadianer Phasenlage) gehäuft über Unverträglichkeit der Nachtarbeit klagen (s. Abb. 5 und Hildebrandt et al. 1987).

Ultradiane Rhythmen

Solche internen Störungen der rhythmischen Ordnung des Organismus lassen sich auch im Bereich der kürzerwelligen (ultradianen) Funktionen und deren Zusammenordnung ablesen. Dies gilt z.B. nach unseren Ergebnissen besonders für die nächtliche Normalisierung des Verhältnisses von Puls- und Atemfrequenz auf den frühmorgendlichen ganzzahligen Wert 4:1, die einen wichtigen Indikator der nächtlichen Regenerationsprozesse darstellt.

Wie Abb. 6 zeigt, streben die in 3stündigen Abständen bei 89 männlichen Probanden gemessenen Ruhewerte des Puls-Atem-Quotienten im Laufe des Nacht-

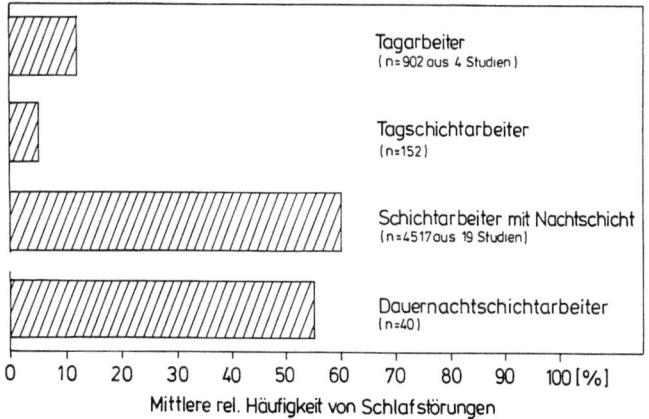

Abb. 3. Mittlere relative Häufigkeit von Schlafstörungen bei verschiedenen Schichtsystemen und bei Tagarbeit (Nach Rutenfranz et al., 1979)

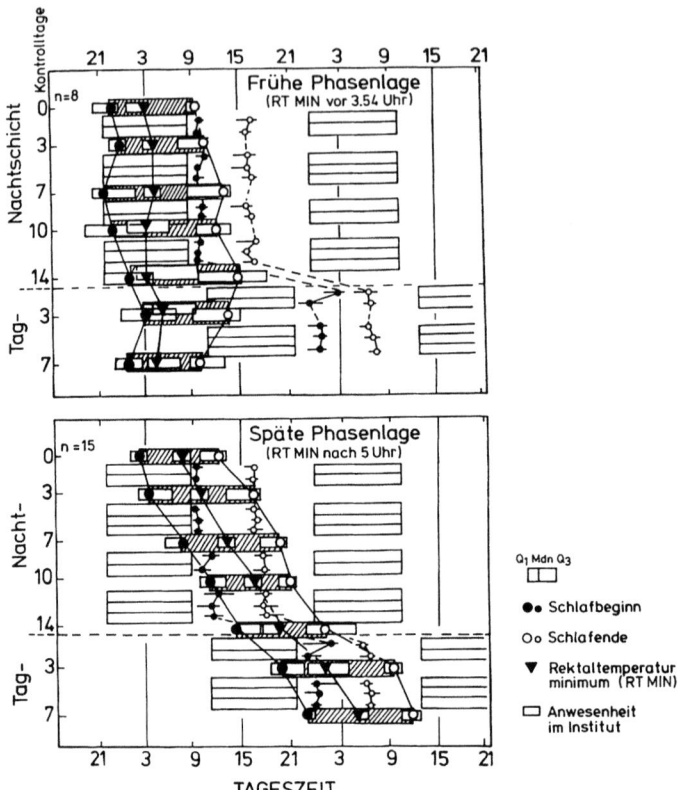

Abb. 4. Entwicklung der zentralen Tendenzen (*Mdn*) des spontanen Hauptschlafbeginns und Schlafendes sowie der Rektaltemperaturminima während einer experimentellen Nacht- und Tagschichtperiode bei Morgen- und bei Abendtypen während einer 14tägigen Nacht- und 7tägigen Tagschichtperiode (*Mdn* Median, Q_1 unteres Quartil, Q_2 oberes Quartil). (Nach Moog u. Hildebrandt 1989)

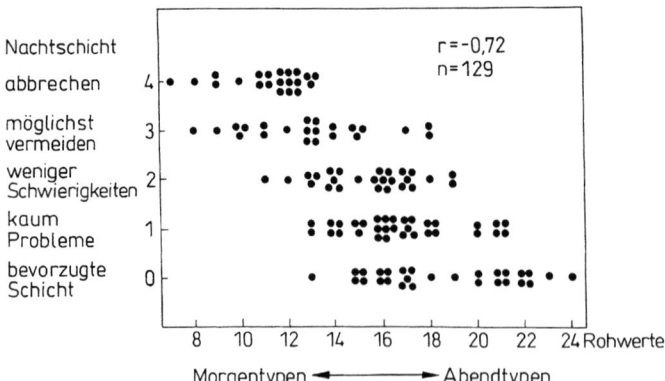

Abb. 5. Abhängigkeit der subjektiv beurteilten Nachtarbeitstoleranz von Personen unterschiedlicher zirkadianer Phasenlage (Morgen- und Abendtypen, *r* Korrelationskoeffizient). (Nach Hildebrandt et al. 1987)

2.2 Chronobiologische Aspekte der Schlafstörungen

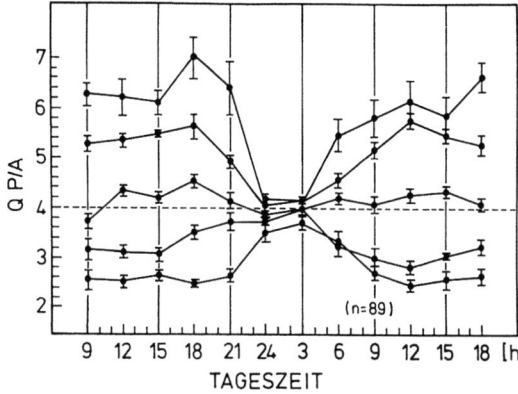

Abb. 6. Zirkadiane Variationen des Puls-Atem Quotienten (*QP/A*) in Gruppen mit unterschiedlichen individuellen Tagesmittelwerten (Daten von Pöllmann, unveröffentlicht)

schlafs auf einen engen Bereich zusammen, der dem normalen ganzzahligen Verhältnis 4:1 entspricht. Dieser zuerst 1953 erhobene Befund wurde inzwischen in zahlreichen Untersuchungen bestätigt. Pöllmann (1975) hat schon vor langer Zeit gezeigt, daß diese nächtliche Normalisierung weitgehend unabhängig von der Tagesvorbelastung eintritt, daß sie aber bei Umkehr der Lebensweise vollständig verlorengehen kann (Abb. 7).

Bisher wird zweifellos viel zu wenig Gebrauch von diesen wichtigen Ordnungsindikatoren im Bereich der Schlafforschung gemacht. Es liegen bereits Befunde darüber vor, daß sich auch die Schlaftiefenperiodik in der Frequenzkoordination von Herz- und Atemrhythmus abbildet.

Ganzzahlig-harmonische Frequenzordnungen werden in der Regel durch Phasenkopplungen zwischen den beteiligten Rhythmen unterstützt und präzisiert. So

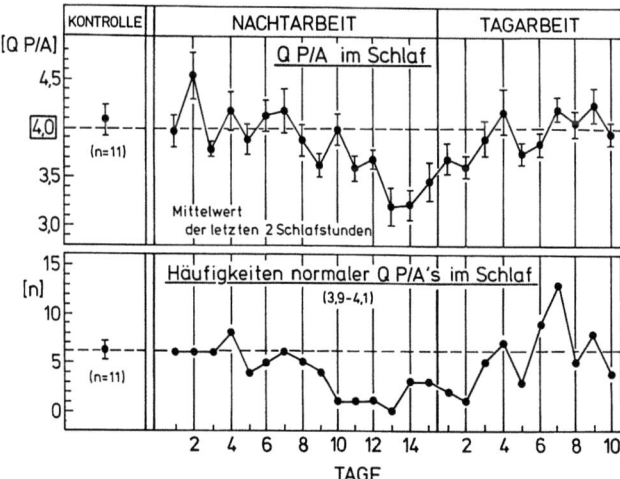

Abb. 7. *Oben:* mittlerer Verlauf des Puls-Atem Quotienten (*QP/A*) in den letzten beiden Schlafstunden während einer 15tägigen Umkehr der Lebensweise und nachfolgender Rückkehr zu normaler Lebensweise. *Unten:* Häufigkeit normaler, Puls-Atem Quotienten während der gesamten Schlafdauer im selben Versuch (• Mittelwert ± Standardabweichung). (Nach Pöllmann, 1975)

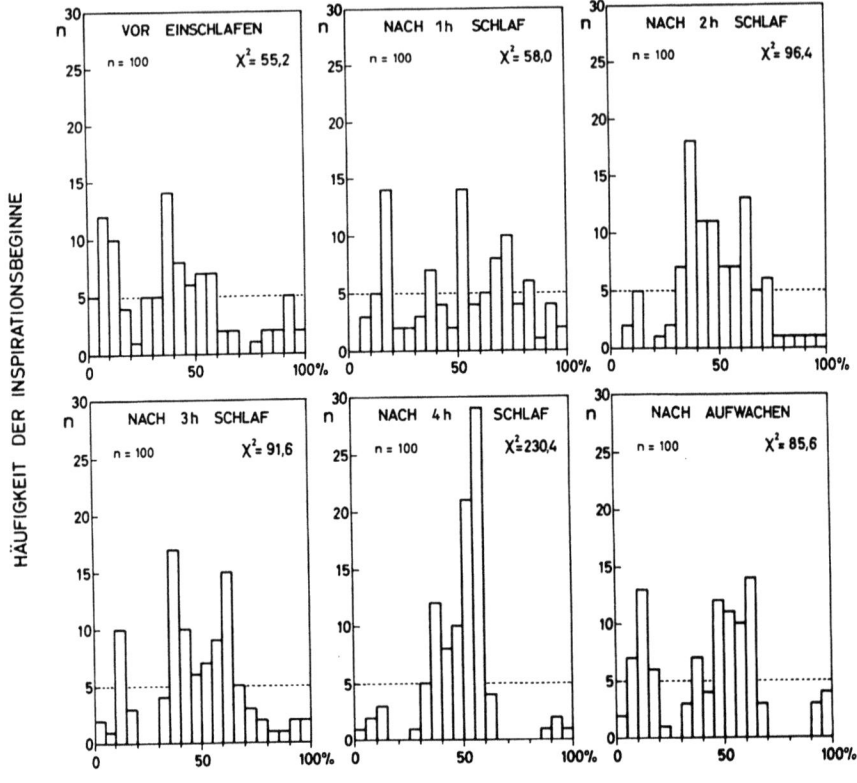

Abb. 8. Häufigkeitsverteilung von 100 Inspirationseinsätzen in verschiedenen Abschnitten der Herzaktion (R-R Zackenintervall) zu unterschiedlichen Zeiten nach Schlafbeginn (Storch 1967). Die gestrichelten Linien geben das 5-%-Unsicherheitsniveau nach Maßgabe des χ^2- Test gegen Gleichverteilung wieder

wurde bereits vor längerer Zeit festgestellt, daß auch die Phasenkoppelung zwischen R-Zacke der Herzaktion und Inspirationsbeginn im Nachtschlaf gesteigert ist.

Abbildung 8 zeigt z.B. bei einer gesunden Versuchsperson die Häufigkeitsverteilungen von je 100 Inspirationsbeginnen über der Herzperiode, die von R-Zacke zu R-Zacke des Elektrokardiogramms aufgetragen ist. Während vor dem Einschlafen nur eine geringe Anhäufung der Inspirationsbeginne in bestimmten Phasen der Herzaktionen anzutreffen ist, nimmt diese Koinzidenz in den ersten Schlafstunden ständig zu, bis nach 4 Stunden Schlaf nur ein bestimmter Abschnitt der Herzrevolution von den Inspirationsbeginnen bevorzugt wird. Wie Raschke und Hildebrandt (1982) zeigten, nimmt der Kopplungsgrad mit der Schlaftiefe zu, mit zunehmender Aktivität wird er vollständig abgebaut (Abb. 9).

Abbildung 10 zeigt aus einer größeren Versuchsreihe den mittleren Tagesgang des Kopplungsgrads (χ^2-Werte der Inspirationsverteilungen) von einer Gruppe ge-

2.2 Chronobiologische Aspekte der Schlafstörungen 63

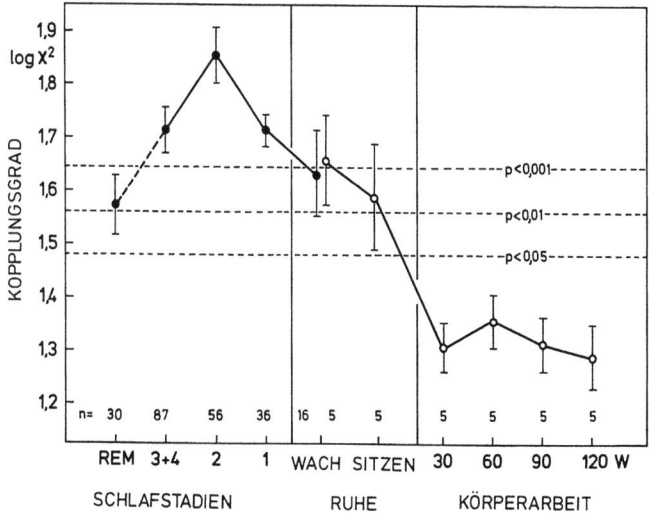

Abb. 9. Abhängigkeit des Kopplungsgrads zwischen Herzschlag und Einatmungsbeginn bei gesunden Versuchspersonen während verschiedener Schlafstadien (• Mittelwert ± Standardabweichung), sowie wach(•) (liegend, sitzend und unter verschieden schwerer körperlicher Ergometerarbeit; Daten von Hildebrandt u. Daumann 1965). (Nach Raschke u. Hildebrandt, 1982)

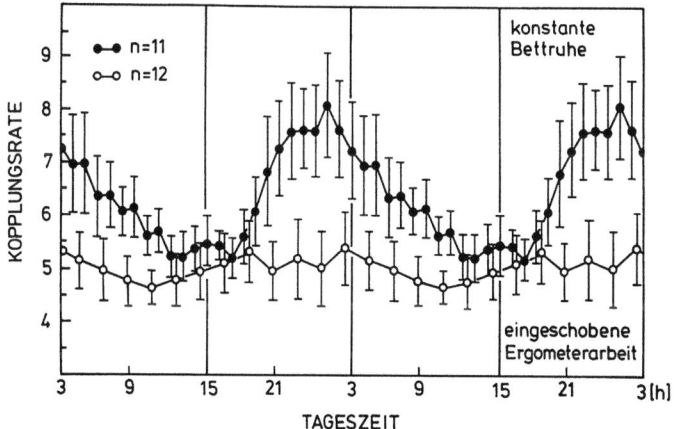

Abb. 10. Zirkadiane Variation des Kopplungsgrads zwischen Einatmungsbeginn und Herzschlag bei gesunden Versuchspersonen unter konstanter Bettruhe (• Mittelwert ± Standardabweichung) und alle 2 h in die Bettruhe eingeschobener Fahrradergometerarbeit (o) (Nach Engel et al. 1969)

sunder Probanden. In der Nacht kommt es zu einer beträchtlichen Steigerung der Phasenkopplung, die zum Tage hin wieder abgebaut wird.

Der Anstieg des Kopplungsgrads zwischen Herzschlag und Atmung im Nachtschlaf hat offenbar einen bestimmten Zeitbedarf. Wenn nämlich die Versuchspersonen alle 2 h geweckt und kurze Zeit auf einem Fahrradergometer körperlich belastet werden, bleibt der nächtliche Anstieg der Phasenkopplung vollständig aus (Engel et al. 1969).

Auch zwischen anderen ultradianen Rhythmen sind tagesrhythmische Schwankungen der Phasenkoppelung mit nächtlichem Anstieg des Kopplungsgrads festgestellt worden (Hildebrandt 1987).

Zirkaseptane Perioden

Der Grad der rhythmischen Ordnungen ist im wesentlichen mit der vegetativen Reaktionslage verknüpft, die nächtliche Trophotropie ist die Voraussetzung für die Steigerung der rhythmischen Ordnungsbeziehungen. So nimmt es nicht Wunder, daß auch im Rahmen längerwelliger Schwankungen der rhythmischen Organisation und der zugrundeliegenden Änderungen der vegetativen Reaktionslage Schwankungen der Schlafqualität auftreten. Dies gilt z.B. besonders für die sog. zirkaseptanen, also etwa 7tägigen Perioden, die als sog. vegetative Gesamtumschaltungen bei den verschiedensten Kompensations-, Adaptations- und Reaktionsprozessen beobachtet werden.

Abbildung 11 zeigt z.B. Schwankungen der Schlafstörungshäufigkeit in einer Patientengruppe während 4wöchiger Bäderkurbehandlung. In deutlicher zeitlicher Beziehung zu den auch in anderen Bereichen sich abzeichnenden periodischen Schwankungen treten hier in etwa 7tägigen Abständen Häufungen von Schlafstörungen während der ergotropen Extremauslenkungen auf, die durch tägliche Fragebögen in verschiedener Weise abgefragt wurden.

Jahresrhythmen

Schließlich sind Schlafstörungen bzw. Schlafqualitäten auch von den umfassenden vegetativen Umstellungen des Organismus im Jahresrhythmus abhängig. Dies ist schon theoretisch zu erwarten, weil nach Untersuchungen von Klöppel (1980) aus unserem Arbeitskreis die zirkadiane Phasenlage jahresrhythmisch verändert wird. So tritt in der aufsteigenden Jahreshälfte bis zum August eine Vorverschiebung der zirkadianen Phase verschiedener Körperfunktionen einschließlich der Schlafzeiten ein, während zum Winter hin eine zunehmende Phasenverspätung stattfindet. Die Amplitude beträgt zwischen 30 und 60 min (Abb. 12).

Die mehr abendtypische Phasenlage des zirkadianen Systems in der dunklen Jahreszeit geht charakteristischerweise mit einer größeren Häufung von morgendlichen Klagen über Unausgeschlafenheit einher, während in den gleichzeitig bei etwa 2000 Personen in Monatsgruppen nach Maßgabe von über 4 Wochen geführten Tagebüchern eher eine Abnahme an Einschlafstörungen festzustellen war (Abb. 13).

Ob beim Menschen auch jahresrhythmische Schwankungen der spontanen Schlafdauer bestehen, wie dies z.B. bei Affen aus der Literatur gut bekannt ist, war unserem Material nicht zu entnehmen.

2.2 Chronobiologische Aspekte der Schlafstörungen

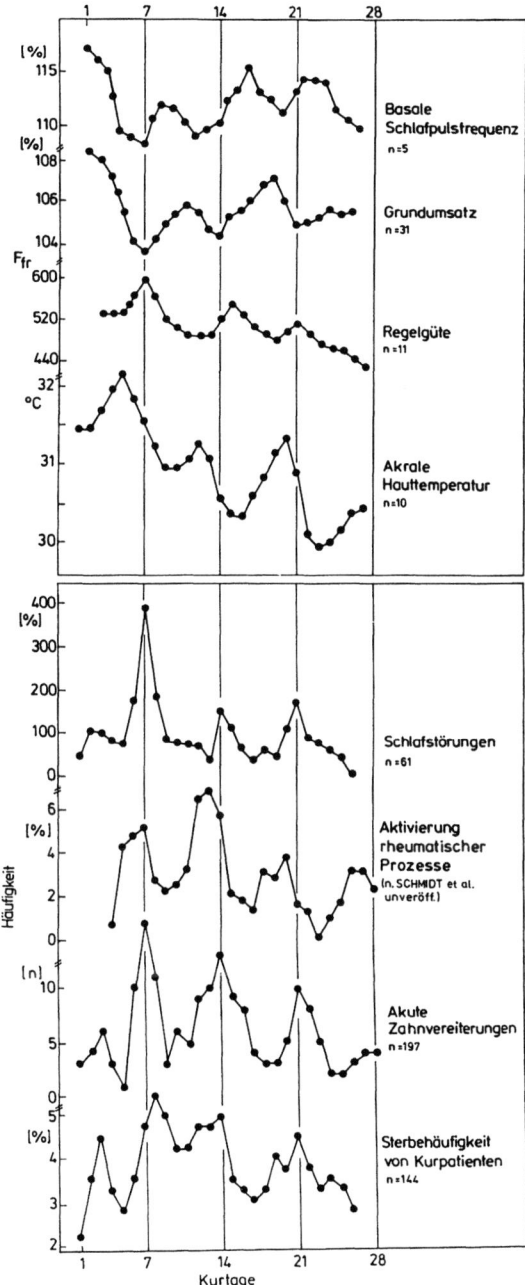

Abb. 11. Zeitliche Beziehungen zwischen zirkaseptanen Häufigkeitsschwankungen von Schlafstörungen und verschiedenen Variablen im Verlauf 4wöchiger Kurortbehandlungen. (Nach Hildebrandt 1989)

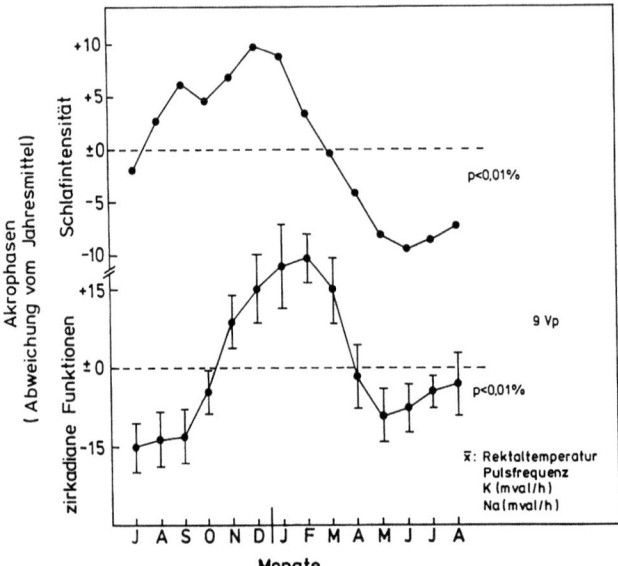

Abb. 12. Abweichung der Schlafintensität und mittlere Phasen verschiedener charakteristischer Funktionen von ihrem Jahresmittel (• Mittelwert $\bar{x}$ ± Standardabweichung). (Nach Klöppel 1980)

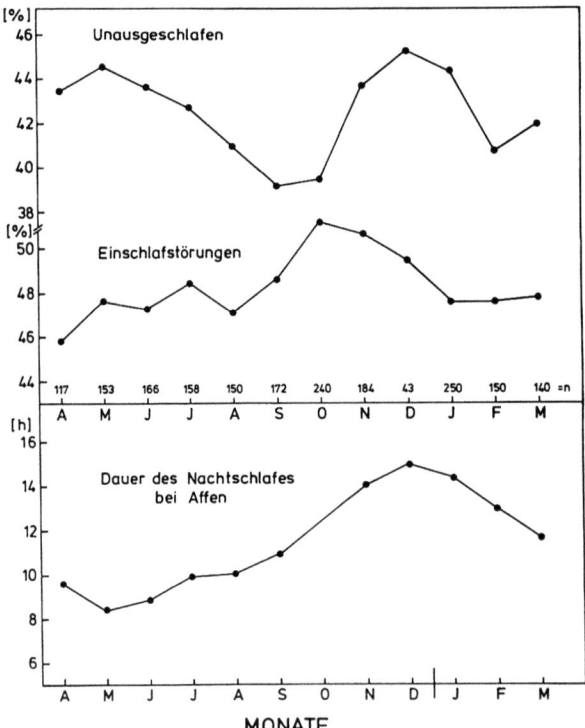

Abb. 13. *Oben:* jährliche Variation der subjektiven Schlafgüte bei 2000 Kurpatienten nach Kurtagebucheinträgen über jeweils 28 Tage. *Unten:* Jahresgang der spontanen Schlafdauer bei Affen

Zusammenfassung

Zusammenfassend ist festzustellen, daß der Schlaf des Menschen infolge seiner engen Kopplung an bestimmte vegetative Voraussetzungen im Sinne einer trophotropen Regulationslage in seiner Qualität bzw. Störungshäufigkeit an allen umfassenden rhythmischen Umstellungen des vegetativen Systems beteiligt wird. Darüber hinaus ist - wenn auch individuell in unterschiedlichem Maß - die Schlaffähigkeit an die interne Konkordanz bzw. Synchronisation aller Teilfunktionen gebunden, die an den rhythmischen Umstellungen mit verschiedenen Periodendauern teilnehmen.

Der therapeutische Zugriff zur Behandlung von Schlafstörungen ist daher in hohem Maße auf Methoden angewiesen, die fähig sind, die vegetativen Ordnungen im Sinn rhythmischer Funktionsordnungen wiederherzustellen. Dies gelingt jedoch nicht im Sinn steuernder Eingriffe, sondern ist an anregende Maßnahmen der Selbstordnungsfähigkeit des Organismus gebunden.

Literatur

Engel P, Hildebrandt G, Voigt ED (1969) Der Tagesgang der Phasenkopplung zwischen Herzschlag und Atmung und seine Beeinflussung durch dosierte Arbeitsbelastung. Int Z angew Physiol 27:339–335

Hildebrandt G (1980) Survey of current concepts relative to rhythms and shift work. In: Scheving LE, Halberg F (eds) Chronobiology: principles and applications to shifts in schedules. Sijthoff and Noordhoff, Alphen ad Rijn, pp 261–292

Hildebrandt G (1987) The autonomous time structure and its reactive modifications in the human organism. In: Rensing L, van der Heiden U, Mackey MC, (eds) Temporal disorder in human oscillatory systems. Springer, Berlin Heidelberg New York, pp160–175

Hildebrandt G (1989) Chronobiologische Grundlagen der Kurortbehandlung. In: Schmidt KL (Hrsg) Kompendium der Balneologie und Kurortmedizin. Steinkopff, Darmstadt, S 119–148

Hildebrandt G, Daumann F-J (1965) Die Koordination von Puls- und Atemrhythmus bei Arbeit. Int Z Angew Physiol Arbeitsphysiol 21:27–48

Hildebrandt G, Deitmer P, Moog R, Pöllmann L (1987) Physiological criteria for the optimization of shift work (relations to field studies). In: Orginsky A, Pokorski J, Rutenfranz J (eds) Contemporary advances in shiftwork research. Medical Academy, Krakow, pp121–131

Hildebrandt G, Moog R, Plamper H, Steffen B (1992): Improvement of sleep quality by phase adjustment of circadian rhythms in blind persons. In: Diez-Noguera A, Cambras T (eds) Chronobiology and chronomedicine. Basic research and applications. Lang, Frankfurt Berlin NewYork, pp357–364

Klöppel H-B (1980) Circannuale Änderungen der circadianen Phasenlage des Menschen. Humanbiol Inaug-Diss, Univ Marburg

Knauth P (1983) Ergonomische Beiträge zu Sicherheitsaspekten der Arbeitszeitorganisation. VDI, Düsseldorf

Moog R (1987) Optimization of shift work: physiological contributions. Ergonomics 30:1249–1259

Peter JH (1991) Chronobiologie und Schlaf. Internist 7:363–379

Pöllmann L (1972) Der Einfluß der Tagesbelastung auf die Frequenzkoordination von Herzschlag und Atmung sowie auf Blutdruck und Spontanbewegungen im Schlaf gesunder Versuchspersonen. Med Inaug-Diss, Univ Marburg

Pöllmann L (1975) Continuous measurements of heart and respiratory rate during a long-term experiment with inverted activity cycle. In: Colquhoun P, Folkard S, Knauth, Rutenfranz J (eds) Experimental studies of shiftwork. Westdeutscher Verlag, Opladen, pp94–102

Raschke F, Hildebrandt G (1982) Coupling of the cardio-respiratory control system by modulating and triggering. In: Kenner T, Busse R, Hinghofer-Zalkay H (eds) Cardiovascular system dynamics - models and measurements. Plenum, New York London, pp533–542

Rutenfranz J, Knauth P, Angersbach (1979) Shift work research issues. In: Symp Variations in work-sleep schedules, effects on health an performance (sponsored by National Institute for Occupational Safety and Health; and Office of Naval Research). San Diego, Sept 19–23, 1979, pp165–195

Storch J (1967) Methodische Grundlagen zur Bestimmung der Puls-Atem-Kopplung beim Menschen und ihr Verhalten im Nachtschlaf. Med. Inaug-Diss, Univ Marburg

2.3 Wochenrhythmus und Adaptation des Schlafverhaltens während einer Langzeitschlafpolygraphie

A. Diedrich, R. Siems, K. Hecht

Einleitung

Nach dem diagnostischen und statistischen Manual psychischer Störungen (DSM-III-R, 1989) ist die Einteilung der Schlafstörungen außerordentlich schwierig. Die weitgefächerte Klassifikation und die Vielfalt der Erscheinungsformen von Schlafstörungen erfordern eine sorgfältige und genaue Diagnostik. Eine eingehende diagnostische Abklärung (Kimbel 1984) mit richtiger Diagnosestellung ist die Voraussetzung einer effektiven Therapie von Schlafstörungen.

Dem Arzt in der Grundbetreuung ist es nur über eine ausführliche Anamnese und mit Hilfe von Fragebögen zur subjektiven Schlaf-Stimmungseinschätzung möglich, eine Diagnose zu stellen. Jedoch versagen die traditionellen psychologischen und Verhaltensstudien bei Insomniepatienten (Flemming 1988) aufgrund der starken Diskrepanz zwischen den subjektiven Angaben und den objektiven Gegebenheiten (Carskadon et al. 1976). Die Unterschiede beruhen auf Schwierigkeiten bei der Einschätzung des Schlafes (Besset 1983). Auch schlechte Schläfer schätzen im Vergleich zu guten Schläfern ihre Einschlafzeit zu hoch und ihre Durchschlafzeit zu niedrig ein (Adam et al. 1986). So können sich die Angaben über die Schlafdauer, Aufwachhäufigkeiten und Wachzeiten extrem von der Wirklichkeit unterscheiden (Hecht u. Balzer 1987; Hecht 1989).

Die Schlaflaboruntersuchung ist eine wichtige Diagnostikmethode, welche zu zuverlässigen und objektiveren Daten führt, die notwendig für die Einschätzung und Behandlung von Schlafgestörten sind (Flemming 1988). Eine Interpretation schlafpolygraphischer Untersuchungen erweist sich aus unterschiedlichen Gründen als außerordentlich schwierig. Die Nichtvergleichbarkeit bzw. die Nichtübereinstimmung konsekutiver Nächte ist noch ein ungelöstes Problem der Schlafpolygraphie und erschwert besonders bei klinisch-pharmakologischen Untersuchungen den Vergleich von Verum- und Plazeboeffekt. Die Tatsache, daß von einem Patienten an zwei aufeinanderfolgenden Tagen kein identisches Schlafpolygramm registriert wird, erklärt Papousek (1978) als ein Ausdruck von Adaptationsvorgängen während schlafpolygraphischer Untersuchungen, die nicht rückwirkungsfrei auf die Versuchsperson sind. Die Frage über die Länge der Adaptationsphasen ist noch ungeklärt. In einer Reihe von Schlaflabors (Flemming 1988) wird die erste Nacht aufgrund des von Agnew et al. (1966) beschriebenen „First-night-Effektes" als Adaptationsnacht registriert. Nächstfolgende Nächte werden in Abhängigkeit der Fragestellung schon voll in die Auswertung einbezogen. Rosadini et al. (1983) und

Balestra et al. (1983) sind jedoch der Meinung, daß die Adaptation an das Schlaflabor länger ist als der „First-night-Effekt".

In dieser Arbeit sollen die Rückwirkung der Schlafpolygraphie und weiterer möglicher Faktoren auf das Schlafverhalten an Probanden untersucht und dargestellt werden.

Methode

Untersuchungsmodell

Unter den Gesichtspunkten der bio-psycho-sozialen Einheit des Menschen (Hecht u. Balzer 1987) und unter Beachtung der chronobiologischen Besonderheiten des Schlafes stellten wir ein vereinfachtes Modell der Beziehung zwischen Schlaf und Leistung auf (Abb. 1), an dem wir unsere Untersuchungen durchführten. Das vorgestellte Modell ermöglicht die Untersuchung des Schlafverhaltens und der Leistungsfähigkeit auf „subjektiver" und „objektiver" Ebene (Abb. 2).

In dieser Arbeit werden nur die Ergebnisse der Untersuchung von Adaptationsphänomenen und der Einfluß des Wochenrhythmus auf die Ergebnisse der Schlafpolygraphie, der subjektiven Angaben und der Leistungsfähigkeit behandelt.

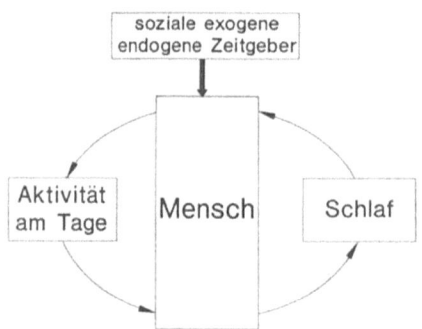

Abb. 1. Modell der Beziehung „Schlaf–Leistung" des Menschen

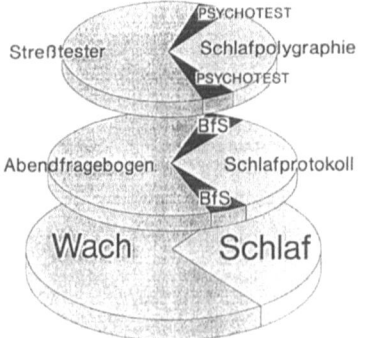

Abb. 2. Darstellung der „subjektiven" und „objektiven" Ebene und der möglichen Untersuchungsmethoden (*Bfs* Befindlichkeitsskala)

Untersuchungsmaterial

Untersucht wurden 6 männliche Probanden im Alter von 29,83±6 Jahren mit unterschiedlichen Tagesbelastungen in verschiedenen Berufen (Arbeiter bis Angestellte, 5 Arbeitstage, keine Schichtarbeit). Die Untersuchung erfolgte auf freiwilliger Basis im Schlaflabor des Instituts für Pathologische Physiologie (Charité). Ein Proband unterzog sich 6 Monate später nochmals der gesamten Untersuchung.

Untersuchungsablauf und Methoden

Der Versuchsablauf ist in Abb. 3 dargestellt. Zu Beginn der Untersuchung wurde eine ausführliche Anamnese und der Befindlichkeits- (BFB) und Verhaltensfragebogen (VFB) von Höck u. Hess (1976) zur Einschätzung der Probanden erhoben.

Die Untersuchungen begannen jeweils donnerstags, um nach 2 bis 3 vermutlichen Adaptationsnächten den Wochenbeginn ohne Adaptationsüberlagerungen beurteilen zu können. Die Registrierung des Schlaf-EEGs begann um 22.30 und endete je nach den beruflichen Erfordernissen. Die schlafpolygraphischen Ableitungen erfolgten jeweils in nebeneinanderliegenden Schlafkabinen, so daß eine synchrone Aufzeichnung von je 2 Probanden (16 Kanäle) möglich war (Abb. 4). Die Polysomnographie umfaßte die Ableitung von
- 3 bipolaren Elektroenzephalogrammkanälen (EEG),
- 2 horizontalen Elektrookulogrammkanälen (EOG),
- 1 Elektromyogrammkanal (EMG),
- 1 Elektrokardiogrammkanal (EKG).

Für die Aufzeichnung wurde ein 16-Kanal-EEG-Gerät der Firma MEDIKOR (Budapest) benutzt. Die Analyse der Schlaf-EEGs erfolgte visuell nach Rechtschaffen u. Kales (1968) in 40-s-Intervallen. Die Weiterverarbeitung der gewonnenen Daten erfolgte über ein speziell entwickeltes Analyseprogramm (A. Diedrich,

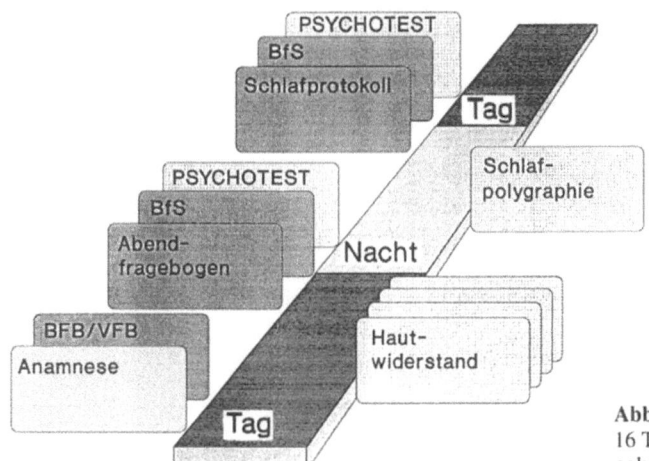

Abb. 3. Versuchsablauf über 16 Tage und Nächte (Schlafpolygraphie)

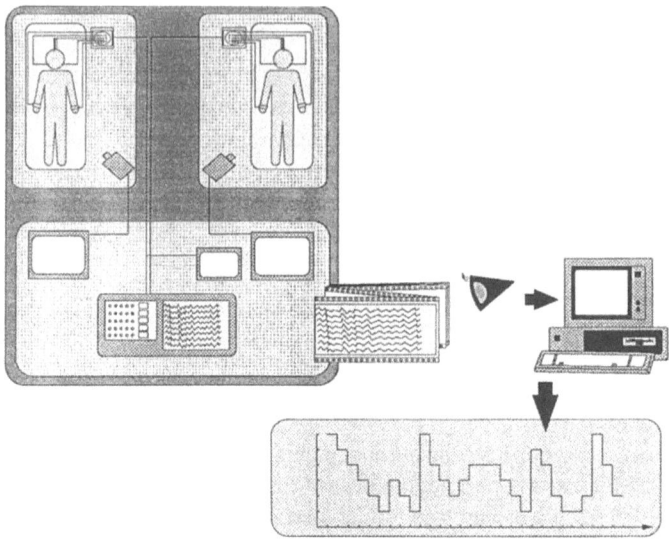

Abb. 4. Versuchsaufbau des Schlaflabors

R. Siems). Betrachtet wurden die üblichen globalen Schlafparameter und Parameter der Zyklenstruktur des Schlafes.

Vor dem Schlafen und nach dem Aufstehen wurde eine Testbatterie psychophysiologischer Tests durchgeführt. Es mußten eine Reihe von Fragebogen – Abendfragebogen, Schlafprotokoll (Hüller et al. 1985), Befindlichkeitsskala BfS von Zerssen (1976) – ausgefüllt und ein Leistungstest mit dem Testsystem PSYCHOTEST (Diedrich et al. 1986) durchgeführt werden. PSYCHOTEST ist auf der Basis eines Kleincomputers realisiert (Abb. 5 u. 6) und erlaubt die Einschätzung von Reaktionsschnelle, Reaktionssicherheit, Vigilanz und psychomotorischer Leistung (Diedrich et al. 1986). Tagsüber wurde alle Stunde der Hautleitwert, als ein Para-

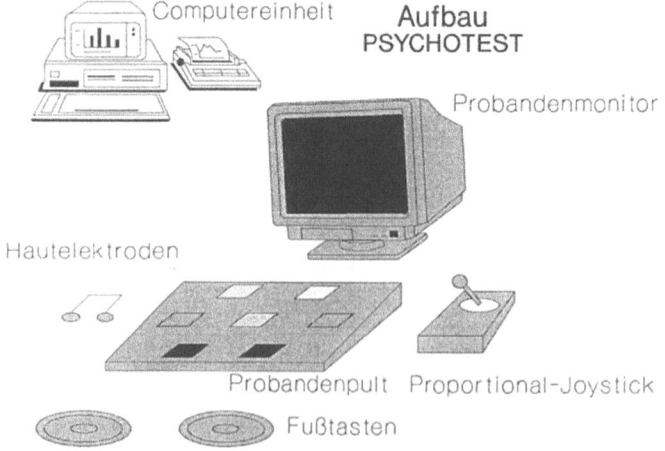

Abb. 5. Aufbau des psychophysiologischen Meßplatzes PSYCHOTEST

2.3 Wochenrhythmus und Adaptation des Schlafverhaltens

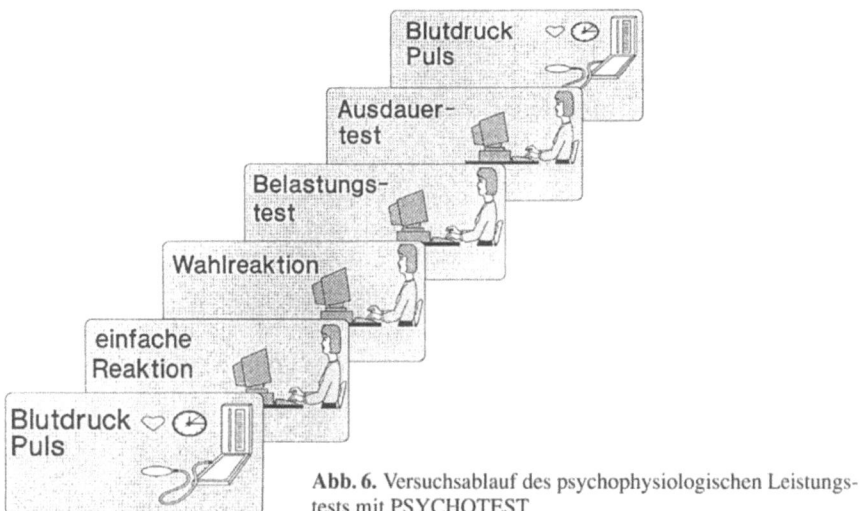

Abb. 6. Versuchsablauf des psychophysiologischen Leistungstests mit PSYCHOTEST

meter des Erregungszustandes, registriert (Balzer u. Hecht 1989). Zur Charakterisierung des Wochenverlaufs der elektrodermalen Aktivität wurden für jeden Tag der Integralwert der stündlichen Messungen am Tag für jeden der Probanden errechnet und die Werte relativ in Prozent des Gesamtwertes über die 16 Tage dargestellt. Hohe Werte bedeuten, daß der Tag mit hoher Erregung ablief, niedrige Werte bedeuten, daß der Proband an diesem Tag relativ entspannt war.

Ergebnisse

Die Untersuchung ergab, daß die Schwankungen der Mittelwerte der Schlafparameter der Probanden sich als außerordentlich groß erwiesen. Diese können multifaktoriell verursacht sein durch:

- inter- und intraindividuelle Unterschiede,
- Adaptationsphänomene und
- aufgelagerte niederfrequente Rhythmen.

Interindividuelle Unterschiede

Der Test auf interindividuelle Unterschiede der Schlafparameter unter den einzelnen Probanden wurde mit der „One-way-Varianzanalyse" durchgeführt. Dabei wurde der Kruskal-Wallis-Test für unabhängige Stichproben angewendet. Es zeigte sich, daß nachweisbare Unterschiede zwischen den Probanden bei den globalen Schlafparametern – der totalen Wachzeit, dem prozentualen Anteil Stadium Wach und der Zyklenanzahl – existieren (unterschiedliche Verteilungen, $p<0,05$). Bei den Parametern der Zyklenanordnung und -struktur gab es bedeutend mehr Unterschiede als bei den globalen Schlafparametern. Dies weist auf individuelle Besonderheiten der Organisation des Schlafes, speziell der Zyklenstruktur, hin.

Intraindividuelle Unterschiede und Wiederholbarkeit

Intraindividuelle Schwankungen lassen sich im Untersuchungsgut beschreiben, wenn zwei gleichlaufende Registrierungen des gleichen Probanden zu zwei unterschiedlichen Zeitpunkten miteinander verglichen werden. Die Betrachtung der globalen Schlafparameter ergab signifikante Differenzen (Mann-Whitney-Wilcoxon, p<0,05; Abb. 7). So war bei der Zweituntersuchung

- die Schlaflatenz (SL) um 19,69 min verlängert,
- der Anteil Stadium 1 um 15,51 min verringert,
- der prozentuale Anteil Stadium 2 um 7,13% erhöht,
- die REM-Dauer um 27,99 min verringert,
- der prozentuale Anteil REM um 3,91% verringert,
- die Schlafeffizienz (SE) um 4,72% niedriger, jedoch
- die Anzahl der Stadienwechsel pro h (SW/h) um 1,43 Einheiten verringert.

Bis auf die Veränderung der durchschnittlichen Anzahl der Stadienwechsel pro h weisen die anderen Parameter auf eine allgemeine Verschlechterung des Schlafs in der Zweituntersuchung hin. Die Anamnese und ein weiteres Gespräch mit dem Probanden ergaben, daß der Proband während der Zeit der Wiederho-

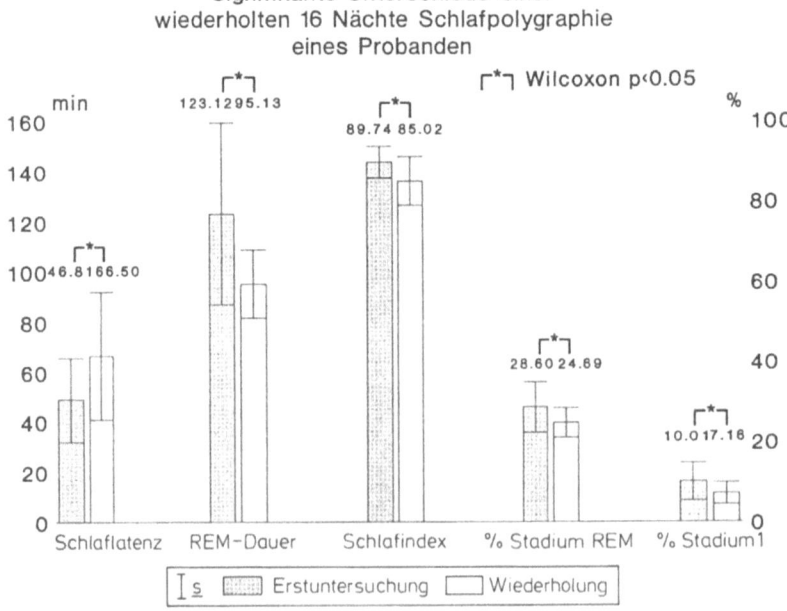

Abb. 7. Signifikante Unterschiede von Schlafparametern bei der Wiederholungsuntersuchung eines Probanden (*s* Standardabweichung)

lungsuntersuchung ein angespannteres Arbeitsverhältnis hatte (Konflikte mit Vorgesetzten) und deshalb auch schlechter schlief. Dies zeigt wiederum, wie wichtig die Einbeziehung des sozialen Umfelds bei einer Schlaflaboruntersuchung ist.

Adaptationsprozesse

Schlafpolygraphie

Zur Analyse der Adaptationsphänomene wurde pro Tag ein Mittelwertvergleich (Mann-Whitney-Wilcoxon-Test) durchgeführt.

Die Untersuchung auf Unterschiede von Tag zu Tag ergab bei einigen Parametern signifikante Veränderungen zwischen der 1. Nacht und der 2. Nacht. Es konnten eine

- Erhöhung der totalen Schlafzeit um 93 min ($p<0,01$),
- Verringerung der Anzahl der Stadienwechsel pro h um 2,01 ($p<0,05$) und eine
- Erhöhung der REM-Dauer um 31,09 min ($p<0,05$)

ermittelt werden.

Der Mittelwertvergleich von Woche zu Woche ergab folgende signifikante Unterschiede an den ersten 3 Tagen der Untersuchung:

- prozentualer Anteil Wach am 1. Tag der 1. Woche gegenüber der 2. Woche um 1,61% verringert ($p<0,05$),
- REM-Latenz am 2. Tag der 1. Woche gegenüber der 2. Woche um 50,86 min verlängert ($p<0,05$),
- REM-Dauer am 2. und 3. Tag der 1. Woche gegenüber der 2. Woche um 25,14% bzw. 46,71% verringert ($p<0,05$),
- Schlafeffizienz am 3. Tag der ersten Woche gegenüber der zweiten Woche um 7,05% verringert ($p<0,05$).

Der Zeitraum 4.–6. Tag (1. Woche) wies gegenüber dem Zeitraum 11.–13. Tag (2. Woche) keine signifikanten Unterschiede auf.

Ab dem 14. Tag gab es wiederum signifikante Unterschiede zum vorhergehenden Wochenabschnitt:

1. Die Aufwachhäufigkeit erhöhte sich am 14. Tag um 3,29 Einheiten ($p<0,05$).
2. Die totale Wachzeit erhöhte sich am 14. Tag um 6 min.
3. Der prozentuale Anteil Wach erhöhte sich am 14. Tag um 1,64% ($p<0,05$).
4. Die Anzahl der Stadienwechsel pro Stunde erhöhte sich am 14. Tag um 1,84 ($p<0,01$).
5. Die REM-Latenz verlängerte sich am 16. Tag um 3,29 min ($p<0,05$).

Mittelwertsvergleiche der globalen Schlafparameter über die Zeiträume 1.–3., 4.–11., 12.–16. Nacht ergaben für Stadium Wach, Aufwachhäufigkeit sowie Stadienwechsel pro h einen signifikanten Abfall ($p<0,05$) vom ersten zum zweiten und einen signifikanten Anstieg vom zweiten zum letzten Abschnitt der Untersuchung (Abb. 8).

Anhand der Ergebnisse kann man die Adaptation an die Schlaflaboruntersuchungen in 3 Phasen unterteilen (Abb. 9):
1. Phase: 1.–3. Tag Gewöhnung an die neuen Schlafbedingungen,
2. Phase: 4.–13. Tag neutrale Phase,
3. Phase: ab dem 14. Tag Anwachsen des Stressors verursacht durch die lange Untersuchungszeit.

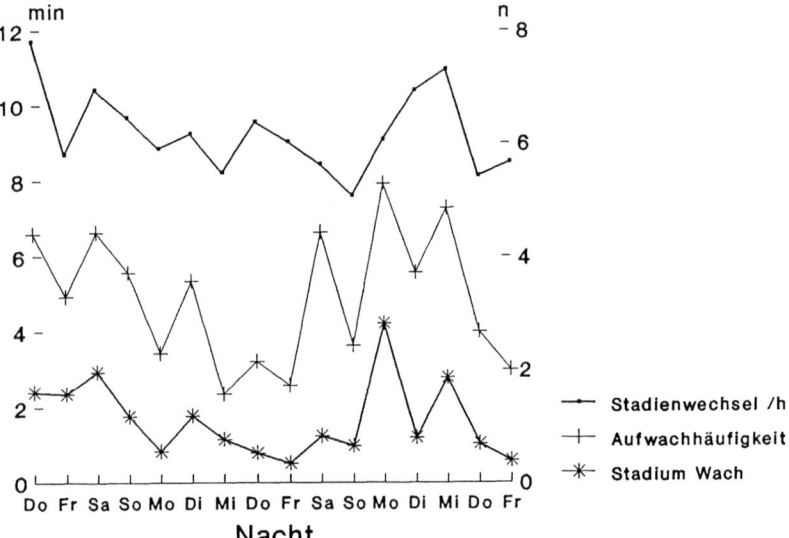

Abb. 8. Adaptationsphänomene während 16 Nächten Schlafableitung an einigen Parametern

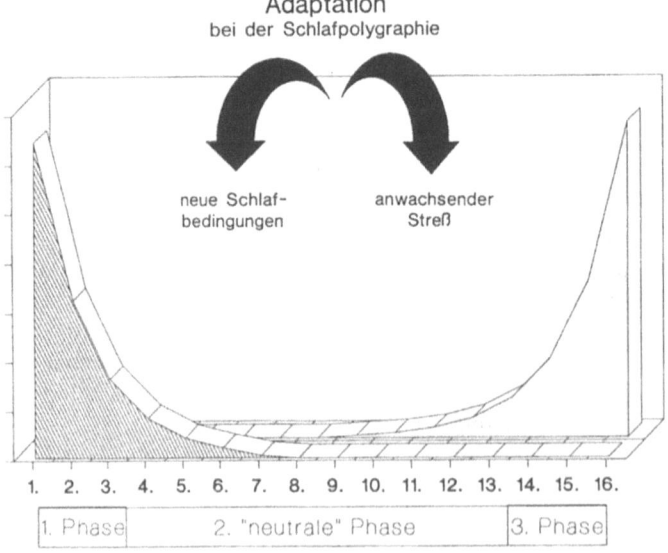

Abb. 9. Modell der Adaptationsvorgänge während einer Langzeitschlafpolygraphie mit möglichen Phasen und Einflußfaktoren

2.3 Wochenrhythmus und Adaptation des Schlafverhaltens

Subjektive Angaben

Auch bei den Angaben der Probanden über Müdigkeit, Schlafqualität und Befinden konnten Adaptationsphänomene festgestellt werden.

Die subjektive Müdigkeit war in der 1. Woche im Durchschnitt immer größer. In der 2. Woche ist ein stetiger Abfall der Müdigkeit erkennbar (Abb. 10 oben). In der 2. Woche ist somit eine Verringerung der empfundenen Müdigkeit festzustellen (Abb. 10 unten).

Die subjektive Einschätzung der Schlafqualität nach dem Schlafen weist eine monotone Verbesserung während der Untersuchungszeit auf (Abb. 11). Hierbei ist an den ersten 3 Tagen eine enorme Verbesserung der Schlafqualität zu verzeichnen. Nach der 1. Nacht gaben zwei Probanden an „schlecht", vier „mäßig" und nur ein Proband „gut" geschlafen zu haben. Demgegenüber gaben nach der 2. Nacht ein Proband „schlecht", einer „mäßig" und vier Probanden an, „gut" geschlafen zu haben. In der 1. Woche haben die Probanden in 45,5% der Fälle „mäßig" bis „schlecht" geschlafen und 54,5% „gut". In der 2. Woche wurden nur noch 36,4%

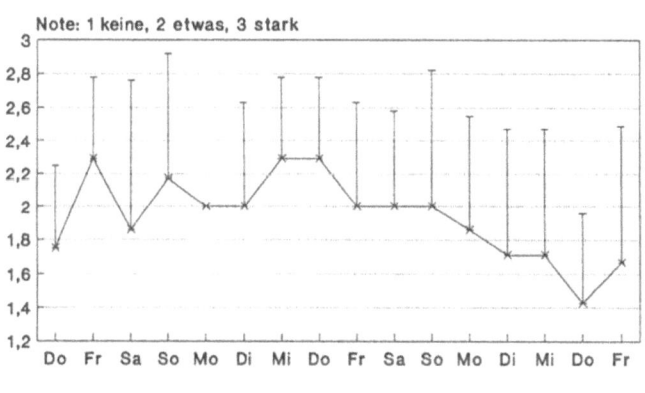

Abb. 10. Verlauf und Anteile der eingeschätzten Müdigkeit in der 1. und in der 2. Woche während 16 Nächten Schlafpolygraphie ($\bar{x}$ Mittelwert, s Standardabweichung)

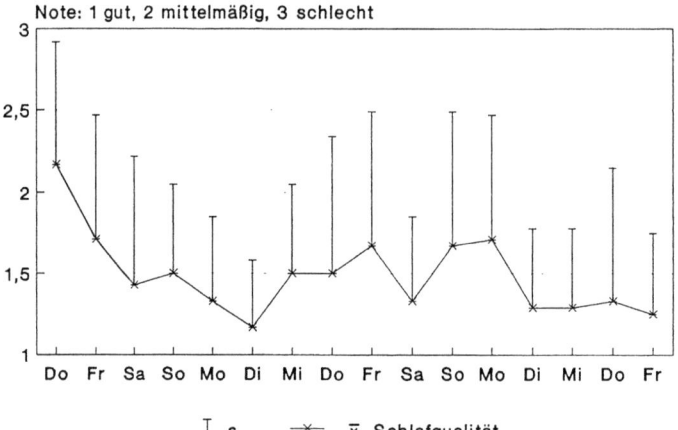

Abb. 11. Verlauf der vom Probanden eingeschätzten Schlafqualität während 16 Nächten ermittelt durch das Schlafprotokoll ($\bar{x}$ Mittelwert, s Standardabweichung)

der Nächte als „mäßig" bis „schlecht" und 63,6% als „gut" eingeschätzt. Dies spricht für einen Gewöhnungseffekt an die Untersuchungsbedingungen.

Erregungszustand

Die Adaptation an die Schlaflaborbedingungen wird auch durch erhöhte elektrodermale Aktivität zu Beginn der Untersuchung widergespiegelt. Sie beträgt 3 bis 4

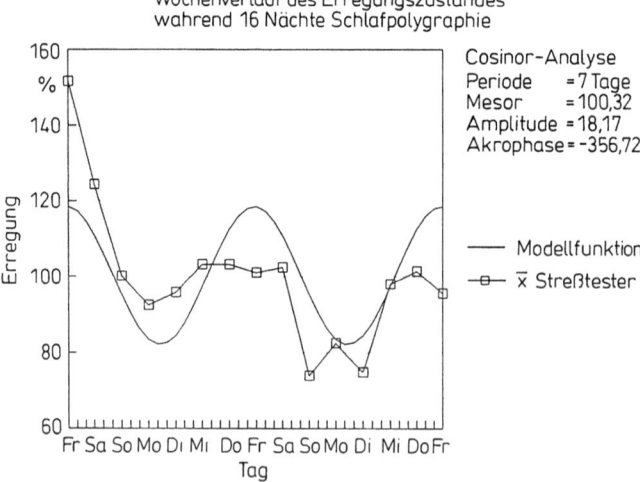

Abb. 12. Ermittelter Erregungszustand (Hautwiderstandsmessung) während 16 Nächten Schlafpolygraphie mit erkennbarer Gewöhnungsphase (1.–4. Tag) und Wochenabhängigkeit (*eingezeichnete Modellkurve*, $\bar{x}$ Mittelwert)

2.3 Wochenrhythmus und Adaptation des Schlafverhaltens 79

Tage und ist Ausdruck erhöhter Erregung aufgrund der Anpassung an die erschwerten Bedingungen des Schlaflabors (Abb. 12).

Rhythmische Einflüsse

Eine Abhängigkeit von den Wochentagen läßt sich bei einigen Parametern vermuten, die sich zusätzlich zum Adaptationsverhalten an die Schlaflaborbedingungen hinzuaddiert.

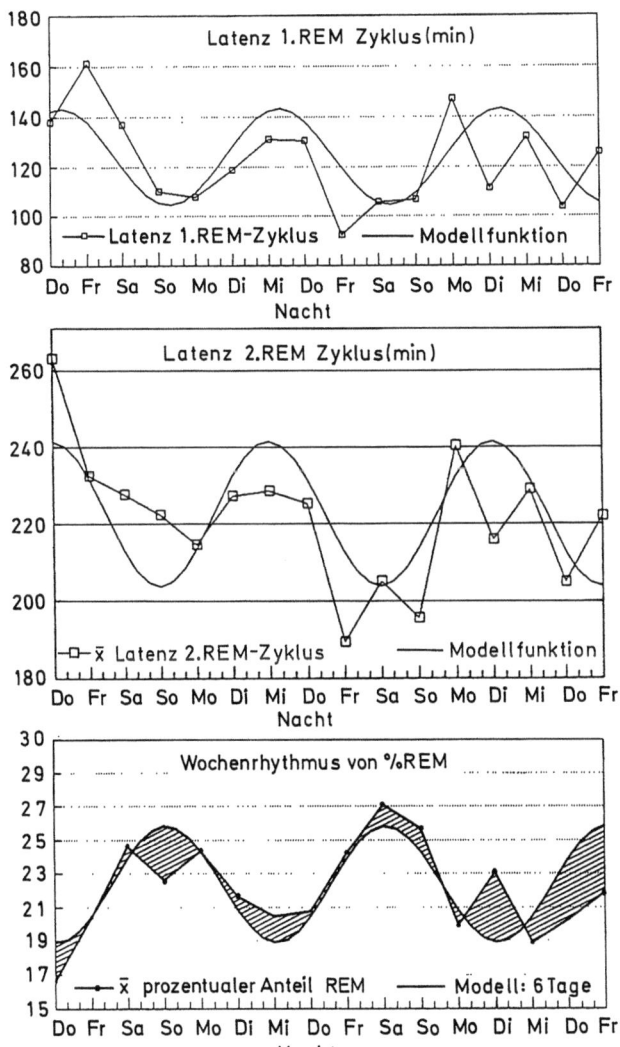

Abb. 13. Beispiele für die Siebentagesperiodik von Schlafparametern während 16 Nächten Schlafpolygraphie ($\bar{x}$ Mittelwert) n = 7

Schlafpolygraphie

Zur Ermittlung eventueller Abhängigkeiten vom Wochentag bzw. periodischer Verläufe wurden die Mittelwertskurven der Schlafparameter mit Hilfe der Cosinor-Methode (Halberg et al. 1985) untersucht. Die Ergebnisse wurden statistisch mit dem Amplituden-Zero-Test (Fischerkriterium $p<0,05$) geprüft.

Die Analyse der globalen Schlafparameter ergab, daß besonders die REM-Parameter (REM-Latenz, prozentualer Anteil REM, REM-Dauer), die absolute Menge an Slow-Wave-Sleep und die Zyklenanzahl einem Wochenrhythmus unterlagen (Abb. 13). Jeweils waren die Maxima bzw. Minima der Kurven mit dem Wochenende gekoppelt (Tabelle 1, Spalte 6 und 7). Bei den globalen Parametern Wach und des oberflächlichen Schlafes konnte keine Wochenabhängigkeit gefunden werden. Als ein Parameter, der in höchstem Maße einer Wochenrhythmik aufmoduliert ist, erweist sich in der vorliegenden Untersuchung der prozentuale Anteil von REM.

In Abb. 13 (untere Grafik) sind Verlauf des Parameters prozentualer Anteil REM einschließlich angepaßter Modellfunktion dargestellt. Die schraffierten Flächen verdeutlichen Abweichungen von der Modellfunktion und sind wahrscheinlich durch adaptive Prozesse verursacht. Die adaptiven Phänomene schließen nicht nur die Gewöhnung an die Schlaflaborbedingungen zu Beginn der Untersuchungen ein, sondern auch die mit zunehmender Untersuchungsdauer auftretenden Belastungen für den Probanden gegen Ende der Untersuchung.

Bei den Parametern der Zyklenstruktur konnten für die ersten beiden REM-Zyklen Wochenrhythmen nachgewiesen werden. So unterlagen die Latenz der beiden Zyklen, die Non-REM-Länge des Zyklus 1, Stadium 1 des Zyklus 1, prozentualer Anteil Stadium Wach und REM in Zyklus 2 einem Wochenrhythmus. Daß die Wochenrhythmik nicht nur durch die verlängerte Schlafzeit bedingt ist, zeigen die Rhythmen in der Zyklenstruktur der ersten beiden REM-Zyklen, da diese von der folgenden Schlafdauer unabhängig sind. Auch ergab die Cosinor-Analyse der totalen Liegedauer keinen signifikanten Rhythmus. Somit kann man annehmen, daß die Wochenabhängigkeit von anderen Faktoren verursacht wird.

Subjektive Angaben

Eine Wochenabhängigkeit konnte auch bei der vom Probanden angegebenen psychischen Belastung gefunden werden (Cosinor-Analyse, $p<0,05$). Die angegebene psychische Belastung trat ab Mitte der Woche vermehrt auf und war am Freitag am größten und am Montag am geringsten. Das Wochenende dient dem Abbau der psychischen Belastung, die während der Woche aufgebaut wurde (durch Konfliktsituationen während der Arbeit?). Ein ähnlicher Zusammenhang ergibt sich bei den objektiven Daten, die mittels Hautwiderstandsmessung erhoben wurden.

Erregungszustand

Der Verlauf der elektrodermalen Aktivität am Tage (Abb. 12) ist durch einen Siebentagesrhythmus mit einem Minimum am Wochenanfang, einem stetigen Anstieg

2.3 Wochenrhythmus und Adaptation des Schlafverhaltens

Tabelle 1. Signifikante Wochenrhythmen der Schlaf- und Wachparameter (Fischerkriterium p < 0,05); Akrophase auf 1. Untersuchungsnacht am Donnerstag bezogen (bei * Akrophase auf 1. Meßtag Freitag bezogen, $\bar{x}$ Mittelwert, s Standardabweichung)

Parameter	Periode	Mesor	Amplitude	Akrophase	Wochentag mit Maximum	Minimum
REM-Latenz	6	75,76	16,23	− 18,67	Di–Mi	Sa–So
REM-Dauer	6	88,45	20,48	−182,71	Sa–So	Mi
% REM	6	22,37	3,45	−183,73	Sa–So	Mi
	7	22,18	2,81	−140,03	Sa–So	Mi
REM-Dichte	7	55,69	4,18	−143,60	Sa–So	Mi
	8	55,05	4,96	−108,64	Sa–So	Mi
absolut SWS	8	71,48	5,65	−270,35	Mi	Sa–So
% SWS	8	16,98	1,69	−254,68	Mi	Sa–So
Zyklenanzahl	6	2,83	0,48	−182,49	Sa–So	Mi
REM-Zyklus 1						
Latenz	6	123,86	19,34	− 17,86	Di	Sa–So
NREM-Länge	6	78,14	7,94	−336,06	Mo–Di	Fr–Sa
	7	78,61	6,27	−300,76	Di–Mi	Sa–So
absolut Stadium 1	7	9,13	2,92	−346,18	Mi–Do	So
% Stadium 1	6	8,86	2,27	− 42,28	Di–Mi	So–Mo
	7	8,81	2,08	−351,18	Mi–Do	Sa–So
REM-Zyklus 2						
Latenz	6	222,59	18,88	−358,78	Mi–Do	Sa–So
absolut Wach	8	1,83	1,44	−126,68	So–Mo	Mi–Do
% Wach	8	1,67	1,26	−118,15	So–Mo	Di–Do
% REM	7	8,32	3,04	− 77,68	Sa–So	Mi
REM-Dichte	8	53,92	7,84	−122,42	Sa–So	Mi–Do
Psychische	7	1,15	0,13	− 31,20	Fr	Mo
Belastung	8	1,13,	0,11	−345,39	Fr	So–Mo
Erregung	7	100,32	18,17	−356,72 *	Fr	Mo–Di
Reaktion $\bar{x}$						
audiomoto-	7	0,18	0,01	−260,669 *	Di–Mi	Sa–So
risch morgens	8	0,18	0,01	−202,546 *	Di–Mi	Sa–So
s audiomoto-	7	0,035	0,014	−279,892 *	Di–Mi	Sa–So
risch morgens	8	0,034	0,013	−222,774 *	Di–Mi	Sa–So
Differenz s						
audiomotorisch	7	0,008	0,018	−294,403	Mi	Sa–So
morgens/abends	8	0,009	0,015	−243,237	Mi–Do	Sa–So
Fehlerrate						
Belastungstest	7	11,05	3,90	− 44,493	Fr	Mo
Falsche Antwort						
Belastungstest	6	11,41	1,53	− 78,816	Do–Fr	So–Mo
Fehlerrate						
Ausdauertest abends	7	19,66	10,46	− 38,288	Fr	Mo

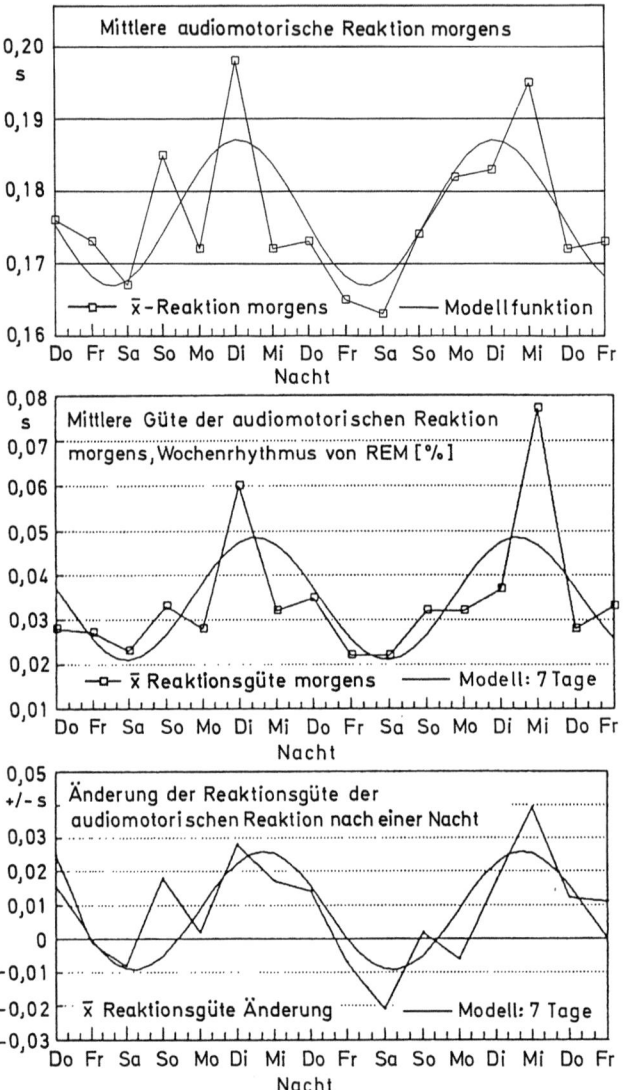

Abb. 14. Wochenrhythmus der mittleren audiomotorischen Reaktionsparametern von 16 Probanden während 16 Nächten Schlafpolygraphie ($\bar{x}$ Mittelwert)

mit Ausbildung eines Maximums am Freitag und einem Abfall am Wochenende charakterisiert, ähnlich dem Kurvenverlauf der psychischen Belastung. Die Testung mittels Cosinor-Analyse der Mittelwertkurve der Probanden ergab eine signifikante Periode von 7 Tagen (Fischerkriterium, $p<0,05$). Dieser Rhythmus ist wahrscheinlich sozial determiniert und widerspiegelt den Aufbau von Anspannungen durch den Arbeitsprozeß in der Woche und den anschließenden Erholungsprozeß am Wochenende.

2.3 Wochenrhythmus und Adaptation des Schlafverhaltens

Psychophysiologischer Leistungstest

Die Cosinor-Analyse der gemittelten Kurvenverläufe von 6 Probanden der einzelnen Reaktionsparameter während der Untersuchungszeit zeigte signifikante Wochenrhythmen für die audiomotorische Reaktionszeit (Mittelwert von 10 Reaktionszeiten) und Reaktionsgüte (Standardabweichung von 10 Reaktionszeiten) am Morgen, sowie für die Änderung der Reaktionsgüte der audiomotorischen Reaktion nach einer Nacht (Differenz der Standardabweichungen vom Morgen zum Abend. Die Ergebnisse sind in Tabelle 1 dargestellt. Die Wochenabhängigkeit der audiomotorischen Reaktionszeit (Abb. 14) äußert sich mit minimalen Zeiten am Wochenende, was Ausdruck eines erholten Zustandes der Probanden sein könnte. Am Wochenende war auch eine Verbesserung der Schlafqualität zu verzeichnen (siehe oben).

Mit der Cosinor-Analyse konnte der Wochenrhythmus aus der Kurve der Fehlerrate und Anzahl der falschen Antworten beim Belastungstest am Abend und der Fehlerrate beim Ausdauertest verifiziert werden (Tabelle 1), mit einem Maximum gegen Freitag und einem Abfall am Wochenende, ähnlich dem Verlauf der Erregungskurve.

Zusammenfassung und Diskussion

Die Untersuchungen ergaben, daß die Schwankungen der Mittelwerte der Schlafparameter der Probanden sich als außerordentlich groß erwiesen. Diese sind multifaktoriell verursacht durch:

– inter- und intraindividuelle Unterschiede
– Adaptationsphänomene und
– aufgelagerte niederfrequente Rhythmen.

Interindividuelle Unterschiede sind vermehrt in den Parametern über die Zyklenstruktur und weniger in den globalen Parametern zu finden. Dies weist auf individuelle Besonderheiten der Organisation des Schlafes – speziell der Zyklenstruktur – hin.

Intraindividuelle Unterschiede konnten bei einer Wiederholungsuntersuchung verifiziert werden, die mit hoher Wahrscheinlichkeit durch Veränderungen im sozialen Umfeld verursacht wurden.

Die Ergebnisse der vorliegenden Arbeit zeigen, daß *Adaptationsphänomene* an die Schlaflaborbedingungen existieren, die sich in den Schlafparametern, subjektiven Aussagen der Probanden und objektiven Leistungsparametern auswirken und länger als der „First-night-Effekt" andauern.

Die Adaptation an die Schlaflaboruntersuchungen kann durch 3 Phasen – Gewöhnung an die neuen Schlafbedingungen (1.–3. Tag), neutrale Phase (4.–13. Tag) und Anwachsen des Stressors der langen Untersuchungszeit (ab 14. Tag) – beschrieben werden (Abb. 9). Die Auswertung schlafpolygraphischer Untersuchungen sollte deshalb erst ab dem 4. Tag erfolgen. Eine Untersuchung im Schlaflabor über den 14. Tag hinaus ist nicht ratsam, da die Belastung für den Probanden enorm anwächst.

Es konnte gezeigt werden, daß sowohl im Schlafverhalten, in der Schlafstruktur und in anderen physiologischen Parametern am Tage eine *von ca. 7 Tagen Periodik* auftreten kann, die in fester Beziehung zur Woche steht. Diese Rhythmik ist mit hoher Wahrscheinlichkeit sozial determiniert. Beim Menschen sind Prädikationen von periodischen Ereignissen auf der Grundlage eines internen kognitiven Modells der Situationsbedingungen in bewußter Form möglich; das bedeutet, daß wir Ereignisse lange voraussehen bzw. unser Handeln darauf einstellen können. Die kognitive Leistung des zeitlichen Planens zu bewältigender Aufgaben ist eine „Regulation auf die Zukunft", die in der Evolution des Menschen von großem Selektionswert war und ist (Sinz 1980). So ist auch eine Abhängigkeit des Schlafes vom Arbeitsrhythmus der Woche verständlich.

Haus et al. (1981) konnten einen wochenrhythmischen Verlauf der Serum-Kortisol-Konzentration feststellen. Da Kortisol ein Hormon ist, welches bei Stressoreneinwirkung ansteigt, kann man schlußfolgern, daß die Schlafqualität von der Stressoreneinwirkung am Tag beeinflußt wird. In den vorliegenden Untersuchungen konnte der Einfluß der Erregung am Tage, mittels Messung der elektrodermalen Aktivität, auf die Schlafqualität nachgewiesen werden. Auch die subjektiven Angaben über psychische Belastung bestätigen diesen Zusammenhang.

Der Wochenrhythmus könnte aber auch eine Periodik endogener Herkunft sein, die durch den Wochenablauf synchronisiert wird. Freilaufende zirkaseptane Rhythmen bei Pflanzen und Tieren wurden schon von Halberg et al. (1985, 1986) beschrieben.

Interessant ist auch die Darstellung von Hildebrandt (1976, 1990) über zirkaseptane Reaktionsperiodiken von Befinden, Vigilanz und optischen und akustischen Reaktionszeiten bei Kurpatienten. Reaktionsperiodiken sind ein Merkmal einer Adaptationsreaktion an für den Organismus extreme Bedingungen. Diese Periodiken stehen in bestimmten zeitlichen Beziehungen zur Reizeinwirkung und sind unabhängig vom Wochentag. Es ist aber möglich, daß die zirkaseptane Reaktionsperiodik unter bestimmten Bedingungen vom sozialen Wochenrhythmus synchronisiert werden kann (Hildebrandt et al. 1982). In unserem Fall stellt die Schlafableitung einen großen Stressor für den Probanden dar, der eine Reaktionsperiodik auslösen kann, die sich dann mit dem sozial determinierten Wochenrhythmus summiert. Für die Bestätigung einer der Hypothesen bedarf es noch weiterer Untersuchungen unter zeitgeberfreien Bedingungen.

Die Resultate weisen darauf hin, das beim Vergleich von therapeutischen Effekten oder Wirkungen von Pharmaka in der klinischen Erprobung nur phasengleiche Versuchsabschnitte (gleiche Wochentage) zu berücksichtigen sind.

Literatur

Adam K, Tomeny M, Oswald I (1986) Physiological and psychological differences between good and poor sleepers. J Psychiat Res 20:301–316

Agnew HW, Webb WB, Williams RL (1966) The first night effect: an EEG study of sleep. Psychophysiology 2:263–266

Balestra V, Ferillo F, Nuvoli GF, Rodriguez G, Rosadini G, Sannita WG (1983) Effects of adaptation to the sleep laboratory. II. Sleep parameters. In: Koella WP (ed) Sleep 1982, Proc 6th Eur Congr Sleep research. Karger, Basel, 186–189

Balzer HU, Hecht K (1989) Ist Streß noninvasiv zu messen? Wiss Z HUB R Med 38:456–460

Besset A (1983) Clinical evaluation of insomnia. In: Koella WP (ed) Sleep 1982, Proc 6th Eur Congr Sleep research. Karger, Basel, pp 147–167

Carskadon MA, Dement WC, Mittler MM, Guilleminault C, Zarcone VP, Spiegel R (1976) Self-reports versus sleep laboratory findings in 122 drug-free subjects with complaints of chronic insomnia. Am J Psychiat 133:1382–1388

Diagnostisches und statistisches Manual psychischer Störungen (1989) DSM-III-R. Beltz, Weinheim, Basel

Diedrich A, Balzer HU, Broen B von, Hecht K (1986) Psychophysiologischer Leistungstest, Methodik, Realisierung und Anwendung. In: Kurzreferate, III. DDR-UdSSR Symp Chronobiologie und Chronomedizin. Halle (Saale) 1.–6. 7. 1986, S 127–126

Flemming JAE (1988) The laboratory evaluations of sleep and its disorders. Can Fam Physician 34:371–374

Forst U, Jakob C, Hecht K (1989) Epidemiologische Studien zur Schlafdauer und zu Schlafproblemen. Wiss Z HUB R Med 38:435–440

Halberg F (1975) The cosinor. In: Mayersbach H, Scharf JH, Hassenstein B (Hrsg) Die Zeit und das Leben. Leopoldina-Symp, Halle, März 1975

Halberg F, Halberg E, Halberg F, Halberg J (1985) Circaseptan (about 7-day) and circasemiseptan (about 3,5-day) rhythms and contributions. In: Derer L (ed) I. General methodical approach and biological aspects. Biologia (Bratislava) 40:1119–1141

Halberg F, Halberg E, Halberg F, Halberg J (1986) Circaseptan (about 7-day) and circasemiseptan (about 3,5-day) rhythms and contributions. In: Derer L (ed) II. Examples from botany, zoology and medicine. Biologia (Bratislava) 41:233–252

Haus E, Sacket LL, Haus M, Babb WK, Bixby EK (1981) Cardiovascular and temperature adaption to phase shift by intercontinental flights-longitudinal observations. Adv Biosci 30:375

Hecht K (1989) Schlaf – Streß – Zeitregulation – Blutdruck in Gesundheit und Krankheit. Wiss Z HUB R Med 38:433

Hecht K, Balzer HU (1987) Physiologie zur Ausbildung in der Grundstudienrichtung Medizinpädagogik – 3. Lehrbrief: Schlaf, Schlafstörungen, Schlafmittel. Bergakademie, Freiberg

Hildebrandt G (1976) Chronobiologische Grundlagen der Leistungsfähigkeit und Chronohygiene. In: Hildebrandt G (Hrsg) Biologische Rhythmen und Arbeit. Springer, Wien New York, S 1–19

Hildebrandt G (1990) Circaseptane Reaktionsperiodik. Therapeutikon 4, 7/8:402–413

Hildebrandt G, Geyer F, Brüning W (1982) Circaseptan adaptive periodicity and weekly rhythm. In: Hildebrandt G, Hensel H (Hrsg) Biological Adaptation. Int Symp, Marburg/Lahn, Thieme, Stuttgart, pp 113–116

Höck K, Hess K (1976) Der Beschwerdefragebogen (BFB). Der Verhaltensfragebogen (VFB). VEB Deutscher Verlag der Wissenschaften, Berlin

Hüller H, Hecht K, Balzer H-U, Jewgwnow K (1985) Schlafprotokoll – eine einfache Methode zur Diagnostik von Schlafstörungen des Menschen. In: Kurzreferate, 6. Gemeinschaftstag Ges Exp Med DDR, Berlin, S 1527

Kimbel KH (1984) Arzneimittel und Schlaflosigkeit. Dtsch Ärztebl 40:2892–2897

Papousek M (1978) Chronobiologische Aspekte des therapeutischen Schlafentzuges bei endogener Depression. Fischer, Stuttgart, S 51–60

Rechtschaffen A, Kales A (eds) (1968) A manual of standardized terminology techniques and scoring system for sleep of human subjects. Public Health Serv, US Gov Print Off, Washington

Rosadini G, Ferillo F, Gris A, Rodriguez G, Sannita WG, Timitilli C (1983) Effects of adaptation to the sleep laboratory – I. Behavioral variables and waking EEG. In: Koella WP (ed) Sleep 1982, Proc 6th Eur Congr Sleep research. Karger, Basel, pp 182–185

Sinz R (1980) Chronopsychophysiologie, Chronobiologie und Chronomedizin. Akademie-Verlag, Berlin

Zerssen D von (1976) Die Befindlichkeits-Skala (Parallelformen BfS und BfS'). Beltz, Weinheim

2.4 Hormone als Determinanten des Schlafs

J. Born, R. Pietrowsky, W. Kern, H. L. Fehm

Einleitung

Der Schlaf ist durch ein typisches Muster zentralnervöser, peripher-somatischer, peripher-autonomer und peripher-endokriner Aktivierungsprozesse gekennzeichnet. Neben zircadianen Sekretionsrhythmen (z. B. Weitzmann 1980; Veldhuis et al. 1990) sind für eine Reihe von Hormonen ultradiane Oszillationen der Sekretion nachgewiesen worden. Während des Schlafs verlaufen diese Sekretionsrhythmen zeitlich parallel mit dem NREM-REM-Rhythmus (Brandenberger et al. 1985; Born et al. 1988 b; Fehm et al. 1991; Follenius et al. 1988). Hormone mit sehr charakteristischen Sekretionsverläufen während des nächtlichen Schlafs sind das Wachstumshormon („growth hormone" – GH), das luteinisierende Hormon (LH), Renin und das Kortisol.

Aus Platzgründen beschränken wir uns hier auf eine zusammenfassende Darstellung von Arbeiten, die sich der Dynamik der Interaktion zwischen Schlaf und der nächtlichen Sekretion von GH bzw. Kortisol widmen. Die Sekretion von GH aus dem Hypophysenvorderlappen wird durch die hypothalamischen Hormone GHRH („GH releasing hormone", aktivierend) und Somatostatin (hemmend) gesteuert; GH aktiviert u. a. die Sekretion von Somatomedin C (gleichbedeutend mit „insulin-like growth factor I" – IGF I) in der Leber. Die Synthese und Sekretion des Kortisols in der Nebennierenrinde wird u. a. durch das Adrenokortikotrope Hormon (ACTH) des Hypophysenvorderlappens stimuliert, dessen Sekretion beim Menschen im wesentlichen durch die hypothalamischen Hormone Vasopressin (VP) und „corticotropin releasing hormone" (CRH) stimuliert wird (Späth-Schwalbe et al. 1987). Eine überschießende Aktivierung der GHRH-GH-Achse und der Hypothalamus-Hypophysen-Nebennierenrindenachse (HHN-Achse) wird durch afferente negative Feedbackwirkungen der Hormone der peripheren Drüsen in diesen Achsen verhindert.

Abbildung 1 zeigt schematisch den zeitlichen Zusammenhang zwischen Schlaf und der nächtlichen GH- bzw. Kortisolsekretion. Die GH-Sekretion nimmt nach dem Einschlafen stark zu, um in zeitlicher Assoziation mit den Deltaschlafphasen des ersten NREM-REM-Zyklus Maximalwerte zu erreichen (Takahashi et al. 1968; Born et al. 1988 a). In einigen Nächten findet sich ein zweites GH-Maximum während der NREM-Periode des 2. NREM-REM-Zyklus. Im weiteren Verlauf der Nacht sinken die GH-Spiegel dann auf minimale Werte ab. Deltaschlafdeprivationsversuche zeigen, daß der Zeitpunkt nächtlicher GH-Anstiege nicht durch die zu

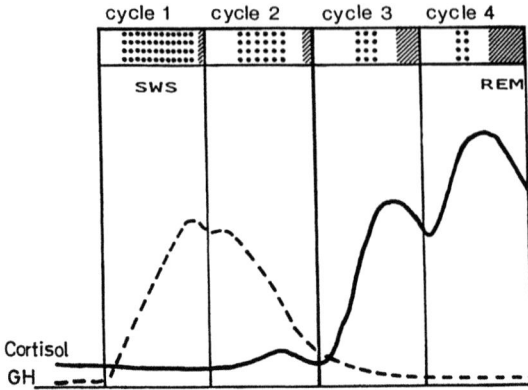

Abb. 1. Schematische Verläufe (oben) zentralnervöser Erregung (NREM-REM-Zyklen; *gepunktet:* der über die Zyklen hinweg abnehmende Deltaschlafanteil) und endokriner Aktivierung mit Bezug auf die GH- (*gestrichelt*) und Kortisolspiegel während des nächtlichen Schlafs

Beginn der Nacht gehäuft auftretenden Deltaschlafphasen, sondern eher durch den Einschlafzeitpunkt bzw. den Beginn des entsprechenden NREM-REM-Zyklus determiniert wird (Born et al. 1988 a).

Der Plasmakortisolspiegel ist zu Beginn der Nacht normalerweise extrem niedrig. Die Kortisolspiegel steigen etwa 180 min nach dem Einschlafzeitpunkt stark an; diesem ersten Anstieg folgen in der Regel 2–3 weitere Anstiege. Genauso wie die nächtlichen GH-Anstiege, fallen die ersten nächtlichen Kortisolanstiege in mehr als 96% der Fälle in eine NREM-Schlafphase; auch die nachfolgenden Kortisolanstiege beginnen in der Mehrzahl der Fälle während NREM-Phasen (Kupfer et al. 1983; Born et al. 1986; Fehm u. Born 1991). Umgekehrt sind REM-Schlafphasen mit absinkenden Kortisolspiegeln, d. h. mit einer inaktiven Nebennierenrinde assoziiert. Eine an den NREM-Schlaf gekoppelte Sekretion wurde auch für ACTH und eine Anzahl weiterer Hormone wie z. B. LH, Insulin und Renin gezeigt (Brandenberger et al. 1985; Fehm et al. 1991; u. a.). Es scheint daher generell zu gelten, daß während des REM-Schlafs – parallel zur Herabsetzung des peripheren Muskeltonus – auch die sekretorische Aktivität im endokrinen System vermindert ist.

Hier stellt sich die Frage, ob die zeitliche Assoziation zwischen REM-Schlaf und reduzierter endokriner Aktivität efferent bedingt ist, indem zentralnervöse Mechanismen während des REM-Schlafs das hypothalamisch gesteuerte Endokrinium hemmen, oder ob humoral afferente Einflüsse bei dieser Kopplung eine Rolle spielen, indem die im Blut zirkulierenden Hormone die Ausbildung von REM-Schlaf unterdrücken. Wir haben daher in mehreren Humanstudien die humoral afferente Beeinflussung des Schlafs durch Hormone der GHRH-GH- und der HHN-Achse analysiert.

Die GHRH-GH-Achse

Deltaschlaf ist bei Patienten mit Akromegalie reduziert (Carlson et al. 1972) und bei minderwüchsigen Patienten mit GH-Mangel vermehrt (Vogel et al. 1972). Entsprechend dieser an Patienten gewonnenen Ergebnisse reduzierte sich auch bei gesun-

2.4 Hormone als Determinanten des Schlafs

den jungen Probanden der Deltaschlaf um durchschnittlich 19% nach intramuskulärer Gabe von 5 IE GH (etwa 15 min vor dem Einschlafen; Mendelson et al. 1980). Gleichzeitig nahm der REM-Schlaf in dieser Studie unter GH-Einfluß signifikant zu. Die intravenöse Infusion von GHRH entfaltete aber in einer weiteren Studie bei gesunden Probanden keine Wirkungen auf den Schlaf, obwohl die nächtlichen GH-Spiegel durch die GHRH-Gabe beträchtlich erhöht waren (Sassolas et al. 1986).

In eigenen Experimenten (Kern et al. 1991, unveröffentlicht) mißlang die Replikation der Ergebnisse von Mendelson et al. (1980). Zwölf gesunde männliche Probanden verbrachten – nach einer Eingewöhnungsnacht – 3 experimentelle Nächte im Schlaflabor, in denen ihnen entweder Plazebo oder 5 IE GH verabreicht wurde. GH wurde entweder intramuskulär (21.00 Uhr) oder intravenös als Dauerinfusion (zwischen 21.00 und 7.00 Uhr) appliziert. Neben dem GH- wurde auch der Somatomedin-C-Spiegel während des Schlafs kontrolliert. Weder REM- noch Deltaschlafanteile wurden durch die GH-Gaben signifikant verändert (Tabelle 1).

Diese negativen Resultate wurden durch einen Zusatzversuch bestätigt, bei dem 3 Probanden eine um das fast 10fache erhöhte Dosis GH (48 IE) in Form einer Kurzinfusion zwischen 22.45 und 23.15 Uhr verabreicht wurde (Licht-aus-Zeitpunkt: 23.00 Uhr). Die i.v. Applikation wurde in dieser Studie der i.m. Gabe vorgezogen, um möglichst reliable GH-Spiegelerhöhungen zu erzeugen. Weder für den REM- noch für den Deltaschlafanteil zeigten sich bei dieser hohen Dosis für die 3 Versuchspersonen gleichgerichtete Veränderungen. Auch eine durch GHRH-Infusion (30 µg/h) induzierte Erhöhung nächtlicher GH-Spiegel zeigte in unseren Versuchen an 10 gesunden männlichen Probanden keine schlafmodulierenden Wirkungen; REM-Schlaf- und Deltaschlafanteile waren in den GHRH- und Plazebobedingungen dieses Experiments fast identisch.

Insgesamt erbrachten unsere Experimente keine Hinweise für einen systematischen Einfluß von GHRH oder GH auf den nächtlichen Schlaf bei gesunden Probanden. Trotz der Widersprüche zu den Befunden von Mendelson et al. (1980), die auf der Grundlage der bisherigen Daten schwer interpretierbar sind, würden wir daher schließen, daß bei der engen zeitlichen Verknüpfung zwischen GH-Anstiegen und den frühen NREM-Phasen der Nacht afferente humorale Einflüsse der Hormone der GHRH-GH-Achse keine Rolle spielen.

Tabelle 1. Gesamtschlafdauer (in min) und relative Anteile der in den verschiedenen Schlafstadien (*W wach, S1, S2, Deltaschlaf, REM-Schlaf*) verbrachten Zeiten nach Gabe von Plazebo oder 5 IE GH. Paarweise Vergleiche der Effekte der verschiedenen Bedingungen zeigten keine statistisch signifikanten Effekte an (*p* Signifikanzniveau, *n.s.* nicht signifikant)

Parameter	Plazebo $\bar{X}$	(S.E.M.)	GH (i.m.) $\bar{X}$	(S.E.M.)	GH (i.v.) $\bar{X}$	(S.E.M.)	$p<0,05$
Schlafdauer [min]	437,2	(14,4)	444,9	(10,0)	442,3	(8,1)	n.s.
[%]							
W	1,8	(1,0)	2,5	(1,8)	2,2	(1,4)	n.s.
S1	3,7	(0,9)	3,9	(0,6)	2,9	(0,6)	n.s.
S2	60,4	(1,8)	61,9	(2,4)	60,1	(2,7)	n.s.
Deltaschlaf	14,2	(1,0)	13,2	(1,1)	16,3	(2,5)	n.s.
REM-Schlaf	19,9	(1,6)	18,6	(1,9)	18,7	(1,2)	n.s.

Hormone des Hypothalamus-Hypophysen-Nebennierenrindensystems

Aufgrund von In-vitro- und tierexperimentellen Studien muß angenommen werden, daß das wichtigste Glukokortikoid beim Menschen, Kortisol, an zwei verschiedene zentralnervöse Rezeptoren bindet, Typ-I-Mineralokortikoidrezeptoren (MR) und Typ-II-Glukokortikoidrezeptoren (GR), die unterschiedliche Einflüsse auf Hirnfunktionen vermitteln können (DeKloet u. Reul 1987; McEwen et al. 1986). Bereits 1972 zeigten Gillin et al., daß das synthetische Glukokortikoid Prednisolon bei gesunden jungen Probanden dosisabhängig den REM-Schlaf reduziert. Diese Ergebnisse lassen aber nur bedingt Rückschlüsse auf die schlafmodulierenden Wirkungen von Kortisol zu, da diese beiden Glukokortikoide in unterschiedlichem Ausmaß an Typ-I- und Typ-II-Rezeptoren binden.

Wir haben daher Wirkungen physiologischer Dosierungen von Kortisol (8 mg/h) auf den Schlaf untersucht und – um Aussagen über den diese Wirkungen vermittelnden Rezeptortyp machen zu können – die Kortisoleffekte mit denen von Dexamethason (Dex, 1 mg oral, 23.00 Uhr), einem synthetischen Kortikosteroid, das fast ausschließlich an Typ-II-GR bindet, verglichen (Fehm et al. 1986). Beide Glukokortikoide reduzierten deutlich den REM-Schlaf. Über die oben berichteten

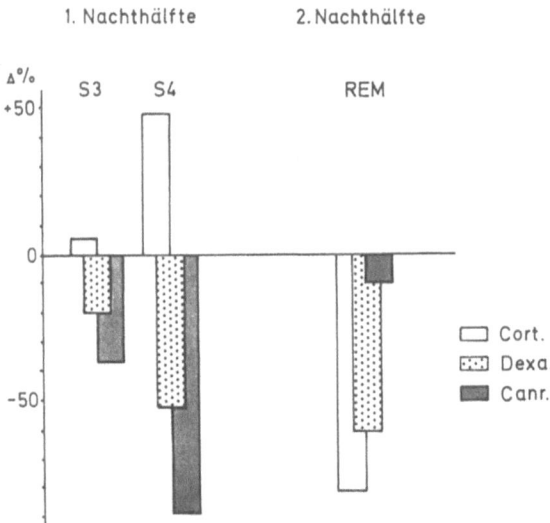

Abb. 2. Wirkungen von Kortisol (8 mg/h), Dexamethason (1 mg, oral) und Canrenoat (2mal 200 mg, i.v.) auf Delta- (S3 und S4) und REM-Schlaf. Die *Säulen* markieren Abweichungen im Vergleich zur Plazebobedingung. Beide Glukokortikoide vermindern den REM-Schlaf. Während unter Kortisoleinfluß der Deltaschlaf zunimmt, nimmt nach Dexamethasongabe der Deltaschlaf ab. Canrenoat reduziert den Deltaschlaf und läßt den REM-Schlaf unbeeinflußt. Delta- und REM-Schlafeffekte sind besonders deutlich für die Nachthälften, in denen diese Schlafstadien dominieren (Deltaschlaf: 1. Hälfte, REM-Schlaf: 2. Hälfte). Sämtliche Effekte auf Delta- und REM-Schlaf sind statistisch auf dem 5-%-Niveau signifikant

2.4 Hormone als Determinanten des Schlafs

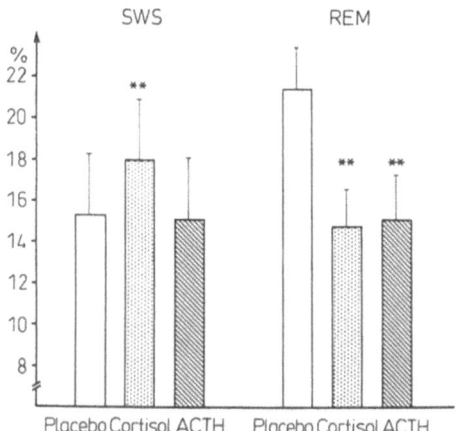

Abb. 3. Der prozentuale Deltaschlaf-(links) und REM-Schlafanteil (rechts) bei Infusion von Plazebo, Kortisol (6 mg/h) und ACTH (0,55 IE/h). Signifikante Abweichungen (p<0,05) im Vergleich mit der Plazebobedingung sind durch ** gekennzeichnet. ACTH- und Kortisolgabe vermindern den REM-Schlaf. Kortisol verstärkt den Deltaschlafanteil. Dieser Effekt wird bei ACTH-Gabe blockiert. (Nach Born et al. 1989)

Ergebnisse von Gillin et al. (1972) hinausgehend beobachteten wir unter dem Einfluß von Kortisol eine signifikante Zunahme des Delta-, insbesondere des S4-Schlafanteils im ersten Teil der Nacht um etwa 50%, während nach Dex Deltaschlaf abnahm (Abb. 2). Die gleichgerichteten Wirkungen von Dex und Kortisol auf den REM-Schlaf sprechen für eine Vermittlung dieser Wirkungen durch den klassischen Typ-II-GR. Die Zunahme des Deltaschlafs während der Kortisolinfusion, die nicht nach Dex auftrat, scheint demgegenüber durch zentralnervöse Typ-I-MR vermittelt zu werden, die Dex nicht binden.

Diese Schlußfolgerungen wurden durch Experimente (an 10 gesunden Probanden) bestätigt, in denen Wirkungen von Canrenoat (jeweils 200 mg, 8.00 und 17.00 Uhr vor der experimentellen Nacht), einem selektiven Antagonisten des Typ-I-MR, getestet wurden (Born et al. 1991 a). Canrenoatgabe induzierte eine deutliche Abnahme des Deltaschlafs um durchschnittlich 44%; REM-Schlaf wurde durch den Mineralokortikoidantagonisten nicht beeinflußt.

Die Beurteilung der normalen physiologischen Auswirkungen einer Aktivierung der HHN-Achse auf den Schlaf verlangt auch die Überprüfung der Wirkungen der Peptidhormone dieser Achse: ACTH, CRH und VP. Während in unseren Versuchen die Infusion von CRH (30 µg/h) keine schlafmodulierenden Wirkungen entfaltete, führten sowohl ACTH- als auch VP-Infusionen zu diskreten Veränderungen des Schlafmusters. Abbildung 3 faßt einen Vergleich der Wirkungen nächtlicher ACTH- (0,55 IE/h,) Kortisol- (6 mg/h) und Plazeboinfusionen zusammen. Die ACTH- und Kortisoldosierungen waren in dieser Studie so gewählt worden, daß für beide Bedingungen die Plasmakortisolspiegel während der Nacht vergleichbar hoch waren und zwischen 20 und 25 µg/dl, an der oberen Grenze des physiologischen Normalbereichs, lagen. Sowohl die Kortisolgabe als auch die durch ACTH-Gabe induzierte endogene Kortisolsekretion führten zu einer deutlichen Reduktion des REM-Schlafs. Im Gegensatz dazu wurde eine signifikante Zunahme des Deltaschlafs nur während der Cortisol-, nicht aber während der ACTH-Gabe beobachtet. ACTH selbst scheint also einen hemmenden Einfluß auf die Kortisol-induzierte Deltaschlafzunahme auszuüben. Diese Befunde passen zu tierexperi-

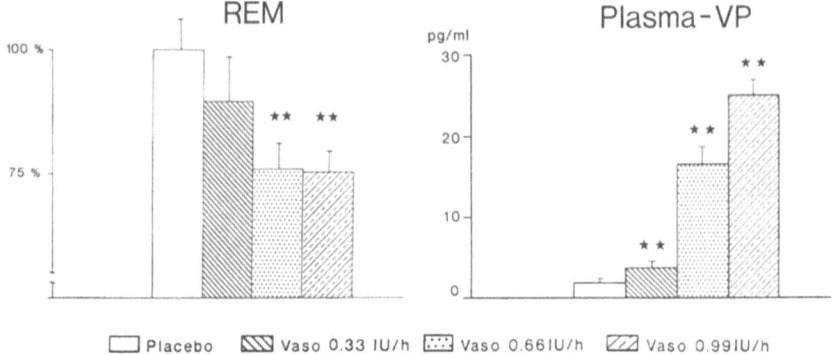

Abb. 4. Links: Dosisabhängige Wirkungen von Vasopressin (0,33, 0,66 und 0,99 IE/h) auf den REM-Schlaf im Vergleich zur Plazebobedingung (100%). Rechts: Plasmavasopressinspiegel während der 4 verschiedenen Infusionsbedingungen. Die Sternchen kennzeichnen signifikante Abweichungen im Vergleich zur Plazebobedingung. (Nach Born et al. 1992)

mentellen Ergebnissen, die ebenfalls gegensätzliche Wirkungen systemischer ACTH- und Kortisolgaben auf neuronale Erregungsraten im Hippokampus, dem Ort der höchsten zentralnervösen Typ-I-MR-Dichte, zeigen (Pfaff et al. 1971).

Die Wirkungen von VP konzentrierten sich auf den REM-Schlaf (Born et al. 1992). Dosierungen von 0,66 IE/h Arginin-VP induzierten maximale REM-Schlafreduktionen von durchschnittlich 24%; eine Erhöhung der Dosierung auf 0,99 IE/h führte zu keiner systematischen Verstärkung der REM-Schlafabnahme (Abb. 4). Da die Plasma-VP-Spiegel bei der 0,66-IE/h-Dosierung nahe der oberen Grenze der normalen physiologischen Variabilität lagen, muß vermutet werden, daß neben Kortisol auch Vasopressin unter normalen physiologischen Bedingungen einen bedeutsamen Beitrag zur REM-Schlafregulation beim Menschen leistet.

Schlußbemerkung

Die bisherigen Daten zeigen, daß im Blut zirkulierende Hormone (in Konzentrationen im Bereich der normalen physiologischen Variabilität) humoral afferente Schlafprozesse in spezifischer Weise beeinflussen. Dieser Einfluß wird selektiv durch bestimmte endokrine Achsen vermittelt; während z. B. die GHRH-GH-Achse in dieser Hinsicht ineffektiv ist, wird durch Aktivierung der Kortisolsekretion aus der Nebennierenrinde sowohl REM- (Abnahme) als auch Deltaschlaf (Zunahme) verändert. Die Effekte von Kortisol auf den Deltaschlaf, die höchstwahrscheinlich über Typ-I-MR vermittelt werden, werden durch ACTH blockiert. Die durch Typ-II-GR vermittelten, sehr ausgeprägten Kortisoleffekte auf den REM-Schlaf werden durch vasopressinerge Wirkungen in dieselbe Richtung möglicherweise noch verstärkt. Humoral afferente Effekte auf den Schlaf könnten daher – neben anderen Faktoren – die zeitliche Assoziation zwischen ultradianen Rhythmen zentralnervöser und endokriner Aktivierung, d. h. zwischen REM-Schlaf und Inaktivierung des Endokriniums, mitbedingen. Jüngste Untersuchungen lassen vermuten, daß die Hormone des HHN-Systems, über diesen Einfluß auf die ultradiane Schlafarchitektur hinausgehend, auch den Zeitpunkt spontanen Erwachens mitbestimmen (Späth-Schwalbe et al. 1991, unveröffentlicht).

Literatur

Born J, Kern W, Bieber K, Fehm-Wolfsdorf G, Schiebe M, Fehm HL (1986) Night time plasma cortisol secretion is associated with specific sleep stages. Biol Psychiat 21:1415–1424

Born J, Muth S, Fehm HL (1988 a) The significance of sleep onset and slow wave sleep for nocturnal release of growth hormone (GH) and cortisol. Psychoneuroendocrinology 13:233–243

Born J, Schenk U, Späth-Schwalbe E, Fehm HL (1988 b) Influences of partial REM sleep deprivation and awakenings on nocturnal cortisol release. Biol Psychiat 24:801–8 H -

Born J, Späth-Schwalbe E, Schwakenhofer H, Kern W, Fehm HL (1989) Influences of corticotropin-releasing hormone (CRH), adrenocorticotropin (ACTH), and cortisol on sleep in normal man. J Clin Endocrinol Metab 68:904–911

Born J, DeKloet ER, Wenz H, Kern W, Fehm HL (1991) Changes in slow wave sleep after glucocorticoids and antimineralocorticoids: a cue for central type I corticosteroid receptors in man. Am J Physiol 260:E183–E188

Born J, Kellner C, Uthgenannt D et al. (1992) Vasopressin regulates human sleep by reducing rapid eye movement sleep. Am J Physiol (in press)

Brandenberger G, Follenius M, Muzet A, Ehrhart J, Schieber JP (1985) Ultradian oscillations in plasma renin activity: their relationship to meals and sleep stages. J Clin Endocrinol Metab 61:280–286

Carlson HE, Gillin JC, Gorden P, Snyder F (1972) Absence of sleep related growth hormone peaks in aged and normal subjects and in acromegaly. J Clin Endocrinol Metab 34:1102–1105

DeKloet ER, Reul JMHM (1987) Feedback action and tonic influence of corticosteroids on brain function: a concept arising from the heterogeneity of brain receptor systems. Psychoneuroendocrinology 2:83–105

Fehm HL, Born J (1991) Nocturnal cortisol secretion and REM sleep: Two coupled ultradian rhythms with different periodicities. Neuroendocrinology 53:171–176

Fehm HL, Benkowitsch R, Kern W, Fehm-Wolfsdorf G, Pauschinger P, Born J (1986) Influences of corticosteroids, dexamethasone and hydrocortisone on sleep in humans. Neuropsychobiology 16:198–204

Fehm HL, Clausing J, Kern W, Pietrowsky R, Born J (1991) Sleep associated augmentation and synchronization of luteinizing hormone pulses in adult men. Neuroendocrinology (im Druck)

Follenius M, Brandenberger G, Simon C, Schlienger JL (1988) REM sleep in humans begins during decreased secretory activity of the anterior pituitary. Sleep 11:546–554

Gillin JC, Jacobs LS, Fram DH, Snyder F (1972) Acute effect of a glucocorticoid on normal human sleep. Nature (London) 237:398–399

Kupfer DJ, Bulik CM, Jarrett DB (1983) Nighttime plasma cortisol secretion and EEG sleep – are they associated? Psychiat Res 10:191–199

McEwen BS, DeKloet ER, Rostene WH (1986) Adrenal steroid receptors and actions in the nervous system. Physiol Rev 66:1121–1188

Mendelson WB, Slater S, Gold P, Gillin JC (1980) The effect of growth hormone administration on human sleep: a dose response study. Biol Psychiat 15:613–618

Pfaff DW, Silva MTA, Weiss JM (1971) Telemetered recording of hormone effects on hippocampal neurons. Science 172:394–395

Sassolas G, Garry J, et al. (1986) Nocturnal continuous infusion of growth hormone (GH)-releasing hormone, results in a dose dependent accentuation of episodic GH secretion in normal man. J Clin Endocrinol Metab 63:1016–1022

Späth-Schwalbe E, Born J, Fehm HL, Pfeiffer EF (1987) Combined corticotropin-releasing hormone-vasopressin test: a new test for the evaluation of the pituitary adrenal system. Hormone Metabol Res 19:665–666

Takahashi Y, Kipnis DM, Daughaday WD (1968) Growth hormone secretion during sleep. J Clin Invest 47:2079–2089

Veldhuis JD, Iranmansh A, Johnson ML, Lizarralde G (1990) Amplitude, but not frequency, modulation of adrenocorticotropin secretory bursts gives rise to the nyctohermal rhythm of the corticotropic acis in man. J Clin Endocrinol Metab 71:452

Vogel GW, Rudmann D, et al. (1972) Human growth hormone and slow wave sleep. Psychophysiology 9:102–106

Weitzmann ED (1980) Biological rhythms and hormonal secretion patterns. In: Krieger DT, Hughes JC (eds) Neuroendocrinology. Sinauer, Sunderland, pp 85–92

2.5 Das serotoninerge System: Schlaf – Streß – Depression

W. Wesemann

Der Schlaf-Wach-Rhythmus ist ein allgemein bekanntes Beispiel dafür, daß Verhaltensweisen eine zircadiane Rhythmik aufweisen können. Es ist naheliegend anzunehmen, daß auch die an den Vigilanzstadien beteiligten biochemischen Systeme, wie z. B. das des Neurotransmitters Serotonin (5-HT), eine tageszeitabhängige Oszillation zeigen.

Im Gehirn der Ratte wurde in Abhängigkeit vom Hell-Dunkel-Rhythmus eine Oszillation der 3 Parameter 5-HT-Konzentration, 5-HT-Freisetzung und Bindung des 5-HT an spezifische Rezeptoren gefunden. Die Rhythmik der 3 Parameter kann parallel oder invers zueinander verlaufen und zwar in Abhängigkeit von dem jeweils untersuchten Hirnareal, dem Rattenstamm, den Rezeptorsubtypen und den miteinander verglichenen Parametern. So findet man im Kortex von Wistarratten während der Hellphase ein Maximum von 5-HT-Konzentration und der Dichte von $5-HT_2$-Rezeptoren, während die 5-HT-Ausschüttung zu dieser Zeit minimal ist.

Für die Wirkung einer Substanz als Neurotransmitter sind weniger die Gesamtkonzentrationen in den einzelnen Hirnarealen, sondern v. a. der in den synaptischen Spalt ausgeschüttete, d. h. extraneuronale Anteil und der Funktionszustand der postsynaptischen Rezeptoren wichtig. Das an die nachgeschalteten Neuronen weitergeleitete Signal ist u. a. davon abhängig, ob sich die postsynaptischen Rezeptoren an die ausgeschüttete Transmittermenge adaptieren oder ob sie unabhängig von der Transmittermenge im synaptischen Spalt reguliert werden (Moser u. Redfern 1985). So spricht man von einer gekoppelten prä- und postsynaptischen Aktivität, wenn bei niedriger Transmitterfreisetzung eine hohe Rezeptoraktivität bzw. bei hoher Transmitterausschüttung eine niedrige Rezeptoraktivität nachgewiesen wird (Wesemann u. Weiner 1990). Entsprechend liegt eine ungekoppelte prä- und postsynaptische Aktivität vor, wenn die Rezeptoraktivität unabhängig von der Transmitterfreisetzung ist. Abbildung 1 gibt ein hypothetisches Beispiel, wie 5-HT-Rezeptortypen durch den Hell-Dunkel-Rhythmus unterschiedlich reguliert werden können.

Eingriffe in den 5-HT-Stoffwechsel und die hierdurch induzierte Veränderung im Schlaf-Wach-Verhalten lassen vermuten, daß die beobachteten Rhythmen von Verhalten und serotoninergem System nicht zufällig, sondern voneinander abhängig sind. Die Annahme wird bestärkt durch Befunde, daß aufgezwungene Verhaltensänderungen, wie z. B. inverser Schlaf-Wach-Rhythmus, Schlafentzug oder Streß, das serotoninerge System beeinflussen.

Wird die Ratte durch Umkehr der Hell-Dunkel-Phase (Licht an von 19.00–7.00 Uhr statt wie in der Kontrolle von 7.00–19.00 Uhr) belastet, so kommt es zu einer

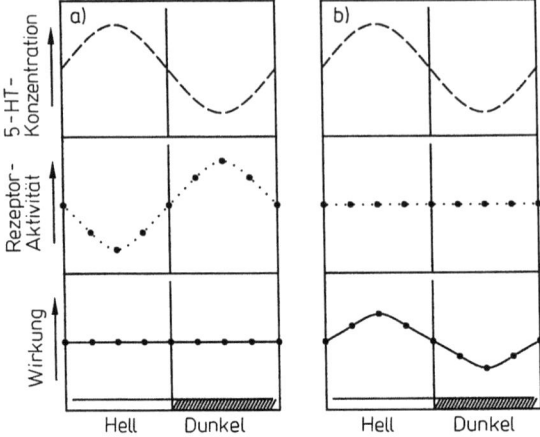

Abb. 1 a, b. Modell der gekoppelten (**a**) und ungekoppelten (**b**) prä- und postsynaptischen Aktivität

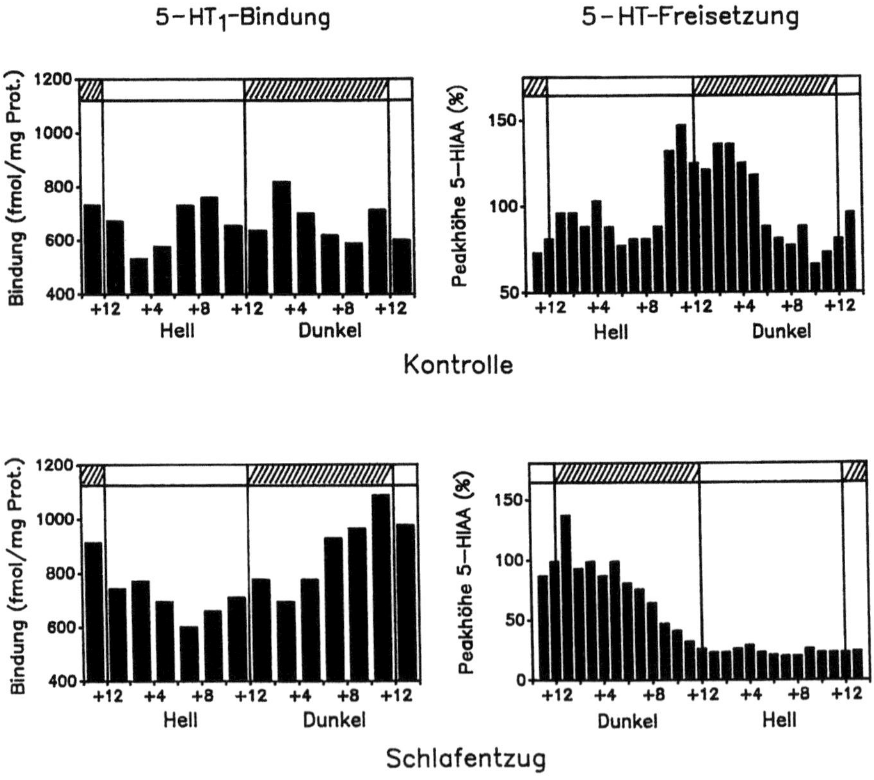

Abb. 2. Zircadiane Rhythmik der 5-HT_1-Rezeptoren in aus Rattengehirn isolierten Membranen und der pulsvoltametrisch gemessenen 5-HT-Freisetzung im Kortex der Ratte in Kontrollen und nach Schlafentzug. Die extraneuronale Konzentration an 5-Hydroxyindolessigsäure (*5-HIAA*) ist ein Maß für das freigesetzte 5-HT

2.5 Das serotoninerge System: Schlaf – Streß – Depression

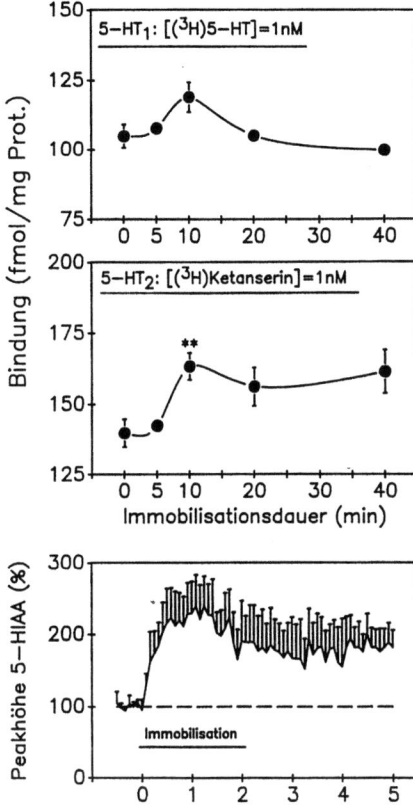

Abb. 3. Einfluß von Immobilisation auf die 5-HT_1- und 5-HT_2-Rezeptoren in Membranen des Rattengehirns und auf die 5-HT-Freisetzung im N. raphe dorsalis (weitere Details zur Pulsvoltametrie s. Legende von Abb. 2)

Phasenverschiebung der Rhythmen von 5-HT-Konzentration und 5-HT-Bindung um 8–10 h (Wesemann et al. 1986 a). Schlafentzug verändert die Rhythmik der 5-HT_1-Rezeptoren, erniedrigt ihre Affinität und hebt die Oszillation der 5-HT-Ausschüttung auf (Abb. 2). Immobilisationsstreß führt zu einer kurzzeitigen Erhöhung der Dichte an 5-HT_1- und 5-HT_2-Rezeptoren und einem langfristigen Anstieg der 5-HT-Freisetzung im N. raphe dorsalis (Abb. 3).

Die durch die Untersuchung des Schlaf-Wach-Verhaltens am serotoninergen System erzielten Ergebnisse können möglicherweise zu einem besseren Verständnis der Depression und ihrer Therapie beitragen. Durch Beobachtungen, vornehmlich von Physiologen und Psychiatern, ist seit langem bekannt, daß bei Depression endogene Rhythmen gestört sein können. Das tageszeitabhängige Oszillieren der Stimmung von depressiven Patienten ist ein ebenfalls häufig beschriebener Befund. Darüber hinaus wird von Fleisher et al. (1979) berichtet, daß in Tiermodellen der Depression eine Erhöhung der Affinität der 5-HT_1-Rezeptoren gefunden wird. Nach der von Fleischer formulierten Hypothese wird ein angeborenes oder erworbenes 5-HT-Defizit durch eine Überempfindlichkeit der 5-HT_1-Rezeptoren kompensiert. Erst die Überstimulierung der überempfindlichen 5-HT_1-Rezeptoren

Tabelle 1. Erklärung der durch Modulation des serotoninergen Systems erzeugten biologischen Effekte mit Hilfe des Massenwirkungsgesetzes (R = Rezeptorzahl)

Veränderungen →	[5-HT]	+ [R]	$\rightleftarrows$ [5-HT – R]	→	Biologische Effekte
–	Normal	Normal	Normal	→	Stabiles Gleichgewicht
Physiologische Kompensation: Angeborenes/erworbenes 5-HT- -Defizit wird durch erhöhte Rezeptoraffinität kompensiert	↓	↑	Normal	→	Labiles Gleichgewicht
Überstimulierung: Störung des labilen Gleichgewichts durch erhöhte 5-HT-Freisetzung (z. B. bei Streß)	↑	↑	↑	→	Gestörtes Gleichgewicht (Verhaltensdepression)
Therapie: Reduktion der Rezeptorzahl (Imipramin) oder -affinität (Schlafentzug)	↑	↓	Normal	→	Labiles Gleichgewicht

durch erhöhte 5-HT-Konzentrationen läßt die Erkrankung manifest werden. In Übereinstimmung mit der klinischen Beobachtung und der Hypothese der Überempfindlichkeit von 5-HT$_1$-Rezeptoren sollten antidepressive Maßnahmen die zircadiane Rhythmik serotoninerger Parameter beeinflussen und/oder die Sensitivität der 5-HT-Rezeptoren erniedrigen. Die oben dargestellten Tierexperimente zeigen, daß der in der Depressionstherapie eingesetzte Schlafentzug die zircadiane Rhythmik von 5-HT$_1$-Bindung und 5-HT-Ausschüttung verändert und die Affinität der 5-HT$_1$-Rezeptoren reduziert. Ein Vertreter der trizyklischen Antidepressiva, das Imipramin, führt ebenfalls zu einer Veränderung der Rhythmik der 5-HT$_1$-Rezeptoren („phase delay") und desensitiviert die Rezeptoren durch Erniedrigung der Rezeptorzahl (Wesemann et al. 1986b). Einer der Faktoren, der zur Überstimulierung der 5-HT$_1$-Rezeptoren führt, könnte nach unseren tierexperimentellen Untersuchungen Streß sein, da Immobilisation eine erhöhte 5-HT-Ausschüttung bewirkt.

Die tierexperimentell erzielten Ergebnisse zur Depression kann man schematisch mit Hilfe des Massenwirkungsgesetzes und seiner Anwendung auf die Pharmakokinetik darstellen und zusammenfassen (Tabelle 1). Nach diesen Vorstellungen wird der durch eine Substanz erzielte biologische Effekt von der Art und der Zahl der besetzten aktiven Rezeptoren, d. h. der Menge der Substrat-Rezeptor-Komplexe, (5-HT – R) bestimmt. Die Konzentration der Substrat-Rezeptor-Komplexe ist wiederum eine Funktion der Konzentration an Substrat (5-HT) und an Rezeptoren, d. h. Rezeptorzahl (R) sowie der Affinität vom Rezeptor zum Substrat. Durch Veränderung eines der Parameter – Substrat-, Rezeptorkonzentration oder Affinität – wird die Zahl der Substrat-Rezeptor-Komplexe und damit der biologische Effekt moduliert.

Die hier dargestellten Ergebnisse konnten nur dadurch erzielt werden, daß die „klassische" Methode der Bestimmung von Aminkonzentrationen im Zentralnervensystem mit Hilfe der Hochdruckflüssigkeitschromatographie durch Rezeptorbindungsstudien und durch die Messung des extraneuronalen, d. h. des freigesetzten, Serotonin ergänzt werden konnte. Die letztere Methode wurde zu Beginn der

80er Jahre entwickelt (Cespuglio et al. 1984). Im Vergleich zur alleinigen Bestimmung der Gesamt-5-HT-Konzentration ist durch die Bestimmung der präsynaptischen (5-HT-Ausschüttung) und postsynaptischen (5-HT-Rezeptoren) Aktivität eine fundiertere Aussage über die Transmitteraktivität des 5-HT möglich – ob nämlich ein präsynaptisches Signal an die nachgeschalteten Neuronen weitergeleitet wird.

Einige Parallelen zwischen den bei Depression erhobenen Befunden und den tierexperimentellen Beobachtungen sind zwar verführerisch, doch handelt es sich bei den hier beschriebenen Versuchen um Modelle. Von der „Psychiatrie der Ratte" oder, anders ausgedrückt, von einem Beweis der direkten Übertragbarkeit Tierexperiment–depressiver Patient sind wir noch weit entfernt.

Literatur

Cespuglio R, Faradji H, Hahn Z, Jouvet M (1984) Voltammetric detection of brain 5-hydroxyindoleamines by means of electrochemically treated carbon fibre electrodes: chronic recordings for up to one month with movable cerebral electrodes in the sleeping or waking rat. In: Marsden A (ed) Measurement of neurotransmitter release in vivo. John Wiley & Sons, Chichester New York, pp 173–191

Fleisher LN, Simon JR, Aprison MH (1979) A biochemical-behavioral model for studying serotonergic supersensitivity in brain. J Neurochem 32:1613–1619

Moser PC, Redfern PH (1985) Lack of variation of 24-hours in response to stimulation of 5-HT$_1$ receptors in the mouse brain. Chronobiol Int 2:235–238

Wesemann W, Weiner N (1990) Circadian rhythm of serotonin binding in rat brain. Prog Neurobiol 35:405–428

Wesemann W, Rotsch M, Schulz E, Sturm G, Zöfel P (1986 a) Circadian rhythm of serotonin binding in rat brain. I. Effect of light-dark cycle. Chronobiol Int 3:135–139

Wesemann W, Rotsch M, Schulz E, Zöfel P (1986 b) Circadian rhythm of serotonin binding in rat brain. II. Influence of sleep deprivation and imipramine. Chronobiol Int 3:141–146

2.6 Schlaf, Hirnstoffwechsel und zerebrale Durchblutung

G. Hajak, J. Klingelhöfer, M. Schulz-Varszegi, E. Rüther

Ende der 40er Jahre wurde beobachtet, daß die bei einer Anästhesie auftretenden langsamen Wellen des Elektroenzephalogramms (EEG) mit einem Absinken der zerebralen Metabolismusrate für Sauerstoff ($CMRO_2$) vergesellschaftet sind (Himwich et al. 1947; Wollman et al. 1965). In dieser Zeit wurde in einer Reihe von Studien festgestellt, daß langsame Wellen des EEG bei zerebrovaskulären Erkrankungen, Koma oder metabolischen Störungen des Gehirns von einer Abnahme der $CMRO_2$ begleitet werden (Schmidt 1950). Seit den 60er Jahren ist bekannt, daß hohe Dosen des Narkotikums und Barbiturats Thiopental beim Menschen ein isoelektrisches EEG bewirken, wobei gleichzeitig ein drastischer Abfall der $CMRO_2$ auftritt (Pierce et al. 1962). Ähnlich erniedrigte Werte der $CMRO_2$ sind aus Tierversuchen ebenfalls nach hochdosierter Gabe von Barbituraten bekannt (Michenfelders 1988). Das Wiederauftreten hirnelektrischer Aktivität mit zunehmender Wellenfrequenz im EEG war von Anstiegen des zerebralen Stoffwechsels begleitet. In den 70er Jahren gab es bereits experimentell gut gesicherte Hinweise, daß die $CMRO_2$ und die zerebrale Metabolismusrate der Glukose (CMR_{glk}) unter nichtpathologischen Bedingungen mit der Menge des zentral synthetisierten Energieträgers Adenosintriphosphat (ATP) korrelieren (Siesjö 1978). Der Verbrauch des ATP bei biochemischen Reaktionen des Gehirns wird i. allg. als Maß für den zerebralen Energiestoffwechsel gewertet. Die CMR ist daher als Äquivalent für energieverbrauchende Prozesse aufzufassen, wie sie z. B. die synaptische Aktivität zerebraler Neurone darstellt. Das iatrogen durch Pharmaka ausgelöste isoelektrische EEG dürfte damit einen Zustand mit minimalem Energieverbrauch im Sinne des Strukturumssatzes beschreiben (Noell u. Schneider 1942; Michenfelders 1988). Ein Anstieg der CMR über Meßwerte des isoelektrischen EEG kann demzufolge als Index für die Wiederaufnahme der synaptischen Aktivität zentralnervöser Neurone gewertet werden (Sokoloff 1977). Seit den 30er Jahren wurde die hirnelektrische Aktivität als entscheidender Meßparameter des Schlafs eingesetzt (Loomis et al. 1937). Seit mehr als 30 Jahren ist auch bekannt, daß im REM-Schlaf Hirnströme mit relativ hoher Frequenz und niedriger Amplitude periodische Phasen rascher Augenbewegungen begleiten (Dement u. Kleitman 1957 b), während die hirnelektrische Aktivität mit zunehmender Tiefe der NREM-Schlafstadien I–IV kontinuierlich abnimmt und im Slow-wave-Schlaf (SWS) langsame Wellen im Bereich des Deltabandes zeigt (Loomis et al. 1937; Rechtschaffen u. Kales 1968). Für das Verständnis des Schlafprozesses bedeutet der beschriebene Sachverhalt, daß die den Schlaf bestimmende neuronale Aktivität sowohl über die elektroenzephalographisch meßbare hirnelektrische Aktivität als auch durch die CMR zu erfassen ist.

In den vergangenen Jahrzehnten konnten zahlreiche Studien nachweisen, daß die zerebrale neuronale Aktivität nicht nur mit der CMR, sondern auch mit dem zerebralen Blutfluß (CBF), d. h. der Hirndurchblutung, gekoppelt ist (Raichle et al. 1976; Kuschinsky u. Wahl 1978; Berne et al. 1981; Sokoloff 1981 a, b). Die Mechanismen dieser Kopplung sind trotz zahlreicher Untersuchungen bisher nicht vollständig aufgeklärt worden. Die am meisten favorisierte Theorie der vergangenen Jahre wurde in ihren Grundzügen bereits 1890 formuliert: „Chemische Produkte des cerebralen Stoffwechsels sind in der Lymphe, die die Wände der zerebralen Arteriolen umgibt, enthalten und verursachen Veränderungen im Durchmesser der zerebralen Gefäße" (Roy u. Sherrington 1890). Auch heute ist der Gedanke nicht von der Hand zu weisen, daß ein erhöhter Stoffwechselumsatz der Neurone vasoaktive Metaboliten ansammelt, die den zerebrovaskulären Widerstand reduzieren und so die Hirndurchblutung verstärken (Kuschinsky u. Wahl 1978; Sokoloff 1981 a). Studien der letzten 20 Jahre weisen allerdings immer deutlicher auf die Existenz zentraler neurogener Regulationsmechanismen des CBF hin (Meyer et al. 1971; Kuschinsky u. Wahl 1978; Lou et al. 1987). Trotz dieses Spannungsfelds wird in der Literatur die Hypothese einer funktionellen Kopplung zwischen CBF und CMR weitgehend akzeptiert (Raichle et al. 1976; Kuschinsky u. Wahl 1978; Greenberg et al. 1981; Sokoloff 1981 a, b). Nach dieser Modellvorstellung kann jeder der Parameter, ebenso wie das EEG, die neuronale Aktivität und damit die Hirnfunktion widerspiegeln (Raichle et al. 1976; Ingvar et al. 1979; Sokoloff 1981 a, b).

Seit Anfang der 70er Jahre stehen der Wissenschaft differenzierte Methoden zur Bestimmung von CBF und CMR zur Verfügung. Nach Inhalation oder Infusion radioaktiv markierter Substanzen wie z. B. ^{133}Xenon sind mit Szintillationszählern Messungen des CBF ebenso möglich wie mit stabilem Xenon im Computertomogramm. CMR- und CBF-Messungen werden auch nach ^{133}Xenoninfusion mittels Kety-Schmidt-Technik, mit der Positronenemissionstomographie (PET) oder der Single-Photonemissionstomographie (SPECT) durchgeführt. Diese Methoden stellen quantitative und topographische Werte von CBF und CMR dar, an Hand derer Aussagen zur Hirnfunktion in verschiedenen physiologischen Zuständen möglich sind (Meyer et al. 1978, 1981 b; Risberg 1980; Phelps et al. 1982; Lassen 1985; Madsen et al. 1991 a). Bei Untersuchungen mit diesen Radioisotopentechniken beim Menschen stiegen CBF und CMR in korrespondierenden Hirnarealen während motorischer Aktivität (Meyer et al. 1981 b), kognitiver Aktivität (Risberg 1980; Gur et al. 1982, 1987) und sensorischer Stimulation (Risberg 1980; Greenberg et al. 1981; Roland et al. 1981; Phelps et al. 1981; Mazziotta et al. 1982 a, 1983) an, während niedrigste Werte im Ruhezustand (Mazziotta et al. 1981; Meyer et al. 1981 b; Gur et al. 1982, 1987) oder bei sensorischer Deprivation (Mazziotta et al. 1982 b) gemessen wurden. Die Studien konnten damit die Kopplung zwischen CBF, CMR und der Hirnfunktion bestätigen. Auf der Suche nach physiologischen Parametern zur Beschreibung der Hirnfunktion im Schlaf schien die Anwendung dieser Techniken daher vielversprechend zu sein.

Dennoch haben diese Meßverfahren, überwiegend aus Gründen des hohen technologischen Aufwands, erst im letzten Jahrzehnt Einblicke in die Hirnfunktion während des Schlafs ermöglicht. Der schnelle Wechsel der EEG-Parameter in den verschiedenen Schlafstadien reflektiert ausgeprägte Schwankungen in der neuronalen Aktivität, die mit den zur Verfügung stehenden Meßtechniken nur unzureichend zu erfassen waren.

Hirnstoffwechsel und Hirndurchblutung im NREM-Schlaf

Im entspannten Wachzustand des Menschen zeigt das EEG eine frontal betonte Alphawellenaktivität, die mit dem Schlafbeginn verschwindet. Dieses regionale Verteilungsmuster mit frontal stärker ausgeprägter Intensität im Wachzustand konnte auch für den CBF gesichert (Ingvar 1979) und in ähnlicher Form für die CMR_{glk} (Raichle et al. 1976; Sokoloff 1981 a) nachgewiesen werden. Obwohl erste Untersuchungen über das Verhalten von CBF und CMR nach dem Übergang vom Wachsein zum Schlafen bereits in den Jahren 1935 und 1955 durchgeführt wurden (Gibbs et al. 1935; Mangold et al. 1955), werden die Ergebnisse heute wegen methodischer Schwächen kritisch beurteilt und nicht zur Diskussion herangezogen. 1973 wurde mittels der ^{133}Xenoninhalation an gesunden Probanden erstmals demonstriert, daß dem homogenen, langsamfrequenten EEG des SWS eine globale Erniedrigung des CBF um 10% entspricht (Townsend et al. 1973). Bereits bei frühgeborenen Säuglingen ließ sich mit der Jugularvenenokklusionsplethysmographie ein Abfall des CBF um 22% im ruhigen, dem NREM-Schlaf entsprechenden Schlafzustand nachweisen (Greisen et al. 1985). Entsprechend war der CBF bei gesunden Neugeborenen im ruhigen Schlaf um 23 bzw. 24% unter den Meßwerten des sog. aktiven, dem REM-Schlaf entsprechenden Schlafs (Milligan 1979; Rahilly 1980; Mukhtar et al. 1982). In allen neueren Untersuchungen an Erwachsenen mittels ^{133}Xenoninhalation, Computertomographie mit stabilem Xenon, PET, SPECT oder Kety-Schmidt-Technik konnte eine Erniedrigung von Durchblutung und Stoffwechsel in nahezu allen Hirnarealen im NREM-Schlaf bestätigt werden. Die globalen Werte von CBF, CMR_{glk} und $CMRO_2$ sanken im NREM-Schlaf um 13–32% (Heiss et al. 1985; Buchsbaum et al. 1989). In Studien mit genauer Spezifizierung der Schlaftiefe lagen die Werte in den Schlafstadien I–II zwischen 5 und 15% unter den Werten des Wachzustands (Sakai et al. 1980; Gozukirmizi et al. 1982; Meyer et al. 1987; Madsen et al. 1991 a). Im SWS waren CBF und CMR in allen Hirnregionen z. T. erheblich reduziert und lagen 14–44% niedriger als die Werte im Wachzustand (Sakai et al. 1980; Franck et al. 1987; Meyer et al. 1987; Maquet u. Franck 1989; Maquet et al. 1990; Madsen et al. 1991 b). Eine Reihe regionaler Unterschiede zeigten in den Studien wenig Übereinstimmung und ließen sich auch nicht generell beobachten (Sakai et al. 1980; Meyer et al. 1987). Ausgeprägte Befunde von regionalen Differenzen des CBF im NREM-Schlaf in älteren, tierexperimentellen Untersuchungen (Reivich et al. 1967, 1968) wurden bisher beim Menschen in diesem Umfang nicht bestätigt. Eine Sonderrolle scheint dennoch der Hypothalamus zu spielen, dessen CBF im SWS nicht abfiel und sich auch nicht vom REM-Schlaf unterschied (Meyer et al. 1981), ein Befund, der auch von Tierversuchen berichtet wurde (Shapiro u. Rosendorf 1975).

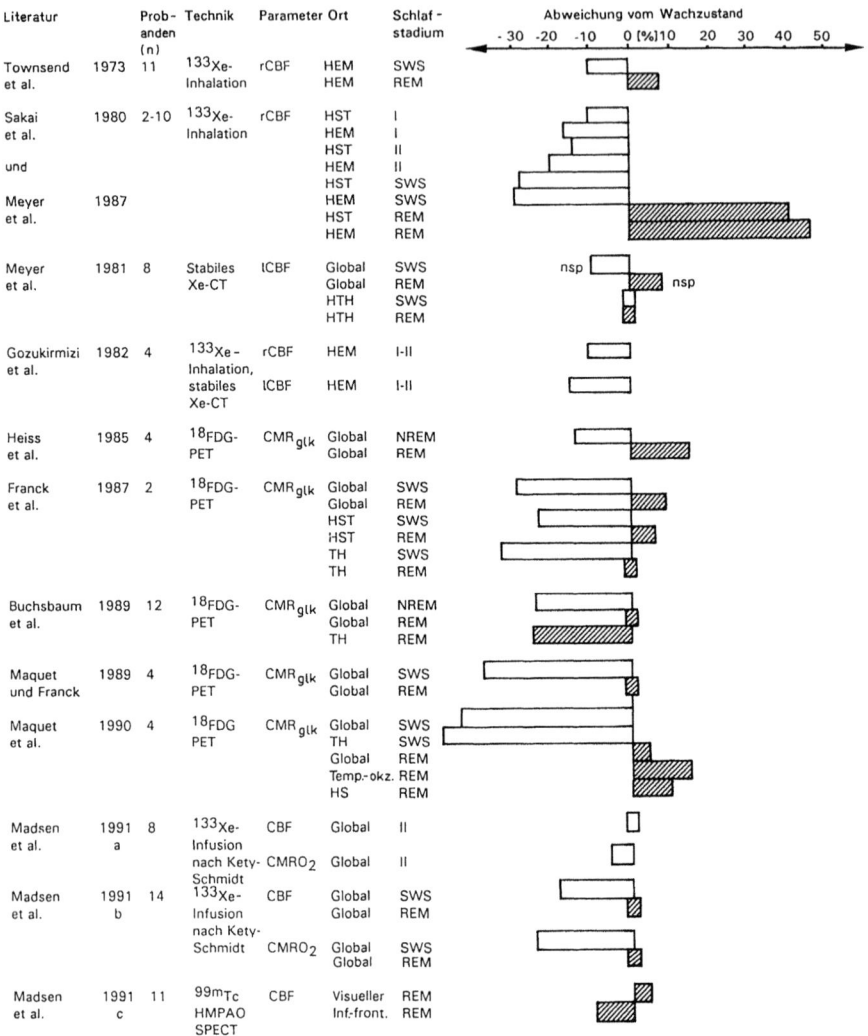

Abb. 1. Zerebraler Metabolismus und zerebraler Blutfluß im Schlaf des gesunden Menschen: Ergebnisse von Radioisotopentechniken

CBF bzw. CMR waren im NREM-Schlaf nicht nur an hirnelektrisch definierte Schlafstadien gebunden. Im Tiefschlaf des Menschen waren auch der globale CBF und die $CMRO_2$ miteinander gekoppelt, wie durch parallele Veränderung dieser Parameter bei gleichzeitiger Messung mit der Kety-Schmidt-Technik nachgewiesen wurde (Madsen et al. 1991 b). Die Hypothese einer positiven Korrelation von elektroenzephalographisch angezeigter Schlaftiefe und Hirnstoffwechsel erfährt in Tierversuchen Unterstützung, bei denen Mikrosphären zur Messung der $CMRO_2$ eingesetzt oder die arteriovenöse Differenz von Sauerstoff bestimmt wurden. Bei neugeborenen Lämmern war die $CMRO_2$ im NREM-Schlaf um 25% erniedrigt. Bei

Lammfeten war die $CMRO_2$ in einem dem NREM-Schlaf entsprechenden Schlafzustand mit hochamplitudigen Wellen um 22% reduziert (Richardson et al. 1985, 1989). Zu vergleichbaren Ergebnissen kamen experimentelle Studien mit autoradiographischen Techniken, bei denen erniedrigte Werte der CMR_{glk} bei Katzen und Ratten zur Menge der im SWS bzw. NREM-Schlaf verbrachten Zeit proportional waren (Ramm u. Frost 1983, 1986; Ramm 1989). Auch Affen zeigten nach Meßperioden mit vorherrschendem Tiefschlaf eine Erniedrigung der CMR_{glk} um 29%, was den Ergebnissen von Humanversuchen entspricht (Kennedy et al. 1982). Allerdings bestätigte nicht jede Untersuchung diese Ergebnisse (Lenzi et al. 1987).

Nach den Ergebnissen dieser Untersuchungen mit Radioisotopentechniken ist der NREM-Schlaf des Menschen durch eine Erniedrigung von CBF und CMR in allen technisch erfaßbaren Hirnteilen gekennzeichnet, wobei der Hypothalamus eine Ausnahme darstellt (Abb. 1). Die Werte sinken mit zunehmender Schlaftiefe, d. h. abnehmender Wellenfrequenz in den hirnelektrischen Aufzeichnungen. Ausgehend von diesem gleichsinnigen Zusammenhang von CBF, CMR und EEG-Frequenz im Schlaf ist die Hypothese abzuleiten, daß jeder der Parameter die neuronale Aktivität widerspiegelt (Raichle et al. 1976; Ingvar et al. 1979; Sokoloff 1981 a, b). Aus den beschriebenen Daten läßt sich daher folgern, daß der NREM-Schlaf einen Ruhezustand des Gehirns (Meyer et al. 1987) mit verringerter neuronaler Aktivität (Buchsbaum et al. 1989), reduzierter synaptischer Übertragung (Maquet et al. 1990) und niedrigem Energiestoffwechsel (Heiss et al. 1985) darstellt.

Hirnstoffwechsel und Hirndurchblutung im REM-Schlaf

Der Wechsel vom NREM-Schlaf in den REM-Schlaf führt den Schlafenden nicht nur von einem relativen hirnelektrischen Ruhezustand in eine Periode von hoher hirnelektrischer Aktivität mit vorherrschend hochfrequenten Wellen. 1973 wurde bei Probanden mittels ^{133}Xenoninhalation auch ein gleichzeitiger Anstieg des CBF auf 3–12% über den Wert des Wachzustands nachgewiesen (Townsend et al. 1973). Von autoradiographischen Studien an Katzen war solch eine Erhöhung des CBF bereits bekannt (Reivich et al. 1967, 1968). Später durchgeführte Tierversuche an Katzen, Kaninchen oder Ziegen replizierten den REM-schlafkorrelierten Anstieg sowohl für den CBF als auch für die CMR. Die Parameter stiegen auf Werte im Bereich des Wachzustands (Santiago et al. 1984; Lydic et al. 1991) oder übertrafen sie sogar (Santiago et al. 1984; Lenzi et al. 1987). Diese Streuung um Meßwerte, wie sie im Wachzustand aufgezeichnet werden können, wiederholte sich in den Untersuchungen zum REM-Schlaf des Menschen. Die mittlere CMR_{glk} lag je nach Studie zwischen 10% unter und 41% über der des Wachzustands (Heiss et al. 1985; Franck et al. 1987; Buchsbaum et al. 1989; Maquet u. Franck 1989; Maquet et al. 1990). Die $CMRO_2$ unterschied sich nicht von der des Wachseins und korrelierte dabei mit dem CBF (Madsen et al. 1991 b). Untersuchungen zum CBF im REM-

Schlaf des Menschen mit ^{133}Xenoninhalation fanden Werte von 41% über denen des Wachzustands (Meyer et al. 1987; Sakai et al. 1980). Mit der gleichen Technik wurden allerdings auch CBF-Werte im Wachbereich gemessen (Madsen et al. 1991 b), bei einer SPECT-Studie varrierten sie allenfalls gering um den Wachzustand (Madsen et al. 1991 c).

Aufgrund der vorliegenden Studien ist daher sowohl beim Tier als auch beim Menschen ein im Vergleich zum NREM-Schlaf deutlicher Anstieg von CBF und CMR gesichert.

Die Erhöhung der globalen Werte von CBF und CMR im REM-Schlaf im Vergleich zum NREM-Schlaf kann regionale Unterschiede aufweisen. Erstmals wurden bei der Katze relativ höhere Anstiege des CBF im Hypothalamus, dem Hippocampus und den Nuclei cochleares als in den übrigen Hirnarealen beschrieben (Reivich et al. 1968). Eine besondere Rolle in der Regulation sowohl von Phänomenen des REM-Schlafs als auch des NREM-Schlafs könnte hierbei der Hypothalamus spielen. Mit der ^{133}Xenon Clearance wurden bei Kaninchen während beider Schlafformen Anstiege des CBF im Hypothalamus von 63 bzw. 25% über den Wachwerten gemessen (Shapiro u. Rosendorf 1975). Weit komplexere Ergebnisse erbrachte eine jüngere autoradiographische Untersuchung an Katzen. Hierbei wurden im REM-Schlaf sowohl Anstiege der $CMRO_2$ im Thalamus, limbischen System und in der Formatio reticularis festgestellt als auch Abfälle der $CMRO_2$ im Bereich des Corpus geniculatum und einiger sensorischer Kerne des Hirnstamms (Lydic et al. 1991). Der Großteil der Hirnareale mit REM-schlafabhängigen Anstiegen der $CMRO_2$ überlappte in dieser Studie Hirnregionen, die eine hohe Dichte cholinerger Zellkörper aufweisen oder unter dem Einfluß cholinerger Bahnen stehen (Lydic et al. 1991). Aus Einzelableitungen von Nervenzellen ist gut bekannt, daß eine hohe elektrische Aktivität cholinerger und eine niedrige Aktivität aminerger Neurone für den REM-Schlaf typisch ist (Hobson et al. 1975). In diesem Zusammenhang unterstützt das Verhalten der CMR die Hypothese einer Imbalance neuronaler Mechanismen im REM-Schlaf mit einer relativen cholinergen Überaktivität (Hobson et al. 1975, 1986). Die mögliche Rolle cholinerger Strukturen bei der Regulation des CBF im REM-Schlaf beleuchtete auch eine Untersuchung an anästhesierten Kaninchen. Während spontaner Schwankungen des EEG von hochamplitudigen zu niedrigamplitudigen Wellen stiegen sowohl CBF als auch $CMRO_2$ an. Dieser Anstieg des CBF ließ sich durch den cholinergen Blocker Scopolamin verhindern, während dies für die $CMRO_2$ nicht möglich war. Die Ergebnisse wurden als Hinweis darauf gewertet, daß cholinerge Aktivitätserhöhungen den Blutfluß des Gehirns steigern, während sie die EEG-Amplitude vermindern (Pearce et al. 1981). Ein Zusammenhang dieses Phänomens zum REM-Schlaf ist offensichtlich, da niedrigamplitudige, gemischt hochfrequente Wellen gerade für den REM-Schlaf charakteristisch sind. Als ein weiterer Punkt ist zu berücksichtigen, daß sympathische und serotonerge Nervenfasern positiv zerebrale Widerstandsgefäße innervieren (Swanson et al. 1977; Heistad et al. 1981; Edvinsson 1982, 1983). Es ist also ebenso plausibel, daß ein erhöhter CBF im REM-Schlaf auf einer relativen Erniedrigung aminerger Aktivität beruht. Der Anstieg des CBF vom NREM-Schlaf zum REM-Schlaf ist daher möglicherweise ein Resultat cholinerg-aminerger Wechselwirkungen, eine Überlegung, die in guter Übereinstimmung mit dem reziproken Interaktionsmodell der Schlafregulation steht (Hobson et al. 1975, 1986). Von besonderer Bedeutung für das Verständnis der zerebrovaskulären Regulation ist letztendlich die fehlende Blockadewirkung von Scopolamin auf die $CMRO_2$, während der CBF durch dieses Präparat gut beeinflußbar war (Pearce et al. 1981). Diese Ergebnisse deuten auf eine Entkopplung der Regulation von Hirnstoffwechsel und Perfusion hin, die auch den Schlaf betreffen könnte.

Ähnlich wie beim Tier können auch beim Menschen im REM-Schlaf regionale Unterschiede von CBF und CMR bestehen. Allerdings stimmen die Ergebnisse der einzelnen Untersuchungen, ähnlich wie bei den Tierversuchen, wenig überein. Zum einen fanden sich regionale Anstiege der CMR_{glk} in den linken okzipitalen und temporalen Regionen (Maquet et al. 1990), zum anderen war die einzige Region mit einer deutlichen Erhöhung der CMR_{glk} der Gyrus cinguli; die CMR_{glk} im Thalamus nahm ab (Buchsbaum et al. 1989). Hinzu kommt der bedeutsame Befund einer SPECT-Studie, die im REM-Schlaf mit Träumen Anstiege des CBF in den assoziativ visuellen Regionen fand, während der CBF in den inferioren frontalen Regionen abnahm (Madsen et al. 1991 c). Die Validität der regionalen Unterschiede in verschiedenen Hirnarealen ist beim Menschen aufgrund der uneinheitlichen Ergebnisse noch unklar.

Auf der Grundlage der referierten Daten ist wissenschaftlich gut gesichert, daß CBF und CMR während des hochfrequenten EEG im REM-Schlaf Werte erreichen, die denen des Wachzustands entsprechen oder darüber hinausgehen (s. Abb. 1, S. 104). Dies läßt die Folgerung zu, daß dem REM-Schlaf eine Aktivierung der Hirnfunktion (Meyer et al. 1987; Buchsbaum et al. 1989) mit einem Anstieg der neuronalen Aktivität (Meyer 1983), einer Erhöhung der Stoffwechselaktivität (Heiss et al. 1985) und einer Wiederaufnahme der synaptischen Aktivität in Relation zum NREM-Schlaf (Maquet et al. 1990) zugeschrieben werden kann. Diese Aktivitätsveränderung ist in den verschiedenen Hirnarealen nicht homogen verteilt.

Dynamik der zerebralen Perfusion im Schlaf von Tieren

Elektroenzephalographische Aufzeichnungen des Schlafablaufs standen schon seit den Anfängen klinischer Schlafuntersuchungen im Widerspruch zu Radioisotopentechniken, die mit der Dokumentation einiger weniger Meßzeitpunkte pro Schlafperiode ein statisches Bild von Metabolismus und Perfusion des Gehirns zeichneten. Die im Minutenbereich liegenden Meßzeiten erfaßten den Schlaf nicht als einen Zustand sich dynamisch ändernder Hirnfunktion, wie er polysomnographisch angezeigt wird. Dies war zum einen auf den erheblichen methodischen Aufwand bei der Studiendurchführung unter Schlafbedingungen zurückzuführen. Zum anderen verhinderte eine relativ lange Halbwertszeit der verwendeten Tracersubstanzen (Meyer et al. 1978, 1981 b; Risberg 1980; Phelps et al. 1982; Lassen 1985; Madsen et al. 1991 a), daß ein Schlafstadium ohne Unterbrechung durch andere Schlafstadien abgebildet wird. Selbst SPECT-Untersuchungen mit ^{99m}TC HMPAO als

Tracersubstanz sind mit Meßzeiten von etwa 10 min zu langsam, um den physiologischen Schlafablauf zeitgenau zu verfolgen. In der experimentellen Schlafforschung fanden daher bereits in den 60er Jahren Methoden Eingang, die durch kontinuierliche Aufzeichnung die dynamische Komponente der zerebralen Perfusion beschrieben und Rückschlüsse auf schnelle adaptive und regulatorische Mechanismen ermöglichten (Kanzow et al. 1962).

Die ab 1960 populären thermischen Verfahren beschrieben den CBF indirekt über die Veränderung der Temperatur an Thermoelektroden, die stereotaktisch ins Gehirn oder in Gefäße implantiert wurden (Kanzow et al. 1962; Seylaz et al. 1979; Roussel et al. 1980). Mit dieser Technik wurde an Katzen ein dynamischer Anstieg der Hirndurchblutung beim Wechsel vom NREM-Schlaf zum REM-Schlaf gemessen. Dieser ging zeitlich der Desynchronisierung des EEG, der Muskelerschlaffung oder dem REM-schlaftypischen Anstieg der Atemfrequenz voraus (Kanzow et al. 1962). Die Befunde gaben einen ersten Anhaltspunkt dafür, daß eine Vasodilatation in der Hirnrinde in den desynchronisierten Phasen des REM-Schlafs auf einen direkten Einfluß autonomer Gefäßnerven zurückgeführt werden könnte. Tierversuche mit modifizierten Formen dieser Technik bestätigten in neuerer Zeit den dynamischen Anstieg des CBF vom NREM-Schlaf zum REM-Schlaf (Santiago et al. 1984, 1986; Abrams et al. 1990). Eine Untersuchung konnte dabei anhand regionaler Unterschiede eine heterogene Perfusionsverteilung im REM-Schlaf aufzeigen (Abrams et al. 1990), ein Befund, der von Radioisotopenuntersuchungen her bekannt ist (Reivich et al. 1968; Buchsbaum et al. 1989; Maquet et al. 1990; Madsen et al. 1991 c).

Die Rolle von Temperaturmessungen zur Objektivierung der Hirnfunktion in bestimmten Hirnarealen (Kawamura et al. 1966; Hayward u. Baker 1969; Parmeggiani 1980) ist demgegenüber nicht klar definiert. So ist beispielsweise noch nicht sicher geklärt, ob Temperaturanstiege in bestimmten Kernen des Hirnstamms durch eine erhöhte Stoffwechselrate bedingt sind (Tachibana 1966, 1969), durch eine erhöhte Temperatur des vorbeifließenden Bluts verursacht werden (Hayward u. Baker 1969) oder einem veränderten CBF zuzuschreiben sind (McCook et al. 1962; Denoyer et al. 1991). Immerhin wurde in Untersuchungen dieser Art beispielsweise ein reziprokes Durchblutungsverhalten verschiedener Hirnstrukturen festgestellt. Rhombenzephale Anstiege des CBF bei gleichzeitiger Abnahme im Mesenzephalon während des REM-Schlafs und Oszillationen des lokalen CBF während schneller Augenbewegungen bestätigen schon 1967 dynamische Aktivitätsänderungen des Hirnstamms im Schlaf (Baust 1967). Weiterentwickelte Methoden zur Messung der thermischen Clearance im Tierexperiment trugen sowohl zum Verständnis umschriebener Aktivitätsänderungen im Hirnstamm als auch von sekundenschnellen Adaptationsvorgängen des CBF bei. In Katzen wurde eine biphasische Variation des CBF mit einer kurzen Abnahme und folgendem Anstieg zu Beginn der REM-Phase beobachtet (Denoyer et al. 1991). Da dieses Muster sich von den monophasischen Anstiegen des CBF nach metabolischer Belastung durch CO_2-Inhalation unterscheidet, lassen sich hieraus Hinweise auf eine zentrale neuronale Regulation des CBF im Schlaf ableiten. In der gleichen Untersuchung fluktuierte im REM-Schlaf die Temperatur im Nucleus caudatus reziprok zum CBF. Dieses Phänomen konnte durch die Läsion des posterioren Hypothalamus blockiert werden. Auch diese Daten deuteten auf neuronale vasokonstriktorische Mechanismen im Schlaf hin, die beispielsweise hypothalamischen Ursprungs sein könnten.

Dynamik der zerebralen Perfusion im Schlaf von Menschen

Die im Tierversuch etablierten thermischen Verfahren zur Messung des CBF wurden in den 60er Jahren auch beim Menschen eingesetzt. Kortikal implantierte Temperaturfühler erfaßten Veränderungen der thermischen Leitfähigkeit und damit indirekt Änderungen des CBF im Schlaf. Die Befunde eines erhöhten oder unveränderten CBF im SWS in der Untersuchung von neurobiologischen Patienten (Seylaz et al. 1971) entsprechen zwar nicht dem heute allseits anerkannten Sachverhalt einer Erniedrigung des CBF im NREM-Schlaf; erstmals waren jedoch beim Menschen dynamische Schwankungen des CBF um den Mittelwert des jeweiligen Schlafstadiums zu beobachten. Sie traten betont im REM-Schlaf und in Zusammenhang mit Änderungen der EEG-Frequenz auf. Obwohl die Untersucher keine bestimmte Beziehung zwischen den Schwankungen des CBF und denen des EEG fanden, ließ sich die enge zeitliche Korrelation dieser sekundenschnellen Phänomene eher durch die direkte Funktion neuronaler Mechanismen als durch Stoffwechselvorgänge erklären. Die Autoren kamen daher zu dem bemerkenswerten Schluß, daß Schwankungen des CBF im Schlaf losgelöst vom kortikalen Metabolismus vorkommen können.

Starke Schwankungen des zerebralen Blutvolumens (CBV) wurden insbesondere im REM-Schlaf beobachtet (Risberg u. Ingvar 1972). Die kontinuierliche Messung des CBV erfolgte in dieser Untersuchung mittels Szintillationszählern nach Verabreichen eines mit ^{131}Jod markierten Tracers. Die Fluktuationen des CBV waren in Perioden mit hoher Augenbewegungsdichte am stärksten ausgeprägt, eine Beobachtung, die auch bei CBF-Messungen nach ^{133}Xenoninhalation gemacht wurde (Townsend et al. 1973). Ein direkter Zusammenhang von zerebraler Perfusion und Augenbewegungen des REM-Schlafs scheint dennoch eher unwahrscheinlich zu sein. Vielmehr dürften gleichzeitig auftretende Unregelmäßigkeiten in der Atmung (Aserinsky 1965; Schmidt-Novara u. Snyder 1983) den CO_2-Gehalt des Bluts verändern und über diesen metabolischen Faktor die zerebrale Perfusion beeinflussen. Deutlich weniger Informationen erbrachte die zur gleichen Zeit durchgeführte dynamische, allerdings indirekte Messung des CBF mittels Impedanzplethysmographie. Sie bestätigte den bekannten Abfall des CBF im NREM-Schlaf. Die Studie beschrieb jedoch keine kontinuierlichen Veränderungen des CBF, da nur Meßperioden ausgewertet wurden, die sich auf wenige Minuten beschränkten (Lovett Doust u. Lovett Doust 1975).

Erstaunlicherweise vermittelten keine primär dynamischen Meßmethoden weitere Einblicke in die Regulation der Hirndurchblutung im Schlaf, sondern eine Radioisotopenuntersuchung des CBF mit ^{133}Xenon (Sakai et al. 1980; Meyer et al. 1987). In seriellen Meßreihen veränderte sich der CBF mit zunehmender und abnehmender Tiefe des NREM-Schlafs stärker im Hirnstamm als in den Hemisphären und stärker in der rechten Hemisphäre als in der linken. Erst im Tiefschlaf der Stadien III und IV glichen sich die Werte des CBF wieder aneinander an und waren in allen Regionen gleichmäßig erniedrigt. Eine ähnliche Seitenbetonung des CBF im NREM-Schlaf zugunsten der rechten Hemisphäre war auch in einer älteren Studie festgestellt worden (Lovett Doust u. Lovett Doust 1975). Die Ergebnisse deuteten auf den Hirnstamm als entscheidendes Zentrum zur Anbahnung des Schlafprozesses und auf die rechte Hemisphäre als den zweiten Schritt, bevor der Schlaf sich über das gesamte Gehirn ausbreitet (Sakai et al. 1980; Meyer et al. 1987). In der gleichen Untersuchung unterschieden sich die Werte des CBF zu verschiedenen Zeiten der Schlafperiode, obwohl gleiche Schlafstadien vorlagen. So waren die Flußwerte im Schlafstadium II nach Schlafbeginn deutlich höher als in den Schlafstadien II, die nach einer Periode mit SWS auftraten. Diese Ergebnisse stellten einen wesentlichen Anhaltspunkt dafür dar, daß die zerebrale Perfusion nicht unter allen Umständen an die hirnelektrisch definierten Schlafstadien gekoppelt ist.

Es dauerte weitere 10 Jahre, bis modernere Meßtechniken durch ihre hohe zeitliche Auflösung und die Möglichkeit der Langzeitaufzeichnung den Zusammenhang von EEG und zerebraler Perfusion im Ablauf einer gesamten Schlafperiode aufzeigen konnten. Mit der transkraniellen Dopplersonographie (TCD) wurde in den 80er Jahren eine Technik entwickelt, mit der nichtinvasiv die Richtung und Geschwindigkeit des zerebralen Blutflusses in den großen Hirnbasisarterien aufgezeichnet werden kann. Eine hohe Zeitauflösung ermöglicht dabei die Darstellung sekundenschneller Änderungen der zerebralen Strömungsgeschwindigkeit (Aaslid et al. 1982; Aaslid 1986; Arnolds u. von Reutern 1986). Inzwischen liegen ausreichende Hinweise vor, daß relative Änderungen der zerebralen Strömungsgeschwindigkeit Änderungen des CBF in den Hirnarealen entsprechen, die vom untersuchten Gefäß versorgt werden (Bishop et al. 1986; Aaslid et al. 1989, 1991). Durch die Verwendung moderner Dopplersonden mit speziellen Befestigungsmethoden und durch den Einsatz spezieller Rechnerprogramme konnten kontinuierliche Aufzeichnungen der mittleren Flußgeschwindigkeit (MFG) in der Arteria cerebri media über eine gesamte Schlafperiode hinweg durchgeführt werden (Hajak et al. 1990, 1991 a, b; Klingelhöfer et al. 1991 a, b). Ganznachtprofile der MFG (s. Abb. 2, S. 111) bestätigten den bekannten Sachverhalt, daß die zerebrale Perfusion im NREM-Schlaf erniedrigt ist und im REM-Schlaf wieder auf Werte ansteigt, die man üblicherweise während des Wachseins findet. Erstmals waren jedoch fließende Übergänge der MFG in den NREM-Schlafstadien und abrupte Wechsel des mittleren MFG-Niveaus bei Übergängen zum REM-Schlaf zu erkennen. Ein bogenförmig erniedrigter Kurvenverlauf der MFG in der gesamten Schlafperiode war nicht allein durch massive Anstiege des MFG-Levels im REM-Schlaf überformt, sondern auch durch ausgeprägte Fluktuationen der MFG über und unter dieses mittlere Niveau. Daß bei diesen Fluktuationen schnell arbeitende Regelkreise zwischen neuronalen, metabolischen und vermutlich auch kardiopulmonalen Funktionen aktiviert werden, zeigten die erheblichen Schwankungen der MFG im Zeitraster unter 1 min. Sogar im Meßbereich von Sekunden wurden v. a. in den Schlafstadien II und REM charakteristische Schwankungen der MFG, z. B. nach EEG-Arousals,

2.6 Schlaf, Hirnstoffwechsel und zerebrale Durchblutung

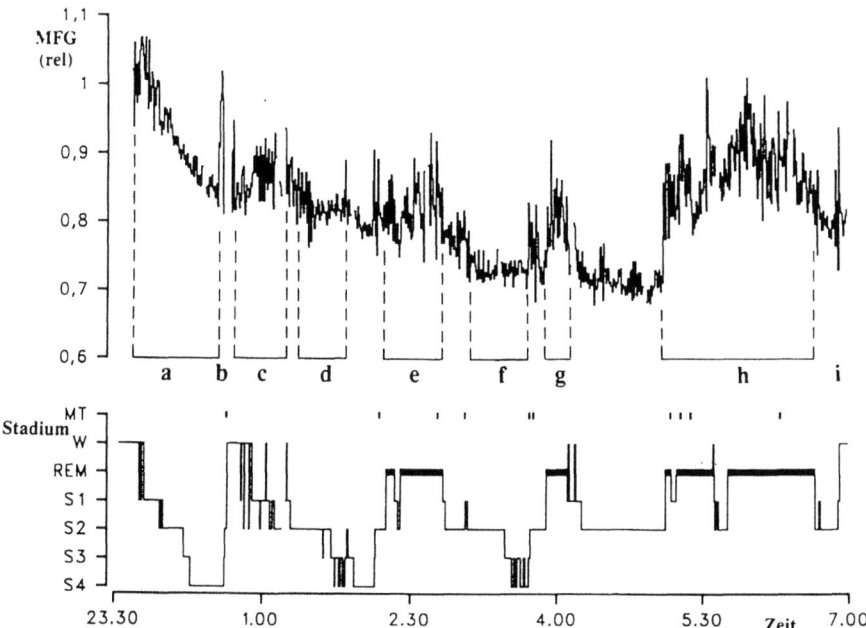

Abb. 2. Relative mittlere Flußgeschwindigkeit (MFG) der A. cerebri media und Schlafprofil eines Probanden (a progressive MFG-Reduktion; *b, i* Bewegungsartefakt; *c* reduzierte MFG während des Erwachens; *d, f* „Überlappungseffekt" von Stadium II zu SWS; *e, g, h* erhöhte MFG im REM-Schlaf; *MFG (rel)* relative mittlere Flußgeschwindigkeit)

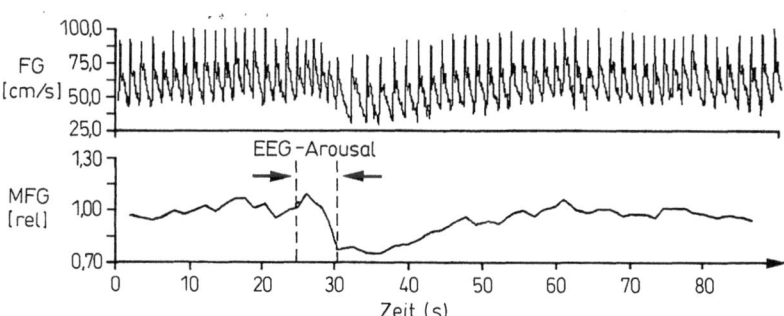

Abb. 3. Flußgeschwindigkeit *(FG)* und relative mittlere Flußgeschwindigkeit *(MFG rel)* der Arteria cerebri media nach einem EEG-Arousal im Schlafstadium II eines gesunden Probanden

beobachtet (Abb. 3). Maximale Fluktuationen der MFG traten im REM-Schlaf auf und ließen eine regulative Instabilität dieser Schlafphase erkennen. Eine Abnahme der MFG-Fluktuationen mit zunehmender Schlaftiefe der Schlafstadien II, III und IV wies dementsprechend auf die wachsende Stabilität der funktionellen Regulation im NREM-Schlaf hin. Der Vergleich von MFG-Werten zu beliebigen Meßzeiten machte darüber hinaus ein besonderes Phänomen deutlich: die MFG änderte sich während eines Wechsels von NREM-Schlafstadien in den späteren Schlafzyklen entweder weniger als im ersten Schlafzyklus oder blieb sogar vollkommen gleich. Einzelne Schlafstadien waren daher nur unter Berücksichtigung ihrer Position in den Schlafzyklen bestimmten Mittelwerten der MFG zuzuordnen. Auf der Grundlage dieser Daten erwuchs zum einen Kritik an einer Vielzahl von existierenden Studien, die bei der Bestimmung von CBF oder CMR diese dynamische Komponente nicht beachteten. Zum anderen ließ sich folgern, daß EEG-Parameter und die zerebrale Perfusion im Schlaf nicht prinzipiell miteinander gekoppelt sind. Dementsprechend blieb die MFG während eines nächtlichen Erwachens deutlich unter den Werten des Wachzustands, der der Schlafperiode vorausging. Auch ist in diesem Zusammenhang das von Schlafstadien unabhängige Absinken des mittleren MFG-Niveaus im Lauf der Nacht zu verstehen. Als ein wesentliches Ergebnis von TCD-Messungen im Schlaf ließ sich daher die Hypothese einer Entkopplung von hirnelektrischer Aktivität und Hirndurchblutung formulieren.

Hirnelektrische Aktivität, Hirnstoffwechsel, Hirndurchblutung und Hirnfunktion im Schlaf

1976 wurde erstmals nach elektrischer Stimulation des Kleinhirns beim Affen eine Dilatation zerebraler Gefäße ausgelöst, ohne daß eine Änderung im Metabolismus auftrat (McKee et al. 1976). In neueren Studien ließ sich durch Stimulation cerebellärer Kerne der kortikale CBF beeinflussen, ohne eine Veränderung der CMR_{glk} zu verursachen (Nakai et al. 1983). Weitere Untersucher konnten im Humanversuch nachweisen, daß bei physiologischer Aktivierung disproportionale Veränderungen von CBF und CMR eine Entkopplung dieser Parameter anzeigen (Fox u. Raichle 1986; Fox et al. 1988). Im Hinblick auf solche Daten entstand seit einigen Jahren zunehmend Kritik am Modell einer engen Kopplung zwischen zerebralem Stoffwechsel, zerebralem Blutfluß und der Hirnfunktion (Lou et al. 1987). Allerdings sind die physiologischen Grundlagen einer Entkopplung von Stoffwechsel und Durchblutung bisher nicht ausreichend bekannt. Als Erklärungsmodell wird überwiegend eine direkt neuronale Regulation des CBF angenommen, welche unabhängig vom lokalen Stoffwechsel ist. Da in einer neueren Studie nur die Stimulation der hinteren Formatio reticularis und nicht die benachbarter Strukturen des Hirnstamms einen Blutflußanstieg bewirkte (Iadecola et al. 1983), könnte diese Region eine Schlüsselrolle in der Regulation des CBF übernehmen. Der beobachtete Anstieg des CBF war dabei nicht nur unabhängig von systemischen Faktoren wie Blutgasen, arteriellem Blutdruck oder dem Hirnstoffwechsel. Es gab auch keinen Zusammenhang zu Veränderungen der Hirnstromfrequenz im EEG. Eine Entkopplung des CBF von der hirnelektrischen Aktivität wurde auch in einer Untersuchung sichtbar, die bei Inhalation von stabilem Xenon Anstiege des CBF feststellte, obwohl schnelle Frequenzen im α- und β-Bereich des EEG weniger wurden (Hartmann et al. 1991).

Derartige Entkopplungsphänomene scheinen bevorzugt im Schlaf aufzutreten. In erster Linie läßt sich dies von den beschriebenen Doppleruntersuchungen ablei-

2.6 Schlaf, Hirnstoffwechsel und zerebrale Durchblutung

ten, die sowohl bei einem Wechsel von NREM-Schlafstadien als auch beim nächtlichen und morgendlichen Erwachen häufig keine, geringfügige oder verzögerte Veränderungen der zerebralen Blutflußgeschwindigkeit feststellten (Hajak et al. 1990, 1991 a; Klingelhöfer et al. 1991 a, b). Für Entkopplungsphänomene im Schlaf-Wach-Übergang spricht auch das Ergebnis einer älteren Studie, die ein thermisches Verfahren zur Bestimmung dynamischer Veränderungen des CBF beim Menschen einsetzte. Der Aufwachvorgang war hier trotz der dabei auftretenden Beschleunigung der Hirnstromfrequenz von einer Erniedrigung des CBF begleitet (Seylaz et al. 1971). Im gleichen Sinn ist der Befund von Radioisotopenuntersuchungen interpretierbar, daß unterschiedliche CBF-Werte in gleichen Schlafstadien auftraten, wenn diese unterschiedliche Positionen im Schlafzyklus hatten (Sakai et al. 1980; Meyer et al. 1987). Eine Entkopplung auch der Parameter CBF und $CMRO_2$ im Schlaf wurde durch Tierexperimente gezeigt, die einen Anstieg des CBF während eines Wechsels von hochamplitudigem zu niedrigamplitudigem Schlaf mit dem cholinergen Blocker Scopolamin verhindern konnten, ohne die $CMRO_2$ zu beeinflussen (Pearce et al. 1981).

Der Schlaf stellt damit einen Zustand dar, in dem die Hirndurchblutung unabhängig vom Hirnstoffwechsel und den assoziierten EEG-Parametern sein kann, welche i. allg. für die Beschreibung der Hirnfunktion benutzt werden.

Bedeutung der Messung von Hirnstoffwechsel und Hirndurchblutung im Schlaf

Es ist nicht nur das Ergebnis einer historischen Entwicklung, daß hirnelektrische Parameter zur Beschreibung des Schlafzustands herangezogen werden. Es wurde sehr früh klar, daß die Festlegung von Schlaftiefen mit abnehmender Wellenfrequenz im EEG des NREM-Schlafs auch der Abnahme der Vigilanz entspricht. Die Weckschwelle folgt dem Verlauf der Schlaftiefe, da stärkere Weckreize zur Durchbrechung des Tiefschlafs als des Leichtschlafs benötigt wurden (Rechtschaffen et al. 1966). NREM-Schlaf zeichnet sich jedoch nicht nur durch eine Abschottung des Schlafenden von der Außenwelt ab, sondern auch durch ein niedriges Niveau kognitiver Aktivität. Relativ wenige der aus dem NREM-Schlaf geweckten Schlafenden konnten über Träume berichten, die zudem überwiegend unstrukturiert und kurz waren (Dement u. Kleitman 1957a; Foulkes 1962, 1966). Mit abnehmender Wellenfrequenz des EEG in den Stadien des menschlichen Schlafs nahmen auch CBF und CMR ab (Townsend et al. 1973; Sakai et al. 1980; Gozukirmizi et al. 1982; Heiss et al. 1985; Franck et al. 1987; Meyer et al. 1987; Buchsbaum et al. 1989; Maquet u. Franck 1989; Maquet et al. 1990; Madsen et al. 1991 a, b) und konnten so eindrucksvoll unterstreichen, daß den physiologischen Prozessen des NREM-Schlafs eine reduzierte synaptische Aktivität zentraler Neurone zugrunde liegen dürfte. Der dadurch eingesparte Energieverbrauch könnte Energieträger wie ATP für strukturelle Aufbauprozesse, wie z. B. die Proteinbiosynthese, zur Verfügung stellen (Adam u. Oswald 1977; Guiditta et al. 1980 a, b). Sherrington vertrat in den 40er Jahren die streng naturwissenschaftlich verstandene Auffassung, daß „Schlaf einen Zustand mit verstärktem Gewebewachstum und einer Strukturwiederherstellung nach Abnutzung und Zerstörung derselben im Wachsein" darstellt (Sherrington 1946). Verminderte CMR-Werte stehen daher im Einklang mit dem historischen Modell, daß der Schlaf eine erholende Funktion für Körper und Geist hat (Hartmann 1973; Adam u. Oswald 1977; Adam 1980). Obwohl diese Auffassung damals wie heute umstritten ist, könnte dies besonders die Hirnfunktion betreffen, da sich beispielsweise die $CMRO_2$ beim Wechsel vom Leichtschlaf zum Tiefschlaf deutlich stärker vermindert (Madsen et al. 1991 b) als der durchschnittliche O_2-Verbrauch des Körpers (Brebbia u. Altshuler 1965; Haskell et al. 1981; Ryan et al. 1989).

Mit dem Wechsel vom NREM-Schlaf in den REM-Schlaf findet eine dramatische Umstellung des physiologischen Zustandsbilds statt. Der Schlafende wechselt nicht nur von einem Zustand großer vegetativer Stabilität in ein Stadium mit starken Schwankungen von z. B. Herzfrequenz oder Atemfunktion (Grunstein u. Sullivan 1990), sondern entwickelt auch eine intensive geistige Aktivität, die sich in lebendigen Traumbildern äußert (Dement u. Kleitman 1957 a; Hall 1966). Daneben wird dem REM-Schlaf eine entscheidende Rolle bei Lernprozessen (McGrath u. Cohen 1978; Pearlman 1979; Greenberg 1981; Harris et al. 1982), bei der Selektion und Umprogrammierung von Wissen oder beim Vergessen bzw. „Reinigen" des Gehirns von unerwünschten Gedächtnisinhalten (Newman u. Evans 1965; Crick u. Mitchison 1983) zugeschrieben. Dramatische Anstiege von CBF und CMR beim Menschen (Townsend et al. 1973; Sakai et al. 1980; Heiss et al. 1985; Franck et al. 1987; Meyer et al. 1987; Maquet u. Franck 1989; Buchsbaum et al. 1989; Maquet et al. 1990; Madsen et al. 1991 b, c) beleuchten eine Aktivierung der zugrundeliegenden synaptischen Aktivität zentraler Neurone. Die Weckschwelle im REM-Schlaf ist dabei u. U. so hoch wie im Tiefschlaf (Williams et al. 1964; Rechtschaffen et al. 1966). Letztendlich bleibt daher ungeklärt, inwieweit die erhöhten Werte von CBF und CMR das Niveau der geistigen Aktivität oder die durch die Weckschwelle festgelegte Schlaftiefe wiedergeben.

Erst Studien der dynamischen Schwankungen der zerebralen Perfusion ließen erkennen, daß eine Veränderung des funktionellen Zustands im REM-Schlaf auch die zerebrovaskuläre Regulation betrifft. Daß im Schlaf komplexe und schnell reagierende zerebrovaskuläre Mechanismen wirksam werden, war v. a. an Fluktuationen der zerebralen Perfusion im Sekundenbereich zu erkennen (Hajak et al. 1990). Derartige Instabilitäten der Hirndurchblutung im Schlaf können – ebenso wie eine bei Aufwachvorgängen erniedrigte zerebrale Perfusion (Seylaz et al. 1971; Hajak et al. 1990, 1991 b) – eine Erklärung darstellen, warum $^2/_3$ der ischämischen Hirninfarkte beim Menschen im Schlaf bzw. kurz nach dem morgendlichen Erwachen auftreten sollen (Marshall 1977; Argentino et al. 1990; Marsh et al. 1990). Die dynamischen und häufig von der Hirnstromfrequenz unabhängigen Veränderungen der zerebralen Perfusion (Sakai et al. 1980; Meyer et al. 1987; Hajak et al. 1990, 1991 a; Klingelhöfer et al. 1991 a) sprechen zudem dafür, daß der Parameter zerebrale Perfusion keine Regulationsmechanismen des Schlafs an sich erfaßt. Dennoch bringt die Entkopplung von EEG-Parametern und Perfusionsparametern wichtige Hinweise darauf, daß im Schlaf zentral neuronale Mechanismen die Hirndurchblutung interferierend mit dem metabolischen Geschehen des Gehirns bestimmen können.

Für die Erforschung der Physiologie des Schlafs werden in Zukunft daher schnelle, serielle Meßmethoden des Hirnstoffwechsels von ebenso großer Bedeutung sein wie dynamische Meßmethoden der zerebralen Perfusion für das Verständnis zerebrovaskulärer und pathophysiologischer Mechanismen der Hirndurchblutung.

Literatur

Aaslid R (1986) Transcranial doppler sonography. Springer, Berlin Heidelberg New York, pp 39–59
Aaslid R, Markwalder T-M, Nornes H (1982) Noninvasive transcranial doppler ultrasound recording of flow velocity in basal cerebral arteries. J Neurosurg 57:769–774
Aaslid R, Lindegaard KF, Sorteberg W, Nornes H (1989) Cerebral autoregulation dynamics in humans. Stroke 20(1):45–52
Aaslid R, Newell DW, Stooss R et al. (1991) Assessment of cerebral autoregulation dynamics from simultaneous arterial and venous transcranial doppler recordings in humans. Stroke 22:1148–1154
Abrams RM, Post JC, Burchfield DJ et al. (1990) Local cerebral blood flow is increased in rapid-eye-movement sleep in fetal sheep. Am J Obstet Gynecol 162:278–281
Adam K (1980) Sleep as a restorative process and a theory to explain why. Prog Brain Res 53:289–306
Adam K, Oswald I (1977) Sleep is for tissue restoration. J R Coll Physicians (London) 11:376–388
Argentino C, Toni D, Rasura M et al. (1990) Circadian variation in the frequency of ischemic stroke. Stroke 21:387–389
Arnolds BJ, von Reutern GM (1986) Transcranial dopplersonography. Examination and normal reference values. Ultrasound Med Biol 2:115–123
Aserinsky E (1965) Periodic respiratory pattern occurring in conjunction with eye movements during sleep. Science 150:763–766
Baust W (1967) Local blood flow in different regions of the brain-stem during natural sleep and arousal. Electroencephalogr Clin Neurophysiol 22:365–372
Berne RM, Winn HR, Rubio R (1981) The local regulation of cerebral blood flow. Prog Cardiovasc Dis 24 (3):243–260
Bishop CCR, Powell S, Rutt D, Browse NL (1986) Transcranial doppler measurement of middle cerebral artery blood flow velocity: a validation study. Stroke 17 (5):913–915
Brebbia DR, Altshuler KZ (1965) Oxygen consumption rate and electroencephalographic stage of sleep. Science 150:763–766
Buchsbaum MS, Gillin JC, Wu J et al. (1989) Regional cerebral glucose metabolic rate in human sleep assessed by positron emission tomography. Life Sci 45:13491356
Crick F, Mitchison G (1983) The function of dream sleep. Nature (London) 304:111–114
Dement WC, Kleitman N (1957 a) The relation of eye movements during sleep to dream activity: an objective method of the study of dreaming. J Exp Psychol 53:339–346
Dement WC, Kleitman N (1957 b) Cyclic variations in EEG during sleep and their relation to eye movements, body motility and dreaming. Electroencephalogr Clin Neurophysiol 9:673–690
Denoyer M, Sallanon M, Buda C et al. (1991) The posterior hypothalamus is responsible for the increase of brain temperature during paradoxical sleep. Exp Brain Res 84:326–334
Edvinsson L (1982) Sympathetic control of cerebral circulation. Trends Neurosci 5:425–428
Edvinsson L (1983) Central serotonergic nerves project to the pial vessels of the brain. Nature (London) 306:55–57

Foulkes D (1962) Dream reports from different stages of sleep. J Abnorm Soc Psychol 65:14–25
Foulkes D (1966) The psychology of sleep. Scribner, New York
Fox PT, Raichle ME (1986) Focal physiological uncoupling of cerebral blood flow and oxidative metabolism during somatosensory stimulation in human subjects. Proc Natl Acad Sci USA 83:1140–1144
Fox PT, Raichle ME, Mintun MA, Dence C (1988) Nonoxidative glucose consumption during focal physiologic neural activity. Science 241:462–464
Franck G, Salmon E, Poirrier R et al. (1987) Etude du métabolisme glucidique cérébral regional chez l'homme, au cours de l'éveil et du sommeil, par tomography à émission de positrons. Rev EEG Neurophysiol Clin 17:71–77
Gibbs FA, Gibbs EL, Lennox WG (1935) The cerebral blood flow during sleep in man. Brain 58:44–48
Gozukirmizi E, Meyer JS, Okabe T et al. (1982) Cerebral blood flow during paroxysmal EEG induced by sleep in patients with complex partial seizures. Sleep 5:329–342
Greenberg JH, Reivich M, Alavi A et al. (1981) Metabolic mapping of functional activity in human subjects with the (^{18}F)Fluorodeoxyglucose technique. Science 212:678–680
Greenberg R (1981) Dreams and REM sleep – an integrative approach. In: Fischbein W (ed) Sleep, dreams and memory. MTP, Lancaster, pp 125–135
Greisen G, Hellström-Vestas L, Lou H et al. (1985) Sleep-waking shifts and cerebral blood flow in stable preterm infants. Pediat Res 19 (11):1156–1159
Grunstein RR, Sullivan CE (1990) Neural control of respiration during sleep. In: Thorpy MJ (ed) Handbook of sleep disorders. Dekker, New York, pp 77–102
Guiditta A, Rutigliano B, Vitale-Neugebauer A (1980 a) Influence of synchronized sleep on the biosynthesis of RNA in two nuclear classes isolated from rabbit cerebral cortex. J Neurochem 35:1259–1266
Guiditta A, Rutigliano B, Vitale-Neugebauer A (1980 b) Influence of synchronized sleep on the biosynthesis of RNA in neuronal and mixed fractions isolated from rabbit cerebral cortex. J Neurochem 35:1267–1272
Gur RC, Gur RE, Obrist WD (1982) Sex and handedness differences in cerebral blood flow during rest and cognitive activity. Science 217:659–661
Gur RC, Gur RE, Obrist WD et al. (1987) Age and regional cerebral blood flow at rest an during cognitive activity. Arch Gen Psychiat 44:617–621
Hajak G, Klingelhöfer J, Schulz-Varszegi M et al. (1990) New views into the dynamics changes of cerebral blood flow during sleep. In: Horne J (ed) Sleep '90. Pontenagel, Bochum, pp 78–81
Hajak G, Klingelhöfer J, Schulz-Varszegi M et al. (1991 a) Uncoupling of brain electrical activity and cerebral perfusion in sleep. Biol Psychiat 29 Suppl:307S
Hajak G, Klingelhöfer J, Schulz-Varszegi M et al. (1991 b) Dynamische Änderungen der cerebralen Perfusion im Schlaf. In: Schläfke ME, Gehlen W, Schäfer T (Hrsg) Schlaf und schlafbezogene autonome Störungen. Brockmeyer, Bochum, S 71–78
Hall CS (1966) The meaning of dreams. McGraw-Hill, New York
Harris PF, Overstreet DH, Orbach J (1982) Disruption of passive avoidance memory by REM sleep deprivation: methodological and pharmacological considerations. Pharmacol Biochem Behav 17:119–122
Hartmann A, Dettmers C, Schuier FJ et al. (1991) Effect of stable Xenon on regional cerebral blood flow and the electroencephalogram in normal volunteers. Stroke 22:182–189
Hartmann E (1973) The functions of sleep. Yale Univ Press, New Haven
Haskell EH, Palca JW, Walker JM et al. (1981) Metabolism and thermoregulation during stages of sleep in humans exposed to heat and cold. J Appl Physiol 51:948–954
Hayashi K, Handa H, Nagasawa S et al. (1980) Stiffness and elastic behavior of human intracranial and extracranial arteries. Biomed Eng Comput 13:175–183
Hayward JN, Baker MA (1969) A comparative study of the role of the cerebral arterial blood in the regulation of brain temperature in five mammals. Brain Res 16:417–440
Heiss WD, Pawlik G, Herholz K (1985) Regional cerebral glucose metabolism in man during wakefulness, sleep, and dreaming. Brain Res 327:362–366
Heistad DD, Busija DW, Marcus ML (1981) Neural effects on cerebral vessels: alterations of pressure-flow relationship. Fed Proc 40:2317–2321

2.6 Schlaf, Hirnstoffwechsel und zerebrale Durchblutung

Himwich WA, Hamburger E, Maresca R, Himwich HE (1947) Brain metabolism in man: unesthetized and in Pentothal narcosis. Am J Psychiat 103:689

Hobson JA, McCarley RW, Wyzinski PW (1975) Sleep cycle oscillations: reciprocal discharge by two brainstem neuronal groups. Science 18:55–58

Hobson JA, Lydic R, Baghdoyan N (1986) Evolving concepts of sleep cycle generation: from brain centers to neuronal populations. Behav Brain Sci 9:371–391

Iadecola C, Nakai M, Arbit E, Reis DJ (1983) Global cerebral vasodilatation elicited by focal electrical stimulation within the dorsal medullary reticular formation in anestetized rat. J Cereb Blood Flow Metab 3:270–279

Ingvar DH (1979) Hyperfrontal distribution of the cerebral grey matter flow in resting wakefulness: on the functional anatomy of the conscious state. Acta Neurol Scand 60:12–25

Ingvar DH, Rosen I, Johannesson G (1979) EEG related to cerebral metabolism and blood flow. Pharmacopsychiatry 12:200–209

Kanzow E, Krause D, Kühnel H (1962) Die Vasomotorik der Hirnrinde in den Phasen desynchronisierter EEG-Aktivität im natürlichen Schlaf der Katze. Pflügers Arch 274:593–607

Kawamura H, Whitmoyer DI, Sawyer CH (1966) Temperature changes in the rabbit brain during paradoxical sleep. Electroencephalogr Clin Neurophysiol 21:469–477

Kennedy C, Gillin JC, Mendelson W et al. (1982) Local cerebral glucose utilization in non-rapid eye movement sleep. Nature (London) 297:325–327

Klingelhöfer J, Hajak G, Sander D et al. (1991 a) Dynamics of cerebral blood flow velocities in sleep. J Cardiovasc Technol 9:87

Klingelhöfer J, Hajak G, Sander D et al. (1991 b) Changes of cerebral blood flow velocities in sleep apnea syndrome. Stroke 22:10

Kontos HA, Wei EP, Navari RM et al. (1978) Responses of cerebral arteries and arterioles to acute hypotension and hypertension. Am J Physiol 234:H371–H383

Kuschinsky W, Wahl M (1978) Local chemical and neurogenic regulation of cerebral vascular resistance. Physiol Rev 58 (3):656–686

Lassen NA (1985) Measurement of regional cerebral blood flow in humans with single-photon-emitting radioisotopes. In: Sokoloff L (ed) Brain imaging and brain function. Raven, New York, pp 9–20

Lenzi P, Cianci T, Guidalotti PL et al. (1987) Brain circulation during sleep and its relation to extracerebral hemodynamics. Brain Res 415:14–20

Loomis AL, Harvey EN, Hobart GA (1937) Cerebral states during sleep, as studied by human brain potentials. J Exp Psychol 21:127–144

Lou HC, Edvinsson L, MacKenzie ET (1987) The concept of coupling blood flow to brain function: revision required? Ann Neurol 22 (3):289–297

Lovett Doust JW, Lovett Doust JN (1975) Aspects of the cerebral circulation during Non-REM sleep in healthy controls and psychiatric patients, as shown by rheoencephalography. Psychophysiology 12 (5):493–498

Lydic R, Baghdoyan HA, Hibbard L et al. (1991) Regional brain glucose metabolism is altered during rapid eye movement sleep in the cat: a preliminary study. J Comp Neurol 304 (4):517–529

Madsen PL, Schmidt JF, Holm S et al. (1991 a) Cerebral O_2 metabolism and cerebral blood flow in man during light sleep (stage 2). Brain Res 557:217–220

Madsen PL, Schmidt JF, Wildschiødtz G et al. (1991 b) Cerebral oxygen metabolism and cerebral blood flow in humans during deep and rapid-eye movement sleep. J App Physiol 70:2597–2601

Madsen PL, Holm S, Vorstrup S et al. (1991 c) Human regional cerebral blood flow during rapid-eye-movement sleep. J Cereb Blood Flow Metab 11:502–507

Mangold R, Sokoloff L, Conner E et al. (1955) The effects of sleep and lack of sleep on the cerebral circulation and metabolism of normal young man. J Clin Invest 34:1092–1100

Maquet P, Franck G (1989) Cerebral glucose metabolism during the sleep-wake cycle in man as measured by positron emission tomography. In: Horne J (ed) Sleep '88. Fischer, Stuttgart New York, pp 76–78

Maquet P, Dive D, Salmon E et al. (1990) Cerebral glucose utilization during sleep-wake cycle in man determined by positron emission tomography and [^{18}F]2-fluoro-deoxy-D-glucose method. Brain Res 513:136–143

Marsh III EE, Biller J, Adams HP (1990) Circadian variation in onset acute ischemic stroke. Arch Neurol 47:1178–1180
Marshall J (1977) Diurnal variation in occurence of strokes. Stroke 8:230–231
Mazziotta JC, Phelps ME, Miller J, Kuhl DE (1981) Tomographic mapping of human cerebral metabolism: normal unstimulated state. Neurology 31:503–516
Mazziotta JC, Phelps ME, Carson RE, Kuhl DE (1982 a) Tomographic mapping of human cerebral metabolism: auditory stimulation. Neurology 32:921–937
Mazziotta JC, Phelps ME, Carson RE, Kuhl DE (1982 b) Tomographic mapping of human cerebral metabolism: sensory deprivation. Ann Neurol 12:435–444
Mazziotta JC, Phelps ME, Halgren (1983) Hemispheric lateralization and local cerebral metabolic blood flow responses to physiologic stimuli. J Cereb Blood Flow Metab 3 Suppl 1:246–247
McCook R, Reiss C, Randall W (1962) Hypothalamic temperatures and blood flow. Proc Soc Exp Biol 109:518–521
McGrawth MJ, Cohen DB (1978) REM sleep facilitation of adaptive waking behaviour: a review of the literature. Psychol Bull 85:24–57
McKee JC, Denn MJ, Stone HL (1976) Neurogenic cerebral vasodilatation from electrical stimulation of the cerebellum in the monkey. Stroke 7:179–186
Meyer JS (1983) Regulation of cerebral hemodynamics in health and disease. Eur Neurol 22 (1):47–60
Meyer JS, Teraura T, Sakamoto K, Kondo A (1971) Central neurogenic control of cerebral blood flow. Neurology 21:247–262
Meyer JS, Ishihara N, Deshmukh VD et al. (1978) Improved method for noninvasive measurement of regional cerebral blood flow by ^{133}Xenon inhalation. Stroke 9 (3):195–205
Meyer JS, Amano T, Karacan I et al. (1981 a) Changes in lCBF measured by CT scan during REM and Non-REM human sleep. J Cereb Blood Flow Metab 1 (Suppl 1):S465–S466
Meyer JS, Hayman LA, Amano T et al. (1981 b) Mapping local blood flow of human brain by CT scanning during stable Xenon inhalation. Stroke 12 (4):426–436
Meyer JS, Ishikawa Y, Hata T, Karacan I (1987) Cerebral blood flow in normal and abnormal sleep and dreaming. Brain Cogn 6:266–294
Michenfelders JD (1988) Anesthesia and the brain. Churchill Livingstone, New York
Milligan DWA (1979) Cerebral blood flow and sleep in the normal newborn infant. Early Hum Dev 3/4:321–328
Mukhtar AI, Cowan FM, Stothers JK (1982) Cranial blood flow and blood pressure changes during sleep in the human neonate. Early Hum Dev 6:59–64
Nakai M, Iadecola C, Ruggiero DA et al. (1983) Electrical stimulation of cerebellar fastigial nucleus increases cortical blood flow without change in local metabolism: evidence for an intrinsic system in brain for primary vasodilatation. Brain Res 260:35–49
Newman EA, Evans CR (1965) Huamn dream processes as analogous to computer programm clearance. Nature (London) 206:534
Noell W, Schneider M (1942) Über die Durchblutung und die Sauerstoffversorgung des Gehirns im akuten Sauerstoffmangel. Pflügers Arch 246:207–249
Parmeggiani PL (1980) Temperature regulation during sleep: a study in homeostasis. In: Orem J, Barnes CD (eds) Physiology in sleep. Academic Press, New York London, pp 97–143
Pearce WJ, Scremin OU, Sonnenschein RR (1981) The electroencephalogram, blood flow, and oxygen uptake in rabbit cerebrum. J Cereb Blood Flow Metab 1:419–428
Pearlman CA (1979) REM sleep and information processing. Evidence from animal studies. Neurosci Biobehav Rev 3:57–68
Phelps ME, Kuhl DE, Mazziotta JC (1981) Metabolic mapping of the brain's response to visual stimulation: studies in humans. Science 211:1445–1448
Phelps ME, Mazziotta JC, Huang S-CH (1982) Review: study of cerebral function with positron computed tomography. J Cereb Blood Flow Metab 2:113–162
Pierce EC, Lambertsen CJ, Deutsch S et al. (1962) Cerebral circulation and metabolism during thiopental anesthesia and hyperventilation in man. J Clin Invest 41:1664–1671
Rahilly PM (1980) Effects of sleep state and feeding on cranial blood flow of the human neonate. Arch Dis Childhood 55:265–270

Raichle ME, Grubb RL, Mokhtar HG et al. (1976) Correlation between regional cerebral blood flow and oxidative metabolism. Arch Neurol 33:523–526
Ramm P (1989) Mapping of regional cerebral glucose metabolism and protein synthesis during sleep in animals. In: Horne J (ed) Sleep '88. Fischer, Stuttgart New York, pp 79–81
Ramm P, Frost BJ (1983) Regional metabolic activity in the rat brain during sleep-wake activity. Sleep 6 (3):196–216
Ramm P, Frost BJ (1986) Cerebral and local cerebral metabolism in the cat during slow wave and REM sleep. Brain Res 365:112–124
Rechtschaffen A, Kales A (1968) A manual for standard terminology, techniques and scoring system for sleep stages of human subjects. Publ Health Serv, US Gov Print Off, Washington DC
Rechtschaffen A, Hauri P, Zeitlin M (1966) Auditory awakening thresholds in REM and NREM sleep stages. Percept Motil Skills 22:927–942
Reivich M, Isaacs G, Evarts E, Kety S (1967) Regional cerebral blood flow during REM and slow wave sleep. Trans Am Neurol Assoc 92:70–74
Reivich M, Isaacs G, Evarts E, Kety S (1968) The effect of slow wave sleep and REM sleep on regional cerebral blood flow in cats. J Neurochem 15:301–306
Richardson BS, Patrick JE, Abduljabbar H (1985) Cerebral oxidative metabolism in the fetal lamb: relationship to electrocortical state. Am J Obstet Gynecol 153:426–431
Richardson BS, Carmichael L, Homan J, Gagnon R (1989) Cerebral oxidative metabolism in lambs during perinatal period. Relationship to electrocortical state. Regul Int Comp Physiol 26:R1251–R1257
Risberg J (1980) Regional cerebral blood flow measurements by ^{133}Xe-inhalation: methodology and applications in neuropsychology and psychiatry. Brain Lang 9:9–34
Risberg J, Ingvar DH (1972) Increase of regional cerebral blood volume during REM-sleep in man. In: Koella WP, Levin P (eds) Sleep: physiology, biochemistry, psychology, clinical implications. Karger, Basel, pp 384–388
Roland PE, Skinhøj E, Lassen NA (1981) Focal activations of human cerebral cortex during auditory discrimination. J Neurophysiol 45:1139–1151
Roussel B, Dittmar A, Chouvet G (1980) Internal temperature variations during the sleep wake cycle in the rat. Wak Sleep 4:63–75
Roy CW, Sherrington CS (1890) On the regulation of the blood supply of the brain. J Physiol (London) 11:85–108
Ryan T, Mlynczak S, Ericson T et al. (1989) Oxygen consumption during sleep: influence of sleep stage and time of night. Sleep 12:201–210
Sakai F, Meyer JS, Karacan I et al. (1980) Normal human sleep: regional cerebral hemodynamics. Ann Neurol 7 (5):471–478
Santiago TV, Guerra E, Neubauer JA, Edelman NH (1984) Correlation between ventilation and brain blood flow during sleep. J Clin Invest 73:497–506
Santiago TV, Neubauer JA, Edelman NH (1986) Correlation between ventilation and brain blood flow during hypoxic sleep. J Appl Physiol 60:295–298
Schmidt CF (1950) The cerebral circulation in health and disease. Thomas, Springfield, Ill
Schmidt-Novara W, Snyder MJ (1983) A quantitative analysis of the relationship between REM and brathing in normal man. Sleep Res 12:75
Seylaz J, Mamo H, Goas JY, Houdart R (1971) Human CBF regulation and physiological sleep. In: Russell RW (ed) Brain and blood flow. Proc 4th Int Symp Regulation of cerebral blood flow. Pitman, London, pp 143–149
Seylaz J, Dittmar A, Pinard E, Birer A (1979) Measurement of blood flow tissue, PO_2 and PCO_2 continuously and simultaneously in the same structure of the brain. Med Biol Eng Comput 17:19–24
Shapiro CM, Rosendorf C (1975) Local hypothalamic blood flow during sleep. Electroencephalogr Clin Neurophysiol 39:365–369
Sherrington CS (1946) Man on his nature. Univ Press, Cambridge
Siesjö BK (1978) Brain energy metabolism. John Wiley & Sons, New York
Sokoloff L (1977) Relation between physiological function and energy metabolism in the central nervous system. J Neurochem 29:13–26

Sokoloff L (1981 a) Relationships among local functional activity, energy metabolism, and blood flow in the central nervous system. Fed Proc 40 (8):2311–2316

Sokoloff L (1981 b) The relationship between function and energy metabolism: its use in the localization of functional activity in the nervous system. Neurosci Res Prog Bull 19 (2):159–210

Swanson LW, Connelly MA, Hartman BK (1977) Ultrastructural evidence for central monoaminergic innervation of blood vessels in the paraventricular nucleus of the hypothalamus. Brain Res 136:166–173

Tachibana S (1966) Local temperatures, blood flow, and electrical activity correlations in the posterior hypothalamus of the cat. Exp Neurol 16:148–161

Tachibana S (1969) Relation between hypothalamic heat production and intra- and extracranial circulatory factors. Brain Res 16:405–416

Townsend RE, Prinz PN, Obrist WO (1973) Human cerebral blood flow during sleep and waking. J Appl Physiol 35 (5):620–625

Williams HL, Hammack JT, Daly RC et al. (1964) Responses to auditory stimulation, sleep loss and the EEG stage of sleep. Electroencephalogr Clin Neurophysiol 16:269–279

Wollman H, Alexander SC, Cohen PJ et al. (1965) Cerebral circulation during general anesthesia and hyperventilation in man. Thiopental induction to nitrous oxide and d-tuboccuarine. Anesthesiology 26:329–334

3 Therapie von Schlafstörungen

3.1 Therapie von Insomnien

G. Hajak, G. Herrendorf, E. Rüther

Grundlagen und Klinik der Insomnien

Definition der Insomnien

Insomnien entstehen aus einem Mißverhältnis zwischen Schlafbedürfnis und Schlafvermögen. Sie stellen einen Mangel an Schlafqualität oder Schlafquantität dar. Sie sind auch ein subjektives Phänomen und damit die individuelle Wahrnehmung eines gestörten Schlafs (ASDC 1979; Soldatos et al. 1979; Kales u. Kales 1984; Parkes 1985; APA 1987; ASDA 1990; Buysse u. Reynolds 1990).

Insomnien werden als manifeste Erkrankung angesehen, wenn sich die Beschwerden innerhalb eines Monats mindestens 3mal pro Woche wiederholen und beim Patienten Einbußen im Wohlbefinden und der Leistungsfähigkeit am Tag auftreten (APA 1987). Eine Insomnie bekommt dann die Wertigkeit einer eigenen Diagnose, wenn sie als Hauptursache im klinischen Bild des Patienten dominiert, Folgesymptome mit sich bringt und andere Erkrankungen auslöst oder sie verschlimmert (Hajak et al. 1992).

Symptomatik

Patienten mit Insomnien konsultieren den Arzt überwiegend wegen Nichteinschlafenkönnens, Müdigkeit, Unwohlsein und Leistungsschwäche am Tag und unangenehm empfundenen Unterbrechungen des Schlafablaufs. Die Patienten charakterisieren den Nachtschlaf als zu kurz, unruhig, oberflächlich, leicht oder unerholsam. Sie berichten über häufige kurze Aufwachvorgänge oder über quälend lange Wachzeiten vor dem Einschlafen und nach einem Erwachen. Der Schlaf kann auch dann als unerholsam erlebt werden, wenn den Patienten eine Störung des Schlafablaufs gar nicht bewußt ist. Ursache dafür können ausschließlich elektrophysiologisch nachweisbare Veränderungen in der Feinstruktur des Schlafs sein. Technisch objektivierbare Störungen der Schlafstruktur fehlen unter Umständen auch vollständig (ASDC 1979; Kales u. Kales 1984; Parkes 1985; Schneider-Helmert 1985; APA 1987; ASDA 1990; s. auch Tabelle 1).

Tagsüber leiden die Patienten unter Müdigkeit und Erschöpfung, Minderung der Konzentrations- und Leistungsfähigkeit, allgemeinem Unwohlsein und Antriebsschwäche. Daneben können sie über Muskelschmerzen, Reizbarkeit, depres-

Tabelle 1. Symptomatik der Insomnien

Schlafbeschwerden	Tagesbefindlichkeit
– Nichteinschlafenkönnen	– Müdigkeit
– häufiges Kurzerwachen	– Unwohlsein
– langes nächtliches Wachliegen	– Konzentrations- und
– unruhiger, flacher Schlaf	Leistungsschwäche
– unerholsamer Schlaf	– Reizbarkeit
	– depressive Verstimmung
	– Muskelschmerzen

sive Verstimmungen oder Angstsymptomatik klagen. Bei leichten Schlafstörungen kann die Tagesbefindlichkeit auch unbeeinträchtigt sein (Beutler et al. 1974; ASDC 1979; Parkes 1985; APA 1987; Mendelson 1987 a; ASDA 1990).

Prävalenz und Schlafmittelgebrauch

Epidemiologische Untersuchungen in den westlichen Industrieländern zeigen eine weitgehend übereinstimmende Häufigkeit von Schlafstörungen in der Bevölkerung von etwa 20–30%. Bei ungefähr der Hälfte der Betroffenen und damit 10–15% der Bevölkerung liegt eine schwere, und damit vermutlich behandlungsbedürftige, Schlafstörung vor (Dilling u. Weyerer 1978; Partinen et al. 1984; Cirignotta et al. 1985; Mellinger et al. 1985; Piel 1985; Lugaresi et al. 1987; Ford u. Kamerow 1989; Berman et al. 1990; Hajak u. Rüther 1992).

Die Praxis zeigt einen ungezwungenen Umgang mit Schlafmitteln. 5% der Männer und 12% der westdeutschen Frauen nehmen rezeptpflichtige Beruhigungs- oder Schlafmittel zu sich, wenn sie nicht schlafen können (Piel 1985). Diese Zahl steigt auf 30% bei Personen, die prinzipiell schwer einschlafen können (Piel 1985). In der Schweiz nehmen immerhin 1,4% der Männer und 3,9% der Frauen regelmäßig Hypnotika ein. In der Untergruppe der 60- bis 74jährigen liegen die Zahlen mit 7,1% und 15,6% deutlich höher (Borbely 1984 a). Etwa 1,5–3,5% der Bevölkerung von San Marino oder der USA nehmen regelmäßig Schlafmittel zu sich. Unter den Schlafgestörten dieser Bevölkerungsgruppen benutzen etwa 30% Hypnotika, mehr als 10% von ihnen ständig (Karacan et al. 1976; Cirignotta et al. 1985; Mellinger et al. 1985; Lugaresi et al. 1987). In den USA benutzen über 50% aller Personen mindestens einmal im Jahr rezeptpflichtige Hypnotika (Mellinger et al. 1985). Bei etwa 5% der Patienten mit Schlafstörungen soll bereits ein Medikamentenabusus vorliegen (Ford u. Kamerow 1989).

Klassifikation

Ein- und Durchschlafstörungen kommen als Hauptsymptome von Insomnien bei den unterschiedlichsten psychischen und physischen Erkrankungen vor. Die Ätiologie und Pathophysiologie vieler Insomnien ist allerdings nicht sicher bekannt (Steinberg et al. 1987).

3.1 Therapie von Insomnien

Im Hinblick auf eine gezielte Therapiewahl muß die Einteilung der Insomnien in Untergruppen der diagnostischen Vielfalt gerecht werden, ohne unübersichtlich zu sein. Leider widersprechen sich nahezu alle existierenden Klassifikationsschemata oder Vorschläge zur Einteilung von Insomnien in den Diagnosekriterien, der Bezeichnung und der ätiologischen Zuordnung der Schlafstörungen (Beckmann u. Hippius 1976; WHO 1978; ASDC 1979; Degkwitz et al. 1979; Finke u. Schulte 1979; Faust u. Hole 1980; Kales et al. 1982; Parkes 1985; Schneider-Helmert 1985; APA 1987; Soldatos et al. 1987; ASDA 1990). Die hier dargestellte Einteilung von Insomnien ist pragmatisch-ätiologisch ausgerichtet und lehnt sich am ehesten an das Klassifikationssystem der amerikanischen psychiatrischen Gesellschaft, dem „diagnostic and statistic manual" (DSM) an (APA 1987). Fünf Formen von Insomnien werden unterschieden:
1. organisch bedingt
2. bei einer psychischen Störung
3. primär-psychophysiologisch
4. als Begleitsymptom anderer Schlafstörungen
5. Sonderformen.

Organisch bedingte Insomnien

Jede Beeinflussung körperlicher Grundfunktionen kann negative Auswirkungen auf den Schlaf haben (Parkes 1985). Eine Vielzahl körperlicher Erkrankungen, die Ingestion toxischer Substanzen, eine Reihe von Medikamenten und der Mißbrauch von Alkohol und Drogen verursachen Schlafstörungen (ASDC 1979; APA 1987; ASDA 1990). Nächtliche Atemstillstände, sog. Schlafapnoen, und Kontraktionen der Beinmuskulatur beim Syndrom der periodischen Bewegungen sind häufiger im Schlaf zu beobachtende Störungen, die Ein- und Durchschlafprobleme verursachen können (Guilleminault 1989; Meier-Ewert 1989; Danek u. Pollmächer 1990).

Insomnien bei einer psychischen Störung

Mehr als 80% der Patienten mit schweren Ein- und Durchschlafstörungen haben eine psychiatrische Erkrankung nach den Kriterien der DSM-Klassifikation (Tan et al. 1984; Hermann-Maurer et al. 1990). Diesen Zusammenhang zwischen psychischer Erkrankung und Schlafstörung unterstreicht, daß etwa 70% der psychiatrisch kranken Patienten über Schlafstörungen klagen (Gnirrs et al. 1978; Dilling 1985; Rudolf 1985).
Patienten mit affektiven Psychosen (Gillin et al. 1984; Linkowski et al. 1986; Reynolds u. Kupfer 1987; Hudson et al. 1988) oder mit Psychosen des schizophrenen Formenkreises (Ganguli et al. 1987; Zarcone 1989) und v. a. Patienten mit psychogenen bzw. psychoreaktiven Erkrankungen sind die häufigsten Symptomträger (ASDC 1979; Tan et al. 1984; Rudolf 1985; APA 1987; Hermann-Maurer et al. 1990). Insomnien treten außerdem gehäuft auf bei Angsterkrankungen (Dube et al. 1986; Sussman 1988; Hauri et al. 1989), Zwangserkrankungen (Rapaport et al. 1981; Insel et al. 1982) und Eßstörungen (Walsh et al. 1985; Levy et al. 1988).

Psychogen-psychoreaktive Insomnien (Hoffmann 1980; Engel u. Knab 1985; Berti u. Hoffmann 1990) entstehen infolge emotionaler Belastungen und einer individuell gestörten Erlebnisverarbeitung (Schubert 1986). Die Schlafstörung steht dabei im Zusammenhang mit unbewußten seelischen Konflikten. Sie beginnt in Zusammenhang mit Reaktionen auf situative Belastungen (Schubert 1986; Knab 1989). Dies können psychosoziale Stressoren, insbesondere berufliche Anspannung, Zukunftsängste, familiäre Konflikte aber auch die Erwartung eines positiven Ereignisses sein.

Primär-psychophysiologische Insomnien

Psychogene Insomnien gehen ohne klare Grenze in die primär-psychophysiologische Erkrankungsform über. Hauptmerkmal der Erkrankung ist ein gestörter Schlaf, deren Andauern nicht direkt mit einer anderen psychischen Störung oder einer organischen Erkrankung in Beziehung steht (APA 1987; Hauri 1989 a). Klagen über Schlaflosigkeit beherrschen in erheblichem Maß den Lebenslauf der Betroffenen. Ihre allabendlichen Anstrengungen, besser zu schlafen, sind vergeblich und führen zur Angst vor jeder bevorstehenden Nacht, zu innerer Anspannung und nächtlichem Angst- und Ärgergefühl. Die Patienten zeigen während des Einschlafens ein erhöhtes Aktivierungsniveau. Sie sind unruhig, sorgenvoll, angespannt, ängstlich, zeigen vegetative Begleitsymptomatik wie z. B. Herzklopfen oder Tachykardien, und ihre Gedanken kreisen um anstehende, unerledigte Alltagsprobleme (Berti u. Hoffmann 1990).

Die *idiopathische Insomnie* (ASDA 1990) zeigt eine ähnliche Symptomatik. Sie unterscheidet sich von der primär-psychophysiologischen Form durch den Beginn der Schlafbeschwerden in der frühen Kindheit (ASDC 1979; Hauri u. Olmstead 1980; ASDA 1990).

Insomnien als Begleitsymptom anderer Schlafstörungen

Ein- und Durchschlafschwierigkeiten sind Kardinalsymptome der *Schlaf-Wach-Rhythmusstörung* (APA 1987; Mendelson 1987 a; ASDA 1990; Wagner 1990). Eine Verlagerung der Schlafperiode innerhalb des 24-Stunden-Schlaf-Wach-Zyklus bedingt hierbei Einschlafprobleme bzw. ein Früherwachen. Häufige Ursachen der Störung sind Schichtarbeit, Fernreisen in andere Zeitzonen, aber auch eine Konditionierung von ungünstigen Einschlafzeiten.

Parasomnien mit nächtlichem Erwachen (z. B. Pavor nocturnus oder Schlaftrunkenheit) können mit dem klinischen Befund einer Durchschlafstörung vergesellschaftet sein (Thorpy 1990).

Auch *Patienten mit Hypersomnien,* d. h. Schlafstörungen mit dem Leitsymptom einer ausgeprägten Schläfrigkeit am Tage, leiden an Unterbrechungen der Schlafkontinuität. So finden sich bei den häufigsten Diagnosen dieser Krankheitsgruppe, der Schlafapnoe, den periodischen Bewegungen und der Narkolepsie ein flacher, unruhiger und durch Aufwachvorgänge gestörter Schlaf (Meier-Ewert 1989).

Sonderformen von Insomnien

Patienten mit einer *Fehlwahrnehmung des Schlafzustands* (ASDA 1990) klagen unbeirrbar über schlechten Schlaf, obwohl Messungen im Schlaflabor normale Befunde oder höchstens leichte Abweichungen von altersentsprechenden Durchschnittswerten zeigen. Das hat auch zur Bezeichnung Beschwerden ohne objektivierbaren Befund (ASDC 1979) und zum Begriff der Pseudoinsomnie geführt (ASDC 1979; Parkes 1985; Mendelson 1987 a; ASDA 1990).

Die Fachliteratur beschreibt zahlreiche weitere Insomnieformen wie exogen bedingte Insomnien, umweltbedingte oder erziehungsbedingte Insomnien, Insomnien infolge falscher Schlafhygiene oder bedingt durch Anpassungsschwierigkeiten (ASDA 1990). Die Ursachen dieser Insomnien liegen zumeist in der Störung des Schlafenden durch die Umwelt oder seinem Umgang mit dem Schlaf in Bezug zu den Umweltanforderungen. Dazu gehören z. B. unregelmäßige Schlafzeiten, Koffeingenuß am Abend, kognitiv aktivierende oder emotional anregende Tätigkeiten zur Bettgehzeit, akuter Streß und einfache Belastungssituationen, Störfaktoren wie Lärm oder zu hohe Raumtemperatur oder aber eine falsche Schlaferziehung von Kindern.

Allgemeine Behandlungsprinzipien

Insomnien vermitteln auf den ersten Blick den Eindruck eines leicht behandelbaren Symptoms. Die gezielte Exploration der Patienten bringt dagegen zutage, daß die Erkrankung bei den meisten Betroffenen chronifiziert und daher schwer behandelbar ist. Der Patient möchte seine Schlaflosigkeit dennoch mit einer einzigen, einfachen und wirksamen Methode behandelt haben. Dabei versteht er seine Beschwerden i. allg. als somatische Störung und sieht psychische Alterationen höchstens als Folge derselben an. Dies bedeutet, daß von ihm Fragen zu seelischen Hintergründen der Lebenssituation als indiskret oder zumindest als irrelevant beurteilt werden. Diese Situation kann leicht dazu verleiten, ausschließlich eine zu Beginn meist sogar erfolgreiche symptomatische Therapie mit Schlafmitteln einzuleiten. Dies bahnt nicht selten den Weg zu einer Chronifizierung der Erkrankung und zum Schlafmittelabusus. Der Therapeut wird auch dem ärztlichen Anspruch untreu, ursachenorientiert zu behandeln. Im Vorfeld der Behandlung sind daher einige Grundlagen zu beachten:

Der Arzt muß ursachenorientierte und symptomatische Maßnahmen seiner Therapie voneinander abgrenzen. Er muß die Vor- und Nachteile einer symptomatischen Therapie mit Schlafmitteln abwägen und eine Reihe von Grundvoraussetzungen vor deren Verschreibung erfüllen. Der Einsatz von nichtmedikamentösen und medikamentösen Therapieverfahren erfolgt nach gezielter Indikation unter Berücksichtigung eines multimodalen Therapieansatzes. Die Einzelheiten dieser Behandlungsprinzipien werden in den folgenden Abschnitten beschrieben.

Mehrgleisiges Diagnostik- und Therapieregime

Mehrere Ursachen können unabhängig voneinander bei der Entstehung einer Insomnie wirksam werden. Jede Ursache kann einen spezifischen Therapieansatz erfordern (Buysse u. Reynolds 1990). In einer amerikanischen Untersuchung von 8 000 Schlafgestörten (Coleman 1983), davon fast 2 000 Insomniepatienten, waren 35% psychiatrisch erkrankt. Diese Patienten litten an Neurosen, Psychosen und Persönlichkeitsstörungen. 15% der Insomniepatienten wurden den primär-psychophysiologischen Insomnien zugerechnet. Der große Anteil psychiatrischer und psychophysiologischer Insomnieformen wurde durch neuere amerikanische Untersuchungen (Jacobs et al. 1988) und deutsche Daten bestätigt. Die Einjahreszwischenbilanz des Göttinger Schlaflabors 1988/89 erfaßte unter den Abschlußdiagnosen 38% Patienten mit psychiatrisch bedingten Insomnien und 33% mit einer psychophysiologischen Insomnie. Mit 28% (Schlaflabor Göttingen), 37% (Coleman 1983) bzw. 43% (Jacobs et al. 1988) lag auch die Häufigkeit organischer Ursachen in bemerkenswerter Höhe. Die Patienten litten überwiegend an periodischen Bewegungen im Schlaf, an Schlafapnoen und Suchterkrankungen. Der hohe Anteil organisch bedingter Insomnien macht es erforderlich, daß im Vorfeld der Behandlung technische Diagnosemethoden eingesetzt werden. Der Polysomnographie kommt dabei eine Schlüsselstellung zu. Jacobs zeigte an 123 Patienten, daß ambulante Primärdiagnosen chronischer Insomnien durch polysomnographische Befunde in 49% der Fälle substantiell modifiziert werden. Bei 20% der Patienten konnte der erste klinische Eindruck gar nicht bestätigt werden. 41% der Primärdiagnosen enthielten ergänzende Informationen oder Zusatzdiagnosen. Bei 13% der Patienten wurden sowohl Zusatzinformationen gewonnen als auch die Erstdiagnose verworfen (Jacobs et al. 1988). Praktisch äußerte sich dies v. a. in unerwartet auftretenden Schlafapnoen, Herzrhythmusstörungen, periodischen Bewegungen der Beine und in polysomnographischen Anzeichen einer endogenen Depression.

Der Gewinn von Zusatzinformationen zur Erstdiagnose hat für das therapeutische Procedere erheblichen Wert. Dies bestätigt auch der Befund des Schlaflabors Göttingen. Patienten mit Schlafstörungen hatten in 45% der Fälle Mehrfachdiagnosen. Häufige Kombinationen von Diagnosen waren psychogene Insomnien, z. B. bei Neurosen, mit einer Abhängigkeitsentwicklung bei Benzodiazepineinnahme. Dieses Krankheitsbild wurde nicht selten durch Symptome wie ruhelose Beine und periodische Bewegungen der Beine überlagert. Auch zeigten Schlafapnoepatienten mit Durchschlafstörungen nicht selten Symptome einer psychophysiologischen Insomnie, die für sich allein Krankheitswert hatten und die den Patienten wiederum in einen Schlafmittelabusus trieben.

Aufgrund dieser Kombinationen verschiedener Ursachen bei der Entstehung der Insomnie müssen mehrere Therapieverfahren auf jede der verschiedenen Ursachen der Schlafstörung ausgerichtet sein.

Insomniespezifische Therapieansätze

Faktoren, die eine Insomnie verursachen und Faktoren, die die Insomnie erhalten, können sich unterscheiden. Die Schlafstörung kann dabei trotz Wegfall der ehema-

3.1 Therapie von Insomnien

ligen Störfaktoren weiterbestehen (Lund u. Rüther 1985). Diesem Sachverhalt entspricht, daß die Ätiologie der Erkrankung in späteren Entwicklungsphasen häufig nicht mehr bekannt ist (Steinberg et al. 1987). Die Schlafstörung hat sich verselbständigt und unterliegt eigengesetzlichen Kriterien. Dieser Prozeß beschreibt die Chronifizierung einer Insomnie.

Eine chronische Insomnie liegt bei einer mindestens 3wöchigen (ASDC 1979) oder 4wöchigen (APA 1987) Dauer der Beschwerden vor. Im allgemeinen lassen sich chronische Insomnien besser dadurch beschreiben, daß selbst bei Identifizierung einer, den Schlafbeschwerden ehemals zugrundeliegenden, Ursache die Dauer und das Ausmaß der Schlafstörung nicht mehr in einem angemessenen Verhältnis zur auslösenden Ursache steht (Finke u. Schulte 1979). Chronische Insomnien sind auch dadurch charakterisiert, daß die Patienten insomniespezifische Krankheitscharakteristika zeigen, wie Angst vor der kommenden Nacht, abendliche oder nächtliche Unruhezustände und kognitive Überaktivität. Sie entwickeln spezielle Einschlafrituale und richten sich in ihrer Lebensgestaltung nach der Erkrankung. Darüber hinaus entwickeln chronische Insomniepatienten negative Konditionierungen und ein Fehlverhalten im Umgang mit ihrem Schlaf. Diese Entwicklung geht mit einer Verselbständigung der Insomnien einher, was zur Folge hat, daß ausschließlich ursachenbezogene Behandlungsformen meist scheitern (Hajak u. Rüther 1991 b). Der Eigengesetzlichkeit der chronischen Insomnien werden spezifische medikamentöse (z. B. Hypnotika) und nichtpharmakologische (z. B. Verhaltenstherapie) Therapieansätze gerecht.

Prinzipiell können alle Schlafstörungen chronifizieren. Dies reicht von einer chronisch vorhandenen psychischen Problematik über ein seit Jahren vorhandenes Herzleiden bis hin zu einer andauernden Ruhestörung durch das Wohnen in der Nähe eines Flugplatzes. Überwiegend werden jedoch Pathomechanismen der primärpsychophysiologischen Insomnie (s. Abschn. „Klassifikation", S. 124) wirksam und bestimmen die Krankheitscharakteristika. Patienten mit chronischen Insomnien stellen den größten Teil behandlungsbedürftiger Insomniepatienten dar.

Stoffgruppenselektion

Schlafstörungen können von spezifischen Einzelsymptomen und komplexen Symptomkombinationen begleitet sein. Einschlafstörungen treten zu Durchschlafstörungen, sekundenlanges Kurzerwachen existiert neben stundenlangem Wachliegen, und gelegentliche Schlafprobleme sind neben täglicher fast vollständiger Schlaflosigkeit zu beobachten. Nächtliche Unruhezustände, vegetative und kognitive Hyperaktivität können mit, aber auch ohne Angstsymptomatik und Depressionen vorhanden sein, sich auf die Nacht beschränken oder die Tagesbefindlichkeit beeinträchtigen. Der therapeutische Effekt des gewählten Schlafmittels sollte möglichst viele Symptome abdecken. Diese Symptomspezifika und die Konstellation verschiedener Symptome bestimmen die Auswahl des Schlafmittels. Kriterien hierfür sind z. B. die hypnotische Potenz, die Wirkdauer oder die Wirksamkeit auf Begleitsymptome wie z. B. Angst und Depression.

Vormedikation

Transiente Insomnien und Kurzzeitinsomnien unterliegen zumeist einer Erstbehandlung und lassen dem Therapeuten große Entscheidungsfreiheit bei der Auswahl eines Schlafmittels. Bei chronischen Insomnien werden dagegen die Symptomatik und der Schweregrad überwiegend durch eine nicht mehr ausreichend wirksame Vormedikation verschleiert. Daten aus der Münchener Schlafambulanz (Nedopil u. Rüther 1984; Steinberg 1989) beschreiben die extrem hohe Frequenz des Hypnotikagebrauchs bei Patienten mit chronischen Schlafstörungen. Beim Erstkontakt nahmen immerhin 81% der 283 Patienten wegen persistierender Schlafbeschwerden mindestens ein Medikament ein. 17% verwendeten regelmäßig ein und 32% mehrere Hypnotika. Eine Kombination von Hypnotika mit Alkohol setzten 19% als Schlafhilfe ein. Hypnotika und andere Psychopharmaka verwandten 13%. Eine erhebliche Zahl, nämlich 21% der Patienten, nahmen eine höhere Dosierung ein, als von ihren Ärzten verordnet worden war. In den meisten Fällen muß daher bei einer Vormedikation ein Medikamentenentzug, ein Präparatewechsel, eine Dosisanpassung oder ein spezifisches Therapieregime (Intervalltherapie, Kombinationstherapie; s. Abschn. „Allgemeine Anwendungskonzepte für Schlafmittel", S. 144 ff) eingeleitet werden.

Multimodales Therapiekonzept

Die multiplen Ursachen und die Eigengesetzlichkeit von chronischen Insomnien, die individuellen Symptomspezifika und das Problem der Vormedikation der Patienten müssen durch ein multimodales Therapiekonzept aufgefangen werden. Dieses umfaßt ursachenspezifische Therapieansätze, insomniespezifische Maßnahmen, eine gezielte Stoffgruppenselektion und ggf. eine Umstellung der Medikamente (Tabelle 2). Ein eingleisiges therapeutisches Verfahren muß dann zum Scheitern verurteilt sein, wenn die Fokussierung auf einen einzigen Therapieansatz wichtige Kofaktoren vernachlässigt. Für einen Insomniepatienten kann es beispielsweise bedeuten, daß er neben einer konfliktzentrierten interaktionellen psychotherapeutischen Behandlung intensiv schlafhygienische Verfahren ebenso wie

Tabelle 2. Multimodales Konzept der Therapie chronischer Insomnien

Multiple Diagnosen (Parallelität mehrerer Krankheitsursachen)	Chronizität (Eigengesetzlichkeit)	Symptomspezifika (Phänotyp, Schweregrad) Begleitsymptome)	Vormedikation (insuffiziente Vorbehandlung)
Kombination ursachenspezifischer Therapieansätze	Schlafstörungs- spezifische Therapieansätze	Stoffgruppenselektion	Medikamenten- umstellung
Medikamentöse Behandlung, operative Eingriffe, Psychotherapie u. a.	Schlafmittel Schlafhygiene, Verhaltenstherapie, Psychotherapie u. a.	Einsatz nach Wirkpotenz, Wirkdauer und therapeutischen Nebeneffekten	Entzug, Präparatwechsel, Intervalltherapie, Kombinations- therapie u. a.

eine Entspannungstechnik erlernen muß. Zusätzlich hilft der Arzt, den akuten Leidensdruck mit einer individuell ausgerichteten Pharmakotherapie zu reduzieren.

Die Auswahl geeigneter Therapieverfahren setzt voraus, daß dem behandelnden Arzt nicht nur das Krankheitsbild, sondern auch die Persönlichkeit des Patienten bekannt ist. Es ist nicht zu empfehlen, ein Stufenschema von wenig eingreifenden Therapiemaßnahmen, wie einer Beratung, bis hin zu eingreifenden Verfahren, wie der Verschreibung von Benzodiazepinen, durchzuführen. Der Arzt muß abschätzen, ob der Patient dem einzusetzenden Verfahren gegenüber zugänglich ist, und ob er in der Lage ist, die therapeutischen Konsequenzen zu tragen: ist er für eine aufdeckende Psychotherapie geeignet? Kann er seine Selbstmedikation mit Alkohol unterlassen? Hält er eine zeitlich befristete Medikamenteneinnahme von Präparaten mit Suchtpotenz ein? Solche und ähnliche Fragen bestimmen neben der Beurteilung des Schweregrades und der Ursachenbestimmung der Erkrankung die Therapieauswahl. Neben einer Pharmakotherapie steht dabei ein komplexes Angebot nichtpharmakologischer Therapiemaßnahmen zur Verfügung.

Nichtpharmakologische Therapieverfahren

Nichtpharmakologische Therapieverfahren umfassen neben der Aufklärung und Beratung des Patienten verhaltenstherapeutische Ansätze, Entspannungstherapien und spezifische Psychotherapieformen. Verhaltenstherapeutische Techniken werden am häufigsten eingesetzt (Nicassio u. Buchanan 1981; Borkovec 1982; Cleghorn et al. 1983; Killen u. Coates 1984; Nicassio et al. 1985; Schindler u. Hohenberger 1985; Mendelson 1987 a; Spielman et al. 1987; Knab 1989; Buysse u. Reynolds 1990; Hajak et al. 1992). Durch nichtpharmakologische Therapieverfahren sollen mehrere Behandlungsziele erreicht werden:
1. Bearbeiten psychologischer Hintergründe der Schlafstörung,
2. Ersetzen eines erhöhten Arousalniveaus mit affektivem Streß und Anspannung durch Entspannung,
3. Korrektur von schlafstörenden Gewohnheiten, Fehlkonditionierungen und Umweltgegebenheiten,
4. Abbau von den Schlaf betreffenden Ängsten und Fehlvorstellungen,
5. Unterstützung der sedierenden und schlafanstoßenden Wirkung der Schlafmittel.

Aufklärung und Patientenmitarbeit

Die Grundlage der nichtpharmakologischen Therapie ist die Aufklärung. Der Arzt informiert den Patienten über den normalen Schlaf, die Funktion des Schlafs und die gesundheitlichen Folgen einer Schlafstörung. Patienten mit Ein- und Durchschlafstörungen haben häufig völlig falsche und stark angstbesetzte Vorstellungen von ihrem Schlaf. Dabei wird das verhaltenstherapeutische Mittel (Meichenbaum 1979) eingesetzt, den Patienten als Mitarbeiter bzw. als Wissenschaftler in eigener Sache zu gewinnen (Hauri 1989 b). Der Patient wird in die aktive Gestaltung seiner Schlaftherapie einbezogen und aus der Rolle des passiven Opfers gelöst. Er weiß häufig selbst sehr gut, welche Faktoren schlafstörend wirken, was ihm therapeutisch hilft und was er schon vergeblich versucht hat. Er diskutiert mit, was untersucht und mit welchem der angebotenen Therapieverfahren er behandelt werden sollte. Ein Schlafprotokoll und ein Tagebuch sind hierfür wichtige Hilfsmittel. Im Schlafprotokoll beurteilt der Patient morgens die Qualität seines Schlafs und Art und Dosis der eingenommenen Medikation. Im Tagebuch notiert er abends solche Ereignisse des abgelaufenen Tages und am nächsten Tag anstehenden Tätigkeiten, die seinen Schlaf beeinflussen könnten. Die therapeutisch notwendigen Verhaltensänderungen und Anwendungsempfehlungen für seine Medikamente kann er so besser verstehen.

Schlafhygiene und Stimuluskontrolle

In Anlehnung an spezifische Verhaltenstherapien für Schlafgestörte sind die Regeln der Schlafhygiene und Stimuluskontrolle einfache schlafverbessernde Verhaltensweisen, die vom Patienten allein durchzuführen sind (Bootzin 1972; Bootzin u. Nicassio 1978; Thoresen et al. 1981 b; Hauri u. Orr 1982; Mendelson 1987 a; Hauri 1989 b; Buysse u. Reynolds 1990). Schlafhygiene und Stimuluskontrolle vermindern eine bei chronischen Insomnien fast immer vorhandene negative Konditionierung zwischen Müdigkeit und Schlafumgebung und unterstützen dadurch die medikamentöse Behandlung.

1. Der Patient soll den Zeitraum, den er im Bett verbringt, auf das Maß beschränken, das er von beschwerdefreien Zeiten kennt.
2. Dabei sind regelmäßige Schlafzeiten einzuhalten und auf Tagesnickerchen ist zu verzichten.
3. Das Schlafzimmer sollte angenehm gestaltet sein, der Schlafende sich sicher und geborgen fühlen. Dinge, die an den Beruf oder andere Stressoren erinnern – beispielsweise ein Schreibtisch oder das Bügelbrett – gehören nicht in den Schlafraum eines Schlafgestörten.
4. Eine ausgeglichene Ernährung, ein leichter Imbiß vor dem Zu-Bett-Gehen und Koffein-, Alkohol- und Nikotinkarenz können das Einschlafen verbessern, was neben physiologischen wohl auch psychologische Ursache hat.
5. Veränderungen der Körpertemperatur sollen erklären, daß Sport 4–6 h vor der Zu-Bett-geh-Zeit den Schlaf fördern kann (Shapiro et al. 1984; Horne u. Reid 1985). Körperliche Aktivitäten kurz vor dem Schlafen sind für eine gegenteilige Wirkung bekannt.
6. Prinzipiell sind Tätigkeiten zu vermeiden, die eine innere Erregung oder körperliche Anstrengung verursachen. Ein Schlafgestörter sollte sich daher den Tag so einteilen, daß ihm abends ausreichende Stunden zur Erholung zur Verfügung stehen.

7. Das Zu-Bett-Gehen ist nur erlaubt, wenn man müde ist und glaubt, einschlafen zu können.
8. Es ist verboten, im Bett zu essen, zu lesen oder fernzusehen. Einzige Ausnahme von der Regel sind sexuelle Aktivitäten.
9. Bei Einschlafproblemen ist sowohl das Bett als auch das Schlafzimmer wieder zu verlassen. Man sollte solange aufbleiben, bis wieder echte Müdigkeit eintritt. Wenn sich der Schlaf dann dennoch nicht einstellt, muß man wieder aufstehen und diesen Prozeß so oft wie nötig wiederholen.
10. Das morgendliche Aufstehen erfolgt immer zur gleichen Zeit, unabhängig davon, wie gut oder schlecht der Schlaf war. Dieses Verhalten unterstützt die Ausbildung eines geregelten Schlaf-Wach-Rhythmus.

Die Assoziation zwischen Schlafumgebung und Wachsein wird Dank dieser Verhaltensmaßnahmen mit einer systematischen Desensibilisierung gelöst. Falsche Gewohnheiten werden abtrainiert, so daß der Patient die richtigen Zusammenhänge von Bett, Schlafzimmer und erholsamem Schlaf wieder erleben kann. Viele Untersuchungen haben die Wirksamkeit dieser Therapie nachgewiesen, wenn die Regeln mit aller Anstrengung konsequent befolgt werden (Zwart u. Lisman 1979; Bootzin et al. 1983; Lacks et al. 1983 a, b; Puder et al. 1983; Ladouceur u. GrosLouis 1986; Morin u. Kwentus 1990).

Spezielle Therapieformen

Neben kognitiver Fokussierung (Rudcstam 1980), Gedankenstop (Kanfer u. Goldstein 1977) und der systematischen Desensibilisierung (Steinmark u. Borkovec 1954; Mendelson 1987 a; Buysse u. Reynolds 1990) werden erfolgreich Entspannungstherapien eingesetzt. Die progressive Muskelrelaxation nach Jacobson (Jacobson 1938; Goldfried u. Davison 1979) und autogenes Training (Nicassio u. Bootzin 1974; Lindemann 1975) sollen Anspannung und Angst vermindern (Buysse u. Reynolds 1990), die physiologische Erregungsbereitschaft herabsetzen (Mendelson 1987a) und bestimmte psychische Funktionen verändern, z. B. die Vigilanz oder die Störbarkeit durch äußere oder innere Reize reduzieren (Knab 1989).

Bei offensichtlichen psychischen Problemen kann bereits eine kurzfristige Psychotherapie den Patienten über ihre Schlafstörungen hinweghelfen (Karasu 1978; Kales u. Kales 1984; Berlin 1985). Eine direkte aktive Behandlung ist hier oft wirksamer als eine passive langfristige (Kales et al. 1974). Die letztere Therapieform sollte gewählt werden, wenn die Schlafstörung nur ein Randsymptom eines weit komplexeren psychischen Krankheitsbildes ist. Bei Psychotherapien von Schlafgestörten mit einer aufdeckenden Konfliktbearbeitung ist die Applikation von Medikamenten umstritten. Schlafanstoßende, sedierende, angst- und depressionslösende Präparate können den psychotherapeutischen Zugang erschweren. Die Meinung des Psychotherapeuten sollte berücksichtigt werden, wenn Schlafmittel eingesetzt werden sollen.

Bei der Schlafrestriktionstherapie (Spielman et al. 1983, 1987) begrenzt der Patient seine Aufenthaltsdauer im Bett auf die Zeit, die er glaubt, wirklich geschlafen zu haben. Er darf die Bettzeit halbstündig verlängern, wenn er im Durchschnitt über 5 Nächte wenigstens 85% der im Bett verbrachten Zeit schläft. Diese Methode kann v. a. bei schwer Schlafgestörten effektiv sein (Spielman et al. 1984, 1987). Schlafmittel sind bei der Schlafrestriktionstherapie und der paradoxen Intention kontraindiziert.

Medikamentenfrei erfolgt auch das Verordnen von „Wachbleiben" bei der paradoxen Intention (Fogle u. Dyal 1978; Ascher u. Turner 1979; Rudestam 1980; Espie u. Lindsay 1985; Ladouceur u. Gros-Louis 1986). Vor allem Patienten mit Angst vor dem Nichtschlafen können/sollen dadurch von ihrem schlafverhindernden Gedankengut gelöst werden.

Medikamentöse Therapien

Einsatzbereiche medikamentöser Therapien

Die medikamentöse Behandlung von Insomnien umfaßt ursachenspezifische und symptomspezifische Maßnahmen:

Eine ursachenspezifische Behandlung zielt auf zugrundeliegende Erkrankungen. Aus dem Spektrum der Pharmaka werden alle spezifischen Mittel eingesetzt, die organische Ursachen (z. B. nächtliche Atemstillstände, Herzerkrankungen, periodische Bewegungen, Hormonstörungen) und manifeste psychiatrische Erkrankungen (z. B. Schizophrenie, endogene Depression) bekämpfen. Der Pharmakaeinsatz orientiert sich an dem Gesamtbild der Erkrankung. Die Indikation und Notwendigkeit der Verschreibung ist überwiegend klar und wird unter Abwägung verschiedener Präparate im jeweiligen ärztlichen Fachbereich diskutiert.

Eine symptomorientierte Behandlung mit sedierenden oder schlafanstoßenden Mitteln soll ein physiologisch ungestörtes Schlafmuster wiederherstellen. Die Indikationstellung zur Behandlung mit Schlafmitteln ist schwierig, da hierbei symptomatisch und nicht ursachenorientiert behandelt wird und Nebenwirkungen auftreten können (Tabelle 3).

Tabelle 3. Einsatzbereiche der medikamentösen Behandlung von Insomnien

Behandlungskonzept	Ursachenbezogene Behandlung	Symptombezogene Behandlung
Medikamentenart	Spektrum aller Pharmaka	Hypnotika, Sedativa u. a. schlafanstoßende Mittel
Indikationsstellung	Fachspezifisch klare Indikation bei Orientierung am Gesamtbild der Erkrankung	Umstrittene Indikation bei parakausalem Therapiekonzept und Nebenwirkungsproblematik
Erkrankungsform	Insomnie bei organischer oder manifester psychiatrischer Erkrankung	Primäre, psychophysiologische, psychogene, chronische oder ätiologisch unklare Insomnien

3.1 Therapie von Insomnien

Vor- und Nachteile der Schlafmitteltherapie

Schlafmittel bieten i. a. einen sicheren Wirkungseintritt im Vergleich zu nichtpharmakologischen Therapieverfahren. Sie können damit das letzte und einzig wirksame Mittel bei Versagen anderer Therapieformen sein. Sie reduzieren prompt den Leidensdruck. Der Patient ist weniger auf seine Schlafbeschwerden fixiert, fühlt sich mit seinen Beschwerden ernst genommen und steht einer weiterführenden Diagnostik aufgeschlossener gegenüber. Auch sind dadurch andere Therapieverfahren leichter einzuleiten und durchzuführen. Vor allem durchbrechen Schlafmittel den Circulus vitiosus von Angst, Unruhe und Schlafstörung. Die sich verstärkende Wechselbeziehung dieser Faktoren stellt bei vielen chronisch Kranken das entscheidende Moment dar, welches die Schlafstörung erhält. Nachteile einer Schlafmitteltherapie begründen sich v. a. durch die Nebenwirkungsproblematik und die Gefahr einer Abhängigkeits- und Suchtentwicklung bei einigen Präparaten. Weiterhin besteht die Möglichkeit, die Symptomatik durch die Schlafmitteleinnahme zu verschleiern und dadurch die kausale Therapie zu vernachlässigen. Letztendlich kann die Schlafmitteleinnahme eine passiv-rezeptive Haltung des Patienten provozieren, die z. B. verhaltenstherapeutische Ansätze erschwert (Tabelle 4). Die Vor- und Nachteile einer symptomatischen Therapie mit Schlafmitteln müssen daher für jeden Patienten individuell abgewogen werden.

Tabelle 4. Vor- und Nachteile der Behandlung mit Schlafmitteln

Vorteile:	Nachteile:
1. Sofortige Beschwerdelinderung,	1. Nebenwirkungsproblematik,
2. sicherer Wirkungseintritt,	2. Gefahr der Abhängigkeits- und Suchtentwicklung durch einige Präparate,
3. gute Wirksamkeit bei Versagen anderer Therapieformen,	3. Verschleierung der Symptomatik
4. Reduktion sekundär schlafstörungsververstärkender Komponenten (z. B. Angst),	4. Vernachlässigung der kausalen Therapie,
5. Förderung der Patientencompliance für andere Therapieverfahren	5. passiv-rezeptive Haltung des Schlafgestörten

Voraussetzungen zur Behandlung mit Schlafmitteln

Aus den möglichen Nachteilen einer Behandlung mit Schlafmitteln erwachsen einige Voraussetzungen für deren Beginn:

Abschluß des diagnostischen Prozesses

Schlafmittel sollen erst dann angewendet werden, wenn der diagnostische Prozeß abgeschlossen ist. Symptome, die auf organische und psychische Erkrankungen hinweisen, werden so nicht übersehen. Liegt eine chronische Schlafstörung vor, sind folgende Punkte besonders zu beachten:
– Die Beschwerden des Patienten basieren auf den unterschiedlichsten pathophysiologischen Mechanismen, die den Patienten zumeist nicht bewußt sind (Mendelson 1987 a). Symptomarme organische Störfaktoren (z. B. periodische Bewe-

gungen, Apnoen, Herzrhythmusstörungen) müssen diagnostisch miterfaßt werden. Hier liegt ein wesentliches Einsatzgebiet der polysomnographischen Untersuchung des Nachtschlafs.
- Bei über 80% der Patienten mit schweren chronischen Schlafstörungen liegen psychische Auffälligkeiten vor, die einen eigenen diagnostischen Wert haben (Hermann-Maurer et al. 1990). Der diagnostische Prozeß muß daher systematisch und fächerübergreifend neben somatischen v. a. psychische Aspekte abdecken.
- Schlafqualität und Schlafquantität können innerhalb von Monaten schwanken. Der diagnostische Prozeß erfordert daher eine genaue Langzeitanamnese des Schlafbefindens, ggf. den Einsatz eines Schlafprotokolls.
- Es besteht eine hohe Variabilität von Schlaffähigkeit und Schlafbeschwerden schon im Verlauf einer Woche. Klinische Untersuchungen sollten daher mindestens 2 Nächte polysomnographisch erfassen und durch ein mindestens 1 wöchig geführtes Schlafprotokoll ergänzt werden.
- Die Patienten sind größtenteils medikamentös vorbehandelt oder setzen Alkohol als Schlafhilfe ein (Nedopil u. Rüther 1984; Hermann-Maurer et al. 1990). Dies verschleiert die Symptomatik und den Schweregrad der Schlafstörung. Eine genaue Schlafmittel- und Genußmittelanamnese ist hier eine Voraussetzung für die Wahl der Therapieform.

Gezielte Indikation

Es muß eine gezielte Indikation zur Schlafmitteleinnahme bestehen (s. unten). Voraussetzung dafür ist die Sicherung einer Diagnose, die die Kausalität der Schlafstörung mitbeinhaltet.

Ursachenorientierte Therapie vor symptomatischer Pharmakotherapie

In der Regel sollen vor einer symptomatischen Pharmakotherapie ursachenorientierte Therapien eingeleitet werden, ggf. soll ein Versuch mit nichtmedikamentösen Therapien erfolgen. Die Empfehlung ist in der Praxis allerdings nicht immer umzusetzen. Nichtmedikamentöse Verfahren wirken zumeist erst nach längerer Anwendung. Ein hoher Leidensdruck des Patienten drängt den Arzt zusätzlich zu einem schnellen Handeln.

Gesamtbehandlungskonzept

Vor Therapiebeginn wird ein Gesamtbehandlungskonzept erstellt. Die Schlafmitteltherapie wird einer ursachenorientierten oder aber nicht-pharmakologischen Therapie beigeordnet. Das Schlafmittel übernimmt damit eine Nebenrolle im Behandlungskonzept.

Medikamentenplan

Die Einnahme des Präparates erfolgt nach einem Medikamentenplan. Der Arzt bespricht mit dem Patienten vor dessen erster Tabletteneinnahme den genauen Ablauf der Behandlung. Er legt die Dosis und Einnahmezeit, v. a. aber die Einnahmedauer und Alternativen nach Abbruch der medikamentösen Behandlung fest. Die Gefahr einer unkontrollierten Selbstmedikation und eigenständigen Dauerbehandlung mit Schlafmitteln kann damit verringert werden.

Ausschluß von Risikopatienten

Risikopatienten sollen von der Behandlung ausgeschlossen oder nur bei ausgewählter Indikation einbezogen werden. Bei der Einnahme von Präparaten mit Suchtgefahr sind dies primär Personen mit erhöhtem Risiko zur Abhängigkeitsentwicklung. Kriterien hierfür können z. B. ein unkontrollierter Schlafmittelgebrauch oder ein inadäquater Umgang mit Alkohol in der Vorgeschichte sein. Als Risikofaktoren gelten weiterhin Erkrankungen, die eine Kontraindikation für das jeweilige Präparat darstellen und die Einnahme von Präparaten mit der Möglichkeit einer Medikamentenwechselwirkung. Besondere Vorsicht ist diesbezüglich bei geriatrischen Patienten geboten.

Vertrauensverhältnis Patient – Arzt

Die Medikamentenverschreibung setzt ein Vertrauensverhältnis zwischen Patient und Arzt voraus. Therapeutische Erfolge sind nicht in kurzer Zeit zu erwarten. Der behandelnde Arzt muß gemeinsam mit dem Patienten bereit sein, einen längeren Therapieweg durchzuhalten. Der Patient ist im Umgang mit seinen Medikamenten leichter zu führen, wenn ein guter Kontakt zwischen ihm und dem Arzt besteht. Häufig kann dadurch eine Abhängigkeitsentwicklung umgangen werden. Auch ist ein erneutes Auftreten von Schlafstörungen nach einem Absetzen der Medikamente therapeutisch besser abzufangen.

Voraussetzungen zur Behandlung mit Schlafmitteln sind zusammengefaßt:
1. Abschluß der Diagnostik,
2. gezielte Indikation,
3. Versuch alternativer Verfahren,
4. Gesamtbehandlungskonzept,
5. Medikamentenplan,
6. Ausschluß von Risikopatienten,
7. Vertrauensverhältnis Arzt – Patient.

Indikation zur Behandlung mit Schlafmitteln

Zahlreiche Einzelartikel, Buchbeiträge und Monographien gehen ausführlich auf Klassifizierung, Pharmakologie, Pharmakokinetik, Wirkungen und Nebenwirkungen von Sedativa und Schlafmitteln bei Schlafgestörten ein. Die Indikation zur Schlafmittelverschreibung ist in der Fachliteratur demgegenüber weniger klar definiert (Leutner 1990; Mendelson 1980, 1987 a, b, 1990; Dement 1983; Dettli 1983; Hindmarch et al. 1984; Kales u. Kales 1984; Beckmann 1985; Parkes 1985;

Borbely 1986 a; Rüther 1986; Kubicki u. Engfer 1988). Aus diesem Grund gibt es keine allgemein anerkannten Kriterien, die die Indikation zur Therapie mit Schlafmitteln festlegen. Nur wenige Autoren geben hierzu Empfehlungen (Hippius u. Rüther 1977; Mendelson 1980, 1987 b; Lund u. Rüther 1984; NIMH 1984; Rüther 1984; Rüther u. Engfer 1988). Deshalb lassen sich nur einige allgemeine Prinzipien darstellen:

Ein Einsatz von Schlafmitteln ist bei akuten, reaktiven oder situativen Insomnien gerechtfertigt. Die kurzdauernden Insomnien sind gewöhnlich mit situativem Streß verbunden, häufig in Zusammenhang mit Beruf, Familie oder schwerer körperlicher Erkrankung (NIMH 1984). Eine kurzfristige Schlafmitteleinnahme dient der sofortigen Entlastung des Patienten. Diese Indikationsstellung impliziert, daß die Schlafstörung als vorübergehend und kurzzeitig vorhanden (3–4 Wochen) eingeschätzt wird.

Schlafmittel können die Behandlung von organischen und psychischen Erkrankungen unterstützen, die eine Insomnie als Begleitsymptom aufweisen. Als Zusatzmedikament reduzieren sie den akuten Leidensdruck und verbessern die Compliance des Patienten. Sie werden ausgeschlichen, wenn die ursachenorientierte Therapie greift.

Für den Einsatz von Schlafmitteln bei chronischen, nicht vorbehandelten Insomnien gibt es keine einheitlichen Richtlinien. Ein Einsatz eines Schlafmittels durchbricht den Circulus vitiosus, der aus Angst vor dem Nicht-schlafen-Können eine erhöhte Erregungsbereitschaft und damit wieder Schlaflosigkeit erzeugt. Nichtpharmakologische Verfahren wurden von diesen Patienten vielfach ohne Erfolg angewendet. Neuen therapeutischen Empfehlungen des Arztes gegenüber zeigen sie deshalb eine überkritische Haltung. Der Pharmakaeffekt kann den erneuten Einsatz nichtpharmakologischer Therapiemaßnahmen erleichtern.

Gegen die Verschreibung von Schlafmitteln spricht, daß chronische Schlafstörungen häufig auf organische und psychische Erkrankungen zurückzuführen sind, die sich nicht auf den ersten Blick zu erkennen geben. Sie können durch das Schlafmittel verschleiert werden. Vor Therapiebeginn müssen daher intensive differentialdiagnostische Anstrengungen gezeigt werden (NIMH 1984) und alle Voraussetzungen zur Behandlung mit Schlafmitteln erfüllt sein (s. oben). Ein erfolgreicher Einsatz eines Pharmakons kann zudem in eine Abhängigkeit führen, da gerade Patienten mit einer chronischen Problematik ungern auf ihr Mittel verzichten. Der Arzt muß eingehend über die Gefahren dieses Therapiekonzepts aufklären und den Patienten im Verlauf der Therapie eng kontrollieren. Kontraindiziert ist der Schlafmittelgebrauch bei chronisch Schlafgestörten, die einen anfänglich erfolgreichen medikamentösen Therapieversuch zum Rückzug von anderen Therapieverfahren nützen.

Bei chronischen, vorbehandelten Insomnien ist eine Schlafmitteltherapie im Rahmen eines multimodalen Therapieansatzes (s. S. 130) gerechtfertigt. Der multimodale Therapieansatz bindet pharmakotherapeutische Verfahren wie z. B. Dosisanpassung, Präparatewechsel, Kombinationstherapie, Intervalltherapie u. a. in ein Therapiekonzept ein. Ein Arzt-Patienten-Kontakt zur Medikamentenkontrolle sollte hierbei mindestens alle 4 Wochen erfolgen. Bei chronischer Einnahme eines Schlafmittels über mehr als 1 Jahr und erhaltener Wirksamkeit kann die Behandlung weitergeführt werden, wenn dem Patienten durch Nebenwirkungen kein Schaden entsteht.

Indikationen zur Insomniebehandlung mit Schlafmitteln sind zusammengefaßt:
1. Entlastung des Patienten bei akuten reaktiven oder situativen Insomnien im Rahmen kurzzeitiger oder vorübergehender Beschwerden,
2. Unterstützung anderer Therapien bei organisch oder psychisch bedingten Insomnien,
3. Durchbrechen des Circulus vitiosus von schlechtem Schlaf und der Angst vor schlechtem Schlaf bei chronischen nicht vorbehandelten Insomnien,
4. Ausschleichen von Medikamenten,
5. Unter Berücksichtigung eines multimodalen Therapiekonzeptes mit besonderer Vorsicht auch längere Behandlung bei chronischen vorbehandelten Insomnien,
6. Weiterbehandlung bei chronischer und bleibend erfolgreicher Behandlung.

Auswahlkriterien für Schlafmittel

Bei der Auswahl des geeigneten Schlafmittels gibt es keine standardisierten Kriterien. Es wird hier dennoch versucht, die Gesichtspunkte zu erörtern, die bei der Wahl eines Schlafmittels zu beachten sind:

Phänotyp der Schlafstörung

Phänomenologisch lassen sich Einschlafstörungen, Durchschlafstörungen verbunden mit Kurzerwachen oder Wiedereinschlafstörungen und Früherwachen voneinander unterscheiden. Die häufige Koinzidenz von Ein- und Durchschlafstörungen und das Auftreten von Früherwachen bei den verschiedensten Formen von Schlafstörungen (Engel u. Engel-Sittenfeld 1980; Steinberg et al. 1987) fordern allerdings einen kritischen Umgang mit dieser Einteilung. Prinzipiell sind Präparate mit kurzer Wirkdauer, wie z. B. das Benzodiazepinpräparat Triazolam oder Nichtbenzodiazepinhypnotika mit kurzer Halbwertszeit wie z. B. Zopiclon oder Zolpidem für isolierte Einschlafstörungen geeignet. Die isolierte Einschlafstörung stellt auch für schwächer wirksame Mittel, z. B. aus der Gruppe der Antihistaminika oder Alkoholderivate, eine Behandlungsindikation dar. Auch frühabendliche Gaben von niedrigen Dosen sedierender Antidepressiva oder niedrigpotenter Neuroleptika sind hilfreich, wenn eine Beruhigung des Patienten bereits vor dem Schlafen eintreten soll. Lange Halbwertszeiten führen bei diesen Präparaten jedoch leicht zu prolongierten Wirkungen bis in den nächsten Tag. Durchschlafstörungen und Früherwachen erfordern den Einsatz mittellang und langwirksamer Präparate, wie z. B. die Benzodiazepinhypnotika Lormetazepam oder Temazepam bzw. Nitrazepam oder Flurazepam. Diesem Kriterium folgen eine Vielzahl von Benzodiazepinen, sedierende Antidepressiva und niedrigpotente Neuroleptika. In Ausnahmefällen können auch sehr kurzwirksame Schlafmittel (z. B. Triazolam, Zolpidem) nach einem nächtlichen Erwachen eingesetzt werden.

Dauer der Schlafstörung

Die Dauer von Insomnien läßt sich in 3 Zeiträume gliedern (NIMH 1984):
- Transitorische Insomnien dauern 1–3 Tage. Sie treten bei gesunden Schläfern auf und sind üblicherweise die Folge akuter Streßsituationen (z. B. Schlafen in ungewohnter Umgebung, Zeitzonenverschiebungen bei Flugreisen, Wechsel der Arbeitsschicht, vorübergehende körperliche Erkrankungen). Schlafmittel können bei großem Leidensdruck und einer erheblichen Beeinträchtigung der Tagesbefindlichkeit eingenommen werden. Schlafhygienische Maßnahmen sind zumeist jedoch therapeutisch ausreichend.
- Kurzzeitinsomien dauern 3 Tage bis 3 Wochen. Sie sind gewöhnlich die Folge einer subakuten Streßsituation (z. B. körperliche Erkrankungen, seelische Belastungssituation wie Partnerkonflikte oder der Tod eines Angehörigen). Bei diesen Schlafstörungen sind verhaltenstherapeutische und schlafhygienische Maßnahmen besonders wichtig. Wird ein Hypnotikum verschrieben, sollte die Anwendung auf die unbedingt erforderliche Zeit beschränkt bleiben.
- Langzeitinsomnien dauern länger als 3 Wochen. Eine medikamentöse Behandlung mit Schlafmitteln darf hier nur unter Berücksichtigung eines multimodalen Therapieansatzes (s. S. 130) erfolgen. Diese meist chronifizierten Schlafstörungen fordern äußerste Vorsicht bei der Verschreibung von Präparaten mit Abhängigkeitspotential. Eine zeitliche Begrenzung der Einnahmedauer von maximal 4–6 Wochen darf nur überschritten werden, wenn eine spezifische Indikation zur Langzeitbehandlung besteht oder eine Intervalltherapie durchgeführt wird.

Tagesbeschwerden

Insomnien zeigen eine hohe Koinzidenz mit depressiven Verstimmungen (Reynolds 1989) und Angstsymptomen. Dabei kann die Schlafstörung sowohl Folge als auch Ursache sein. Liegt eine manifeste Depression vor, können Antidepressiva mit sedierender Wirkung schlaffördernd und noch am nächsten Tag antidepressiv wirken, wenn die Hauptdosis zum Zu-Bett-Gehen verabreicht wird. Werden nicht sedierend wirkende Antidepressiva am Tag eingenommen, kann die zusätzliche Gabe eines sedierend wirkenden Antidepressivums oder eines Hypnotikums zum Schlafengehen notwendig werden (Rüther u. Hajak 1992). Angst und Unruhezustände während des Einschlafens oder in Erwartung der kommenden Nacht lassen sich durch niedrige Dosen von sedierenden Antidepressiva oder niedrig potenten Neuroleptika 1–2 h vor dem Zu-Bett-Gehen abfangen. Treten diese Zustände nach einem nächtlichen Erwachen auf, sollte bei der Auswahl des abendlichen Hypnotikums ein Mittel mit mittellanger Wirkdauer bevorzugt werden. Schlafstörungen mit Angstsymptomatik im gesamten Tagesverlauf sind dagegen eine Indikation für langwirksame Hypnotika mit Tranquilizerwirkung am Tag (Lund u. Rüther 1984). Kurzwirksame Hypnotika führen häufiger zu Früherwachen und gelegentlich zu Angstsymptomen in den Morgenstunden (Morgan u. Oswald 1982; Moon et al. 1985; Adam u. Oswald 1989) und sind in diesem Fall weniger geeignet.

Leistungsfähigkeit am Tag

Überhangeffekte können zu unerwünschter Sedierung und zu Einschränkungen der psychomotorischen Leistungsfähigkeit am Tag führen. Ist eine uneingeschränkte Leistungsfähigkeit am Tag notwendig, können entweder schwach sedierende Mittel z. B. aus der Gruppe der Antihistaminika oder Alkoholderivate oder kurz wirksame Benzodiazepine eingesetzt werden. Eine eingeschränkte Fahrtauglichkeit am folgenden Tag wurde nach einer abendlichen Einnahme bereits bei mittellang wirksamen Benzodiazepinen beobachtet (O'Hanlon u. Volkerts 1986). Durch eine niedrige Dosierung und ausreichend große Zeitintervalle zwischen den Einnahmen kann eine Übersedation weitgehend vermieden werden (Dettli 1983). Dennoch ist die Verordnung von Schlafmitteln vor Arbeitstagen von z. B. Busfahrern, Piloten oder Lokomotivführern nicht zu verantworten.

Schweregrad der Schlafstörung

Je ausgeprägter die Insomnie des Patienten ist, um so stärker muß zumeist die hypnotische Potenz des einzusetzenden Schlafmittels sein. Die Entscheidung, wie schwer eine Schlafstörung ist, darf nicht allein auf Grund der schlafpolygraphisch objektivierbaren Daten getroffen werden, sondern muß unter Berücksichtigung der individuellen Beschwerden des Patienten im Kontext seines allgemeinen Schlafverhaltens und seiner Lebensumstände erfolgen.

Gelegentlich entspricht die Einschätzung der subjektiv empfundenen Schlafstörung durch den Patienten nur ungefähr den meßtechnisch erfaßbaren Werten (Bixler et al. 1973; Carskadon et al. 1976; Pena de la 1978; Steinberg et al. 1987). Patienten ohne Auffälligkeiten in einer polysomnographischen Schlafaufzeichnung können über gestörten Schlaf klagen, während Patienten mit pathologischen Anzeichen in der Schlafaufzeichnung sich dadurch subjektiv nicht beeinträchtigt fühlen (Dement 1980; Dement et al. 1984; Steinberg et al. 1987). Besonders bei chronisch Schlafgestörten und älteren Patienten sind Fehleinschätzungen v. a. bei der Schlafdauer bekannt (Carskadon et al. 1976; Pena de la 1978; Miles u. Dement 1980; Dement et al. 1984; Steinberg et al. 1984 b). Im Extremfall der sog. Fehlwahrnehmung des Schlafzustandes (ASDA 1990) liegt die objektivierbare Schlafstruktur trotz einer subjektiven Schlafstörung vollkommen im Normbereich (ASDC 1979; Miles u. Dement 1980; ASDA 1990). Bei der Therapie ist zu berücksichtigen, daß das Gefühl eines gestörten Schlafs, ähnlich wie das des Schmerzes, vorwiegend auf den Erfahrungen des Betroffenen basiert. Auch wurde bisher keine allgemeingültige Beziehung zwischen objektiven Schlafparametern und der subjektiven Schlafqualität gesichert (Pena de la 1978; Miles u. Dement 1980; Dement et al. 1984; Spiegel et al. 1986). Man sollte daher zurückhaltend sein, die Beschwerden der Patienten aufgrund objektiver Meßgrößen in Frage zu stellen (Borbely 1984 b). Die Behandlung sollte dem Prinzip „Beschwerde vor Befund" folgen. Nimmt der Arzt die Beschwerden des Patienten ernst, so verhindert er die Frustration des Patienten durch den Arzt und eine ungesteuerte Eigentherapie mit Schlafmitteln. Noch sorgfältiger als bei anderen Schlafstörungen muß bei Fehlen meßbarer Auffälligkeiten das Behandlungskonzept der Persönlichkeit und den Beschwerdecharakteristika des Patienten angepaßt werden. In der Praxis wird v. a. bei Medikamenten Zurückhaltung gezeigt, die deutliche Nebenwirkungen haben, oder aber zur Abhängigkeit führen können. Glücklicherweise besteht bei den meisten Patienten zwischen den subjektiven Angaben einer Schlafstörung und den objektivierbaren Daten eine ausreichende Korrelation, die die Angaben der Patienten als valide erscheinen läßt (Frankel et al. 1976; Soldatos et al. 1979; Steinberg et al. 1984 b; Mendelson 1987 a). Bestehen Diskrepanzen zwischen den Klagen des Patienten und beispielsweise den Berichten des Bettpartners, ist eine Schlafpolygraphie indiziert.

Alter des Patienten

Es muß beim älteren Patienten noch aufmerksamer als beim jungen Menschen darauf geachtet werden, daß die niedrigst mögliche Dosis über die kürzest mögliche Zeit eingesetzt wird. Dies sollte mindestens 1mal im Monat überprüft werden (NIMH 1984). Im höheren Alter verschlechtern sich die pharmakokinetischen Parameter Resorption, Metabolisierung und Elimination. Dadurch verlängert sich bei einer Vielzahl von Medikamenten die Halbwertszeit der Substanz und ihres aktiven Metaboliten (Greenblatt et al. 1981, 1982; Pöldinger u. Wider 1985; Moran et al. 1988). Ein Überhang der Wirkung am nächsten Tag kann die Folge sein. Präparate mit kurzer Halbwertszeit zeigen auch bei älteren Patienten weniger unerwünschte Wirkungen am Tag (Carskadon et al. 1982; Morgan 1984) und werden deshalb bevorzugt eingesetzt (Dement et al. 1984), um eine Akkumulation der Wirkstoffe zu verhindern. Die im Vergleich zu jungen Patienten höhere Nebenwirkungsrate verlangt jedoch besonders bei diesen Präparaten eine strenge Indikationsstellung, eine möglichst kurze Anwendungsdauer und die Verwendung der niedrigsten Dosis. Präparate mit mittlerer Halbwertszeit führen weniger stark zu Reboundeffekten durch schnelles Abklingen der Wirkung (Kales et al. 1983 a, b), können beim älteren Menschen dagegen leichter zu Überhangeffekten führen. In diesen Fällen sollte die Einstiegsdosis halbiert werden.

Im Alter muß zudem mit einer beträchtlichen interindividuellen Variabilität der Wirkungen und Nebenwirkungen und einem veränderten Spektrum unerwünschter Arzneimittelwirkungen gerechnet werden (Miles u. Dement 1980; Nicholson et al. 1982). Nach Benzodiazepineinnahme wurden bei älteren Patienten Ataxien, Verwirrtheitszustände, paradoxe Vigilanzsteigerung und sogar Halluzinationen beobachtet (Marttila et al. 1977; Reeves 1977; Greenblatt u. Allen 1978). Durch eine muskelrelaxierende Wirkung kann es v. a. bei älteren Patienten zur Muskelschwäche, zu Ataxie und damit zu Stürzen bei einem nächtlichen Aufstehen kommen. Diesen Patienten mit altersbedingten Lungenerkrankungen oder Schlafapnoen kann die atemsuppressive Wirkung der Benzodiazepine (Dolly u. Block 1982; Mendelson 1987 a,b) gefährlich werden. Sedierende Antidepressiva sind im Alter als Schlafmittel häufig nicht geeignet, da die Patienten Kontraindikationen aufweisen wie Herz- und Kreislauferkrankungen, Prostatahypertrophie oder Glaukom (Böning 1982; Livingston et al. 1983; Benkert u. Hippius 1986; Rote Liste 1991). Gern werden in der Praxis bei älteren Insomniepatienten niedrigpotente Neuroleptika wie Laevopromazin, Thioridazin, Promethazin, Pipamperon oder Melperon eingesetzt. Die Präparate verursachen weniger Komplikationen, da kardiovaskuläre Nebenwirkungen wie z. B. bei Antidepressiva weitgehend fehlen. Die Wirkungen von Neuroleptika bei chronischen Insomnien wurden bisher allerdings wissenschaftlich unzureichend geprüft. Anwendungsempfehlungen beruhen hauptsächlich auf der klinischen Erfahrung einzelner Autoren, die zumeist über Therapieerfolge bei älteren Patienten berichten (Finke 1976; Malsch 1987). Neuroleptika haben allerdings wie Antidepressiva eine hohe Nebenwirkungsrate. Es finden sich anticholinerge Begleiterscheinungen, extrapyramidalmotorische Bewegungsstörungen, blutdrucksenkende und hämatologische Begleiteffekte und die Gefahr, mit ihnen Spätdyskinesien auszulösen (Lund u. Rüther 1984; Benkert u. Hippius 1986). Gewöhnungseffekte sind nicht zu erwarten.

Suchtanamnese

Patienten mit einer positiven Suchtanamnese bezüglich Alkohol, Tabletten und illegalen Drogen dürfen keine Schlafmittel mit Abhängigkeitspotenz erhalten. Benzodiazepine beispielsweise müssen hier durch sedierende Antidepressiva, Neuroleptika oder andere Präparate ersetzt werden. Bei vorbehandelten Patienten sollte eine Weiterbehandlung nur dann erfolgen, wenn eine Toleranzentwicklung und Dosissteigerung nicht beobachtet wurden (Rüther 1986).

Medikamenteneinnahme

Zusätzlich zu Schlafmitteln eingenommene Medikamente können z. T. lebensgefährliche Wechselwirkungen auszulösen. Der Arzt muß diesen Punkt durch die Exploration des Patienten im Vorfeld der Behandlung klären.

Vorerkrankungen und Nebenwirkungen

Vorerkrankungen schränken die Einsatzmöglichkeit überwiegend für viele Nichtbenzodiazepinhypnotika und andere sedierende Substanzen wie z. B. Antidepressiva oder Neuroleptika ein. Selbst bei körperlich gesunden Insomniepatienten kann eine biologische Disposition zu unerwartet starken Nebenwirkungen der Medikamente führen. Aus diesem Grund sind eine Reihe von Präparaten mit einer hohen Nebenwirkungsrate nicht mehr als Schlafmittel zu empfehlen. Dazu gehören Barbiturate, Bromsalze, Bromureide, Piperidindione, Chinazolinderivate, Aldehyde und Glykolderivate.

Suizidalität

Benzodiazepine besitzen eine relativ große therapeutische Breite. Bei Suizidalität sollte dennoch die kleinste Packung rezeptiert werden. Für Antidepressiva besteht eine relative Kontraindikation. Sie können in höheren Dosierungen vital gefährdende kardiale Nebenwirkungen haben. Sie dürfen bei Suizidalität nur unter enger ärztlicher Kontrolle angewendet werden. Aufgrund der engen therapeutischen

Breite und relativ hohen Toxizität ist die Verwendung von Chloralhydrat nicht zu empfehlen. Barbiturate und andere alte Nichtbenzodiazepinhypnotika sind aufgrund ihrer hohen Toxizität kontraindiziert.

Langzeitcompliance des Patienten

Präparate mit Abhängigkeitspotential, d. h. auch Benzodiazepine, müssen zeitlich befristet eingenommen werden. Der Patient muß daher bereit sein, die Schlafmittel nach etwa 4–6 Wochen auszuschleichen. Prinzipiell sollte der Patient dem Arzt bei Verschreibung eines Schlafmittels von mehreren Kontakten her bekannt sein. Bestehen Zweifel an der Compliance des Patienten, ist eine Verschreibung von Präparaten mit Abhängigkeitspotential kontraindiziert.

Vorbehandlung

Die Vorgeschichte des Patienten gibt Aufschluß darüber, welche Präparate bereits wirksam waren oder vergeblich eingesetzt wurden, ob bereits Adaptationsphänomene oder eine Suchtentwicklung eingetreten sind, und ob die Präparate ausreichend dosiert wurden. Die medikamentöse Neueinstellung muß sich an diesem Sachverhalt orientieren.

Auswahlkriterien für Schlafmittel sind zusammengefaßt:
1. Phänotyp der Insomnie,
2. Dauer der Insomnie,
3. Tagesbeschwerden,
4. benötigte Leistungsfähigkeit am Tag,
5. Schweregrad der Schlafstörung,
6. Alter des Patienten,
7. Suchtanamnese,
8. Medikamenteneinnahme,
9. Vorerkrankungen und Nebenwirkungen,
10. Suizidalität,
11. Langzeitcompliance des Patienten,
12. Vorbehandlung.

Allgemeine Anwendungskonzepte für Schlafmittel

Kurz- und Langzeittherapie

Die Einnahmedauer von Präparaten mit Abhängigkeitspotential soll bei regelmäßiger Einnahme und Neuverschreibung 4–6 Wochen nicht überschreiten. Für länger andauernde Behandlungen mit Präparaten mit Abhängigkeitspotential ist eine Intervallbehandlung geeignet. Andernfalls müssen Präparate ohne Abhängigkeitspotential gewählt werden. Alkoholderivate und Antihistaminika werden in der Praxis vielfach eingesetzt, adaptieren in ihrer Wirkung jedoch schnell und sind deshalb

weniger zu empfehlen. Eine Indikation zur Langzeitbehandlung durch Präparate mit Abhängigkeitspotential kann erforderlich sein, wenn bestimmte Kriterien der Schlafstörung erfüllt sind (mod. nach Rüther u. Engfer 1988):
- Dauer der Schlafstörung länger als ein Jahr,
- erheblich in der Struktur der Schlafzyklen gestörtes Schlafprofil,
- keine Toleranzentwicklung in der Vorgeschichte,
- keine Dosissteigerung in der Vorgeschichte,
- wiederholtes Auftreten von Insomnien nach Absetzversuchen (Cave: Ende der Reboundinsomnie abwarten).

Intervalltherapie

Ein gangbarer Weg zur längerfristigen Benzodiazepinbehandlung kann die streng reglementierte Intervalltherapie sein. Voraussetzung für eine Intervalltherapie ist ein stabiles Arzt-Patienten-Verhältnis, das eine enge Führung des Patienten im Verlauf einer längerfristigen Behandlung ermöglicht.

Vor Beginn einer Woche legt der Patient eine Option zur Tabletteneinnahme für zwei bis drei Nächte dieser Woche fest. Dies bewirkt einen erholsamen Schlaf genau in den Nächten, die Tagen mit besonderen Belastungen für den Patienten vorausgehen. Für Berufstätige ist diese „Reserve" eine erhebliche Erleichterung für die Tagesbewältigung. Gleichzeitig vermittelt sie dem Patienten das Erleben, daß nach schlechten Nächten auch einige gute kommen können. Eine Intervalltherapie ist damit keine Bedarfstherapie, bei der der Patient jeden beliebigen Tag Tabletten einnehmen kann. Die Therapieform soll nicht dazu führen, das Gefühl eines schlechten Schlafs mit dem Griff zur Tablette zu konditionieren.

Kombinationstherapie

Eine Kombination von 2 Schlafmitteln kann sinnvoll sein, wenn eine chronische Schlafstörung eine tägliche Medikamenteneinnahme erfordert und Nichtbenzodiazepinhypnotika oder andere sedierend wirkende Mittel nicht ausreichend wirksam sind.

Klinisch bewährt haben sich die Kombination niedriger Dosen von sedierenden Antidepressiva oder niedrigpotenten Neuroleptika mit Benzodiazepinhypnotika. Das Antidepressivum oder Neuroleptikum wird $^{1}/_{2}$–2 h vor dem Zu-Bett-Gehen eingenommen, um eine schlafvorbereitende Beruhigung des Patienten zu bewirken. Zum Zu-Bett-Gehen wird das Benzodiazepin eingenommen und kann so besser schlafanstoßend wirken. Schwere chronische Insomnien können mit diesem Konzept langfristig erfolgreich behandelt werden, wenn die Benzodiazepineinnahme im Rahmen einer Intervalltherapie erfolgt.

Substanzen und Anwendungsempfehlungen

Verfügbare Stoffgruppen

Zur Schlafförderung werden Pharmaka und Naturheilmittel eingesetzt. Ein Teil der Benzodiazepine, Barbiturate und eine Reihe anderer Nichtbenzodiazepinpräparate gelten als Hypnotika im engeren Sinn. Die Benzodiazepinhypnotika nehmen die führende Stellung ein und haben die übrigen, meist älteren Präparate in den Hintergrund gedrängt. In zunehmendem Maß werden auch Pharmaka mit sedierender Wirkung als Hypnotika verwendet, die eigentlich keine Schlafmittel sind. Neben Tranquilizern aus der Benzodiazepingruppe sind dies v. a. Antidepressiva, Neuroleptika und Antihistaminika. Naturpräparate werden von den Patienten überwiegend in Eigenregie eingenommen. In gewissem Maße gehört auch der Konsum von Alkohol zur Selbsttherapie bei Schlafstörungen. Eine Reihe alternativer Präparate wie z. B. körpereigene Schlafsubstanzen sind in klinischer Erprobung, jedoch nicht allgemein etabliert.

Die Schlafmittel können wie folgt in Stoffgruppen eingeteilt werden:
1. Benzodiazepinhypnotika;
2. Barbiturate;
3. andere alte Nichtbenzodiazepinhypnotika:
   - Bromide,
   - Bromureide,
   - Alkohole,
   - Aldehyde,
   - Glykol- und Chinazolinonderivate,
   - Piperidindione;
4. neue Nichtbenzodiazepinhypnotika:
   - Cyclopyrrolone,
   - Imidazopyridine;
5. andere Mittel mit sedierender Wirkung:
   - Tranquilizer,
   - Antidepressiva,
   - Neuroleptika,
   - Antihistaminika,
   - Chlomethiazol;
6. Naturpräparate
7. alternative Präparate:
   - körpereigene Schlafsubstanzen,
   - Serotoninantagonisten,
   - Benzodizepinantagonisten,
   - Präkursorsubstanzen,
   - Melatonin.

Benzodiazepinhypnotika

Benzodiazepine werden i. allg. als Schlafmittel der ersten Wahl eingestuft (Mendelson 1980, 1987 b; Lund u. Rüther 1984; Parkes 1985; Pöldinger u. Wider 1985;

Klotz 1987; Leutner 1990; Rudolf 1990). Dies ist dem relativ günstigen Nutzen-Risiko-Verhältnis dieser Präparate zuzuschreiben. Prinzipiell zeigen alle Arten von Benzodiazepinen einen, wenn auch unterschiedlich akzentuierten, schlafbahnenden Effekt (Leutner 1990). Häufig sind für einen sedativ-hypnotischen Effekt nur höhere Dosen als für eine anxiolytische Wirkung notwendig (Klotz 1987). Eine strenge Trennung in Anxiolytika und Hypnotika wird aus diesen Gründen von einigen Autoren abgelehnt (CRM 1980; Lader u. Petursson 1983). In der Praxis ist eine Unterscheidung jedoch von Bedeutung, da sich klinische Prüfungen über die Wirksamkeit und Dosierung eines Benzodiazepins zumeist auf eine umschriebene Krankheitsgruppe beziehen. Auch kommt das Wirkprofil der Hypnotika den Anforderungen Schlafgestörter eher entgegen als das von Anxiolytika. Daher ist dem Arzt bei der Behandlung von Schlafstörungen zu empfehlen, typische Hypnotika aus dem breitgefächerten Angebot der Benzodiazepine auszuwählen.

Wirkungen und unerwünschte Wirkungen

Literaturübersichten zeigen weitgehend übereinstimmende Wirkungen der Benzodiazepine auf den Schlaf (Mendelson 1980, 1987 a, b).

Klinisch gesehen machen sie den Schlaf tiefer und ruhiger. Schlafgestörte schlafen nach Benzodiazepineinnahme schneller ein, sie schlafen länger, sie wachen seltener auf und empfinden ihren Schlaf als erholsamer (z. B. Hartmann et al. 1983; Cordingly et al. 1984; Murphy u. Ankier 1984). Auch bei Gesunden wurden ähnliche schlaffördernde Wirkungen beobachtet (Borbély et al. 1983, 1986 b).

Schlafpolygraphisch bestätigen sich diese Wirkungen durch eine verkürzte Schlaflatenz, weniger Aufwachvorgänge, eine verlängerte Gesamtschlafzeit und eine erhöhte Schlafeffizienz (z. B. Roehrs et al. 1982; Spinweber u. Johnson 1982; Mendelson et al. 1984 a, b; Roehrs et al. 1986). Paradoxerweise verringert sich der Tiefschlafanteil und die in diesen Schlafstadien gehäuft auftretenden Hirnstromfrequenzen von 0,25-9 Hz, während Frequenzbereiche von 11-14 Hz, z. T. auch 17-25 Hz zunehmen (Borbély 1986 a, b). Auch eine leichte Verminderung des REM-Schlafs wurde beobachtet (Borbély 1986 b). Die klinische Relevanz dieser Befunde ist allerdings nicht eindeutig geklärt.

Die Verschreibung von Benzodiazepinen hat neben der Normalisierung des Schlafs, die damit verbundene Verbesserung der Vigilanz und des Wohlbefindens am Tag zum Ziel. Vor allem bei Präparaten mit langer Wirksamkeit und bei Gabe von höheren Dosierungen (Johnson u. Chernik 1982) sind jedoch Überhangeffekte mit Tagessedierung und Einbußen in der Konzentrations-, der Leistungsfähigkeit und im Reaktionsvermögen möglich (Mendelson 1980, 1987 b). Sogar der Schlaf in der 24 h später folgenden Nacht kann beeinflußt werden (Borbély 1986 b). Diese Effekte werden für ein erhöhtes Unfallrisiko beim Führen eines Fahrzeugs verantwortlich gemacht (Betts u. Birtle 1982; Binnie 1983). Obwohl die Einschränkung der Leistungsfähigkeit längere Zeit anhalten kann, bemerken die Patienten sie z. T. nicht (Judd et al. 1987) oder nur zu Beginn der Behandlung (Oswald et al. 1979).

Der Befund einer v. a. nach kurz wirksamen Benzodiazepinen auftretenden Angstsymptomatik am Tag (Morgan u. Oswald 1982; Adam u. Oswald 1989) wird

Tabelle 5. Wirkungsdauer der Benzodiazepine. (Mod. nach Leutner 1990)

Wirkungsdauer	Kurzwirkend	Mittellang wirkend	Langwirkend
Wirkstoff	Midazolam	Alprazolam	Chlordiazepoxid
	Triazolam	Bromazepam	Clonazepam
		Brotizolam	Chlorazepatdikalium
		Camazepam	Diazepam
		Clotiazepam	Flurazepam
		Flunitrazepam	Ketazolam
		Lorazepam	Medazepam
		Lormetazepam	Prazepam
		Nitrazepam	
		Oxazepam	
		Temazepam	
Hypnotikum	Z. B.	Z. B.	Z. B.
	Dormicum	Rohypnol	Dalmadorm
	Halcion	Lendormin	Staurodorm Neu
		Mogadan	Valium
		Noctamid	Valiquid
		Planum	
		Remestan	
Tranquilizer		Z. B.	Z. B.
		Adumbran	Contamex
		Albego	Demetrin
		Lexotanil	Librium
		Praxiten	Nobrium
		Tafil	Tranxilium
		Tavor	Valium
		Trecalmo	Valiquid
Vorteile	Rasche Schlafinduktion bei Einschlafstörungen, gute Tagesvigilanz	Sofortwirkung auf Ein- und Durchschlafstörungen	Schlafinduktion und Anxiolyse
Nachteile	Betonte Reboundinsomnie und Angst	Mäßige Kumulation und Überhangeffekte	Starke Kumulation und Überhangeffekte

dagegen nicht generell bestätigt (Mamelak et al. 1984; Bliwise et al. 1987). Vor allem bei schnell im Zentralnervensystem anflutenden Benzodiazepinen wurden Einbußen in der Merkfähigkeit und dem Gedächtnis (Mendelson 1987 b) sowie Amnesien (Scharf et al. 1988; Dorow u. Berenberg 1990; Sieb u. Clarenbach 1990) beobachtet. Die Kombination mit Alkohol erhöht das Risiko einer Amnesie (Morris u. Estes 1987), der sedierende Effekt kann potenziert und die Tagesleistung stärker beeinträchtigt werden (Willumeit et al. 1984). Besondere Vorsicht verlangt diese Stoffkombination auch aufgrund der hohen Toxizität (Chan 1984).

Durch eine muskelrelaxierende Wirkung kann es v. a. bei älteren Patienten zur Muskelschwäche, zu Ataxie und damit zu Stürzen bei einem nächtlichen Aufstehen kommen. Gerade bei älteren Menschen und Patienten mit Lungenerkrankungen oder Schlafapnoen kann die atemsuppressive Wirkung der Benzodiazepine (Dolly u. Block 1982; Mendelson 1987 b) gefährlich werden. Ebenso sind mit zu-

3.1 Therapie von Insomnien

nehmendem Alter paradoxe Reaktionen mit Antriebssteigerung und Erregungszuständen möglich. Selten treten nach Benzodiazepinen Kopfschmerzen, Blutdruckabfälle oder eine Abnahme der Libido auf. Wichtige Sonderfälle sind die Wirkungssteigerung von Benzodiazepinen nach Einnahme des H_2-Blockers Cimetidin, dem Tuberkolostatikum Isonikotinsäurehydrazid oder oralen Kontrazeptiva (Klotz 1987; Leutner 1990).

Die größte Gefahr einer Benzodiazepineinnahme stellt das Abhängigkeitspotential dar. Nach einer mindestens wochenlangen Einnahme können Benzodiazepine über eine Toleranzentwicklung in eine Abhängigkeit einmünden. Umfangreiche Literatur weist auf diese Problematik hin (Owen u. Tyrer 1983; NIMH 1984; Wolf u. Rüther 1984; Pöldinger u. Wider 1985; Laux u. König 1986; Philipp u. Buller 1986; Schmidt 1990; Poser 1991).

Die Absetz- oder Reboundinsomnie beschreibt ein Auftreten von Ein- und Durchschlafstörungen bei abruptem Absetzen eines Hypnotikums (Kales u. Scharf 1978; Kales et al. 1983 a, b).

Absetzschlafstörungen werden v. a. nach Benzodiazepineinnahme beobachtet. Sie sind bei einer höheren Dosierung (Roehrs et al. 1986) und bei Substanzen mit schneller Elimination (Kales et al. 1983 b; Bixler et al. 1985) stärker ausgeprägt. Patienten, die vor der Therapie an einer schweren Schlafstörung litten oder einen guten Therapieeffekt aufwiesen, scheinen mit stärkeren Absetzschlafstörungen zu reagieren (Merlotti et al. 1988). Reboundinsomnien lassen sich gelegentlich durch einen kürzeren zeitlichen Verlauf (Borbély 1986 a) und eine ausgeprägte Intensität der Beschwerden von einem Wiederauftreten der früheren Ein- und Durchschlafstörung abgrenzen. In der Praxis kann diese Unterscheidung allerdings schwierig werden. Die Schlafmittelanamnese hilft dann bei der Diagnosestellung. Durch eine primär niedrige Dosierung der Schlafmittel und ein allmähliches Ausschleichen beim Absetzen der Medikamente läßt sich die Symptomatik lindern, gelegentlich auch verhindern.

Zur Erleichterung von Absetzproblemen bei Benzodiazepinen wird eine Substitution mit sedierenden Antidepressiva (z. B. Amitryptilin, Mianserin oder Doxepin) empfohlen.

Unter dieser Zusatzmedikation wurde auch nach längerer Einnahme die Dosierung alle 1–2 Wochen um 25% reduziert, ohne stärkere Absetzprobleme zu verursachen (Steinberg et al. 1984 b, 1987).

Unerwünschte Wirkungen von Benzodiazepinhypnotika sind zusammengefaßt:
– Tagesüberhang,
– Konzentrations- und Leistungseinbußen,
– Reboundinsomnie,
– Reboundangst,
– Amnesie,
– Interaktion mit Alkohol,
– Muskelrelaxation,
– Atemsuppression,
– paradoxe Reaktionen,
– Medikamentenwechselwirkung,
– Toleranz und Abhängigkeit.

Kriterien der Präparatewahl

Die Auswahl eines Benzodiazepins wird entscheidend durch dessen Wirkungscharakteristik bestimmt. Unterschiede in der Wirkung entstehen dabei durch die Rezeptoraffinität und die dadurch bestimmte relative Dosis, durch pharmakokinetische Parameter wie Absorption, Verteilungs- und Eliminationsgeschwindigkeit, wirksame Metaboliten sowie pharmakodynamische Aspekte, welche sich z. B. in unerwünschten Wirkungen wiederspiegeln. Vor allem pharmakokinetische Eigenschaften bestimmen die klinisch wichtige Wirkungsdauer (Tabelle 5).

Anwendungsempfehlungen

Die Behandlung mit Benzodiazepinen verlangt besondere Aufmerksamkeit und sollte sich über die allgemeinen Voraussetzungen zur Pharmakotherapie hinaus an einigen Richtlinien orientieren:
1. Der Einsatz ist nur bei klarer Indikation gerechtfertigt;
2. es sollte die kleinst mögliche Dosierung benutzt und
3. über die kürzest mögliche Behandlungszeit eingesetzt werden (Borbély 1986 b).

Eine maximale Behandlungsdauer von 4–6 Wochen kann als Empfehlung gelten (Nedopil u. Rüther 1984). Langzeitbehandlungen mit täglicher Präparateinnahme sind noch am ehesten bei bereits vorhandener Langzeiteinnahme ohne Wirkungsverlust zu vertreten. Eine medikamentöse Neueinstellung auf die tägliche Dauereinnahme eines Benzodiazepins über längere Zeit kann nach dem heutigen Kenntnisstand nur in Ausnahmefällen empfohlen werden.

Kurz wirksame und ultrakurzwirksame Benzodiazepine sind indiziert, wenn Einschlafstörungen im Vordergrund stehen und eine volle Leistungsfähigkeit am Tag angestrebt wird. Sie haben gegenüber anderen Benzodiazepinen den Vorteil, weniger Überhangeffekte am nächsten Tag zu verursachen. Dem steht der Nachteil der Absetz(Rebound)-Insomnie gegenüber. Nach einer abendlichen Einnahme können Reboundphänomene den Schlaf schon im Verlauf einer Nacht als morgendliches Früherwachen beeinträchtigen (Kales et al. 1983 b).

Lang wirksame Benzodiazepine werden verwendet, wenn über die Behandlung einer Durchschlafstörung hinaus eine Anxiolyse am Tage erwünscht ist. Der medikamentöse Überhang ist stark ausgeprägt und schränkt die Einsatzfähigkeit des Betroffenen, z. B. beim Autofahren, ein. Nach wiederholter Einnahme ist eine Kumulation möglich, die v. a. ältere Patienten gefährden und mit einer Dosisreduktion beantwortet werden muß.

Mittellang wirksame Benzodiazepine stellen einen Kompromiß bezüglich Nutzen und unerwünschten Wirkungen dar und werden am häufigsten bei Ein- und Durchschlafstörungen, jedoch auch bei Früherwachen eingesetzt.

Barbiturate und andere alte Nichtbenzodiazepinhypnotika

Verschiedenste Nichtbenzodiazepinhypnotika waren als klassische Schlafmittel bis zur Einführung der Benzodiazepine weit verbreitet. Dazu gehörten Barbiturate,

3.1 Therapie von Insomnien

Tabelle 6. Barbiturate und andere alte Nichtbenzodiazepinhypnotika

Stoffgruppe	Wirkstoff	Präparatenamen
Barbiturate	Barbital, Brallobarbital, Cyclobarbital, Hexobarbital, Methylphenobarbital, Pentobarbital, Phenobarbital, Secobarbital, Thiopental, Vinylbital	Veronal, Eusedon, Vesparax, Somnupan C, Evipan, Prominal, Neodorm, Repocal, Luminal, Vesparax mite, Prominal, Trapanal, Speda, Medinox, Somnifen, Resedorm, Repocal, Phanodorm
Piperidindione	Pyrithyldion	Benedorm
Chinazolinderivate	Methaqualon	Normi-Nox
Glykolderivate	Meprobamat	Meprobamat, Urbilat, Clindorm, Omnisedan
Aldehyde	Paraldehyd	Paraldehyd

Bromsalze und Bromureide, Piperidindione, Chinazolinderivate, Aldehyde und Glykolderivate. Von der großen Zahl der Präparate ist nur noch ein Teil im Handel (Tabelle 6).

Die genannten Präparate, v. a. die früher oft eingesetzten Barbiturate, erfahren in zunehmendem Maß Kritik. Dies liegt an z. T. höchst bedrohlichen Eigenschaften, die für den praktischen Gebrauch von Nachteil sind: massive Veränderungen der Schlafabläufe, v. a. des REM-Schlafs, Enzyminduktion mit erheblichen Arzneimittelinteraktionen, hohe Toxizität, Kumulationsgefahr, allergische Reaktionen und eine starke Suchtgefährdung. Bromsalze und Bromureide können einen Bromismus verursachen. Mebrobamat wirkt stark muskelerschlaffend (Leutner 1990; Rudolf 1990). Die klinische Anwendung dieser Stoffe wird daher als obsolet angesehen (Lund u. Rüther 1984).

Als Schlafmittel sind Barbiturate, Bromsalze und Bromureide, Piperidindione, Chinazolinderivate, Aldehyde und Glykolderivate nicht zu empfehlen.

Neue Nichtbenzodiazepinhypnotika

Nichtbenzodiazepine vom Typ der Cyclopyrrolone (Zopiclon) und Imidazopyridine (Zolpidem) sind seit kurzer Zeit als Schlafmittel erhältlich. Der Wirkmechanismus soll bei diesen Präparaten über eigene Bindungsstellen des Benzodiazepinrezeptorkomplexes vermittelt sein (Trifiletti et al. 1984; Julou et al. 1985; Langer et al. 1988). Zolpidem und Zopiclon sind kurz wirksame Schlafmittel. Dies beruht zu einem großen Teil auf der schnellen Absorption und der kurzen Eliminationshalbwertszeit von 2,5 h (Albin et al. 1988; Thenot et al. 1988) bzw. von 5–6,5 h (Gaillot et al. 1983; Houghton et al. 1985).

Wirkungen und unerwünschte Wirkungen

Die hypnotische Wirkpotenz des Zopiclon ist vergleichbar mit der von Benzodiazepinen wie Flurazepam (Quadens et al. 1983), Flunitrazepam (Wickstrom u.

Giercksky 1980), Nitrazepam (Momose 1983), Temazepam (Wheathley 1985) oder Triazolam (Maillard et al. 1984). Schlafgestörte schlafen nach der Einnahme von Zopiclon schneller ein (Elie u. Gagnon 1981) und verlängern ihre Gesamtschlafzeit (Duriez et al. 1979; Dehlin et al. 1983; Jovanovic u. Dreyfuss 1983; Quadens et al. 1983; Mamelak et al. 1983 a), sie wachen seltener auf und empfinden ihren Schlaf als erholsamer (Giercksky u. Wickstrom 1980; Momose 1983). Bei Gesunden fanden sich verkürzte Einschlaflatenzen und eine verbesserte Schlafqualität (Billiard et al. 1983; Lader u. Denney 1983). Schlafpolygraphisch wurden sowohl ein vermehrter (Billiard et al. 1983; Jovanovic u. Dreyfuss 1983) als auch ein verminderter (Quadens et al. 1983; Mamelak et al. 1983) Tiefschlaf gemessen. Die Analyse des EEG-Power-Spektrum bestätigte eine Reduktion langsamer Wellen (Trachsel et al. 1990; Schulz et al. 1991). Die schlafanstoßende Wirkung des Zolpidems umfaßt eine verbesserte Einschlafzeit, Gesamtschlafzeit und Schlafqualität sowie reduzierte Wachzeiten (Nicholson et al. 1986, 1988; Oswald et al. 1988). Die hypnotische Wirkung entspricht in etwa der von Benzodiazepinen wie Flunitrazepam oder Triazolam (Louvel et al. 1988; Roger et al. 1991). Der REM-Schlaf wird nicht signifikant beeinflußt (Lund et al. 1988) sowie der Tiefschlafanteil nicht reduziert (Nicholson et al. 1986, 1988; Besset et al. 1989).

Das Wirkprofil der Nichtbenzodiazepinhypnotika ist am ehesten mit dem kurz wirksamen Triazolam vergleichbar (Autret et al. 1987; Elie et al. 1990). Die Beeinflussung der Tagesbefindlichkeit durch Sedation oder neurologische Beeinträchtigungen ist geringer als bei länger wirksamen Benzodiazepinen wie z. B. Flurazepam oder Nitrazepam (Klimm et al. 1987; Bensimon et al. 1988; Morselli et al. 1988; Agnoli et al. 1989; Ponciano et al. 1990).

Offene Langzeituntersuchungen fanden für Zolpidem im Beobachtungszeitraum von maximal 6 Monaten keine Toleranzentwicklung, Reboundphänomene und Entzugserscheinungen beim Absetzen des Präparates (Schlich 1991). Dies ließ sich auch polysomnographisch nicht nachweisen (Herrmann et al. 1988). In offenen Studien hielt die hypnotische Wirkung des Zopiclon über 8 (Pecknold et al. 1990) bzw. 17 Wochen an (Fleming et al. 1988). Es ist dennoch verfrüht, daraus zu schließen, daß Nichtbenzodiazepinhypnotika keine Adaptation zeigen. Auch die Frage des Abhängigkeitspotentials ist bisher nicht geklärt (Editorial to Lancet 335 1990; Tyrer 1990). Erste Berichte über selten auftretende Abhängigkeitssymptome bei Zopiclon liegen vor (The Pharmaceutical Journal, 1990, 1991). Im Vergleich zu kurzwirksamen Benzodiazepinhypnotika wurde in einigen Studien eine verminderte Reboundschlafstörung bei Absetzen von Zopiclon beobachtet (Elie et al. 1990; Fleming et al. 1990).

Eine Postmarketingstudie bestätigte dem Zopiclon eine gute Verträglichkeit bei Kurzzeiteinnahme (Allain et al. 1991). Die Nebenwirkungen von Zolpidem und Zopiclon entsprechen weitgehend denen von Benzodiazepinen. Häufiger wurde jedoch nach Zopicloneinnahme von einem bitteren Geschmack und trockenen Mund berichtet (Giercksky u. Wickstrom 1980; Pull et al. 1983; Tamminen 1983; Wickstrom et al. 1983; Anderson 1985 b; Palminteri u. Narbonne 1988). Medikamentenwechselwirkungen sind bekannt von Zopiclon mit Metoclopramid, Atropin (O'Toole et al. 1986), Ranitidin (Wilson et al. 1986) und Alkohol (Hindmarch et al. 1990; Kuitunen et al. 1990). Zolpidem zeigt Wechselwirkungen mit Alkohol, Barbituraten und anderen sedierenden Mitteln wie z. B. Neuroleptika oder Antidepressiva (Banchietti et al. 1988; Harvengt et al. 1988).

Anwendungsempfehlungen

Zopiclon und Zolpidem sind kurz wirksame und gut hypnotisch wirkende Präparate. Zopiclon eignet sich für die Behandlung von Einschlafstörungen und Durchschlafstörungen mit Erwachen in der 1. Hälfte der Schlafperiode. Zolpidem dagegen ist mehr für Einschlafstörungen geeignet.

Da bisher noch keine Langzeituntersuchungen vorliegen, ist eine abschließende Beurteilung dieser Wirkstoffgruppe z. Z. nicht möglich. Dies betrifft insbesondere die Frage, inwieweit sich die Eigenschaften dieser neuen Präparate von jenen der bereits eingeführten Benzodiazepinhypnotika unterscheiden. Das gilt v. a. für die Adaptations- und Suchtproblematik.

Andere Mittel mit sedierender Wirkung

Der Einsatz sedierender Antidepressiva, Neuroleptika, Antihistaminika oder Alkoholderivate ist bei jenen Patienten zu erwägen, bei denen Kontraindikationen für Benzodiazepine bestehen oder eine Abhängigkeitsgefahr vermutet werden kann. Ein Einsatz ist auch sinnvoll nach mehreren Therapieversuchen oder einer wirkungslosen Langzeiteinnahme von Benzodiazepinen, im Rahmen einer Kombinationstherapie bei chronischen Insomnien und bei spezifischen Formen von

Tabelle 7. Wichtigste Vor- und Nachteile von anderen Mitteln mit sedierender Wirkung

Wirkstoffgruppe	Vorteile	Nachteile
Antidepressiva	Kein Abhängigkeitspotential, keine Tiefschlafunterdrückung, antidepressive Wirkung	Relativ hohe Toxizität, anticholinerge Nebenwirkungen, lange Wirkdauer, REM-Schlafunterdrückung
Neuroleptika	Kein Abhängigkeitspotential, keine REM-Schlafunterdrückung, antipsychotische Wirkung, geringe Kardiotoxizität	Anticholinerge, extrapyramidal-motorische, hämatologische, blutdrucksenkende Nebenwirkungen, Spätdyskinesien, relativ lange Wirkdauer
Alkoholderivate	Unbeeinflußtes Schlafprofil, schneller Wirkungseintritt	Geringe hypnotische Potenz, geringe therapeutische Breite
Antihistaminika	Freie Verfügbarkeit, verhältnismäßig geringe Toxizität	Geringe hypnotische Potenz, schneller Wirkungsverlust, anticholinerge Nebenwirkungen
Clomethiazol	Schneller Wirkungseintritt, kurze Wirkdauer ohne Überhang, hohe hypnotische Potenz	Abhängigkeitspotential, Atemdepression, Hypersekretion
Naturpräparate	Kein Abhängigkeitspotential, nahezu fehlende Toxizität	Geringe hypnotische Potenz

Schlafstörungen. Eine Reihe von Vor- und Nachteilen unterscheidet diese Präparate (Tabelle 7).

Antidepressiva

Seit Jahren ist bekannt, daß einige Antidepressiva eine bemerkenswerte sedative Potenz besitzen (Kielholz 1971) und zur Behandlung von Schlafstörungen verwendet werden können. Einen schlafverbessernden Effekt zeigen v. a. Amitriptylin, Doxepin, Trimipramin oder Mianserin (Tabelle 8).

Wirkungen und unerwünschte Wirkungen

Nach der Einnahme von Amitriptylin, Doxepin und Trimipramin wurde bei depressiven Patienten eine verbesserte Schlafkontinuität und Schlafqualität festgestellt (Kupfer 1982; Chouinard 1985; Feighner u. Cohn 1985; Scharf et al. 1986; Wiegand et al. 1986). Dies ist sicher nicht nur dem sedierenden Effekt, sondern auch der Behandlung der Grunderkrankung zuzuschreiben, zu deren Kardinalsymptomen Schlafstörungen gehören (Rüther u. Hajak 1992). Der schlafverbessernde Effekt der Antidepressiva ist nicht auf depressive Patienten beschränkt. Nach Amitriptylineinnahme sind ebenfalls bei Gesunden die Einschlaflatenzen kürzer und der Tiefschlaf verlängert (Hartmann u. Cravens 1973). Obwohl im klinischen Alltag häufig eine Abnahme der sedierenden Wirkung bei regelmäßiger Einnahme beobachtet wird, kann eine Verlängerung der Schlafdauer nach abendlicher Amitriptylineinnahme über mehr als 2 Monate lang anhalten (Hartmann u. Cravens 1973).

Trizyklische Antidepressiva haben eine relativ lange Halbwertszeit von zumeist mehr als 20 h. Nach einer Einnahme beim Zubettgehen wirken sie nicht nur

Tabelle 8. Sedierende Wirkung einiger Antidepressiva. (Mod. nach Benkert u. Hippius 1986)

Mehr aktivierend		Mehr sedierend
Desipramin	Clomipramin	Amitriptilin
Nortriptylin	Dibenzipin	Amitroptylinoxid
Nomifensin	Imipramin	Doxepin
	Melitracen	Trimipramin
	Fluvoxamin	Trazodon
	Maprotilin	Mianserin
	Tranylcypromin	
Präparatenamen		
z. B.	z. B.	z. B.
Pertrofan	Anafranil	Saroten
Nortrilen	Noveril	Laroxyl
Acetexa	Tofranil	Equilibrin
Alival	Trausabun	Aponal
Psyton	Fevarin	Sinquan
	Ludiomil	Stangyl
	Parnate	Thombran
		Tolvin

schlafverbessernd, sondern noch am folgenden Tag stimmungsaufhellend, angstlösend und beruhigend. Ein möglicher, aber nicht gesicherter Vorteil ist ein im Vergleich zu Benzodiazepinen geringer ausgeprägter atemdepressiver Effekt, der einen Einsatz bei Patienten mit Schlafapnoe ermöglicht (Gillin u. Byerley 1990).

Mit Ausnahme des Trimipramin (Settle u. Ayd 1980; Wiegand et al. 1986) unterdrücken Antidepressiva den Traumschlaf. Es ist unklar, ob dies langfristig nachteilig für den Patienten sein kann. Hin und wieder können sie periodische Bewegungen im Schlaf verursachen (Byerley u. Gillin 1984) und dadurch den Schlaf stören.

Relativ häufig treten v. a. bei trizyklischen Antidepressiva unerwünschte Wirkungen, durch überwiegend anticholinerg bedingte Effekte, auf. Mundtrockenheit, Schwitzen, Miktionsbeschwerden, Obstipation, Sehstörungen und ein feinschlägiger Tremor sind meist nur vorübergehend vorhanden. Gefährlicher sind Herzrhythmusstörungen, eine Erhöhung des Augeninnendrucks bei Glaukompatienten, zerebrale Anfälle und agitierte, paranoide und delirante Syndrome, die v. a. bei höheren Dosierungen vorkommen können (Livingston et al. 1983; Böning 1982; Benkert u. Hippius 1986; Rote Liste 1991). Die Kombination mit anderen anticholinergen Substanzen, z. B. Anti-Parkinson-Mitteln kann solche unerwünschten Wirkungen auslösen. Nur in besonderen Ausnahmefällen ist aufgrund von Wechselwirkungen die gleichzeitige Einnahme von Antihypertensiva, Monoaminooxidaseinhibitoren, Methylphenidat, Antikoagulanzien und Sympathikomimetika zu tolerieren. Bei Vorliegen schwerer Herz-/Kreislauf-Erkrankungen, Epilepsien, Glaukom, Prostatahypertrophie, Pylorusstenose und bei Schwangerschaft ist die Verwendung trizyklischer Antidepressiva als Schlafmittel kontraindiziert.

Anwendungsempfehlungen

Sedierende Antidepressiva eignen sich v. a. zur Behandlung von Depressionen mit Schlafbeschwerden und von Insomnien mit einer ängstlich depressiven Begleitsymptomatik (Hippis u. Rüther 1977). Aus der klinischen Erfahrung heraus ist der Einsatz von Antidepressiva bei Insomnien anderer Ursache möglich, wenn alle Nebenwirkungen und Kontraindikationen beachtet werden. In jedem Fall erfordert die Therapie mit Antidepressiva vor Behandlungsbeginn eine gründliche internistische und neurologische Untersuchung. Dabei sollte ein Laborstatus erhoben und ein Elektrokardiogramm und Elektroenzephalogramm erstellt werden. Einschränkend muß bemerkt werden, daß bisher keine plazebokontrollierten Studien über den Effekt dieser Präparate bei Insomnien mit nichtdepressiver Genese existieren.

Durchschlafstörungen, frühmorgendliches Erwachen und Tagessymptome wie z. B. Angst werden am besten beeinflußt, wenn die Mittel direkt zum Schlafengehen eingenommen werden. Niedrige Dosen können bereits 1–2 h vor dem Schlafengehen verabreicht werden, um chronisch schlafgestörte Patienten von ihren abendlichen Spannungsgefühlen und Ängsten zu befreien und das Einschlafen zu erleichtern. Als Zusatzmedikation (Rüther 1986) können Antidepressiva die hypnotisch notwendige Dosis von Benzodiazepinen reudzieren, deren Ausschleichen ermöglichen (Steinberg et al. 1984 b, 1987) oder die Einnahmefrequenz reduzieren.

Die optimale Dosierung muß individuell für jeden Patienten ermittelt werden, da eine erhebliche Reaktionsvarianz der schlafanstoßenden Wirkung besteht. Man beginnt bei Tri- und Tetrazyklika üblicherweise mit 10–25 mg, wobei Dosissteigerungen bis zu einer antidepressiv wirksamen Dosis möglich sind. Tritt ein Überhang am nächsten Tag auf, muß die Dosis nicht notwendigerweise reduziert werden. Häufig genügt es, den Einnahmezeitpunkt vorzuverlegen. Suizidalen Patienten sollten keine Antidepressiva oder die kleinste Packung rezeptiert werden, da trizyklische Antidepressiva bereits in einer Dosierung von 2 g tödlich wirken können.

Neuroleptika

Ein großer Teil der Neuroleptika wirkt sedierend und schlafanstoßend. Phenothiazinderivate besitzen i. allg. eine stärkere hypnotische Wirkung als stark antipsychotisch wirkende Mittel, z. B. aus der Gruppe der Butyrophenone. Zur Behandlung von Ein- und Durchschlafstörungen werden v. a. niedrigpotente Präparate verwendet wie Laevomepromazin, Thioridazin, Promethazin, Pipamperon oder Melperon.

Wirkungen und unerwünschte Wirkungen

Im komplexen Wirkprofil der Neuroleptika ist die hypnotisch-sedierende Komponente entscheidend für die Funktion als Schlafmittel. Die sedierende Wirkung eines Präparates ist dabei in etwa gegenläufig zu seiner antipsychotischen Wirkung (Benkert u. Hippius 1986; Tabelle 9).

Tabelle 9. Sedierende Wirkung einiger Neuroleptika

Weniger Sedierend, stärker antipsychotisch		Stärker sedierend, schwächer antipsychotisch
Benperidol	Chlorpromazin	Promazin
Trifluperidol	Prothipendyl	Laevomepromazin
Butyrylperazin	Triflupromazin	Chlorprothixen
Trifluoperazin	Periciacin	Thioridazin
Fluphenazin	Perazin	Promethazin
Haloperidol	Perphenazin	Pipamperon
	Reserpin	Melperon
	Clozapin	
Präparatenamen z. B.	z. B.	z. B.
Glianimon	Megaphen	Protactyl
Triperidol	Dominal	Neurocil
Jatroneural	Psyquil	Taractan
Dapotum	Aolept	Truxal
Lyogen	Taxilan	Melleril
Omca	Decentan	Atosil
Haldol	Reserpin	Dipiperon
Haloperidol	Leponex	Eunerpan

Anwendungsempfehlungen

Sedierende Neuroleptika werden v. a. bei Schlafstörungen im Zusammenhang mit Psychosen eingesetzt und bei Patienten, bei denen Kontraindikationen für Benzodiazepine bestehen. Dazu gehören auch Patienten, bei denen eine Abhängigkeitsgefahr vermutet werden kann, mehrfach Behandlungsversuche mit anderen Schlafmitteln voraus gegangen sind oder die Risikofaktoren für Präparate wie z. B. Antidepressiva aufweisen. Die Wirkungen von Neuroleptika bei chronischen Schlafstörungen wurden bisher wissenschaftlich unzureichend geprüft. Anwendungsempfehlungen beruhen zumeist auf der klinischen Erfahrung einzelner Autoren, die zumeist über Therapieerfolge bei älteren Patienten berichten (Finke 1976; Malsch 1987). Die Präparate werden gern bei älteren Patienten eingesetzt, da Komplikationen durch kardiovaskuläre Nebenwirkungen wie z. B. bei Antidepressiva weitgehend fehlen und Benzodiazepine vielfach kontraindiziert sind.

Neuroleptika haben wie Antidepressiva eine hohe Nebenwirkungsrate. Es finden sich anticholinerge Begleiterscheinungen, extrapyramidalmotorische Bewegungsstörungen, blutdrucksenkende und hämatologische Begleiteffekte und die Gefahr, mit ihnen Spätdyskinesien auszulösen (Lund u. Rüther 1984; Benkert u. Hippius 1986). Die deutsche Arbeitsgemeinschaft für Neuropsychopharmakologie und Pharmakopsychiatrie (1985) empfiehlt daher, reiflich zu erwägen, ob eine neuroleptische Behandlung, verbunden mit dem Risiko einer Spätdyskinesie, bei Schlafstörungen gerechtfertigt erscheint. Gewöhnungseffekte sind durch Neuroleptika allerdings nicht zu erwarten.

Die dürftige wissenschaftliche Grundlage für die Verwendung von Neuroleptika als Schlafmittel und das kritische Verhältnis von hypnotischer Wirkung zu unerwünschten Wirkungen schränken die Behandlungsindikation auf Sondersituationen ein.

Alkoholderivate

Das Alkoholderivat Chloralhydrat ist ein halogenierter Kohlenwasserstoff, der seine sedierende Wirkung relativ schnell, d. h. innerhalb 30 min ausbildet. Aus Chloralhydrat wird durch das Enzym Alkoholdehydrogenase der eigentlich wirksame Metabolit Trichlorethanol gebildet (Seyffart 1983), welcher eine relativ kurze Wirkdauer hat. Daneben entsteht als Metabolit auch Trichloressigsäure, die eine Halbwertszeit von 4 Tagen hat (Byerley u. Gillin 1984) und bei wiederholter Anwendung im Organismus akkumulieren kann (Forth 1989).

Wirkungen und unerwünschte Wirkungen

Chloralhydrat wirkt leicht sedierend. Eine signifikante Verbesserung der Schlafparameter von Schlafgestörten und Gesunden ist nicht gesichert (Institute of Medicine 1979). Von Nachteil ist die geringe therapeutische Breite. Etwa 5–10 g können letal wirken. Chloralhydrat und Alkohol können sich in ihrer Wirkung verstärken. Die gemeinsame Einnahme ist daher streng kontraindiziert. Der Metabolit Trichloressigsäure verdrängt orale Antikoagulanzien und orale Antidiabetika von ihren Proteinbindungsstellen und kann v. a. bei Akkumulation Blutungen und Hypoglykämien auslösen. Chloralhydrat reizt die Magenschleimhuat, kann Übelkeit auslösen und wird über die Lungen abgeatmet und verursacht daher Mundgeruch. Gelegentlich treten allergische Reaktionen, Verwirrtheitszustände und Halluzinationen auf (Rudolph 1990). Besonders gefährdet sind ältere Menschen (Kramer 1967). Wegen direkter Organtoxizität kontraindiziert ist Chloralhydrat bei Leber-, Herz- und Nierenerkrankungen (Byerley u. Gillin 1984) und Magen-Darm-Erkrankungen. Aufgrund einer schnellen Adaptation der Wirkung besitzt das Präparat ein Abhängigkeitsrisiko.

Anwendungsempfehlungen

Chloralhydrat ist bei chronischen Insomnien selten sinnvoll einzusetzen.
Eine auf mehrere Tage befristete Einnahme kann bei leichten Einschlafstörungen indiziert sein. Voraussetzung dafür ist eine enge Kontrolle des Patienten, z. B. während eines stationären Aufenthaltes. Dies gilt insbesondere für suizidale Patienten, denen keine größeren Mengen des Präparates ausgehändigt werden dürfen. Die kontrollierte Anwendung in niedrigen Dosen wird bei älteren Patienten als Mittel der zweiten Wahl empfohlen. Die Verträglichkeit ist bei diesen Patienten im Vergleich zu anderen Mitteln mit sedierender Wirkung relativ gut (Moran et al. 1988).

Antihistaminika

Die z. T. freie Verfügbarkeit von Antihistaminika auf dem Markt hat zu einem häufigen Gebrauch dieser Präparate geführt. Verbreitet sind als Schlafmittel v. a. Diphenhydramin, Hydroxin, Doxylamin und Promethazin. Die Anflutungsdauer der Präparate bis zum maximalen Plasmaspiegel ist 2–3 h, eine sedierende Wirkung tritt daher verzögert ein. Die Wirkdauer kann als mittellang geschätzt werden, da die Halbwertszeiten für Diphenhydramin etwa zwischen 3 und 9 h liegen, für Hydroxin zwischen 7 und 20 h und für Doxylamin und Promethazin bei etwa 12 h (Friedman u. Greenblatt 1985; Paton u. Webster 1985).

Wirkungen und unerwünschte Wirkungen

Die Einnahme von Histamin$_1$-Antagonisten bewirkt eine Sedation (Nicholson 1983). Ihre schlafanstoßende Potenz ist gering und liegt deutlich unter der von Benzodiazepinen (Spiegel u. Allen 1984). Klinische Studien konnten eine subjektiv verbesserte Schlafqualität bei der Einnahme von Diphenhydramin (Rickels et al. 1983) und Doxylamin (Rickels et al. 1984) nachweisen. Dieser Effekt blieb während der einwöchigen Studienphase. Bei längerer Einnahme werden klinisch häufig Adaptationseffekte und damit ein Wirkstoffverlust beobachtet. Prüfungen zur Veränderung objektiver Schlafparameter durch Polysomnographien und Langzeitstudien bei Patienten mit Ein- und Durchschlafstörungen fehlen bisher. Die meisten Antihistaminika besitzen anticholinerge Eigenschaften. Unerwünschte

3.1 Therapie von Insomnien 159

Nebenwirkungen sind z. B. Mundtrockenheit, Obstipation und Miktionsbeschwerden (Benkert u. Hippius 1986). Eine Kombination mit anderen anticholinerg wirkenden Schlafmitteln (Antidepressiva, Neuroleptika) ist daher nicht zu empfehlen.

Anwendungsempfehlungen

Patienten mit leichten, nicht chronifizierten Schlafstörungen können von einer auf wenige Wochen befristeten Einnahme oder im Rahmen einer Intervalleinnahme von der sedierenden Wirkung der Antihistaminika profitieren. Die Präparate eignen sich, bei einer Einnahme etwa 1–3 h vor dem Schlafengehen, auch zur schlafvorbereitenden Entspannung der Patienten. Eine kritische Indikationsstellung ist bei geriatrischen Patienten erforderlich, da diese ein erhöhtes Risiko für die Entwicklung eines Delirs besitzen (Moran et al. 1988).

Clomethiazol

Clomethiazol wurde in früheren Jahren gern bei älteren Patienten als Schlafmittel verwendet. Es hat eine ausgeprägte sedativ-hypnotische Wirkung. Es hat den Vorteil einer raschen Elimination und vermeidet gerade bei älteren Patienten einen Überhang am nächsten Morgen (Parkes 1985). Clomethiazol besitzt ein ausgeprägtes Abhängigkeitspotential. Die Substanz kann außerdem eine Hypersekretion und Atemdepression auslösen.

Der Einsatz von Clomethiazol ist nur in besonderen Ausnahmefällen, ggf. bei älteren Schlafgestörten, in geringen Dosen über maximal eine Woche und nur unter enger ärztlicher Kontrolle zu empfehlen. Die Verwendung des Präparates sollte dennoch primär auf die Behandlung des akuten Delirs beschränkt bleiben.

Naturpräparate

Pflanzliche Substanzen werden seit Jahrhunderten bei Schlafstörungen angewendet. In der Schweizer Bevölkerung benutzen immerhin 19,5% derjenigen, die Schlafprobleme haben, Naturpräparate, während nur 8,2% eigentliche Schlafmittel zu sich nehmen (Borbély 1984a). In der allgemeinärztlichen Praxis werden neben Valeriana officinalis (Baldrian) und deren Derivaten (Valepotriate) gern Zubereitungen mit Humulus Lupulus (Hopfen), Passiflora (Passionsblume), Mellissa officialis (Melisse) und Extractum kava (Kawain) eingesetzt. Ein Naturmittel ist auch Alkohol. 19% der Patienten einer deutschen Schlafambulanz (Nedopil u. Rüther 1984; Steinberg 1989) und 5,7% der Schlafgestörten in der Schweiz setzen ihn zur Selbstmedikation ein (Borbély 1984a).

Wirkungen und unerwünschte Wirkungen

Pflanzlichen Sedativa wird eine milde sedierende und stimmungsaufhellende Wirkung zugeschrieben (Schimmel 1985). Eine schlafanstoßende Wirkung wurde in Humanversuchen bisher nicht ausreichend gesichert. Baldrianextrakte wirkten im

Vergleich zu Plazebo signifikant besser auf Ein- und Durchschlafstörungen und Unruhe (Schimmel 1985). In plazebokontrollierten Doppelblindstudien konnte für Baldrianzubereitungen eine hypnotische Wirkung auf subjektive Schlafparameter bestätigt werden (Leathwood et al. 1982; Balderer u. Borbély 1985), doch ließ sich diese Wirkung nicht schlafpolygraphisch objektivieren (Balderer u. Borbély 1985). Die Kombination von Hopfen mit Baldrian verbesserte allerdings Hirnstromparameter während des Schlafs (Müller-Limroth 1977). Einige Naturpräparate werden in Alkohollösungen angeboten, was einen Teil der Wirkung ausmachen könnte. Pflanzliche Präparate sollen zudem weder die Verkehrstüchtigkeit beeinträchtigen noch die Wirkung von Sedativa oder Alkohol verstärken (Mutschler 1986). Seltene Nebenwirkungen von Baldrianpräparaten sind gastrointestinale Beschwerden und Hautreaktionen (Grossmann 1979).

Dem Nachteil einer geringen schlafanstoßenden Wirkung der Naturpräparate steht der Vorteil einer praktisch fehlenden Toxizität gegenüber.

Einmaliger Alkoholgenuß kann, obwohl er eine schlaffördernde Wirkung besitzt (Williams et al. 1983; Lumley et al. 1987), die Schlafkontinuität stören und den Traumablauf und die Schlaftiefe verringern (Pokorny 1978; Mendelson 1987a). Vor allem sind Patienten mit Atemfunktionsstörungen oder Hypnotikaeinnahme (Mendelson 1980) gefährdet. Alkoholabhängigkeit bewirkt nahezu immer eine Ein- und Durchschlafstörung (Pokorny 1978; ASDC 1979; Mendelson 1987a). Eine Verstärkung der Symptomatik tritt im Entzug auf (Pokorny 1978; Muraoka et al. 1987; Mendelson 1987a). Häufig persistiert die gestörte Schlaffähigkeit über Monate (Pokorny 1978; Othmer et al. 1982; Mossberg et al. 1985; Mendelson 1987a). Alkohol ist deshalb als Schlafmittel ärztlicherseits nicht zu empfehlen.

Einige Patienten profitieren dennoch von einem abendlichen Glas Wein oder Bier. Es liegt im Ermessensspielraum des Arztes, dies zuzulassen. Die häufig praktizierte Kombination von Alkohol mit Schlafmitteln ist dagegen generell kontraindiziert.

Anwendungsempfehlungen

Pflanzliche Sedativa haben ihr Einsatzgebiet bei leichten Schlafstörungen, die noch zu keiner Beeinträchtigung der Tagesbefindlichkeit geführt haben.

Vielfach können Patienten mit ausgeprägter Suggestibilität von pflanzlichen Sedativa profitieren, v. a. wenn die abendliche Einnahme eines Medikamentes ritualisiert wurde, der Arzt jedoch keine Indikation für ein stärkeres Schlafmittel sieht oder Nebenwirkungen fürchtet. Gerade bei älteren Patienten ist diese Verschreibungspraxis verbreitet.

Neue Präparatentwicklungen

Körpereigene Schlafsubstanzen

Endogene Schlaffaktoren sind körpereigene Substanzen, die im Wachzustand im Körper produziert werden und einen physiologischen Schlaf erzeugen können

(Parkes 1985). Es sind im Gehirn vorkommende Polypeptide, Muramylpeptide und Prostaglandine, die bisher experimentell auf eine Wirksamkeit als Hypnotoxin geprüft wurden (Drucker-Colin 1981; Mendelson et al. 1983; Borbély u. Tobler 1989).
In tierexperimentellen Versuchen wurden nach der Applikation kleiner Dosen sedierende oder schlafanstoßende Wirkungen beobachtet, z. B. für vasointestinales Polypeptid, Cholecystokinin, Octapeptid (Rojas-Ramirez 1982; Mansbach u. Lorenz 1983), Arginin, Vasotocin (Mendelson et al. 1980; Normanton u. Gent 1983), β-Endorphin (King 1981), Prostaglandin D_2 (Ueno et al. 1982; Hayaishi 1988), Pappenheimers Faktor S (Krueger et al. 1980; Pappenheimer 1982), aber auch für Interleukin-1, Interferone u. ä. Substanzen (Krueger et al. 1984; Tobler et al. 1984). Untersuchungen zur Wirksamkeit beim Menschen fehlen. Ebenso besteht weitgehend Unklarheit über geeignete Applikationswege und toxische Eigenschaften. Eine therapeutische Anwendung der meisten endogenen Schlaffaktoren beim Menschen ist daher noch nicht möglich.

Am Menschen wurde bisher einzig das „delta sleep inducing peptide" (DSIP) therapeutisch eingesetzt. DSIP wurde bei verschiedenen Tierarten erfolgreich getestet, wobei die somnogene Wirkung nicht von allen Autoren bestätigt werden konnte (Parkes 1985; Borbély u. Tobler 1989). Therapeutische Erfolge bei chronischen Ein- und Durchschlafstörungen wurden nach wiederholter i.v. Gabe berichtet (Schneider-Helmert 1988). Dies konnten andere Arbeitsgruppen jedoch nicht bestätigen (Monti et al. 1987). Die Beurteilung dieser Befunde ist aufgrund der vorliegenden Veröffentlichungen schwierig, da eine unspezifische Wirkung des therapeutischen Settings nicht ausgeschlossen werden kann (Borbély 1986 a).

Trotz vielversprechender Ansatzpunkte ist im Hinblick auf die widersprüchlichen Befunde und die wenig bekannten unerwünschten Wirkungen eine therapeutische Anwendung von DSIP beim Menschen nicht zu empfehlen.

Serotoninantagonisten

Im Entwicklungsstadium befinden sich antagonistisch auf Serotoninrezeptoren wirkende Substanzen. Eine Vermehrung des Tiefschlafs beim Menschen wurde für Seganserin (Dijk et al. 1989) und Ritanserin (Clarenbach et al. 1986; Idzikowski et al. 1986, 1987, 1991) beschrieben. Es ist allerdings noch unklar, ob die Substanzen physiologische Schlafmechanismen aktivieren und welche unerwünschten Wirkungen nach längerdauernder Einnahme auftreten. Der klinische Einsatz von Serotoninantagonisten als Schlafmittel ist daher z. Z. nicht empfehlenswert.

Präkursorsubstanzen

Der Stoffwechselvorläufer des Serotonin ist L-Tryptophan. L-Tryptophan wurde mehrere Jahre als z. T. frei erhältliches Schlafmittel eingesetzt. Behandlungsgrundlage war die serotoninerge Theorie der Schlafregulation (Jouvet 1984). Seit die serotoninerge Theorie der Schlafregulation immer mehr Kritik erfährt, ist der Wirkungsmechanismus des Präparates nicht mehr gesichert. Melatoninvermittelte Mechanismen wurden als eigentlich schlafanstoßendes Moment vermutet (Hajak et al.

1991). Die hypnotische Potenz des Mittels ist gering. Nahezu alle Studien konnten jedoch eine Verkürzung der Einschlaflatenz messen und berichteten über eine teilweise gute Wirksamkeit bei chronisch Schlafgestörten (Hartmann u. Greenwald 1984; Körner et al. 1986; Schneider-Helmert u. Spinweber 1986; George et al. 1989). L-Tryptophan wurde bei leichten Schlafstörungen angewendet und bei Patienten, bei denen Präparate mit akuten Nebenwirkungen kontraindiziert waren. Aufgrund von Verunreinigungen bei der Herstellung kam es zu toxischen Effekten (MMWR 1989), weshalb Präparate mit diesem Wirkstoff bis auf weiteres aus dem Handel genommen wurden.

Melatonin

Melatonin wird im Organismus aus der Aminosäure L-Tryptophan gebildet und in einem vom Tageslicht mitbeeinflußten zirkadianen Rhythmus (Brainard et al. 1988) von der Pinealdrüse sezerniert (Arendt 1985; Reiter 1986). Eine Reihe von Untersuchungen konnten beim Tier (Mirmian und Pevet 1986) und beim Menschen (Anton-Tay 1974; Vollrath et al. 1981; Liebermann 1986; Waldhauser et al. 1990) eine schlafinduzierende Wirkung feststellen. Melatonin beeinflußte auch die Phasenlage zirkadianer Rhythmen und stabilisierte den Schlaf nach einer Zeitzonenverschiebung infolge von Transkontinentalreisen (Arendt 1986). Eine Verkürzung der Einschlaflatenz nach L-Tryptophanapplikation war von einem massiven Anstieg der Melatoninplasmaspiegel begleitet (Hajak et al. 1991). Trotz der vielversprechenden Daten ist das Wissen über die geeignete Dosierung und den optimalen Applikationsweg beschränkt. Während z. B. nach 1,7 mg intranasal verabreichtem Melatonin eine Sedierung eintrat (Vollrath et al. 1981) wurde nach 1 200 mg oral eingenommenem Melatonin eine verminderte Schlafdauer beobachtet (Carman et al. 1976). Darüber hinaus konnten orale Dosen von 1 mg und 5 mg keine Verbesserung von Einschlaflatenz und Schlafdauer bei Patienten mit Ein- und Durchschlafstörungen bewirken (James et al. 1990). Es bedarf daher weiterer Prüfungen, bevor Melatonin der Routineanwendung zur Verfügung stehen kann.

Schlußbemerkungen

Das Wissen über die Hintergründe und die Behandlungsmöglichkeiten von Ein- und Durchschlafstörungen hat sich in den letzten 10 Jahren vervielfacht. Es wurde deutlich, daß die Schlafstörungen ein komplexes, interdisziplinäres Problem darstellen. Aus diesem Grund verlangt die Beschäftigung mit der Thematik vom Arzt erhebliche Flexibilität und die Bereitschaft zur persönlichen Entwicklung. Die lebendige Diskussion über die Verschreibung von Schlafmitteln und zahlreiche Kongreß- und Fortbildungsveranstaltungen zeigen, daß im Verständnis dieser Erkrankungen ein Wandel einzutreten scheint. Der Zusammenschluß spezialisierter Fachabteilungen in Deutschland zum „Arbeitskreis klinischer Schlafzentren" ist ein weiterer Schritt mit dem Ziel, schlafgestörten Patienten fächerübergreifend die beste Diagnostik und Therapie zu bieten. Für den niedergelassenen Arzt besteht so die Möglichkeit, sich nach Ausschöpfen seines Behandlungsfundus Unterstützung durch diese Spezialisten zukommen zu lassen.

Literatur

Adam K, Oswald I (1989) Can a rapidly-eliminated hypnotic cause daytime anxiety? Pharmacopsychiatry 22:115–119
Agnoli A, Manna V, Martucci N (1989) Double-blind study on the hypnotic and antianxiety effects of zopiclone compared with nitrazepam in the treatment of insomnia. Int J Clin Pharmacol Res 10 (4):277–281
Albin H, Vincon G, Vincon J, Hermann P, Thiercelin JF (1988) Study of pharmacokinetics of Zolpidem in healthy volunteers after repeated administration: effect on antipyrine clearance. In: Sauvanet JP, Langer SZ, Morselli PL (eds) Imidazopyridines in sleep disorders. L.E.R.S. monograph series, v 6. Raven, New York, pp 369–370
Allain H, Delahaye Ch, Le Coz F et al. (1991) Post-marketing surveillance of zopiclone in insomnia: analysis of 20,513 cases. Sleep 14 (5):408–413
Anderson AA (1985) Zopiclone and nitrazepam: a multicentre placebo controlled comparative study of efficacy and tolerance in insomniac patients in general practice. In: 1st Int Conf Recent advances in drug treatment in psychiatry, Montreaux, Oct 6–11
Anton-Tay F (1974) Melatonin: effects on brain function. Adv Biochem Psychopharmacol 11:315–324
APA – American Psychiatric Association (ed) (1987) Diagnostisches und statistisches Manual psychischer Störungen (DSM-III-R). Dtsch Bearbeitung und Einführung von Wittchen H-U, Saß H, Zaudig M, Köhler K. Beltz, Weinheim
Arbeitsgemeinschaft für Neuropsychopharmakologie und Pharmakopsychiatrie (1985) Spätdyskinesien nach Neuroleptikagabe. Dtsch Ärztebl 23:1787
Arendt J (1985) Mammalian pineal rhythms. Pineal Res Rev 3:161–213
Arendt J, Aldhous M, Marks V (1986) Alleviation of jet leg by melatonin: preliminary results of controlled double blind trial. Br Med J 292:1170
Ascher LM, Turner RM (1979) Paradoxical intention and insomnia: an experimental investigation. Behav Res Ther 17:408–411
ASDA – American Sleep Disorders Association (1990) The international classification of sleep disorders: diagnostic and coding manual. Allen, Lawrence
ASDC – Association of Sleep Disorders Centers (1979) Diagnostic classification of sleep and arousal disorders. Sleep 2:1–137
Autret E, Maillard F, Autret A (1987) Comparison of the clinical hypnotic effects of zopiclone and triazolam. Eur J Clin Pharmacol 31:621–623
Balderer G, Borbely AA (1985) Effect of valerian on human sleep. Psychopharmacology 87:406–409
Beckmann H (1985) Behandlung von Schlafstörungen in der Praxis. Therapiewoche 35:5542–5552
Beckmann H, Hippius H (1976) Gebrauch und Mißbrauch von Schlafmitteln aus der Sicht des Psychiaters. Internist 17 (5):245–252
Benkert O, Hippius H (1986) Psychiatrische Pharmakotherapie. Springer, Berlin Heidelberg New York
Bensimon G, Warot D, Foret J, Thiercelin JF, Barthelet G, Simon P (1988) Residual effects of hypnotics: comparative study of Zolpidem and flunitrazepam versus placebo. In: Sauvanet JP, Langer SZ, Morselli PL (eds) Imidazopyridines in sleep disorders. L.E.R.S. monograph series, v 6. Raven, New York, p 374

Besset A et al. (1989) Effect of Zolpidem on waking and sleeping in the poor sleeper. Polygraphic and psychometric study. In: Insomnie et imidazopyridines, Symposium international Paris 27. April 1989: Excerpta Medica: 231–232, 286–287

Betts TA, Birtle J (1982) Effects of two hypnotic drugs on actual driving performance next morning. Br Med J 285:852

Berlin RM (1985) Psychotherapeutic treatment of chronic insomnia. Am J Psychother 39 (1):68–74

Berman TM, Nino-Murcia G, Roehrs T (1990) Sleep disorders. Take them seriously. Patient Care 23:85–113

Berti LA, Hoffmann SO (1990) Psychogene und psychoreaktive Störungen des Schlafes. Vorkommen, Typen, Ursachen und Therapie. Nervenarzt 61 (1):16–27

Beutler LE, Thornby JI, Karacan I (1974) Psychological variables in the diagnosis of insomnia. In: Williams RL, Karacan I (eds) Sleep disorders: diagnosis and treatment. John Wiley & Sons, New York, pp 61–100

Bianchetti G, Dubruc C, Thiercelin JF, Bercoff E, Bouchet JL, Emeriau JP, Galperine I, Lambert D, Vandel B, Thebault JJ (1988) Clinical pharmacokinetics of Zolpidem in various physiological and pathological conditions. In: Sauvanet JP, Langer SZ, Morselli PL (eds) Imidazopyridines in sleep disorders. L.E.R.S. monograph series, v 6. Raven, New York, pp 155–163

Billiard M, Besset A, De Lustrac C, Brissaud L (1983) Dose-response effects of zopiclone on night sleep and on night-time and daytime functioning. In: 4th Int Congr Sleep research (APSS), Bologna, July 18–22

Binnie GA (1983) Psychotropic drugs and accidents in general practice. Br Med J 287:1349–1350

Bixler EO, Kales A, Leo LA, Slye EC (1973) A comparison of subjective estimates and objective sleep laboratory findings in insomniac patients. Sleep Res 2:143

Bixler EO, Kales J, Kales A et al. (1985) Rebound insomnia and elimination half-life: assessment of individual subject response. J Clin Pharmacol 25 (2):115–124

Bliwise DL, Seidel WF, Cohen SA et al. (1987) Profile of mood states (POMS) changes during long term use of triazolam. Sleep Res 16:77

Böning J (1982) Zentralmotorische und extrapyramidale Nebenwirkungen unter Therapie mit Antidepressiva. Fortschr Neurol Psychiat 50:35–47

Bootzin RR (1972) A stimulus control treatment for insomnia. In: Proc Am Psychol Assoc, Honululu, Hawaii, Sept 1–9, pp–395–396

Bootzin RR, Nicassio PM (1978) Behavioral treatments for insomnia. Prog Behav Med 6:1–45

Bootzin RR, Engle-Friedman M, Hazelwood L (1983) Insomnia. In: Lewinsohn PM, Teri L (eds) Clinical geropsychology: new directions in assessment and treatment. Pergamon, New York, pp 81–115

Borbély AA (1984 a) Schlafgewohnheiten, Schlafqualität und Schlafmittelkonsum der Schweizer Bevölkerung. Ergebnisse einer Repräsentativumfrage. Schweiz Ärztez 34:1606–1613

Borbély AA (1984 b) Das Geheimnis des Schlafs. DTV, München

Borbély AA (1986 a) Schlafmittel und Schlaf. Übersicht und therapeutische Richtlinien. Ther Umsch 43:509–516

Borbély AA (1986 b) Benzodiazepinhypnotika: Wirkungen und Nachwirkungen von Einzeldosen. In: Hippius H, Engel RR, Laakmann G (Hrsg) Benzodiazepine. Rückblick und Ausblick. Springer, Berlin Heidelberg New York, S 96–100

Borbély AA, Tobler I (1989) Endogenous sleep-promoting substances and sleep regulation. Physiol Rev 69:605–670

Borbély AA, Loepfe M, Mattmann P, Tobler I (1983) Midazolam and triazolam: hypnotic action and residual effects after a single bedtime dose. Arzneim Forsch Drug Res 33:1500–1502

Borkovec TD (1982) Insomnia. J Consult Clin Psychol 50:880–895

Brainard GC, Lewy AJ, Menaker M et al. (1988) Dose-response relationship between light irridance and the suppression of plasma melatonin in human volunteers. Brain Res 454:212–218

Buysse DJ, Reynolds CF (1990) Insomnia: In: Thorpy MJ (ed) Handbook of sleep disorders. Dekker, New York Basel, pp 375–433

Byerley B, Gillin JC (1984) Diagnosis and management of insomnia. Psychiatr Clin N Am 7:773–789

Carman JS, Post RM, Buswell R, Goodwin FK (1976) Negative effects of melatonin on depression. Am J Psychiat 133:1181–1186
Carskadon MA, Dement WC, Mitler MM et al. (1976) Self-reports versus sleep laboratory findings in 122 drug-free subjects with complaints of chronic insomnia. Am J Psychiat 133:1382–1388
Carskadon MA, Brown E, Dement WC (1982) Sleep fragmentation in the elderly: relationship to daytime sleep tendency. Neurobiol Aging 3:321–327
Chan AW (1984) Effects of combined alcohol and benzodiazepine: a review. Drug Alcohol Depend: 315–341
Chouinard G (1985) A double-blind controlled clinical trial of fluoxetine and amitriptyline in the treatment of outpatients with major depressive disorder. J Clin Psychiat 46:32–37
Cirignotta F, Mondini S, Zucconi M et al. (1985) Insomnia: an epidemiological survey. Clin Neuropharmacol 8 Suppl 1:49–54
Clarenbach C, Birmanns B, Krätzschmar S, Jaursch-Haucke (1986) Sleep pattern and nocturnal plasma profiles of HGH, prolactin, cortisol in man after the serotonin-antagonist ritanserin and the GABA-antagonist gabapentin. Sleep Res 15:29
Cleghorn JM, Bellissimo A, Kaplan RD, Szatmari P (1983) Insomnia. II. Assessment and treatment of chronic insomnia. Can J Psychiat 28 (5):347–353
Coleman RM (1983) Diagnosis, treatment and follow-up of about 8,000 sleep/wake disorders patients. In: Guilleminault C, Lugaresi E (eds) Sleep/wake disorders. Reven, New York, pp 87–98
CRM – Committee on the Review of Medicines (ed) (1980) Systemic review of the benzodiazepines. Br J Med 280:910–912
Cordingly GJ, Dean BC, Harris RI (1984) A double-blind comparison of two benzodiazepine hypnotics, flunitrazepam and triazolam, in general practice. Curr Med Res Opin 8:714–719
Danek A, Pollmächter TH (1990) Restless-legs syndrome. Klinik, Differentialdiagnose, Therapieansätze. Nervenarzt 61 (2):69–76
Degkwitz R, Helmchen H, Kochott G, Mombour W (1979) Diagnoseschlüssel und Glossar psychiatrischer Krankheiten. Korrigiert nach der 9. Revision der ICD (= International Classification of Diseases). Springer, Berlin Heidelberg New York
Dehlin O, Rundgren Å, Börjesson L et al. (1983) Zopiclone to geriatric patients. Pharmacology 27:173–178
Dement WC (1983) Rational basis for the use of sleeping pills. Pharmacol 27, Suppl 2:3–38
Dement WC, Seidel W, Carskadon MA (1984) Issues in the diagnosis and treatment of insomnia. Psychopharmacol Suppl 1:11–43
Dettli L (1983) Benzodiazepines in the treatment of insomnia: pharmacokinetic considerations. In: Costa E (ed) The benzodiazepines: from molecular biology to clinical practice. Raven, New York, pp 201–223
Dijk DJ, Beersma DGM, Daan S, van den Hoofdakker RH (1989) Effects of Seganserin on 5 HT 2-antagonist and Temazepam on human sleep stages and EEG power-spectra. Eur J Pharmacol 171:207–218
Dilling H (1985) Schlafstörungen aus psychiatrischer Sicht. Therapiewoche 35:1713–1722
Dilling H, Weyerer S (1978) Epidemiologie psychischer Störungen und psychiatrische Versorgung. Urban & Schwarzenberg, München Wien Baltimore
Dolly FR, Block AJ (1982) Effect of flurazepam on sleep-disordered breathing and nocturnal oxygen desaturation in asymptomatic subjects. Am J Med 73:239–243
Dorow R, Berenberg D (1990) Benzodiazepine und Amnesie. In: Rudolph GA, Engfer A (Hrsg) Schlafstörungen in der Praxis. Diagnostische und therapeutische Aspekte. Vieweg, Braunschweig Wiesbaden, S 82–102
Drucker-Colin RR (1981) Endogenous sleep peptides. In: Wheathley D (ed) Psychopharmacology of sleep. Raven, New York, pp 53–72
Dube S, Jones DA, Bell J et al. (1986) Interface of panic and depression: clinical and sleep EEG correlates. Psychiat Res 19 (2):119–133
Duriez R, Barthelemy C, Rives H et al. (1979) Traitment des troubles du sommeil par la zopiclone. Thérapie 34:317–325
Editorial to Lancet (1990) Zopiclone: another carriage on the tranquillizer train. Lancet 335:507–508

Elie R, Gagnon MA (1981) Hypnotic properties of zopiclone. In: Abstr 1299, 8th Int Congr Pharmacology, Tokyo
Elie R, Frenay M, Le Morvan P, Bourgouin J (1990) Efficacy and safety of zopiclone and triazolam in the treatment of geriatric insomniacs. Int Clin Psychopharmacol 5:39–46
Engel R, Engel-Sittenfeld P (1980) Schlafverhalten, Persönlichkeit und Schlafmittelgebrauch von Patienten mit chronischen Schlafstörungen. Nervenarzt 51:22–29
Engel RR, Knab B (1985) Theoretische Vorstellungen zur Genese von Schlafstörungen. In: Vaitl D, Knapp TW, Birbaumer N (Hrsg) Psychophysiologische Merkmale klinischer Symptome, Bd 1: Psychophysiologische Dysfunktionen. Beltz, Weinheim Basel, S 128–142
Espie CA, Lindsay WR (1985) Paradoxical intention in the treatment of chronic insomnia: six case studies illustrating variability in therapeutic response. Behav Res Ther 23 (6):703–709
Faust V, Hole G (1980) Der gestörte Schlaf (I). Zur Diagnose der Schlafstörungen. Z Allgemeinmed 35/36:2423–2436
Feighner JP, Cohn JB (1985) Double-blind comparative trials of Fluoxetine and Doxepine in geriatric patients with major depression. J Clin Psychiat 46:20–25
Finke J (1976) Neuroleptika bei Schlafstörungen. Therapiewoche 26:3818–3826
Finke J, Schulte W (1979) Schlafstörungen. Thieme, Stuttgart
Fleming JAE, Bourgouin J, Hamilton P (1988) A sleep laboratory evaluation of the long-term efficacy of zopiclone. Can J Psychiat 33:103–107
Fleming JA, McClure DJ, Mayes C et al. (1990) A comparison of the efficacy, safety and withdrawal effects of zopiclone and triazolam in the treatment of insomnia. Int Clin Psychopharmacol 5 (2):29–33
Fogle DO, Dyal JA (1978) Paradoxical giving up and the reduction of sleep performance and anxiety in chronic insomniacs. Psychother Theor Res Pract 20:21–30
Ford DE, Kamerow DB (1989) Epidemiologic study of sleep disturbances and psychiatric disorders. An opportunity for prevention? JAMA 262:1479–1484
Forth W (1989) Pharmaka zur Therapie von Schlafstörungen. In: Hippius H, Lauter H, Greil W (Hrsg) Psychiatrie für die Praxis 10. Der gestörte Schlaf. MMV, München, S 45–49
Frankel BL, Coursey RD, Buchbinder R, Snyder F (1976) Recorded and reported sleep in chronic primary insomniacs. Arch Gen Psychiat 33:615–623
Frattola L et al. (1990) Double blind comparison of Zolpidem 20 mg versus Flunitrazepam 2 mg in insomniac in-patients. Drugs Exptl Clin Res XVI (7):371–376
Friedman H, Greenblatt DJ (1985) The pharmacokinetics of doxylamine: use of automated gas chromatography with nitrogen-phosphorus detection. J Clin Pharmacol 25:448–451
Gaillot J, Heusse D, Houghton G et al. (1983) Pharmacokinetics and metabolism of zopiclone. Pharmacology 27:76–91
Ganguli R, Reynolds CF, Kupfer DJ (1987) Electroencephalographic sleep in young, never-medicated schizophrenics: a comparison with delusional and nondelusional depressives and with healthy controls. Arch Gen Psychiat 44:36–44
George CFP, Millar TW, Hanley PJ, Kryger MH (1989) The effect of L-Tryptophan on daytime sleep latency in normals: correlation with blood levels. Sleep 12 (4):345–353
Gillin JC; Byerley WF (1990) Drug-therapy: the diagnosis and management of insomnia. N Engl J Med 322:239–248
Gillin JC, Sitaram N, Wehr T et al. (1984) Sleep and affective illness. In: Post R, Ballenger J (eds) Neurobiology of mood disorders. Williams & Wilkins, Baltimore, pp 157–189
Giercksky K-F, Wickström E (1980) A dose-response study in situational insomnia with zopiclone, a new tranquilizer. Clin Therap 3:21–27
Gnirrs F, Schneider-Helmert D, Schenker J, Winkler V (1978) Schlafstörungen bei psychisch Kranken. Nervenarzt 49:394–401
Goldfried MR, Davison GC (1979) Klinische Verhaltenstherapie. Springer, Berlin Heidelberg New York
Greenblatt D, Allen M (1979) Toxicity of nitrazepam in the elderly: a report from the Boston Collaborative Drug Surveillance Program. Br J Clin Pharmacol 5:407–413
Greenblatt D, Divoll M, Harmatz J et al. (1981) Kinetic and clinical effects of flurazepam in young and old noninsomniacs. Clin Pharmacol Ther 30:475–486

Greenblatt D, Divoll M, Abernethy D, Shader R (1982) Benzodiazepine hypnotics: kinetic and therapeutic option. Sleep 5:18–21
Grossmann W (1979) Schlaf und Pharmakon. Pharmakotherapie 2:214–222
Guilleminault C (1989) Clinical features and evaluation of obstructive sleep apnea. In: Kryger MH, Roth T, Dement WC (eds) Principles and practice of sleep medicine. Saunders, Philadelphia, pp 552–558
Hajak G, Rüther E (1991 a) Chronic insomnia in the elderly. In: Racagni G, Brunello N, Fukendo T (eds) Biological psychiatry, vol 1. Elsevier, Amsterdam, pp 845–848
Hajak G, Rüther E (1991 b) Chronische Insomnien – ein diagnostisches und therapeutisches Problemfeld. In: Steinberg R (Hrsg) Schlaf. Tilia, Klingenmünster, S 60–64
Hajak G, Rüther E (1992) Schlafstörungen – ein dringliches Gesundheitsproblem. In: Schulz H, Engfer A (Hrsg) Schlafmedizin heute. Diagnostische und therapeutische Empfehlungen. MMV, München, S 14–34
Hajak G, Hüther G, Blanke J et al. (1991) The influence of intravenous L-Tryptophan on plasma melatonin and sleep in men. Pharmacopsychiatry 24:17–20
Hajak G, Rüther E, Hauri PJ (1992) Insomnien. In: Berger M (Hrsg) Handbuch des normalen und gestörten Schlafs. Springer, Berlin Heidelberg New York, S 67–119
Hartmann E, Cravens J (1973) The effects of long-term administration of psychotropic drugs on human sleep: III. The effects of amitriptyline. Psychopharmacoloy 33:185–202
Hartmann E, Greenwald D (1984) Tryptophan and human sleep: an analysis of 43 studies. In: Schlossberger HG, Kochen W, Linzen B, Steinhart H (eds) Progressive tryptophan and serotonin research. DeGruyter, Berlin New York, pp 297–304
Hartmann E, Lindsley JG, Spinweber C (1983) Chronic insomnia: effects of tryptophan, flurazepam, secobarbital and placebo. Psychopharmacology 80:138–142
Harvengt C, Hulhoven R, Desager JP, Coupez JM, Guillet Ph, Fuseau E, Lambert D, Warrington SJ (1988) Drug interactions investigated with Zolpidem. In: Sauvanet JP, Langer SZ, Morselli PL (eds) Imidazopyridines in sleep disorders. L.E.R.S. monograph series, v 6. Raven, New York, pp 165–173
Hauri PJ (1989 a) Primary insomnia. In: Kryger MH, Roth T, Dement WC (eds) Principles and practice of sleep medicine. Saunders, Philadelphia, pp 442–447
Hauri PJ (1989 b) Verhaltenstherapie bei Schlafstörungen. In: Meier-Ewert K, Schulz H (Hrsg) Schlaf und Schlafstörungen. Springer, Berlin Heidelberg New York, S 147–155
Hauri PJ, Olmstead E (1980) Childhood-onset insomnia. Sleep 3:59–66
Hauri PJ, Orr WC (1982) Current concepts: the sleep disorders. Upjohn, Kalamazoo
Hauri PJ, Friedman M, Ravaris CL (1989) Sleep in patients with spontaneous panic attacks. Sleep 12 (4):323–337
Hayaishi D (1988) Sleep wake regulation by prostaglandins. D2 and E2. J Biol Chem 263:14593–14596
Hermann-Maurer EK, Schneider-Helmert D, Zimmermann A, Schönberger GA (1990) Diagnostisches Inventar nach DSM-III bei Patienten mit schweren Schlafstörungen. Nervenarzt 61 (1):28–33
Herrmann WM, Kubicki St, Wober W (1988) Zolpidem: a four-week pilot polysomnographic study in patients with chronic sleep disturbances. In: Sauvanet JP, Langer SZ, Morselli PL (eds) Imidazopyridines in sleep disorders. L.E.R.S. monograph series, v 6. Raven, New York, pp 261–278
Hindmarch I (1990) Immediate and overnight effects of zopiclone 7,5 mg and nitrazepam 5 mg with ethanol, on psychomotor performance and memory in healthy volunteers. Int Clin Psychopharmacol 5 (2):105–143
Hindmarch J, Ott H, Roth T (1984) Sleep benzodiazepines and performance. Springer, Berlin Heidelberg New York
Hippius H, Rüther E (1977) Klinik und Therapie von Störungen der Schlaf-Wach-Funktion. Verh Dtsch Ges Inn Med 83:913–928
Hoffmann SO (1980) Psychodynamik und Therapie von Schlafstörungen. Intern Prax 20:495–500
Horne JA, Reid AJ (1985) Night-time sleep EEG changes following body heating in a warm bath. Electroencephalogr Clin Neurophysiol 60:154–157

Houghton G, Dennis M, Templeton R, Martin B (1985) A repeated dose pharmacokinetic study of a new hypnotic agent, zopiclone. Int J Clin Pharmacol Ther Toxicol 23:97–100

Hudson JJ, Lipinski JF, Frankenburg FR, Grochocinski VJ, Kupfer DJ (1988) Electroencephalographic sleep in mania. Arch Gen Psychiat 45 (3):267–273

Idzikowski C, Mills FJ, James RJ (1991) A dose-response study examining the effects of ritanserin on human slow wave sleep. Br J Clin Pharmacol 31 (2):193–196

Idzikowski C, Mills FJ, Glenhard R (1986) 5-Hydroxytryptamine-2-antagonist increases human slow wave sleep. Brain Res 378:164–168

Idzikowski C, Cowen PJ, Nutt D, Mills FJ (1987) The effect of chronic ritanserin treatment on sleep and the neuroendocrine response to L-Tryptophan. Psychopharmacology 93:416–420

Insel TR, Gillin JC, Moore A et al. (1982) The sleep of patients with obsessive-compulsive disorder. Arch Gen Psychiatry 39:1372–1377

Institute of Medicine (ed) (1979) Sleeping pills, insomnia and medical practice: report of a study. Nat Acad Sci, Washington, Inst Med Publ 79-04

Jacobs EA, Reynolds II CF, Kupfer DJ et al. (1988) The role of polysomnography in the differential diagnosis of chronic insomnia. Annu J Psychiat 154:346–349

Jacobson E (1938) Progressive relaxation. Univ Press, Chicago

James SP, Sack DA, Rosenthal NE, Mendelson WB (1990) Melatonin administration in insomnia. Neuropsychopharmacology 3:19–23

Johnson LC, Chernik DA (1982) Sedative hypnotics and human performance. Psychopharmacology 76:101–113

Jouvet M (1984) Indolamines and sleep-inducing factors. In: Borbely AA, Valat JL (eds) Exp Brain Res Suppl 8:84–94

Jovanovic UJ, Dreyfus JF (1983) Polygraphic sleep recordings in insomniac patients under zopiclone or nitrazepam. Pharmacology 27:136–145

Judd LL, McAdams LA, Ellinwood E (1987) Cognitive performance and mood in patients with chronic insomnia during short- and long-term administration of two benzodiazepines, flurazepam and midazolam. Sleep Res 16:97

Julou L, Blanchard JC, Dreyfus JF (1985) Pharmacological and clinical studies of cyclopyrrolones: zopiclone and suriclone. Pharmacol Biochem Behav 23:653–659

Kales A, Kales JD (1984) Evaluation and treatment of insomnia. Oxford Univ Press, New York

Kales A, Scharf MB (1978) Rebound insomnia: a new clinical snydrome. Science 201:1039–1041

Kales A, Kales JD, Soldatos CR (1982) Insomnia and other sleep disorders. Med Clin N Am 66 (5):971–991

Kales A, Soldatos CR, Bixler EO, Kales JD (1983 a)
Rebound insomnia and rebound anxiety: a review. Pharmacology 26:121–137

Kales A, Soldatos CR, Bixler EO, Kales JD (1983 b) Early morning insomnia with rapidly eliminated benzodiazepines. Science 220:95–97

Kanfer FM, Goldstein AP (1977) Möglichkeiten der Verhaltensänderung. Urban & Schwarzenberg, München

Karacan I, Thornby JI, Anch M et al. (1976) Prevalence of sleep disturbance in a primarily urban Florida county. Soc Sci Med 10:239–244

Karasu TB (1978) Psychotherapy with the somatically ill patient. In: Karasu TB, Steinmüller RI (eds) Psychotherapeutics in medicine. Grune & Stratton, New York

Kielholz (1971) Diagnose und Therapie der Depression für den Praktiker. Lehmann, München

Killen J, Coates TJ (1984) The complaint of insomnia: what is it and how do we treat? Franks CM (ed) New developments in behavior therapy: from research to clinical application. Haworth, New York, pp 377–408

King C (1981) Effects of beta-endorphin and morphine on the sleep-wakefulness behavior of cats. Sleep 4:259–262

Klimm HD, Dreyfus JF, Delmotte M (1987) Zopiclone versus nitrazepam: a double-blind comparative study of efficacy and tolerance in elderly patients with chronic insomnia. Sleep 10:73–78

Klotz U (1987) Klinische Pharmakologie der Schlafmittel. In: Hippius H, Rüther E, Schmauß M (Hrsg) Schlaf-Wach-Funktionen. Springer, Berlin Heidelberg New York, pp 145–150

Knab B (1989) Schlafstörungen. Kohlhammer, München

Körner E, Flooh BE, Reinhart B et al. (1986) Sleep-inducing effect of L-Tryptophan. Eur Neurol 25, Suppl 2:75–81

Kramer C (1967) Methaqualone and chloral hydrate: preliminary comparison in geriatric patients. J Am Geriatr Soc 15:455–461

Krueger JM, Bacsik J, Garcia-Arraras J (1980) Sleep-promoting material from human urine and its relation to factor S from brain. Am J Physiol 238:E116–126

Krueger JM, Walter J, Dinarello CA et al. (1984) Sleep promoting effects of endogenous pyrogen (interleukin-1). Am J Physiol 246:994–999

Kubicki ST, Engfer A (1988) Schlaf- und Schlafmittelforschung. Vieweg, Braunschweig Wiesbaden

Kuitunen T, Mattila MJ, Seppala T (1990) Actions and interactions of hypnotics on human performance: single does of zopiclone, triazolam and alcohol. Int Clin Psychopharmacol 5 (2):115–130

Kupfer D (1982) Interaction of EEG sleep, antidepressants and affective disease. J Clin Psychiat 43:30–35

Lacks P, Bertelson AD, Gans L, Kunkel J (1983 a) The effectiveness of three behavioral treatments for different degrees of sleep-onset insomnia. Behav Ther 14:593–605

Lacks P, Bertelson AD, Sugerman J, Kunkel J (1983 b) The treatment of sleep-maintenance insomnia with stimulus-control techniques. Behav Res Ther 21 (3):291–295

Lader M, Denney SC (1983) A double-blind study to establish the residual effects of zopiclone on performance in healthy volunteers. Pharmacology 27:98–108

Lader M, Petursson (1983) Rational use of anxiolytic/sedative drugs. Drugs 25:514–528

Ladouceur R, Gros-Louis Y (1986) Paradoxical intention vs stimulus control in the treatment of severe insomnia. J Behav Ther Exp Psychiat 17 (4):267–269

Langer SZ, Arbilla S, Scatton B, Niddam R, Dubois A (1988) Receptors involved in the mechanism of action of zolpidem. In: Sauvanet JP, Langer SZ, Morselli PL (eds) Imidazopyridines in sleep disorders. L.E.R.S. monograph series, v 6. Raven, New York, pp 55–70

Laux G, König W (1986) Langzeiteinnahme und Abhängigkeit von Benzodiazepinen. Ergebnisse einer epidemiologischen Studie. In: Hippius H, Engel RR, Laakmann G (Hrsg) Benzodiazepine. Rückblick und Ausblick. Springer, Berlin Heidelberg New York, S 226–233

Leathwood PD, Chauffard F, Heck E, Munoz-Box R (1982) Aqueous extract of valerian root (Valeriana officinalis L.) improves sleep quality in man. Pharmacol Biochem Behav 17:65–71

Leutner V (1990) Schlaf, Schlafstörung, Schlafmittel. Edn Roche, Basel

Levy AB, Dixon KN, Schmidt H (1988) Sleep architecture in anorexia nervosa and bulimia. Biol Psychiat 23 (1):99–101

Liebermann HR (1986) Behavior, sleep and melatonin. J Neural Transm Suppl 21:233–241

Lindemann H (1975) Überleben im Streß. Autogenes Training. Mosaik, München

Linkowski P, Kerkhofs M, Rielaert C, Mendlewicz J (1986) Sleep during mania in manic-depressive males. Eur Arch Psychiat Neurol Sci 235 (6):339–341

Livingston RL, Zucker DK, Isenberg K, Wetzel RD (1983) Tricyclic antidepressants and delirium. J Clin Psychiat 44:173–176

Louvel E, Cramer P, Ferreri M, Pagot R, Regnier F, L'Heritier Ch, Orofiamma B (1988) Zolpidem and Triazolam: long-term multicenter studies (1–3 months) in psychiatric and general practice patients. In: Sauvanet JP, Langer SZ, Morselli PL (eds) Imidazopyridines in sleep disorders. L.E.R.S. monograph series, v 6. Raven, New York, pp 327–337

Lugaresi E, Zucconi M, Bixler EO (1987) Epidemiology of sleep disorders. Psychiat Ann 17:446–453

Lumley M, Roehrs T, Asher D, Zorick F, Roth T (1987) Ethanol and coffein effects on daytime sleepiness/alertness. Sleep 10:306–312

Lund R, Rüther E (1984) Medikamentöse Behandlung von Schlafstörungen. Internist 25:543–546

Lund R, Rüther E (1985) Chronische Hyposomnie. In: Faust V (Hrsg) Schlafstörungen. Hippokrates, Stuttgart, S 76–83

Lund R, Rüther E, Wober W, Hippius H (1988) Effects of Zolpidem (10 and 20 mg), Lormetazepam, Triazolam and Placebo on night sleep and residual effects during the day. In: Sauvanet JP, Langer SZ, Morselli PL (eds) Imidazopyridines in sleep disorders. L.E.R.S. monograph series, v 6. Raven, New York, pp 193–203

Maillard F, Autret E, Autret A (1984) Effects of zopiclone as compared to triazolam on adult insomniacs. In: 7th Eur Sleep Congr, München, 5. 9. 1984
Malsch U (1987) Behandlung von Schlafstörungen bei älteren Patienten. Therapiewoche 37:2484–2487
Mamelak M, Scima A, Price V (1983) Effects of zopiclone on the sleep of chronic insomniacs. Pharmacol 27:136–145
Mamelak M, Csima A, Price B (1984) A comparative 25-night sleep laboratory study on the effects of quazepam and triazolam on chronic insomniacs. J Clin Pharmacol 24:65–75
Mansbach RS, Lorenz DN (1983) Cholecystokinin (CCK-8) elicits prandial sleep in rats. Physiol Behav 30:179–183
Marttila J, Hammel R, Alexander B, Zustiak R (1977) Potential untoward effects of long-term use flurazepam in geriatric patients. J Am Pharm Assoc 17:692–695
Meichenbaum DC (1979) Cognitive-behavior modification: an integrative approach. Plenum, New York
Meier-Ewert K (1989) Tagesschläfrigkeit. Edition Medizin. VCH, Weinheim
Mellinger GD, Balter MB, Uhlenhut EH (1985) Insomnia and its treatment. Prevalence and correlates. Arch Gen Psychiat 42:225–232
Mendelson WB (1980) The use and misuse of sleeping pills. A clinical guide. Plenum, New York
Mendelson WB (1987 a) Human sleep: research and clinical care. Plenum, New York
Mendelson WB (1987 b) Pharmacotherapy of insomnia. Psychat Clin N Am 10 (4):555–563
Mendelson WB (1990) Hypnotics in the treatment of chronic insomnia. In: Thorpy MJ (ed) Handbook of sleep disorders. Dekker, New York Basel, pp 737–754
Mendelson WB, Gillin JC, Pisner G, Wyatt RJ (1980) Arginine vasotocin and sleep in the rat. Brain Res 182:246–249
Mendelson WB, Wyatt RJ, Gillin JC (1983) Whiter the sleep factors? In: Chase MH, Weitzman ED (eds) Sleep disorders: basic and clinical research. MTP, Lancaster, pp 281–305
Mendelson WB, Garnett D, Gillin JC, Weingartner H (1984 a) The experience of insomnia and daytime and nighttime functioning. Psychiat Res 12 (3):235–250
Mendelson WB, Garnett D, Linnoila M (1984 b) Do insomniacs have impaired daytime functioning? Biol Psychiat 19 (8):1261–1264
Merlotti L, Roehrs F, Zorick E et al. (1988) Rebound insomnia, duration of administration, and individual differences. Sleep Res 17:52
Miles LE, Dement WC (1980) Objective sleep parameters in elderly men and women. Sleep 3 (2):131–151
Mirmian M, Pevet P (1986) Effect of melatonin and methoxtryptamine on sleep-wake-patterns in the male rat. J Pineal Res 3:135–141
MMWR (ed) (1989) Update: Eosinophilia – myalgia syndrome associated with the ingestion of L-Tryptophan. US Morbid Mortal Week Rep 38 (48):842–843
Momose T (1983) Effectiveness of zopiclone as a preoperative hypnotic. Pharmacology 27:196–204
Monti JM, Debellis J, Alterwain P et al. (1987) Study of delta sleep-inducing peptide efficacy in improving sleep on short-term administration to chronic insomniacs. Int J Pharmacol Res 7:105–110
Moon CAL, Ankier SI, Hayes G (1985) Early morning insomnia and daytime anxiety – a multicentre general practice study comparing Loprazolam and Triazolam. Br J Clin Practice 39 (9):352–358
Moran MG, Thompson TL, Nies AS (1988) Sleep disorders in the elderly. Am J Psychiat 145:1369–1378
Morgan K (1984) Effects of two benzodiazepines on the speed and accuracy of perceptual-motor performance in the elderly. Psychopharmacol Suppl 1:79–83
Morgan K, Oswald I (1982) Anxiety caused by a short life hypnotic. Br Med J 284:942
Morin CM, Kwentus JA (1990) Behavioral and pharmacological treatments for insomnia. Am Behav Med 10:91–110
Morris III HH, Estes ML (1987) Traveler's amnesia: transient global amnesia secondary to triazolam. JAMA 258:945–946

Morselli PL (eds) (1988) Imidazopyridines in sleep disorders. L.E.R.S. monograph series, v 6. Raven, New York, pp 193–203

Morselli PL, Larribaud J, Guillet Ph, Thiercelin JF, Barthelet G, Grilliat JP, Thebault JJ (1988) Daytime residual effects of zolpidem: a review of available data. In: Sauvanet JP, Langer SZ, Morselli PL (eds) Imidazopyridines in sleep disorders. L.E.R.S. monograph series, v 6. Raven, New York, pp 183–203

Mossberg D, Liljeberg P, Borg S (1985) Clinical conditions in alcoholics during long-term abstinence: a descriptive longitudinal treatment study. Alcohol 2:551–553

Müller-Limmroth W, Ehrenstein M (1977) Untersuchungen über die Wirkung von Seda Kneipp auf den Schlaf schlafgestörter Menschen. Med Clin 25:1119–1125

Muraoka H, Ischii N, Yamada K et al. (1987) Sleep disorders of alcoholics. Sleep Res 16:493

Murphy JE, Ankier SI (1984) A comparison of hypnotic activity of loprazolam, flurazepam and placebo. Br J Clin Practice 38:141–149

Mutschler E (1986) Arzneimittelwirkungen. Wissenschaftliche Verlagsges, Stuttgart, S 162 ff

Nedopil N, Rüther E (1984) Medikamentöse Therapie von Schlafstörungen. Münchener Med Wochenschr 126:290–291

Nicassio PM, Bootzin R (1974) A comparison of progressive relaxation and autogenic training as treatments for insomnia. J Abnorm Psychol 83:253–260

Nicassio PM, Buchanan DC (1981) Clinical application of behavior therapy for insomnia. Comprehens Psychiat 22:512–521

Nicassio PM, Pate JK, Mundlowitz DR, Woosward N (1985) Insomnia: nonpharmacologic management by private practice physicians. South Med J 78:556–560

Nicholson AN (1983) Antihistamines and sedation. Lancet 2:211–212

Nicholson AN, Pascoe PA (1988) Hypnotic activity of Zolpidem: night-time and daytime studies in young and middle-aged adults. In: Sauvanet JP, Langer SZ, Morselli PL (eds) Imidazopyridines in sleep disorders. L.E.R.S. monograph series, v 6. Raven, New York, pp 231–240

Nicholson AN, Pascoe PA (1986) Hypnotic activity of an imidazopyridine (Zolpidem). Br J Clin Pharmac 21:205–211

Nicholson AN, Stone BM, Pascoe P (1982) Hypnotic efficacy in middleage. J Clin Psychopharmacol 2:118–121

NIMH – National Institute of Mental Health (1984) Concensus conference report: drugs and insomnia – the use of medications to promote sleep. JAMA 251:2410–2414

Normanton JR, Gent JP (1983) Comparison of the effects of two „sleep" peptides, delta-sleep-inducing peptide and arginine-vasotonin, on single neurons in the rat and rabbit brain stem. Neuroscience 8:107–114

O'Hanlon JF, Volkerts ER (1986) Hypnotics and actual driving performance. Act Psychiat Scand Suppl 332 vol 74:95–104

Oswald I, Adam K (1988) A new look at short-acting hypnotics. In: Sauvanet JP, Langer SZ, Morselli PL (eds) Imidazopyridines in sleep disorders. L.E.R.S. monograph series, v 6. Raven, New York, pp 253–259

Oswald I, Adam K, Borrow S, Idzikowski C (1979) The effects of two hypnotics on sleep, subjective feelings and skilled performance. In: Passouant P, Oswald I (eds) Pharmacology of states of alertness. Pergamon, Oxford, pp 51–63

Othmer E, Danghady WH, Goodwin DW et al. (1982) Sleep and the growth hormone secretion in alcoholics. J Clin Psychiat 43:411–414

O'Toole DP, Carlisle RJT, Howard PJ, Dundee JW (1986) Effects of altered gastric motility on the pharmacokinetics of orally administered zopiclone. Ir J Med Sci 155:136

Owen RT, Tyrer P (1983) Benzodiazepine dependence. A review of the evidence. Drugs 25:385–398

Palminteri R, Narbonne G (1988) Safety profile of zolpidem. In: Sauvanet JP, Langer SZ, Morselli PL (eds) Imidazopyridines in sleep disorders. L.E.R.S. monograph series, v 6. Raven, New York, pp 351–361

Pappenheimer JR (1982) Sleep factor in CSF, brain and urine. Front Hormone Res 9:173–178

Parkes JD (1985) Sleep and its disorders. Saunders, Eastbourne

Partinen M, Eskelinen L, Tuomi K (1984) Complaints of insomnia in different occupations. Scand J Work Environ Health 10:467–469

Paton DM, Webster DR (1985) Clinical pharmcokinetics of H1-receptor antagonists (the antihistamines). Clin Pharmacokinet 10:477–497
Pecknold J, Wilson R, Le Morvan P (1990) Long term efficacy and withdrawal of zopiclone, a sleep laboratory study. Int Clin Psychopharmacol 5 (2):57–67
Pena de la A (1978) Toward a psychophysiologic conceptualization of insomnia. In: Williams RL, Karacan I (eds) Sleep disorders, diagnosis and treatment. John Wiley & Sons, New York, pp 101–144
Pharmaceutical Journal (1991) CSM comments on zopiclone dependence. Pharm 1:78
Philipp M, Buller R (1986) Klassifikatorische Probleme von Mißbrauch und körperlicher Abhängigkeit bei Benzodiazepinen. In: Hippius H, Engel RR, Laakmann G (Hrsg) Benzodiazepine. Rückblick und Ausblick. Springer, Berlin Heidelberg New York, S 234–241
Piel E (1985) Schlafschwierigkeiten und soziale Persönlichkeit. Einige sozialempirische Daten. In: Faust V (Hrsg) Schlafstörungen. Hippokrates, Stuttgart, S 14–26
Pokorny AD (1978) Sleep disturbances, alcohol, and alcoholism: a review. In: Williams RL, Karacan I (eds) Sleep disorders: diagnosis and treatment. John Wiley & Sons, New York, pp 233–260
Pöldinger W, Wider F (1985) Tranquilizer and Hypnotika. Fischer, Stuttgart
Ponciano E, Freitas F, Camara J et al. (1990) A comparison of the efficacy, tolerance and residual effects of zopiclone, flurazepam and placebo in insomniac outpatients. Int Clin Psychopharmacol 5 (2):69–77
Poser W (1991) Entstehung und Verlauf von Benzodiazepin-Abhängigkeiten. Z Allgemeinmed 15:935–939
Puder R, Lacks P, Bertelson AD, Storandt M (1983) Short term stimulus control treatment of insomnia in older adults. Behav Ther 14:424–429
Pull CB, Dreyfus JF, Brun JP (1983) Comparison of nitrazepam and zopiclone in psychiatric patients. Pharmacology 27 (2):205–209
Quadens OP, Hoffman G, Buytaert G (1983) Effects of zopiclone as compared to flurazepam in women over 40 years of age. Pharmacology 27:146–155
Rapaport J, Elkins R, Langer D et al. (1981) Childhood obsessive compulsive disorder. Am J Psychiat 138:1545–1554
Reeves R (1977) Comparison of triazolam, flurazepam and placebo as hypnotics in geriatric patients with insomnia. J Clin Pharmacol 17:319–323
Reiter RJ (1986) Normal patterns of melatonin levels in the pineal gland and body fluids of humans and experimental animals. J Neural Transmitt Suppl 21:35–54
Reynolds CF (1989) Sleep in affective disorders. In: Kryger MH, Roth T, Dement WC (eds) Principles and practice of sleep medicine. Saunders, Philadelphia, pp 413–416
Reynolds CF, Kupfer DJ (1987) Sleep research in affective illness: state of the art circa 1987. Sleep 10 (3):199–215
Rickels K, Morris RJ, Newman H et al. (1983) Diphenhydramine in insomniac family practice patients: a double-blind study. J Clin Pharmacol 23:235–242
Rickels K, Ginsberg J, Morris RJ (1984) Doxylamine succinate in insomniac family practice patients: a double blind study. Curr Ther Res 35:532–540
Roehrs T, Zorick F, Kaffeemann M et al. (1982) Flurazepam for short-term treatment of complaints of insomnia. J Clin Pharmacol 22:290–296
Roehrs TA, Zorick FJ, Wittig RM, Roth T (1986) Dose determinants of rebound insomnia. Br J Clin Pharmacol 22 (2):143–147
Roger M et al. (1991) Efficacy of Zolpidem 5 and 10 mg in elderly. A double blind study versus triazolam 0.25 mg. Biol Psychiatry, Suppl:689
Rojas-Ramirez JA, Crawley JN, Mendelson WB (1982) Electroencephalographic analysis of the sleep-inducing action of cholecystokinin. Neuropeptides 3:129–138
Rote Liste (1991) Bundesverband der Pharmazeutischen Industrie e.V., Frankfurt/Main
Rudestam KE (1980) Methods of self-change. Brooks/Cole, Monterey, Cal
Rudolf GA (1985) Der Schlaf bei endogenen Psychosen. In: Faust (Hrsg) Schlafstörungen. Hippokrates, Stuttgart, S 94–100
Rudolf GA (1990) Der Stellenwert der in der Behandlung von Schlafstörungen verwendeten Hypnotika. In Rudolf GA, Engfer A (Hrsg) Schlafstörungen in der Praxis. Diagnostische und therapeutische Aspekte. Vieweg, Braunschweig Wiesbaden, S 48–61

3.1 Therapie von Insomnien

Rüther E (1984) Wann Schlafmittel? Arzneiverord Praxis 5:49–53
Rüther E (1986) Benzodiazepine zur Behandlung von Schlafstörungen. In: Hippius H, Engel RR, Laakmann G (Hrsg) Benzodiazepine. Springer, Berlin Heidelberg New York, S 101–107
Rüther E, Engfer A (1988) Schlafstörungen: Häufigkeit – Ursachen – medikamentöse Behandlung. In: Kubicki ST, Engfer A (Hrsg) Schlaf- und Schlafmittelforschung. Neue Ergebnisse und therapeutische Konsequenzen. Vieweg, Braunschweig Wiesbaden, S 9–20
Rüther E, Hajak G (1992) Depression with sleep disturbances. In: Freeman HL (ed) The uses of fluoxetine in clinical practice Royal Society of Medicines Services, London, pp 27–34
Scharf MB, Hirschowitz J, Zemlon FP, Lichstein M, Wood M (1986) Comparative effects of Limbitrol and Amitriptylin on sleep efficiency and architecture. J Clin Psychiat 47:587–591
Scharf MB, Fletcher K, Graham JP (1988) Comparative amnestic effects of benzodiazepine hypnotic agents. J Clin Psychiat 49:134–137
Schimmel KCH (1985) Pflanzliche Sedativa. In: Faust V (Hrsg) Schlafstörungen. Hippokrates, Stuttgart, S 188–194
Schindler L, Hohenberger E (1985) Verhaltenstherapie als Alternative zur Behandlung von Schlafstörungen. In: Faust V (Hrsg) Schlafstörungen. Hippokrates, Stuttgart, S 137–143
Schlich D et al. (1991) Long-term treatment of insomnia with Zolpidem: a multicentre general practitioner study of 107 patients. J Int Med Res 19:271–279
Schmidt LG (1990) Mißbrauch und Abhängigkeit von Schlafmitteln. In: Rudolf GA, Engfer A (Hrsg) Schlafstörungen in der Praxis. Diagnostische und therapeutische Aspekte. Vieweg, Braunschweig Wiesbaden, S 65–78
Schneider-Helmert D (1985) Klassifikation und Differentialdiagnose der verschiedenen Schlafstörungen. In: Faust V (Hrsg) Schlafstörungen. Hippokrates, Stuttgart, S 9–13
Schneider-Helmert D (1988) DSIP: clinical application of the programming effect. In: Inoue S, Schneider-Helmert D (eds) Sleep peptides: basic and clinical approaches. Jpn Sci Soc Press, Tokyo, pp 175–198
Schneider-Helmert D, Spinweber CL (1986) Evaluation of L-Tryptophan for treatment of insomnia. Psychopharmacology 89:1–7
Schubert FC (1986) Kognitive Therapie psychogener Schlafstörungen: Ein Erklärungs- und Handlungsansatz. Psychiat Prax 13 (1):1–9
Schulz H, Jobert M, Jähnig P (1991) Macro- and microstructure of sleep in insomniac patients under the influence of a benzodiazepine and a nonbenzodiazepine hypnotic. In: Racagni G, Brunello N, Fukuda T (eds) Biological psychiatry, vol 1. Elsevier, Amsterdam, pp 823–826
Settle EC, Ayd FJ (1980) Trimipramine: twenty years worldwide clinical experience. J Clin Psychiat 41:266–274
Seyffart G (1983) Chloral hydrate and related drugs. In: Haddad LM, Winchester JF (eds) Clinical management poisoning and drug overdose. Saunders, Philadelphia, pp 527–531
Shapiro CM, Warren PM, Trinder J et al. (1984) Fitness facilitates sleep. Eur J Appl Physiol 53:1–4
Sieb JP, Clarenbach P (1990) Anterograde Amnesie unter Benzodiazepin-Hypnotika. In: Meier-Ewert K (Hrsg) Schlaf und Schlafstörungen. Springer, Berlin Heidelberg New York, S 156–164
Soldatos CR, Kales A, Kales JD (1979) Management of insomnia. Annu Rev Med 30:301–312
Soldatos CR, Kales JD, Tjiauw-Ling T, Kales A (1987) Classification of sleep disorders. Psychiat Ann 17:454–458
Spiegel R, Allen SR (1984) Die Wirkung eines nicht rezeptpflichtigen Schlafmittels auf das Schlafpolygramm gesunder Probleme. Schweiz Rundsch Med (Prax) 73:163–173
Spiegel R, Köberle S, Allen Sr (1986) Significance of slow wave sleep: considerations from a clinical viewpoint. Sleep 9 (1):66–79
Spielman AJ, Saskin P, Thorpy MJ (1983) Sleep restriction treatment of insomnia. Sleep Res 12:286
Spielman AJ, Saskin P, Thorpy MJ (1984) Sleep restriction therapy for chronic insomnia. Outcome as a function of pre-treatment total sleep time. Sleep Res 13:167
Spielman AJ, Caruso LS, Glovinsky PB (1987) A behavioral perspective on insomnia treatment. Psychiat Clin N Am 10 (4):541–553
Spinweber CL, Johnson LC (1982) Effects of triazolam (0,5 mg) on sleep, performance memory and arousal threshold. Psychopharmacology 76:5–12

Steinberg R (1989) Behandlung chronischer Schlafstörungen in der Praxis. In: Hippius H, Lauter H, Greil W (Hrsg) Psychiatrie für die Praxis 10. Der gestörte Schlaf. MMW, München, S 57–70

Steinberg R, Hippius H, Nedopil N, Rüther E (1984 a) Aspekte der modernen Schlafforschung. Nervenarzt 55 (9):461–470

Steinberg R, Einhäupl K, Hippius H et al. (1984 b) Chronische Hyposomnien in einer Schlafambulanz. Nervenarzt 55 (9):471–476

Steinberg R, Brenner PM, Lund R, Rüther E (1987) Behandlung chronischer Insomnien. In: Hippius H, Rüther E, Schmauß H (Hrsg) Schlaf-Wach-Funktionen. Springer, Berlin Heidelberg New York, S 131–143

Steinmark SW, Borkovec TD (1954) Active and placebo treatments effects on moderate insomnia and positive demand instructions. J Abnorm Psychol 83:157–163

Sussmann N (1988) Anxiety disorders. Psychiat Ann 18:134–189

Tamminen T, Ahokallio A, Aropuu R et al. (1983) Zoplicone and nitrazepam in the treatment of chronic insomnia. In: 7th World Congr Psychiatry. Wien, 11.–16. Juli 1983

Tan TL, Kales JD, Kales A et al. (1984) Biopsychobehavioral correlates of insomnia IV. Diagnosis based on DSM-III. Am J Psychiat 141:357–363

Thenot JP, Hermann P, Durand A, Burke JT, Allen J, Garrigou D, Vajta S, Albin H, Thebault JJ, Olive G, Warrington SJ (1988) Pharmacokinetics and metabolism of zolpidem in various animal species and in humans. In: Sauvanet JP, Langer SZ, Morselli PL (eds) Imidazopyridines in sleep disorders. L.E.R.S. monograph series, v 6. Raven, New York, pp 139–153

Thoresen CE, Coates TJ, Kirmil-Gray K, Rosekind MR (1981 b) Behavioral self-management in treating sleep-maintenance insomnia. J Behav Med 4:41–53

Thorpy MJ (1990) Disorders of arousal. In: Thorpy MJ (ed) Handbook of sleep disorders. Dekker, New York, pp 531–549

Tobler I, Borbely AA, Schwyzer M, Fontana A (1984) Interleukin-1 derived from astrocytes inhances slow wave activity in sleep EEG of the rat. Eur J Pharmacol 104:191–192

Trachsel L, Dijk DD, Brunner DP et al. (1990) Effect of zopiclone and midazolam on sleep and EEG spectra in a phase-advanced sleep schedule. Neuropsychopharmacology 3:11–18

Trifiletti RR, Snyder SH (1984) Anxiolytic cyclopyrroles zopiclone and suriclone bind to a novel site linked allosterically to benzodiazepines. Mol Pharmacol 26:458–469

Ueno R, Ishikawa Y, Nakayama T, Hayaishi O (1982) Prostaglandin D2 induces sleep when microinjected into the preoptic area of conscious rats. Biochem Biophys Res Commun 109:576–582

Vollrath L, Seem P, Gammel G (1981) Sleep induction by intranasal application of melatonin. Bioscience 29:327–329

Wagner DR (1990) Circadian rhythm sleep disorders. In: Thorpy MJ (ed) Handbook of sleep disorders. Dekker, New York Basel, pp 493–527

Waldhauser F, Saletu B, Trinchard-Lugan I (1990) Sleep laboratory investigation of hypnotic properties of melatonin. Psychopharmacology 100:222–226

Walsh BT, Goetz R, Roose SP et al. (1985) EEG monitored sleep in anorexia nervosa and bulimia. Biol Psychiat 20 (9):947–956

Ware JC (1983) Tricyclic antidepressants in the treatment of insomnia. J Clin Psychiat 44:25–28

Wheathley D (1985) Zopiclone: a non-benzodiazepine hypnotic controlled comparison to temazepam in insomnia. Br J Psychiat 146:312–314

WHO Center for Classification of Diseases for North America (1978) International classification of diseases, 9th revision. Clinical modification (ICD-9-CM). National center for health statistics. Edward, Ann Harbour

Wickstrom E, Giercksky K-E (1980) Comparative study of zopiclone, a novel hypnotic, and three benzodiazepines. Eur J Clin Pharmacol 17:93–99

Wickström E, Barbo SE, Dreyfus JF et al. (1983) A comparative study of zopiclone and flunitrazepam in insomniacs seen by general practioners. Pharmacology 27:165–172

Wiegand M, Berger M, Zulley J, von Zerssen D (1986) The effect of trimipramine on sleep in patients with major depressive disorder. Pharmacopsychiatry 19:198–199

Williams DL, MacLean AW, Cairns J (1983) Dose-response effects of ethanol on the sleep of young woman. J Stud Alcohol 44:515–523

Willumeit HP, Ott H, Neubert W (1984) Stimulated car driving as a useful technique for the determination of residual effects and alcohol interaction after short and long-acting benzodiazepines. In: Hindmarch J, Ott H, Roth T (eds) Sleep, benzodiazepine, and performance. Springer, Berlin Heidelberg New York, pp 182–192

Wilson CM, Robinson FP, Thompson EM et al. (1986) Effect of pretreatment with ranitidine on the hypnotic action of single dose of midazolam, temazepam and zopiclone. Br J Anaesth 58:483–486

Wolf B, Rüther E (1984) Benzodiazepinabhängigkeit. Münchener Med Wochenschr 126:294–296

Zarcone V (1989) Sleep abnormalities in schizophrenia. In: Kryger MH, Roth T, Dement WC (eds) Principles and practice of sleep medicine. Saunders, Philadelphia, pp 422–423

Zwart CA, Lisman SA (1979) Analysis of stimulus control treatment of sleep-onset insomnia. J Consult Clin Psychol 47:113–118

3.2 Erfahrungen über die Behandlung von Insomnien mit schlafhygienischen und physiotherapeutischen Mitteln

K. Taubert

Einleitung

Schlafstörungen in Form von Insomnien sind in allen Ländern weit verbreitet. Unter historischem Aspekt betrachtet, kommt Kubicki [15] zu der Auffassung, daß es sich hierbei um „ein allgemeines Problem menschlicher Großgesellschaften" handelt.

Aus Untersuchungen an Erwachsenenpopulationen ist zu entnehmen, daß der jeweilige Anteil der Population mit Schlafstörungen stark variiert: von 15–45% [5, 11, 13, 18, 21, 22, 24, 27, 28]. Die neuesten diagnostischen Klassifikationen von Schlaf- und Wachstörungen präzisieren den Begriff Schlafstörungen und differenzieren ihn in 4 große Gruppen [2, 3]:

- Insomnien (Einschlaf- und Durchschlafstörungen),
- Störungen mit exzessiver Schläfrigkeit,
- Störungen des Schlaf-Wach-Rhythmus,
- Parasomnien.

Die Insomnien, mit denen wir uns in dieser Arbeit befassen, haben einen großen Anteil an diesen Schlafstörungen. Chronische Insomnien, die dann vorliegen, wenn mindestens 3mal in der Woche für die Dauer von mindestens 4 Wochen der Schlaf eine so schlechte Qualität aufweist, daß Leistungsfähigkeit und Wohlbefinden erheblich beeinträchtigt sind, werden mit 12–15% Anteil der erwachsenen Bevölkerung angegeben [5, 23].

Etwa weitere 15% der Bevölkerung klagen über gelegentliche Insomnien.

Mit den chronischen Insomniepatienten, die gewöhnlich unter starkem Leidensdruck stehen, wird zuerst der allgemein praktizierende Arzt konfrontiert. Nach Untersuchungen von Frey u. Gensch [6] in Berlin beträgt ihr Anteil 39% aller Konsultationen. Einer vergleichbaren Hamburger Studie zufolge [4] sind es sogar 53% aller Patienten, die beim praktischen bzw. niedergelassenen Arzt wegen Schlafstörungen vorsprechen. Nicht selten sind die Kenntnisse des praktischen Arztes über das Fachgebiet Schlafmedizin unzureichend – ein unbefriedigender Zustand, der v. a. auf eine Lücke im Ausbildungsplan der Studenten der Medizin zurückzuführen ist.

Etwa 10% der Bevölkerung über 16 Jahre in Deutschland nehmen rezeptpflichtige Schlaf- und Beruhigungsmittel ein [26]. Frauen sind daran in doppeltem Maß beteiligt wie Männer, und mit zunehmendem Alter ist eine ansteigende Tendenz zu verzeichnen [1]. Ludwig [17] verweist auf die Gefahr der Schlafmittelvergiftung bei älteren Menschen infolge der verminderten Verstoffwechselung der Arzneimittel und der sich daraus ergebenden Kumulation.

Unerwünschte Nebenwirkungen bei der Pharmakotherapie, ein hohes Abhängigkeitspotential der Benzodiazepine [25] und Wirkungsresistenz stimulieren bei den Insomnien Aversionen gegen Schlaf- und Beruhigungsmittel. Häufiger Arztwechsel ist die Folge. Deshalb werden in zunehmendem Maß schlafhygienische Therapiemethoden angestrebt [8, 16, 19]. Prinzip derartiger ärztlicher Bemühungen sollte es sein, mitfühlend anzuerkennen, daß der Patient unter Schlafstörungen leidet, und eine effektive Therapie einzuleiten, die mit möglichst wenig Nebenwirkungen und Kosten verbunden ist.

Erfahrungen mit schlafhygienischen und physiotherapeutischen Maßnahmen in der Praxis

In unseren über 15jährigen Erfahrungen hat sich ein Vorgehen bewährt, wie es in Abb. 1 dargestellt ist. Beim ersten Arzt-Insomniepatienten-Kontakt sollte der meist verunsicherte Patient erst einmal beruhigt und sein Vertrauen gewonnen werden. Nach einer kurzen orientierenden Diagnostik erwies es sich als sinnvoll, dem Patienten schriftliche Hinweise zu Schlafstörungen für 6 Wochen mit nach Hause zu geben. Nachdem wir weder mit einem 1seitigen Informationsblatt noch mit einem ausführlichen Buch gute Erfahrungen machen konnten, haben wir auf 12 Seiten Hinweise für die Patienten mit Schlafstörungen zusammengestellt. Im folgenden soll kurzgefaßt der Inhalt dieser Hinweise zur Information und Selbstbehandlung dargestellt werden. Als erstes werden dem Patienten die Funktionen des Schlafs und das Wesen der Schlafstörungen allgemeinverständlich dargelegt. Einen breiten Raum nehmen hierbei die Ausführungen über die Schlafdauer und Schlafqualität ein. Er wird darüber informiert, daß es weniger wichtig ist, wie lange er geschlafen und ob er durchgeschlafen hat. Wesentlich ist das Wohlbefinden und die Leistungsfähigkeit am Tag. Beispiele für echte und vermeintliche Schlafstörungen sowie Einschlafstörungen und Durchschlafstörungen werden ausführlich besprochen. Als Ziel wird angestrebt, daß sich der Patient durch die Information solche Verhaltensmuster aneignet, die ihm nach der Bettruhe die erwünschte Erholung gewährleisten. Als Ursachen für Schlafstörungen werden somatische und psychische Erkrankungen sowie eine falsche Lebensweise und die Nichteinhaltung der Bedingungen für einen gesunden Schlaf vorgestellt und an Beispielen erläutert. Ausführlich werden intakte Grundfunktionen (Wärmehaushalt, Atmung oder Stuhlgang), intaktes Gefühlsleben, ein geregelter Tagesablauf mit einer gewissen körperlichen Betätigung und das Abstellen schlafstörender Faktoren am Abend als Voraussetzungen für einen gesunden Schlaf geschildert. Es folgen Erläuterungen spezieller Schlafbedingungen wie Schlafraum, Schlafbekleidung, Bett, Kopfkissen, Schlafdecke, Schlafstellung, Schlafzimmeratmosphäre, Schlafzeremoniell und Schlafenszeit. Nach der Charakterisierung der Schlafstörungen und ihrer Folgen werden Argu-

3.2 Erfahrungen über die Behandlung von Insomnien

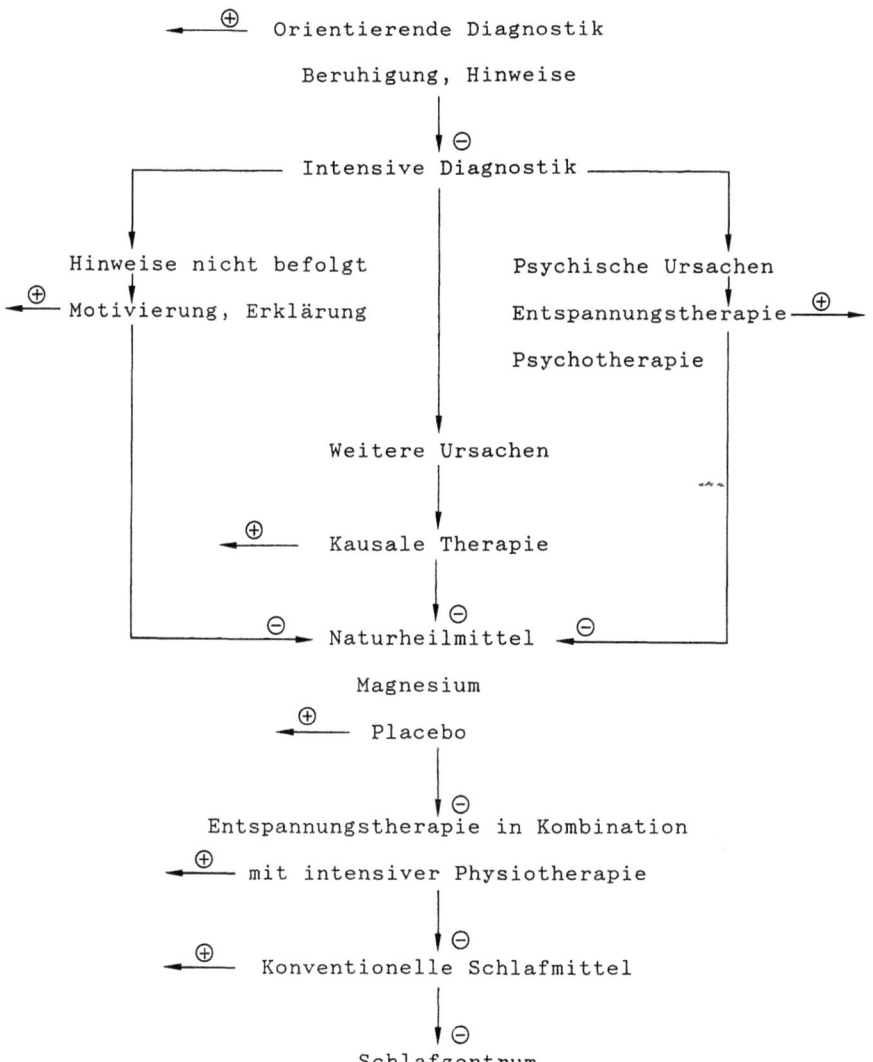

Abb. 1. Stufenprogramm der Diagnostik und Behandlung von Insomniepatienten mit schlafhygienischen und physiotherapeutischen Mitteln in der medizinischen Praxis

mente dargelegt, die gegen einen häufigen Gebrauch von Schlafmitteln sprechen. Abschließend werden Hinweise gegeben, was der Patient selbst gegen Schlafstörungen tun kann. Er wird hierbei zu kooperativem Verhalten mit dem Arzt, zur Selbstbeobachtung und zum aktiven Mitmachen stimuliert. Neben allgemeinen schlafhygienischen Ratschlägen werden folgende Physiotherapiemethoden empfohlen:

– Ein lauwarmes Bad vor dem Schlafengehen, evtl. mit einem beruhigenden Zusatz wie Probalil. Kein heißes Bad!

- „Schlafstrümpfe": Ein Paar dünne Socken werden in kaltes Wasser getaucht, leicht ausgedrückt und angezogen. Darüber werden dicke, trockene Wollsocken gezogen. Bei ausgeglichenem Wärmehaushalt tritt nach einigen Minuten ein Wärmegefühl auf, das das Einschlafen erleichtert.
- Bei kalten Füßen dagegen ist vor dem Schlafen ein ansteigendes Fußbad durchzuführen: Man stellt die Füße in eine Schüssel mit lauwarmem Wasser und gießt ganz allmählich heißes Wasser dazu, so daß die Temperatur innerhalb von 20 min von lau (33 °C) auf heiß (40 °C) ansteigt.
- Kopfmassage wie beim Haarewaschen für einige Minuten.
- Leibwickel: Ein Stück Leinen wird in kaltes Wasser getaucht, ausgedrückt und um den Leib gelegt; darüber kommt ein trockenes Frotteehandtuch. Durch den Kältereiz kommt es wie bei den Schlafstrümpfen zu einer reaktiven Erwärmung, die zu Müdigkeit und Schlafbereitschaft führt.
- Vor allem für Schlafgestörte, die unter psychischen Spannungen leiden, ist ein Saunabesuch in den Abendstunden zu versuchen.

Mit Hilfe dieses Informationsblatts hat der Patient Gelegenheit, sich über Schlafstörungen zu informieren und bei der nächsten Konsultation gezielte Fragen an den Arzt zu stellen. In dem Zeitraum von 6 Wochen, die zwischen 2 Konsultationen liegen, soll er auch möglichst viele der in den Hinweisen genannten Bedingungen für einen gesunden Schlaf etablieren. Bei der 2. Konsultation gibt eine ganze Reihe von Patienten eine Verminderung ihrer Schlafstörungen an. Ist keine Besserung eingetreten, dann erfolgt eine intensivere Diagnostik. Hat der Patient die Hinweise überhaupt nicht befolgt, dann muß er erneut motiviert werden. Bei speziellen Ursachen der Insomnie ist eine kausale Therapie einzuleiten. Eine vorwiegend psychisch bedingte Schlafstörung spricht oft auf eine Entspannungstherapie an. Hier hat sich nach unseren Erfahrungen neben dem autogenen Training v. a. Yoga mit Atem- und Meditationsübungen bewährt. Bei Versagen dieser Methode ist eine gezielte Psychotherapie einzuleiten. Bei einer offensichtlichen oder einer larvierten Depression sind Antidepressiva oft sehr gut wirksam. Erst wenn diese Maßnahmen erfolglos waren, kann eine symptomatische Therapie mit Schlafmitteln eingeleitet werden. Dabei sollten in erster Linie pflanzliche Mittel wie Baldrian, Hopfen oder Melisse eingesetzt werden. Erste Erfahrungen mit Magnesium [29] zeigen, daß diese komplikationsfreie und nebenwirkungsarme Therapie häufig erfolgreich ist. Auch der Versuch mit einem Plazebo ist in dieser Phase gerechtfertigt. Parallel dazu kann auch eine häusliche Physiotherapie verordnet werden. Dabei ist v. a. an Schlafstrümpfe, ansteigende Fußbäder oder Leibwickel zu denken [12, 20]. Sind auch diese Methoden erfolglos, ist als weiterer Versuch eine Kombination von Physiotherapie und Entspannungstherapie einzusetzen. Neben den schon genannten Entspannungsmethoden ist von seiten der Physiotherapie v. a. die Bindegewebsmassage, die subkutane Kohlendioxidinsufflation, die Schädelgalvanisation bzw. der Elektroheilschlaf und die Sauna einzusetzen [20]. Leider hat von den vielen empfohlenen Physiotherapiemethoden bisher kaum eine ihre Effektivität in einer kontrollierten Studie unter Beweis gestellt. In einer vergleichenden Studie bei Neurotikern und Depressiven mit Schlafstörungen wurde die Elektroheilschlaftherapie einer Plazebobehandlung und einer Behand-

Tabelle 1. Magnettherapie bei Schlafstörungen. (Nach Gränz et al. [7])

	n	Besserung [%]	Erfolglosigkeit [%]
Magnettherapie (4 Hz)	23	19 (83)	4 (17)
Plazebo	28	12 (43)	16 (57)
			Signifikant
Magnettherapie (10 Hz)	24	13 (54)	11 (46)
Plazebo	26	9 (35)	17 (65)
			Nicht signifikant

lung mit Breitbandrauschen [14] gegenübergestellt. Neben der Auswertung des Einschlafens während der Behandlung wurde die elektrische Leitfähigkeit als Zeichen der vegetativen Reaktionslage gemessen. Die günstigsten Ergebnisse erbrachte hierbei das Breitbandrauschen. Eine weitere kontrollierte Untersuchung wurde mit einem Magnetfeldtaschengerät durchgeführt [7]. In einer Doppelblindstudie konnte gezeigt werden, daß eine Magnettherapie mit einer Frequenz von 4 Hz auch langfristig einer Plazebobehandlung signifikant überlegen ist. Allerdings war auch bei der Scheinbehandlung die Effektivität mit 35–48% relativ hoch (s. Tabelle 1).

Da bei Schlafstörungen u. a. ein zentraler Serotoninmangel vermutet wird, wäre es sicher sinnvoll, solche Methoden einzusetzen, bei denen das zentrale Serotonin erhöht wird. Hinweise dafür gibt es bisher für die Bewegungstherapie und die transkutane elektrische Nervenstimulation (TENS). Da die TENS relativ leicht durchführbar ist und keine Nebenwirkungen auftreten oder kaum Kontraindikationen bestehen, sollte diese Methode vorrangig in kontrollierten Studien geprüft werden.

Zu beachten ist auch die Erfahrung, daß bei den Patienten mit Schlafstörungen in der Nacht häufig ein extrem niedriger Blutdruck gemessen wird (s. auch Hecht et al. [9]). Es ist sehr wahrscheinlich, daß dieser niedrige Blutdruck eine wesentliche Ursache für die Schlafstörung darstellt. Therapeutisch sind hier die gewöhnlich bei arterieller Hypotonie eingesetzten Sympathikomimetika nicht sinnvoll, da sie die Schlaflosigkeit meist noch verstärken. Eine Therapie der Wahl stellt hierbei die Physiotherapie in verschiedener Form dar. Dabei kommt es nicht so sehr auf eine spezielle Methode an, sondern darauf, daß die antriebsarmen Patienten überhaupt etwas tun. Bei einigen therapieresistenten Hypotoniepatienten konnten wir mit einer Sonderform der Sauerstoffmehrschritttherapie nach Ardenne noch Besserungen erzielen, was auch mit einer Besserung der begleitenden Schlafstörung verbunden war. Schließlich kann man auch die Akupunktur oder die Neuraltherapie einsetzen [10]. Mit Hilfe einer Serie von Quaddeln über dem Nacken, Injektionen in das Periost des Schädeldachs und unter vorhandene Narben sowie i.v. Injektionen von 1 ml Procain bzw. Xylocitin gelingt es erstaunlich oft, gerade bei älteren Patienten eine Verbesserung des Schlafs zu erreichen. Ein ausbleibender Erfolg weist sehr stark auf eine psychische Genese hin. Haben alle diese Maßnahmen versagt, dann ist der Patient einem erfahrenen Psychiater oder Neurologen oder am besten einem Schlafzentrum zur weiteren Diagnostik und Therapie zuzuweisen.

Literatur

1. Arzneimittelverordnungs-Report des Wissenschaftlichen Instituts der Ortskrankenkassen (WId. O Sept 1990)
2. American sleep Disorders Association (ed) (1990) Diagnostic and coding manual. The international classification of sleep disorders
3. Diagnostisches und statistisches Manual psychischer Störungen. DSM-III-R. Belz, Weinheim Basel, S 363-382
4. Fischer PA (1967) Schlafstörungen als Problem der ärztlichen Allgemeinpraxis. In: Bürger-Prinz H, Fischer PA (Hrsg) Schlaf – Schlafverhalten – Schlafstörungen. Reihe: Forum der Psychiatrie, Bd 18. Enke, Stuttgart, S 81-93
5. Forst U, Jakob Ch, Hecht K (1989) Epidemiologische Studien zur Schlafdauer und zu Schlafproblemen in Berlin und Zerbst. Wiss Z HUB 38 (4):435-440
6. Frey U, Gensch B, Balzer H-U, Hecht K (1989) Ein Beitrag zur Erprobung des Schlafprotokolls zur Beurteilung des Schlafverhaltens von Insomnen in zwei Berliner allgemeinmedizinischen Praxen. Wiss Z HUB 38 (4):451-455
7. Gränz A, Fischer G, Anderwald C, Gaube W, Lischnig H (1987) Anwendung eines Magnetfeld-Taschengerätes zur unterstützenden Behandlung bei Schlafstörungen bzw. Beschwerden der Wetterfühligkeit. Erfahrungsheilkunde 36:650-653
8. Hauri PJ (1990) Verhaltenstherapie bei Schlafstörungen. In: Meier-Ewert K, Schulz H (Hrsg) Schlaf und Schlafstörungen. Springer, Berlin Heidelberg New York, S 147-155
9. Hecht K, Vogt W-E, Wachtel E, Fietze I (1991) Beziehungen zwischen Insomnen und arterieller Hypotonie. Pneumologie 45:196-199
10. Hocker K, Dagun X (1989) Behandlungserfolge mit Ohrakupunktur bei schlafgestörten Klienten einer psychotherapeutischen Fachklinik. Erfahrungsheilkunde 38:58-62
11. Jovanovic UJ (1973) The problem of classification and treatment of sleep disturbances conclusions. Symposium Treatment of sleep disturbances. 1st. European Congress of sleep Research Society, Basel 1972. Karger, Basel, pp 112-163
12. Knauth K, Reiners B, Huhn R (1986) Physiotherapeutisches Rezeptierbuch, 4. Aufl. Volk und Gesundheit, Berlin, S 314-315
13. Kripke D, Ancoli-Israel S (1989) Health risk of insomnia. In: Abstr Int Symp Sleep and health risk, Marburg, S 90
14. Elektronisches Breitbandrauschen gegen Schlafstörungen. Kongreßbericht. Med Trib 43:4
15. Kubicki S (1988) Vorwort. In: Kubicki S, Engfer A (Hrsg) Schlaf und Schlafmittelforschung. Vieweg, Braunschweig Wiesbaden, S 7-8
16. Lacks P, Bertolson AD, Gan L, Kunkel J (1983) The effectiveness of three behavioral treatments for different degrees of sleep-ouset insomnia. Behav Ther 14:593-605
17. Ludwig W (1984) Alterspatient und Arzneimittel. Ther Hung 32:106-116
18. McGhie A, Russel SM (1962) The subjective assessments of normal sleep patterns. In: J Ment Sci 108:642
19. Morin CM, Kwentus JA (1985) Behavioral and pharmacological treatments for insomnia. Ann Behav Med 10:91-100
20. Müller, Limmroth W, Ehrenstein W (1977) Untersuchungen über die Wirkung von Seda-Kneipp auf den Schlaf schlafgestörter Menschen. Med Klin 72:1119-1125
21. Nagy G (1982) Einschlaf- und Durchschlafstörungen. Ther Hung 30, 1:16-24
22. Partinen M, Urponen H, Vuori I, Hassan J (1989) Sleep quality and health. In: Abstr Int Symp Sleep and health risk, Marburg, S 91
23. Piel E (1985) Schlafschwierigkeiten und soziale Persönlichkeit. In: Faust V (Hrsg) Schlafstörungen: Ursachen, Schlafmittel, nichtmedikamentöse Schlafhilfen. Hippokrates, Stuttgart, S 14-16
24. Quera-Salva M, Goldenberg R, Simon M, Orluc A, Pichot P, Guilleminault U (1989) Praevalence of sleep disorders and hypnotic use among the french population. In: Abstr Int Symp Sleep and health risk, Marburg, S 92

25. Rudolf GAE (1990) Der Stellenwert der in der Behandlung von Schlafstörungen verwendeten Hypnotika. In: Rudolf GAE, Engfer A (Hrsg) Schlafstörungen in der Praxis. Vieweg, Braunschweig Wiesbaden, S 48–61
26. Rüther E, Engfer A (1988) Schlafstörungen: Häufigkeit, Ursachen, medikamentöse Behandlung. In: Kubicki S, Engfer A (Hrsg) Schlaf- und Schlafmittelforschung. Vieweg, Braunschweig Wiesbaden, S 9–20
27. Schucklies P (1979) Effektivitätsprüfung einer populärwissenschaftlichen Aufklärungsreihe in einer nichtmedizinischen Laienzeitschrift und Aussagen über das Schlafverhalten einer ausgewählten Stichprobe. Diss A, Akad Ärztl Fortbild DDR, Berlin
28. Wejn A, Rodstat J, Danilin W (1971) Zur Frage der Verbreitung der Schlafstörungen in der Natur. Sov Med 2:114 (auf russisch)
29. Ziskoven R (1987) Magnesium in der Therapie von Schlafstörungen und vegetativen Übererregbarkeiten. Kassenarzt 27:37–42

3.3 Fortschritte der nasalen CPAP-Therapie

H. Becker, U. Brandenburg, J.H. Peter, H. Schneider, P. von Wichert

Einleitung

Bereits kurz nach der Aufklärung des Pathomechanismus des Pickwick-Syndroms durch Gastaut et al. [7] wurde die erste effektive Therapie mittels Tracheostoma von Kuhlo et al. beschrieben [10]. Der Einsatz dieser hochwirksamen Behandlung blieb infolge der Invasivität und den sich ergebenden Nebenwirkungen meist auf schwerstkranke Patienten begrenzt.

Die Erkenntnis, daß das seltene Pickwick-Syndrom nur die Extremvariante der häufig anzutreffenden obstruktiven Schlafapnoe darstellt, führte zur Suche nach weniger beeinträchtigenden Behandlungsformen. 1981 beschrieben Sullivan et al. [15] erstmals die erfolgreiche Behandlung der Schlafapnoe mit nasal appliziertem „continuous positive airway pressure" (nCPAP). Dabei wurde die pharyngeale Obstruktion nicht umgangen wie bei der Tracheotomie, sondern mit einem positiven Druck, der in einem Gebläse erzeugt und in die Atemwege des Patienten geleitet wurde, beseitigt. Trotz der anfänglichen Schwierigkeiten – zunächst wurden sehr laute Staubsaugermotoren verwendet und Nasenmasken, die auf der Gesichtshaut festgeklebt wurden –, also trotz dieser Belästigungen für den Patienten, fand das Prinzip der CPAP-Therapie rasch eine weite Verbreitung und gilt heute als die Behandlung der Wahl bei der obstruktiven und gemischten Schlafapnoe. Anders als bei der leider häufig propagierten Uvulopalatopharyngoplastik (UPPP) gelingt unter nCPAP bei nahezu 100% der Patienten die vollständige Beseitigung von Apnoen, Hypopnoen und Schnarchen während der gesamten Schlafdauer. Die Reduktion des Mortalitätsrisikos unbehandelter Patienten mit schwerer Schlafapnoe gelingt unter nCPAP ebenso wie unter Tracheotomie, während dies bei der UPPP nicht der Fall ist [8]. Mit nCPAP steht somit eine sehr effektive Therapie zur Verfügung, die nicht nur bei akut vital gefährdeten Patienten zum Einsatz kommt, sondern im Zusammenhang mit der heute möglichen Frühdiagnostik auch eine frühzeitige Behandlung ermöglicht, um somit Folgeschäden der Schlafapnoe zu vermeiden.

Zwar lag die Langzeitakzeptanzrate in spezialisierten Zentren schon in den letzten Jahren bei 80% und darüber [3,13], dennoch traten, wenn auch leichte, Nebenwirkungen relativ häufig auf [2]. Die hohe Akzeptanz war somit Folge einer intensiven Langzeitbetreuung und der hohen Motivation der Patienten. Da nCPAP als symptomatische Therapie möglichst in jeder Nacht während der gesamten Schlafdauer durchgeführt werden sollte, um den Behandlungserfolg zu gewährleisten, ergab sich die Zielsetzung der Weiterentwicklung der Geräte und des Zubehörs, um eine möglichst wenig beeinträchtigende und nebenwirkungsarme Dauertherapie zu ermöglichen. Die einzelnen Verbesserungen in diesem Bereich werden im folgenden Abschnitt beschrieben.

Gerätetechnik

Drucksteuerung

Das Wirkungsprinzip von CPAP wurde oben bereits angedeutet. Es basiert auf der Erzeugung eines kontinuierlichen Luftstroms in einem Gebläse, welcher über einen Schlauch und eine Nasenmaske in die Atemwege des Patienten geleitet wird. Mittels eines Ventils kann ein für jeden Patienten individuell zu ermittelnder Druck in den Atemwegen aufgebaut werden. Somit erfolgt eine pneumatische Schienung der kollapsgefährdeten Pharynxabschnitte. Die erforderlichen Drücke variieren intraindividuell in Abhängigkeit von Körperlage, Schlafstadium, Körpergewicht und Alkohol- oder Sedativaeinnahme.

Prinzipiell werden während der Inspiration um 2–5 mbar höhere Drücke benötigt als in Exspiration, da auch die inspirationsbedingten negativen Drücke in den Atemwegen durch CPAP ausgeglichen werden müssen, um einen Kollaps der pharyngealen Muskulatur zu vermeiden.

In den herkömmlichen Geräten ermöglicht ein Ventil mit Spiralfeder durch die Veränderung der Größe eines Lecks im Schlauchsystem, Drücke zwischen 1 und 18 mbar aufzubauen. Die Flußraten betragen dabei je nach Gerät und eingestelltem Druck zwischen 60–150 l/min. In Atemruhelage wird auf diese Weise ein konstanter Druck erzielt. Während der Exspiration kommt es jedoch bei dieser herkömmlichen Technik zu einem Druckanstieg und während der Inspiration zu einem Druckabfall im System (Abb. 1), also zu einem den therapeutischen Erfordernissen (s. oben) entgegengesetzten Druckverlauf. Die geschilderten Druckschwankungen nehmen mit der Höhe des applizierten Drucks zu, da bei höheren Druckwerten die Menge der vom Gerät geförderten Luft sinkt und das Spiralfederventil vermehrte Druckschwankungen begünstigt. Die praktische Konsequenz besteht darin, daß die applizierten Drücke (gemessen in Atemruhelage) bei den herkömmlichen Systemen um 2–4 mbar höher liegen, als es bei optimaler Druckregulierung technisch möglich wäre, und daß die Exspiration durch den Druckanstieg im System erschwert wird, beides Faktoren, welche die Akzeptanz der Therapie vermindern.

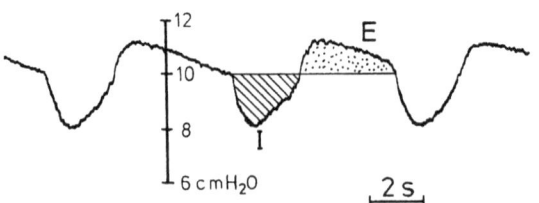

Abb. 1. Druckschwankungen im System während des Atemzyklus bei herkömmlichen CPAP-Geräten, gemessen an der Nasenmaske

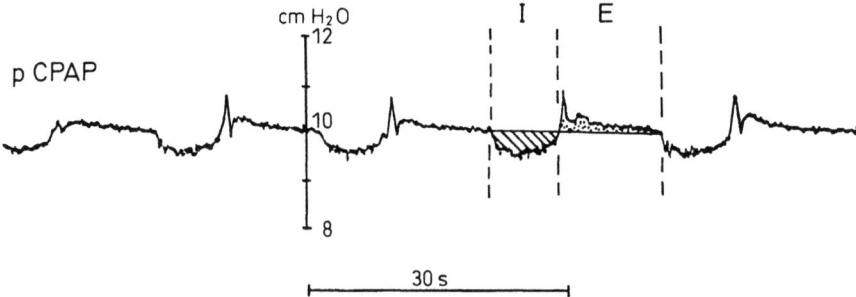

Abb. 2. Minimale Druckschwankungen bei neuer Technik

Die neueste Gerätegeneration verfügt über eine Druckregulierung, welche die oben beschriebenen Druckschwankungen minimiert. Somit müssen insgesamt niedrigere, therapeutisch wirksame Drücke appliziert werden. Weiterhin wird die Exspiration nicht durch einen wesentlichen Druckanstieg erschwert (Abb. 2). Technisch wird dies entweder durch ein elektromagnetisches Ventil oder eine Flowregulierung durch Veränderung der Motordrehzahl erreicht. Durch diese Maßnahme wird die Akzeptanz von CPAP in Zukunft sicherlich noch gesteigert werden können. Für alle Geräte, die heute in der Therapie eingesetzt werden, ist eine effektive Druckregulierung zu fordern, so daß auch bei Drücken von 15 mbar und mehr der inspiratorische Druckabfall maximal 1,5 mbar nicht übersteigt.

BiPAP

Eine Weiterentwicklung von CPAP stellt BiPAP dar, da bei diesem Gerät (Respironics; Vertrieb Stimotron), wie der Name es andeutet, „zwei positive Atemwegsdrücke" also der in- und exspiratorische Druck gesondert regelbar sind. BiPAP stellt die technische Umsetzung der pathophysiologischen Erkenntnisse (s. oben) dar, indem der höchste Druck in der Einatmungs- und der niedrigste Druck in der Ausatmungsphase aufgebaut werden (Abb. 3). Die Drücke können somit genau den Erfordernissen des Patienten angepaßt werden, d. h. während der Inspiration wird ein um 2–5 mbar höherer Druck als während der Exspiration appliziert.

Die Ausatmung wird für den Patienten erheblich erleichtert und die kardiovaskulären Belastungen durch die nasale Beatmung minimiert, da insgesamt niedrigere Drücke appliziert werden können. Aus diesen therapeutischen Möglichkeiten ergibt sich auch die Indikation zur BiPAP-Therapie bei Patienten mit obstruktiver und gemischter Schlafapnoe: Patienten, die hohe Exspirationsdrücke nicht tolerieren oder unter CPAP eine Herzinsuffizienz entwickeln, sollten mit BiPAP therapiert werden.

BiPAP kann in verschiedenen Beatmungsmustern arbeiten. Es bietet zum einen die oben genannte Möglichkeit eines „physiologischen CPAP-Geräts", welche im „Spontan-Modus" besteht. Der Patient triggert dabei die Drucksteuerung durch die

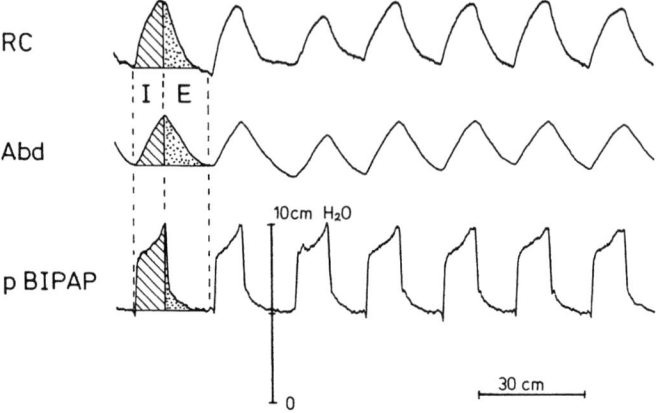

Abb. 3. Druckverlauf unter BiPAP

eigene Ein- und Ausatmung an. Weiterhin besteht noch die Optionen, das Gerät als druckgesteuertes Beatmungsgerät einzusetzen. Der „Spontan-timed-Modus" von BiPAP ermöglicht eine assistierte Ventilation (Druckunterstützung, Triggerung durch den Patienten) mit einer wählbaren minimalen Atemfrequenz, bei deren Unterschreitung eine kontrollierte Beatmung erfolgt. Eine kontrollierte Beatmung mit zusätzlich vorgegebener Atemfrequenz und Inspirations-Exspirations-Verhältnis ohne Steuermöglichkeit durch den Patienten ist im „Timed-Modus" möglich. BiPAP ist daher auch in der Therapie der zentralen Schlafapnoe bei Unwirksamkeit von CPAP und bei zentraler Hypoventilation einsetzbar.

Motor und Gehäuse

Wesentliche Faktoren bez. einer optimalen Langzeitakzeptanz der CPAP-Therapie stellen auch die Geräteabmessungen, das Gewicht und v. a. die Geräuschentwicklung dar. Auf all diesen Gebieten sind im letzten Jahr wesentliche Fortschritte erzielt worden. War das erste in Deutschland 1986 eingesetzte CPAP-Gerät noch über 25 kg schwer, knapp 1 m hoch und nur auf Rollen zu transportieren, so sind die neuesten Modelle der Firmen Respironics, SEFAM, Healthdyne, Rescare, Weinmann und Air Liquide durchweg klein, leicht und gut transportabel. Diese relative Uniformität sollte jedoch nicht darüber hinwegtäuschen, daß technisch teilweise beträchtliche Unterschiede zwischen den Geräten bestehen. Lautstärke, Größe und Gewicht stellen zwar wichtige Faktoren der Gerätequalität dar, aber auch die Gebläseleistung und Druckkonstanz sind wesentliche Gütekriterien, die bei der Geräteauswahl durch das Schlaflabor mitberücksichtigt werden müssen.

Auch bez. der Geräuschentwicklung sind deutliche Verbesserungen erzielt worden. Die zu Beginn eingesetzten Geräte stellten z. T. eine erhebliche Lärmbelästigung dar, wobei Schalldruckpegel von über 60 dB gemessen wurden. In den neuen Geräten konnte das Geräusch auf ca. 45–50 dB reduziert werden. Trotz die-

3.3 Fortschritte der nasalen CPAP-Therapie

ser Reduktion der Lautstärke um mehr als die Hälfte sind auf diesem Gebiet sicherlich noch weitere Verbesserungen erforderlich.

Zubehör

Hinsichtlich der Akzeptanz der CPAP-Therapie sind neben dem eigentlichen Gerät noch die Zubehörteile von besonderer Relevanz. Im Kollektiv der ersten 54 von uns behandelten Patienten traten noch bei 63% mindestens einmal Druckstellen unterschiedlicher Schwere durch die Nasenmaske auf [2]. Zwar gelang es, durch verschiedene Maßnahmen diese Nebenwirkungen langfristig zu reduzieren, dennoch stellten die Nasenmasken ein ernsthaftes Problem für die Dauertherapie dar. Durch die Verwendung von Silikon gelangen entscheidende Verbesserungen der Masken-

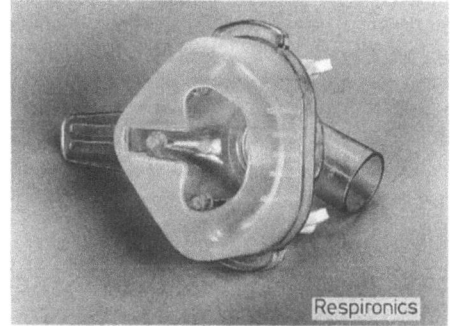

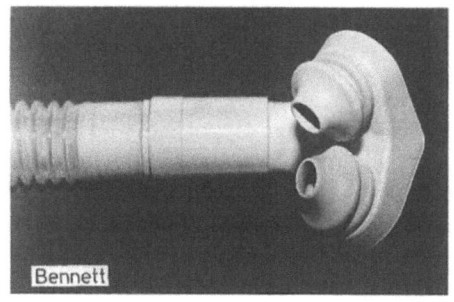

Abb. 4a–c. CPAP-Masken: Respironics, Sullivan, Bennett; *a* und *b* Standardmasken, *c* alternativer Maskentyp

dichtigkeit und Haltbarkeit, so daß Druckstellen heute praktisch nicht mehr auftreten. Liegen besondere anatomische Verhältnisse vor, so steht neben den Standardmasken (Abb. 4a und b) als Alternative noch ein weiterer Maskentyp zur Verfügung (Abb 4c).

In den zunächst genutzten Geräten erfolgte das Abatmen der Exspirationsluft entweder über einen zweiten Schlauch oder über ein Rückatemschutzventil, welches durch die Exspiration geöffnet wurde. Der Einsatz einer maskennah angebrachten Öffnung, aus der die ausgeatmete Luft entweicht, führte zu einer Reduktion der Geräuschentwicklung bzw. zu mehr Bewegungsfreiheit für die Patienten.

Therapie der Nebenwirkungen

Da die Nasenmasken heute kaum mehr Nebenwirkungen hervorrufen, stellt die Austrocknung und Reizung der Nasen-/Rachenschleimhaut derzeit die häufigste unerwünschte Begleiterscheinung der nCPAP-Therapie dar. Nach Verbesserung des Raumklimas (höhere Temperatur und Luftfeuchtigkeit) und Einsatz von Lokaltherapeutika in Form von Nasensalben werden heute unbeheizte und beheizte Atemgasanfeuchter, letztere mit sehr gutem Erfolg auch in schweren Fällen eingesetzt [5].

Bereiche der CPAP-Therapie ohne Fortschritte

Indikation

Bei Versagen der Verhaltenstherapie und der Theophyllintherapie sowie bei Risikopatienten ist nCPAP die Behandlung der Wahl. Die Tracheotomie ist zwar eine sehr effektive Behandlungsform, sollte jedoch wegen der Nebenwirkungen lediglich als ultimo ratio eingesetzt werden. Alle weiteren operativen Verfahren sollten wegen der geringen Langzeiterfolgsrate (UPPP) [6] oder dem noch experimentellen Stadium (Kieferchirurgie) [12] nur bei Ineffektivität von CPAP diskutiert werden.

Überwachung

Bei nCPAP handelt es sich zwar nicht um eine invasive Therapie, dennoch bestehen auch für diese Behandlung Risiken wie langfristige Hypoventilationen [4,9], akute Herzinsuffizienz [11] oder Dyspnoe bei großer, weicher Epiglottis [1], die den Patienten während der initialen Therapiephase bei unsachgemäßer Durchführung oder mangelnder Überwachung vital gefährden können. Aus diesem Grund muß die Therapieeinleitung auch weiterhin in der Klinik unter permanenter Überwachung und direktem Ausschrieb der Atmungsparameter erfolgen.

Therapiedauer

Die CPAP-Behandlung ist eine symptomatische Therapieform. Obwohl die Schlafapnoe und oft auch ihre Folgeerkrankungen unter einer Dauertherapie vollständig beseitigt werden kann, bleibt die Ursache der Atmungsstörung durch CPAP unbeeinflußt. Entgegen der von Issa (mündliche Mitteilung) geäußerten Auffassung, nach einer mehrmonatigen Dauertherapie auf eine Intervallbehandlung etwa alle 2–3 Tage übergehen zu können, haben unsere Untersuchungen gezeigt [14], daß bei über 90% der Patienten die Atmungsstörung bereits in der ersten therapielosen Nacht wieder in nahezu unveränderter Stärke auftritt. Ziel muß es also sein, die Therapie für die Patienten so wenig belastend wie möglich zu gestalten, damit eine Unterbrechung nicht erforderlich wird. Da die Patienten täglich an ihrem erholsamen Schlaf und der Beseitigung der vermehrten Tagesmüdigkeit die positiven Effekte von CPAP erfahren, ist die Motivation zur Dauertherapie ohnehin sehr hoch.

Literatur

1. Andersen APD, Alving J, Lildholdt T, Wulff CH (1987) Obstructive sleep apnea initiated by a lax epiglottis. A contraindication for continuous positive airway pressure. Chest 91:621–623
2. Becker H, Figura M, Himmelmann H, Köhler U, Peter JH, Retzko R, Schwarzenberger F, Weber K, von Wichert P (1987) Die nasale „Continuous Positive Airway Pressure" (nCPAP)-Therapie – Praktische Erfahrungen bei 54 Patienten. Prax Klin Pneumol 41:426–429
3. Becker H, Faust M, Fett I, Kublik A, Peter JH, Rieß M, von Wichert P (1989) Langzeitakzeptanz der nCPAP-Therapie bei 70 Patienten mit einer Behandlungsdauer von über sechs Monaten. Prax Klin Pneumol 43:643–646
4. Becker H, Fett I, Nees E, Peter JH, von Wichert P (1991) Behandlung primärer und sekundärer Therapieversager der nCPAP-Behandlung bei Patienten mit Schlafapnoe. Pneumologie 4: 301–305
5. Becker H, Fett I, Rieß M, Schneider H, Stamnitz A, Weber K, Peter JH, von Wichert P (1991) Mechanical ventilation in the treatment of sleep-related breathing disorders. In: Peter JH, Penzel T, Podszus T, von Wichert P (eds) Sleep and health risk. Springer, Berlin Heidelberg New York, pp 220–228
6. Conway W, Fujita S, Zorick F, Roehrs T, Wittig R, Roth T (1985) Uvulopalatopharyngoplasty: one year follow-up. Chest 88:385–87
7. Gastaut H, Tassinari CA, Duron B (1965) Etude polygraphique des manifestations épisodiques (hypniques et respiratoires), diurnes et nocturnes, du syndrome de Pickwick. Rev Neurol 112:568–579
8. He JH, Kryger MH, Zorick FJ, Conway W, Roth T (1988) Mortality and apnea index in obstructive sleep apnea. Experience in 385 male patients. Chest 94:9–14
9. Krieger J, Weitzenblum E, Monassier JP, Stoeckel C, Kurtz D (1983) Dangerous hypoxemia during continuous positive airway pressure treatment of obstructive sleep apnea. Lancet II:1429–1430
10. Kuhlo W, Doll E, Franck MC (1969) Erfolgreiche Behandlung eines Pickwick-Syndroms durch eine Dauertrachealkanüle. Dtsch Med Wochenschr 24:1286–1290
11. Podszus T (1990) Hemodynamics in sleep apnea. In: Issa F, Suratt PM, Remmers JE (eds) Sleep and respiration. Wiley-Liss, New Yprk, pp 353–361
12. Riley RW, Powell NB, Guilleminault C (1990) Maxillofacial surgery and nasal CPAP. A comparison of treatment for obstructive sleep apnea syndrome. Chest 98:1421–25

13. Sanders MH, Gruendl CA, Rogers RM (1986) Patient compliance with nasal CPAP therapy for sleep apnea. Chest 90:330–337
14. Schneider H, Becker H, Böke M, Fett I, Penzel T, Peter JH, Stamnitz A, Weber K, von Wichert P (1989) Reexposition of nCPAP-therapy on sleep apnea patients. Eur Resp J 2 (Suppl 5): 402pp
15. Sullivan CE, Issa FG, Berthon-Jones M, Eves L (1981) Reversal of obstructive sleep apnea by continuous positive airway pressure applied through the nares. Lancet I:862-865

3.4 Schlafstörungen bei experimenteller Neurose und deren Korrektur mittels Substanz P (SP 1-11)

M. G. Airapetjanz, K. Hecht, I. A. Kolometzewa, K. J. Sarkissova

Die Insomnie ist ein Kardinalsymptom psychosomatischer und neurotischer Störungen bzw. Erkrankungen. Das häufige Vorkommen dieser pathologischen Erscheinungen – epidemiologische Studien geben etwa 10% der erwachsenen Bevölkerung an [7, 23] – erfordert Kenntnisse über ihre pathogenetischen Mechanismen, um über diese auch die Insomnie prophylaktisch zu bekämpfen oder kausal therapieren zu können.

Experimentelle Neurosen

Wir stellten uns die Aufgabe, mit entsprechenden tierexperimentellen Modelluntersuchungen zur Klärung pathogener Mechanismen biologischer Prozesse der Neurosen bzw. neurosebedingter Insomnien beizutragen. Wir fassen die Neurosen und psychosomatischen Erkrankungen als eine funktionelle Desintegration psychobiologischer Prozesse auf [1, 7, 25, 26]. Das heißt, im Gegensatz zu manchen psychotherapeutischen oder psychoanalytischen Schulen schenken wir nicht nur der psychischen Komponente der Neurose unsere Aufmerksamkeit, sondern in gleicher Weise auch der biotischen Komponente.

Die experimentelle Neurose schien uns das geeignete Modell für diese Untersuchungen zu sein. Da dieses Modell im deutschen Sprachgebiet in der Gegenwart nicht sehr bekannt ist, möchten wir dazu zunächst einige historische Fakten anführen.

Auf dem 1. Internationalen Neurologenkongreß 1931 in Bern berichtete I. P. Pawlow in deutscher Sprache [19] über seine Konzeption der experimentellen Neurosen, die er mit entsprechenden experimentellen Daten begründete. Er gab dazu folgende Definition: „Unter Neurosen verstehen wir chronische (wochen-, monate- und sogar jahrelange) Abweichungen der höheren Nerventätigkeit von der Norm." Als Faktoren, welche Neurosen bedingen können, führte Pawlow Überforderungen der Erregungsprozesse des Nervensystems, Überforderung der zentralnervösen Hemmungsprozesse, die Kollision der Nervengrundprozesse Erregung und Hemmung (Konflikte) und Störungen des endokrinen Systems an. Den Schlaf beschrieb Pawlow [20] als einen Hemmungsprozeß des Gehirns im Sinne einer Schutzfunktion vor Überlastungen.

Unsere Untersuchungen führten wir an adulten männlichen Wistarratten durch. Die experimentelle Neurose riefen wir hervor, indem wir die Tiere täglich für die

Dauer von ca. 20 min Entscheidungskonflikten nach dem Unbestimmtheitsprinzip [3, 12] aussetzten. Nach etwa 5 Wochen lag eine chronische experimentelle Neurose vor, die u. a. durch Einschränkung der Lern- und Gedächtnisleistungen, durch Störungen der Schlafstruktur, durch Veränderungen verschiedener vegetativer, metabolischer und endokriner Funktionen charakterisiert werden konnte [3, 12, 18].

Parameter zur Charakterisierung der experimentellen Neurose

Als Parameter zur Charakterisierung des Erscheinungsbildes der experimentellen Neurose in unseren hier darzulegenden Untersuchungen verwendeten wir erstens die elektrophysiologische Somnographie: Über chronisch implantierte Elektroden wurden EEG und EMG registriert. Als Vigilanzstadien wurden der aktive Wachzustand (I), der relaxierte Wachzustand (II), der oberflächliche Schlaf (III), der Deltaschlaf (IV) und der paradoxe Schlaf (V) definiert [12].

Zweitens wurde die Dynamik des Sauerstoffpartialdruckes [2, 21] und drittens der lokale zerebrale Blutfluß im Gehirn [5, 8, 21, 22] als Parameter verwendet. Des weiteren bestimmten wir die Aktivität des Atemfermentes Cytochromoxidase [9]. Die Erhöhung der Aktivität der Cytochromoxidase ist Ausdruck der verstärkten Ausnutzung des Sauerstoffs bei Hypoxie im Gehirn.

Die mit der experimentellen Neurose erzeugten Schlafstörungen wurden mit Substanz P 250 µg/kg/Tag über die Dauer von 4 Tagen behandelt.

Bei diesen Untersuchungen wurden folgende Ergebnisse erzielt:

Schlafstruktur (Tabelle 1)

Die Tiere mit experimenteller Neurose weisen eine beträchtliche Störung der Schlafstruktur auf. Der Anteil des aktiven und relaxierten Wachzustandes ist erhöht, der Anteil von Delta- und paradoxem Schlaf erheblich reduziert.

Tabelle 1. Anteil der Vigilanzstadien am Schlafzyklogramms (über 120 min) unter verschiedenen Zuständen des Organismus von Wistarratten (n=30) (* p>0,01)

Zustände des Organismus	Vigilanzstadien in Minuten				
	I	II	III	IV	V
Kontrollbedingungen (Vorkontrolle)	16,0±2,6	10,5±3,6	15,3±2,5	64,7± 5,8	13,8±2,2
Experimentelle Neurose	50,7±8,6 *	19,5±7,4 *	20,5±1,5	28,0± 5,1 *	2,7±0,7 *
Nach der 4tätigen Behandlung der experimentellen Neurose mit Substanz P (SP_{1-11}) 250 µg/kg/Tag	10,0±2,0	12,2±4,0	18,5±8,8	66,2±10,5	15,7±4,8

3.4 Schlafstörungen bei experimenteller Neurose und deren Korrektur

Der oberflächliche Schlaf – entspricht in etwa den Stadien I und II beim Menschen nach Rechtschaffen u. Kales – zeigt unwesentliche Veränderungen. Des weiteren ist die Schlaflatenz, die Latenz des paradoxen und des Deltaschlafs verlängert. Die Schlafrhythmik ist deformiert.

Eine 4tägige Applikation von Substanz P (tgl. 250 µg/kg intraperitoneal) induziert den durch die experimentelle Neurose herabgesetzten Anteil des Delta- und paradoxen Schlafs und reduziert den erhöhten Wachzustand mit nachhaltigem Effekt.

Sauerstoffpartialdruck im Gehirn (Abb. 1)

Der unter Kontrollbedingungen nach einer elektrischen Reizung erfolgende Anstieg des Sauerstoffpartialdrucks im Gehirn ist bei den experimentell neurotischen

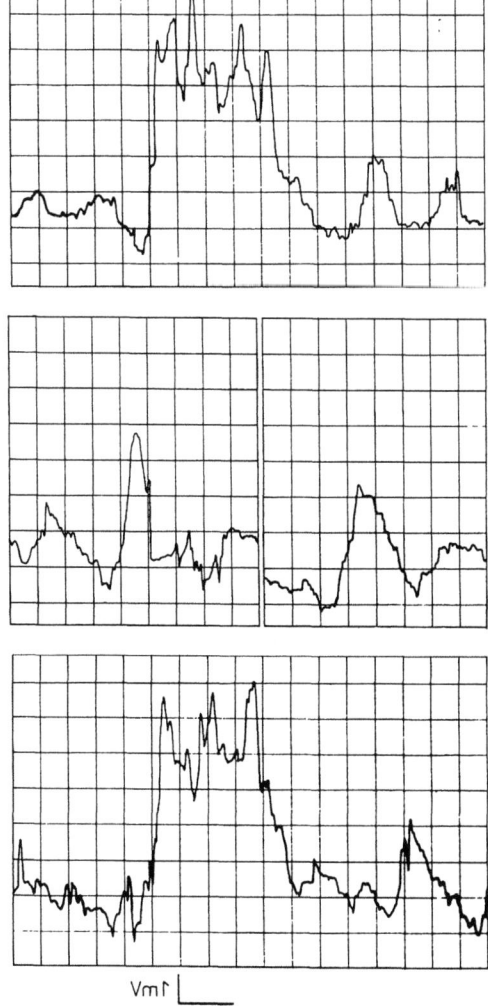

Abb. 1. Sauerstoffpartialdruck einer Wistarratte während einer Phase des paradoxen Schlafes. *Oben:* Kontrollbedingungen (Vorkontrolle); *Mitte:* Unter der experimentellen Neurose; *Unten:* Nach der 4tägigen Behandlung der experimentellen Neurose mit Substanz P (250 µg/kg/Tag)

Tabelle 2. Cytochromoxidase im Gehirn (relative Einheiten) unter verschiedenen funktionellen Zuständen

	Cytochromoxidase
Kontrollen (Vorkontrolle)	131,3±1,7
Experimentelle Neurose	76,8±3,5 *
Behandlung der experimentellen Neurose mit Substanz P	96,1±2,6 **

* =vs. Kontrolle p<0,05
**=vs. experimentelle Neurose p<0,05

Tabelle 3. Geschwindigkeit des lokalen zerebralen Blutflusses bei Kontrolltieren und Tieren mit experimenteller Neurose. * = Versus Kontrollen: p<0,05

Gehirnabschnitt	Kontrolle ml/100 g/min n=30	Experimentelle Neurose ml/100 g/min n=30
Nucleus ventromedialis hypothalami	68,7±4,8	48,3±6,7 *
Sensomotorischer Cortex	66,6±2,1	46,7±5,0 *
Visueller Cortex	60,2±2,0	44,0±4,2 *
Hippokampus	59,9±2,1	55,7±2,1 *

Tieren nicht nachzuweisen. Eine Behandlung mit Substanz P restauriert diesen pathologischen Zustand.

Cytochromoxidase im Gehirn (Tabelle 2)

Die Cytochromoxidase zeigt während der experimentellen Neurose einen Abfall, der durch die Applikation von Substanz P zum Untersuchungszeitpunkt im wesentlichen kompensiert werden konnte.

Lokaler zerebraler Blutfluß (Tabelle 3)

Zur weiteren Charakterisierung der experimentellen Neurose wurde zusätzlich der lokale zerebrale Blutfluß bei Tieren unter Kontrollbedingungen und bei Tieren mit experimenteller Neurose im Neokortex, Nucleus ventromedialis hypothalami, in der Formatio reticularis mesencephali und im Hippokampus untersucht. Bereits in der Entwicklung der experimentellen Neurose tritt, gewöhnlich einhergehend mit ersten Veränderungen der Schlafstruktur und des bedingt-reflektorischen Verhaltens, eine Verlangsamung des Blutflusses im Gehirn auf, die sich bei zunehmender Ausbildung der experimentellen Neurose noch verstärken kann.

Insomnie infolge zerebraler Hypoxie

Die von Airapetjanz [3] und Hecht [10] postulierte Hypothese der zirkulatorischen zerebralen Mikrohypoxie in der Neurosenpathogenese, die durch zahlreiche Befunde untermauert werden konnte [4, 8, 9, 15–17, 21, 22], wurde somit mit den vorliegenden Ergebnissen erneut bestätigt. Folglich sind die sich bei der experimentellen Neurose entwickelnden Schlafstörungen im Sinne einer Insomnie gleichfalls auf eine zirkulatorische zerebrale Hypoxie zurückzuführen.

Diese Ergebnisse stehen in Übereinstimmung mit den von Hecht et al. (13] erhobenen Befunden an Patienten mit einer Vergesellschaftung von Insomnie und arterieller Hypotonie. Diese Patienten erwachen gewöhnlich nach 2–3stündiger Schlafzeit, zu der die niedrigsten Blutdruckwerte gemessen werden (im Extremfall Werte um 50/30 Torr [14]) mit außerordentlich starken Erregungszuständen, die ein Weiterschlafen meistens verhindern. Hecht [14] interpretiert das plötzliche Erwachen dieser Patienten als eine Notfallreaktion infolge des niedrigen Blutdruckes und einer damit verbundenen Verlangsamung des Blutflusses, die zerebrale Hypoxie und Hypoglykämie im Gehirn auslöst. Wir sind daher der Auffassung, daß der zirkulatorischen zerebralen Hypoxie im Zusammenhang mit der Insomniepathogenese, und somit mit entsprechenden therapeutischen und prophylaktischen Maßnahmen, die entsprechende Aufmerksamkeit gebührt.

Die Applikation von Substanz P (SP 1-11) führt offensichtlich nicht nur zur Restaurierung der gestörten Schlafstruktur der neurotisierten Versuchstiere, wie dies in früheren Untersuchungen nachgewiesen werden konnte [10, 18, 24], sondern auch zur Wiederherstellung der normalen Sauerstoffversorgung der Hirnzellen. Über den Wirkmechanismus dieses Substanz-P-Effekts kann gegenwärtig noch keine Aussage getroffen werden.

Verwiesen sei aber in diesem Zusammenhang auf Arbeiten von Airapetjanz et al. [3] und Hecht et al. [10], die prophylaktische und therapeutische Effekte von Antioxydanzien bei Tieren mit experimenteller Neurose beschrieben haben. Würde sich bei weiteren vorgesehenen Untersuchungen zur Wirkung der Antioxydanzien auf die Schlafstruktur bei experimenteller Neurose dieser Effekt bestätigen, könnte das einen neuen Weg in der kausalen Therapie von Insomnien mit physiologisch wirkenden Mitteln eröffnen.

Literatur

1. Airapetjanz MG, Wejn AM (1982) Nevrozy v eksperiment i v Klinike. Nauka, Mos
2. Airapetjanz M, Hecht K (1989) Prophylaktische und therapeutische Effekte von Antioxydanzien bei streßinduzierten und experimentellen Neurosen. Wiss Z HUB 38:510–511
3. Airapetjanz M, Hecht K, Chananaschwili M (1980) Theoretische Probleme der experimentellen Neurose unter besonderer Berücksichtigung der kreislaufbedingten Hypoxie des Gehirns. In: Seidel K, Hecht K (Hrsg) Experimentelle Neurose. Ber HUB 3:27–34
4. Artychina N, Ljowschina I, Kuwagewa O, Hecht K (1980) Die Wirkung von prolongiertem Lärmeinfluß auf die Ultrastrukturen der Großhirnrinde. In: Seidel K, Hecht K (Hrsg) Experimentelle Neurose. Ber HUB 3:43–47
5. Aukland K, Bauer BF, Berliner WR (1964) Measurement of local blood flow with hydrogen gas. Circ Res 14:164–187
6. Berezovskij WA (1975) Naprjashenie kisloroda v tkanjach shivotnych i celoveka. Naukova Dumka, Kiew, S 279

7. Chananaschwili MM, Hecht K (1984) Neurosen. Akademie-Verlag, Berlin
8. Drescher J (1984) Der Einfluß der Substanz P-Heptopeptidsequenz SP 5–11 auf den lokalen cerebralen Blutfluß normaler und chronisch gestreßter Ratten. Diss Med Fak HUB
9. Guljajewa NW (1988) Rolle der freien radikalen Oxidation von Lipiden in den Adaptationsmechanismen. Vesn Akad Med Nauk SSSR, Moskau, S 49–55
10. Hecht K, Airapetjanz M, Chananaschwili M, Oehme P, Poppei M (1982) Hypoxiegestörte Proteinsynthese im Gedächtnis des Gehirns – ein ursächlicher Faktor der Neurose? In: Neumann J (Hrsg) Beiträge zur biologischen Psychiatrie. Leipzig, VEB Thieme-Verlag, S 46–52
11. Hecht K, Oehme P, Poppei M, Ljowschina IP, Kolometzewa IA, Airapetjanz MG (1980) Influence of substance P – analoque on sleep deprivation. In: Marsan A, Traczyk WZ (eds) Neuropeptides and neural transmission. IBRO Symp Ser 7. Raven Press, New York, pp 159–164
12. Hecht K, Treptow K, Choinowski S, Peschel M (1972) Die raumzeitliche Organisation der Reiz-Reaktionsbeziehungen bedingtreflektorischer Prozesse. In: Brain and behaviour research monograph series, vol 5. Fischer, Jena, S 103 ff
13. Hecht K, Vogt W-E, Wachtel E, Fietze I (1991) Beziehungen zwischen Insomnie und arterieller Hypotonie. Pneumologie 45:196–199
14. Hecht K Schlaf und Hypotonie (Sna i Gipotonija) Zurn. Vyss. Nerv. Dejatl. (Moskau) (zum Druck eingereicht)
15. Hety L, Poppei M, Hecht K (1977) Der Energiestoffwechsel kortikaler Synaptosomen von Ratten im Verlauf eines chronischen Stresses durch Hypokinese. In: Baumann R, Hecht K (Hrsg) Streß, Neurose, Herzkreislauf. Deutscher Verlag der Wissenschaften, Berlin, S 192–193
16. Kolzowa M, Alexandrowskaja M, Rehberg G (1980) Morphologische und funktionelle Veränderungen in der Mikrostruktur des Gehirns bei experimenteller Neurose als Folge einer kreislaufbedingten Hypoxie. In: Seidel K, Hecht K (Hrsg) Experimentelle Neurose. Ber HUB 3:35–42
17. Konnitzer K, Voigt S, Poppei M, Hecht K (1977) Regionaler Stoffwechsel des Rattengehirns im Verlauf eines Hypokinesestresses. In: Baumann R, Hecht K (Hrsg) Streß, Neurose, Herzkreislauf. Deutscher Verlag der Wissenschaften, Berlin, S 185–192
18. Ljowschina IP, Hecht K, Kolometsewa IA, Oehme P, Schlegel T, Poppei M, Airapetjanz MG, Wachtel E (1981) Modularfunktion von Substanz P bei Desynchronose. In: Schuh J, Hecht K, Romanow JA (Hrsg) Chronobiologie und Chronomedizin. Akademie-Verlag, Berlin, S 779–788
19. Pawlow IP (1931) Experimentelle Neurosen. Vortr 1. Int Neurologenkongr, Bern, 3.9.1931. Dtsch Z Nervenheilkd 124:137–139
20. Pawlow IP (1953) Innere Hemmung und Schlaf. Sämtliche Werke (Dtsch Ausg), Bd 4. Akademie-Verlag, Berlin, S 201–213
21. Sarkissowa K (1988) Lokaler Blutfluß in den emotiogenen Hirnstrukturen bei neurotischen Ratten. In: Z Vyss Nerv Dejatl 38, 4:684–692 (auf russisch)
22. Sarkisova KJu, Kolometzeva IA (1950) Izmenenie urovnaja naprjashenija kisloroda v razlicnych strukturach mozga u krys v zikle sodrstvovanie – son. Z Vyss Nerv Dejatl 40:524–534
23. UNESCO (Hrsg) (1972) Material der Stockholmer Umweltkonferenz Gruppe G: Gesundheit und Sozialwesen, S 16, Pkt 97–03
24. Wachtel E (1986) Wirkung verschiedener Substanz P-Sequenzen auf Lernen, Gedächtnis und Schlaf bei normalen und chronisch gestreßten Ratten (Grundlagenuntersuchungen zur Überführung in die klinische Erprobung). Diss A, HUB
25. Wein AM, Rostadt IV (1977) Neurosen und vegetative Störungen. Z Vyss Nerv Dejatl: 385–387 (auf russisch) Band 27
26. Wejn AM, Hecht K (1989) Son – čelovek. Medizina, Moskau

3.5 Modulierende Funktion von Substanz-P-Sequenzen in der Regulation von Schlaf-Streß-Beziehungen

E. Wachtel, K. Hecht, P. Oehme

Das Undekapeptid Substanz P ($SP_{1-11}:NH_2$) wies bei tierexperimentellen Studien und in der klinischen Erprobung schlafregulierende Eigenschaften auf, die nach exogener SP-Gabe in Normalisierungseffekten auf die streßbedingten bzw. neurotischen Schlafstörungen ihren Ausdruck gefunden haben [2, 6, 7, 9, 13, 18–20].

Nach bisherigen Erkenntnissen sind diese Eigenschaften an den regulierenden Eingriff des Undekapeptides in den Metabolismus von Katecholaminen gebunden [4, 8, 12–14].

Welche Rolle hierbei die Sequenzen von Substanz P spielen, die durch enzymatische Spaltung der SP-Kette entstehen [1, 2, 11, 16] und als endogene Peptide biologisch aktiv sein können [3–5, 14, 17], blieb zunächst offen. Die Lösung dieser Frage, die auf die Präzisierung der vorhandenen Vorstellungen zum Mechanismus der unspezifischen restaurierenden Wirkung von Substanz P auf den gestörten Schlaf zurückgreift, ist insbesondere in Hinblick auf die Kausaltherapie von weit verbreiteten streß- bzw. neurosebedingten Schlafstörungen von Bedeutung.

In der vorliegenden Arbeit wurde die Wirkung von verschiedenen SP-Sequenzen auf den normalen und gestörten Schlaf von Ratten in einem direkten Vergleich zur $SP_{1-11}:NH_2$-Wirkung untersucht.

Mit dieser Arbeit wurde das Ziel verfolgt,
- zu prüfen, wie die unterschiedlichen SP-Sequenzen im Vergleich zur Muttersubstanz ($SP_{1-11} NH_2$) den gesunden und gestörten Schlaf beeinflussen, und
- die Wirkungscharakteristika des N- und C-terminalen Bereiches der Substanz P zu verifizieren.

Methodik

Die zur Anwendung gekommenen SP-Sequenzen sind in der Tabelle 1 angegeben. Diese wurden in verschiedenen, jeweils äquimolaren Dosen zur Muttersubstanz (SP_{1-11}) verabreicht. Gewöhnlich waren es zunächst die Äquivalente zu 125 µg/kg und 250 µg/kg $SP_{1-11}:NH_2$. In Abhängigkeit vom Effekt wurde das Dosisspektrum entsprechend erweitert (Tabelle 1).

Die Applikation erfolgte intraperitoneal (i.p.) tgl. 1mal 1 h vor Beginn der elektropolysomnographischen Untersuchungen an 4 aufeinanderfolgenden Tagen und zwar vom 2.–5. Tag, so daß der 1. und der 6. Tag als Vorkontrolle bzw. Nachkon-

Tabelle 1. Übersicht über die in den Untersuchungen verwendeten Substanz P (SP)-Sequenzen

	1 2 3 4 5 6 7 8 9 10 11
SP 1-11:	Arg-Pro-Lys-Pro-Gln-Gln-Phe-Phe-Gly-Leu-Met: NH_2
SP 1-9:	Arg-Pro-Lys-Pro-Gln-Gln-Phe-Phe-Gly: NH_2
SP 1-4:	Arg-Pro-Lys-Pro: NH_2
SP 1-4:	Arg-Pro-Lys-Pro: COOH ⟶ N-Terminale
SP 5-11:	C-Terminal — Gln-Gln-Phe-Phe-Gly-Leu-Met: NH_2

trolle zum Verum dienten. Die SP-Sequenzen wurden den Tieren mit normalem und mit gestörtem Schlaf entsprechend der Aufgabenstellung verabreicht. Die Tiere der „Normkontrollgruppe" sowie der „Streßkontrollgruppe" erhielten die i.p. Injektionen von NaCl 0,9%ig.

Die chronifizierten Schlafstörungen wurden am Modell der experimentellen Neurose untersucht. Hierbei wurden die Tiere über den Zeitraum von 5 Wochen tgl. 1mal einer Konfliktsituation nach einem Unbestimmtheitsprinzip für die Dauer von 10 min ausgesetzt. Infolgedessen waren die primär akuten Streßreaktionen (z. B. die Erhöhung des Kortisols, der Katecholamine, der Glukose und Lipide im Blutplasma sowie der Proteinsynthese im Gehirn) chronifiziert [15]. Die entstandenen pathologischen Regulationsvorgänge, einschließlich der Zerstörung der Schlafstruktur, hielten mindestens 2 Wochen nach dem Wegfall der Belastung manifest an [17, 19, und Abschn. 3.4 in diesem Band].

Die Schlafuntersuchungen fanden tgl. an 6 aufeinanderfolgenden Tagen (in Bedarfsfällen an 12 Tagen) beginnend ab Montag statt. Diese dauerten 2 h tgl. und wurden während des zirkadianen Aktivitätsminimums von Ratten jeweils von 8.00–10.00 h bzw. 10.00–12.00 h durchgeführt. An diese Untersuchungsbedingungen wurden die Tiere zuvor im Verlauf von 4 Tagen nach der Elektrodenimplantation adaptiert.

Die polygraphische Registrierung der bioelektrischen Schlafaktivität erfolgte gleichzeitig an jeweils 4 freibeweglichen Ratten. Das EEG wurde vom sensomotorischen Kortex wie folgt abgeleitet:

1. unipolar linke Hemisphäre,
2. unipolar rechte Hemisphäre,
3. bipolar beide Hemisphären.

Des weiteren erfolgte die Aufzeichnung der bipolaren EMG-Ableitung von der Nackenmuskulatur.

Eine Videokamera gestattete zusätzlich die Beobachtung des Verhaltens der Tiere.

Die Analyse von EEG und EMG erfolgte visuell. Die Stadieneinteilung wurde wie folgt vorgenommen [18]:

Stadium I:	aktives Wachsein,
Stadium II:	relaxiertes Wachsein,
Stadium III:	oberflächlicher Deltaschlaf,
Stadium IV:	tiefer Deltaschlaf,
Stadium V:	paradoxer Schlaf (REM).

3.5 Modulierende Funktion von Substanz-P-Sequenzen

Aus der Analyse ergaben sich
1) die prozentualen Anteile der einzelnen Stadien (I–V) an der Gesamtuntersuchungszeit,
2) Latenzzeiten der ersten Episode von einzelnen Stadien II–V sowie die
3) Schlafzyklendauer.

Insgesamt wurden 228 Versuchstiere (adulte männliche Wistarratten) in diese Untersuchungen einbezogen. In 7 Gruppen wurden die SP-Peptide an schlafgesunden Ratten und in 14 Gruppen an schlafgestörten Tieren geprüft. Zu Vergleichszwecken wurden 1 Gruppe der „Normkontrolle" und 1 Gruppe der „Streßkontrolle" eingesetzt.

Bei der statistischen Bewertung der Vergleichsergebnisse wurde der t-Test nach Student verwendet. Ein vollständiger Normalisierungseffekt der in einer bestimmten Dosis verabreichten Sequenz lag vor, wenn bei schlafgestörten Tieren die Werte der „Normkontrolle" erreicht waren (Schlafstörung vs. SP-Effekt $p<0,001$, signifikant; SP-Effect vs. „Normkontrolle" $p>0,001$, nicht signifikant). Ein partieller Effekt auf den gestörten Schlaf war gegeben, wenn beim Vergleich des SPergen-Effektes sowohl zu Schlafstörungswerten als auch zu „Normkontrollwerten" eine signifikante Differenz ($p<0,01$) bestand.

Ergebnisse

Die erzielten Ergebnisse werden nachfolgend zusammenfassend dargestellt (Abb. 1–6; Tabellen 2 und 3).

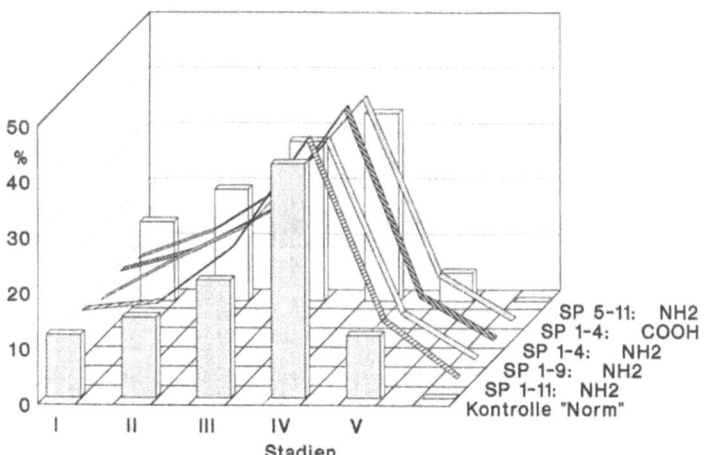

Abb. 1. Prozentuale Anteile der Dauer der Schlafstadien in verschiedenen Versuchsgruppen von ungestreßten Tieren am 4. Tag der Applikationsphase jeweiliger Sequenzen von SP_{1-11}. Zum Vergleich dient eine Kontrollgruppe mit gesunden Tieren („Normkontrolle"). Appliziert wurden jeweilige Dosen äquimolar zu 250 g/kg/Tag SP 1-11

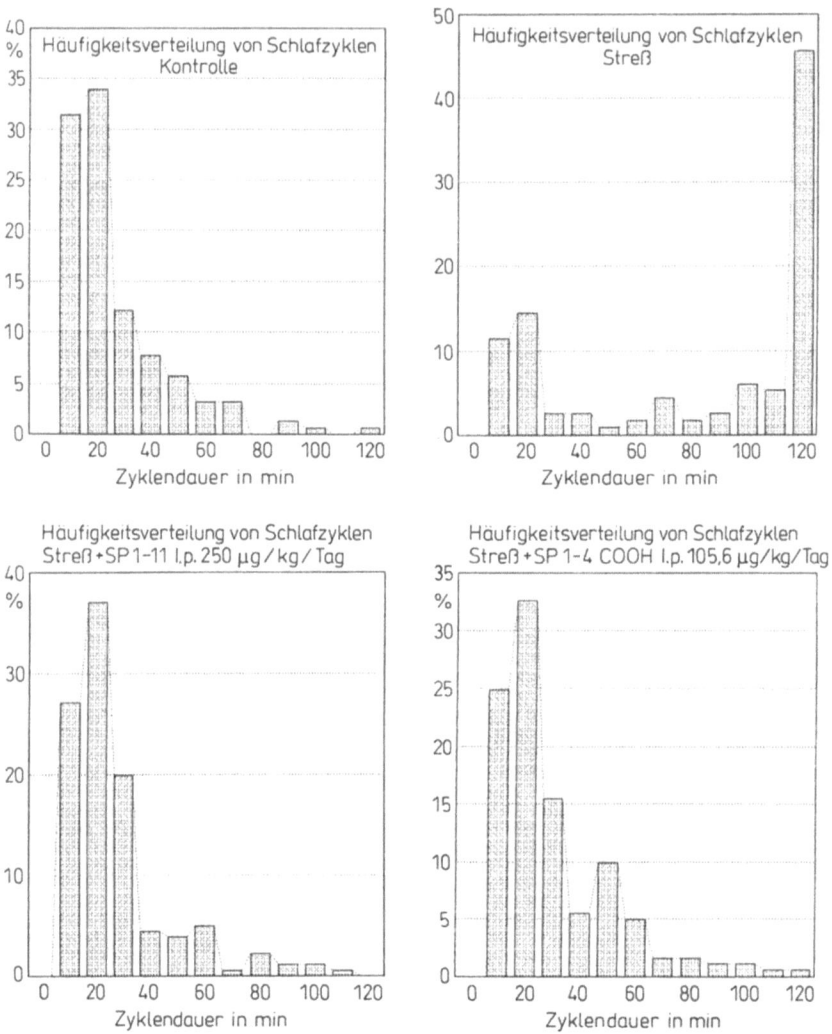

Abb. 2. Häufigkeitsverteilung von Schlafzyklen in verschiedenen Versuchsgruppen: „Norm- und Streßkontrolle" sowie „Streß+SP$_{1-11}$: NH$_2$" und „Streß+SP$_{1-4}$: COOH" (in äquimolarer Dosis zu 250 g/kg/Tag), Ordinate: Anzahl von Schlafzyklen in %; Abszisse: Dauer der Schlafzyklen in min)

1. Die Schlafstruktur der ungestreßten Versuchstiere vor Applikation der SP-Sequenzen (Vorkontrolle) entsprach weitgehend der „Normkontrolle". Die qualitativ-quantitativen Charakteristika des „normalen" Schlafes zeigen, daß der Rattenschlaf etwa 30% aus Wachanteilen, ca. 60% aus den Anteilen des Deltaschlafes und ca. 10% aus den Episoden des paradoxen Schlafes (REM) besteht (Abb. 1). Die Analyse der Schlafzyklen erbrachte eine dominierende Periodenlänge von 20 min. Diese ist der Ausdruck für biorhythmische Ausgewogenheit des Schlafes (Abb. 2).

3.5 Modulierende Funktion von Substanz-P-Sequenzen 203

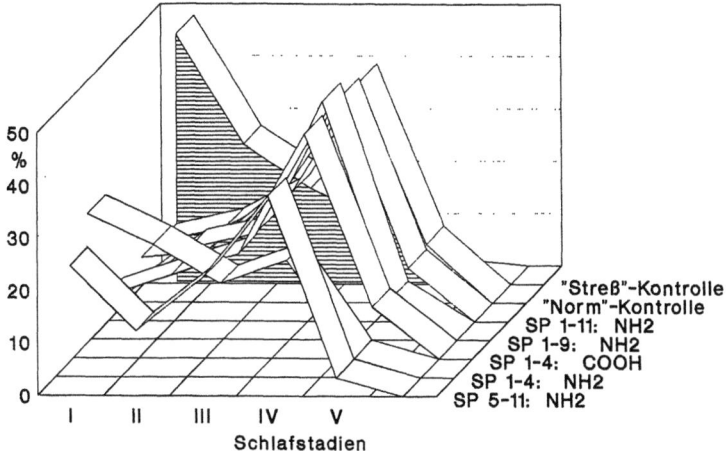

Abb. 3. Prozentuale Anteile der Dauer der Schlafstadien in verschiedenen Versuchsgruppen von gestreßten Tieren (experimentelle Neurose) am 4. Tag der Applikationsphase des entsprechenden SP-Peptides. Als Vergleich dienen die Werte der „Normkontrolle" und „Streßkontrolle" am 5. Versuchstag. Appliziert wurden äquimolare Dosen zu 250 mg/kg/Tag SP_{1-11} : NH_2

Infolge der Verabreichung von verschiedenen Dosen (äquimolar zu 35 mg/kg/Tag, 70 µg/kg/Tag, 125 µg/kg/Tag, 250 µg/kg/Tag SP_{1-11}) der N-terminalen Sequenzen und des Undekapeptides

SP_{1-4} : COOH,
SP_{1-4} : NH_2,
SP_{1-9} : NH_2,
SP_{1-11} : NH_2,

erfährt die zeitliche Organisation des Schlafes der „gesunden" Tiere keine signifikanten Veränderungen. Nach Absetzen dieser Substanzen trat kein REM-Reboundeffekt auf (Tabelle 2).

Die untersuchten Schlafparameter entsprechen weitgehend den Werten der „Normkontrolle". Die Letzteren sind in einem Balkendiagramm in der Abbildung 1 dargestellt.

Die C-terminale SP_{5-11} : NH_2-Sequenz hat bei einmaliger Gabe an schlafgesunden Tieren keinen Effekt. Bei mehrmaliger Applikation treten Veränderungen der normalen Schlafstruktur auf (Abb. 1). Die biologische Rhythmizität des Schlafes ist hierbei beeinträchtigt. Während der Nachkontrolle wurde kein REM-Rebound festgestellt (Tabelle 2).

Chronische Schlafstörungen mit reduziertem Delta- und paradoxen Schlaf sowie mit einem großen Anteil von Wachzeiten und verzögerten Latenzzeiten der Schlafstadien (Abb. 3) inklusive ausgeprägter Deformation der Schlafzyklendesynchronose (Abb. 2) wurden im Bereich der äquimolaren Dosierungen zur Muttersubstanz 125 bis 500 µg/kg/Tag durch SP-Sequenzen unterschiedlich je nach Terminallage und -länge bzw. nach der Zusammensetzung einer Peptidkette beeinflußt.

Tabelle 2. Übersicht über die Wirkung verschiedener Substanz-P-Sequenzen auf die Schlafstruktur gesunder Wistarratten

Substanzen	Deltaschlaf	Paradoxer Schlaf (REM)	Latenzzeiten der Schlafstadien	Schlafzyklen	REM-Rebound	Nachhaltiger Effekt
SP 1-11	Kein Effekt	Kein Effekt	Kein Effekt	Kein Effekt	Keiner	Keiner
SP 1-9:NH$_2$	Kein Effekt	Kein Effekt	Kein Effekt	Kein Effekt	Keiner	Keiner
SP 1-4:NH$_2$	Kein Effekt	Kein Effekt	Kein Effekt	Kein Effekt	Keiner	Keiner
SP 1-4:COOH	Kein Effekt	Kein Effekt	Kein Effekt	Kein Effekt	Keiner	Keiner
SP 5-11:NH$_2$	Trend	Partieller Effekt	Trend	Partieller Effekt	Keiner	Keiner

Tabelle 3. Übersicht über die Wirkung verschiedener Sequenzen von Substanz P auf den gestörten Schlaf bei Ratten mit experimenteller Neurose

Substanz	Deltaschlaf	Paradoxer Schlaf (REM)	Latenzzeiten der Schlafstadien	Schlafzyklen	Nachhaltiger Effekt	REM-Rebound
SP 1-11:NH$_2$	Normalisierung	Normalisierung	Normalisierung	Normalisierung	Ja	Keiner
SP 1-9:NH$_2$	Normalisierung	Normalisierung	Normalisierung	Normalisierung	Nein	Keiner
SP 1-4:NH$_2$	Partielle Normalisierung	Partielle Normalisierung	Partielle Normalisierung	Kein Effekt	Ja	Keiner
SP 1-4:COOH	Normalisierung	Normalisierung	Normalisierung	Normalisierung	Ja	Keiner
SP 5-11:NH$_2$	Partielle Normalisierung	Partielle Normalisierung	Partielle Normalisierung	Kein Effekt	Nein	Keiner

3.5 Modulierende Funktion von Substanz-P-Sequenzen

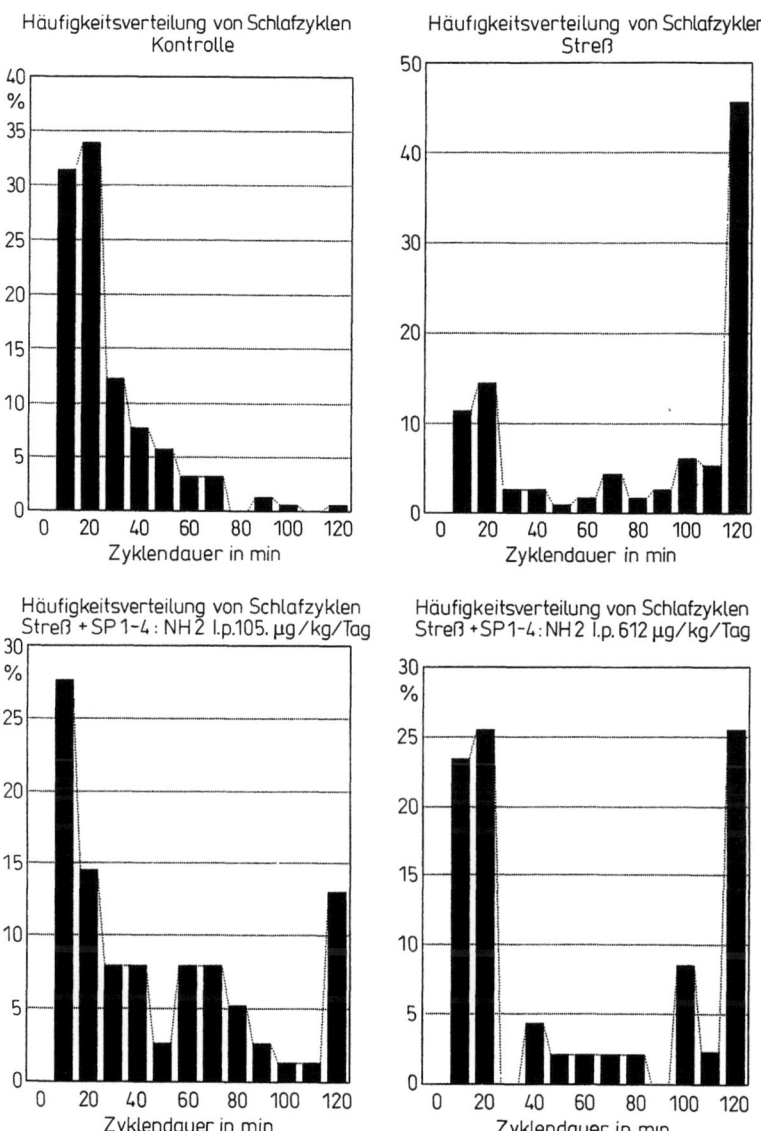

Abb. 4. Häufigkeitsverteilung von Schlafzyklen nach einer 4tägigen Applikation von $SP_{1-4}:NH_2$ mit 105,6 µg/kg/Tag (*links unten*) und 612 µg/kg/Tag (*rechts unten*) äquimolarer Dosen zu $SP_{1-11}:NH_2$ bei gestreßten Ratten. Als Vergleich dienen Frequenzhistogramme für „Norm- und Streßkontrolle" (*oben links und rechts*)

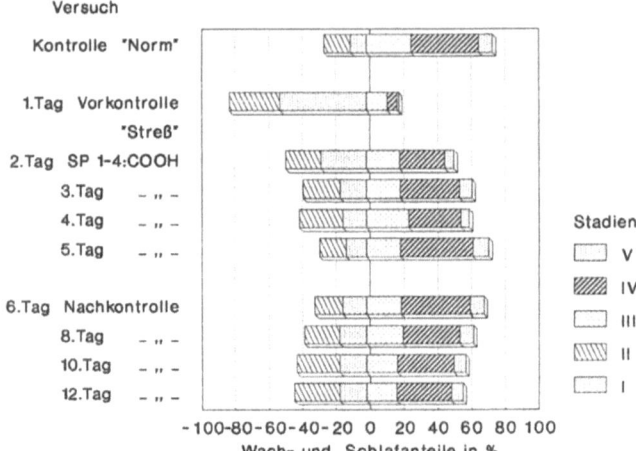

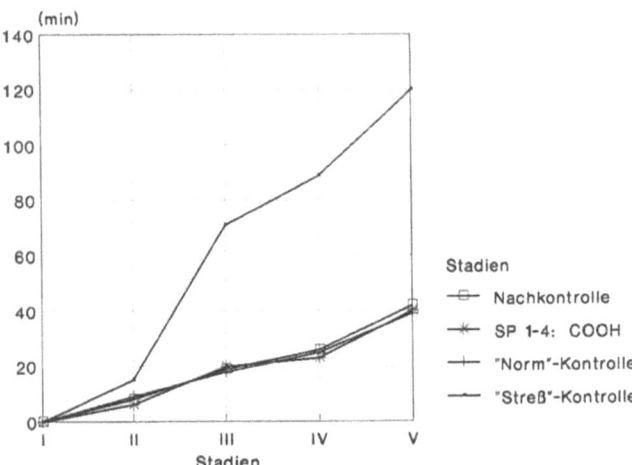

Abb. 5. *Oben:* prozentuale Anteile der Dauer der Schlafstadien einer Versuchsgruppe von Tieren mit experimenteller Neurose (Streß) unter den Bedingungen der Vorkontrolle (*VK*), einer 4tägigen Applikationsphase und einer 7tägigen Nachkontrolle (*NK*). Appliziert wurde SP_{1-4} : COOH in einer Dosis von 105,6 µg/kg/Tag äquimolar zu 250 µg/kg/Tag SP_{1-11} : NH_2. Der nachhaltige Normalisierungseffekt ist deutlich zu sehen. *Unten:* Latenzzeiten der einzelnen Stadien der Schlafstruktur von oben genannten Tiergruppen

Infolge der vergleichenden Analyse wurde festgestellt, daß durch N-terminale Sequenzen SP_{1-4} : COOH, SP_{1-9} : NH_2, und durch die Muttersubstanz SP_{1-11} : NH_2 die streßbedingten chronischen Schlafstörungen zum 4. Applikationstag vollständig beseitigt wurden (Abb. 3, Tabelle 3).

Das N-terminale Tetrapeptid von Substanz P SP_{1-4} : NH_2 wies lediglich einen partiell restaurierenden Effekt auf gestörte zeitlich-räumliche Organisation des

3.5 Modulierende Funktion von Substanz-P-Sequenzen

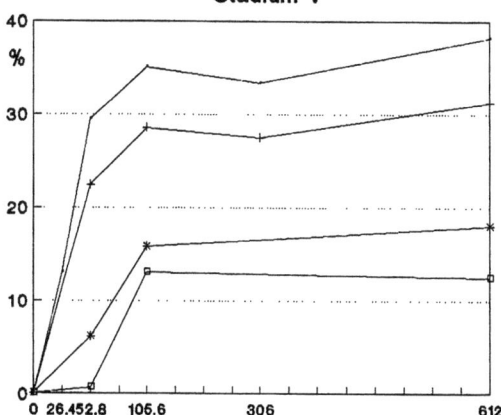

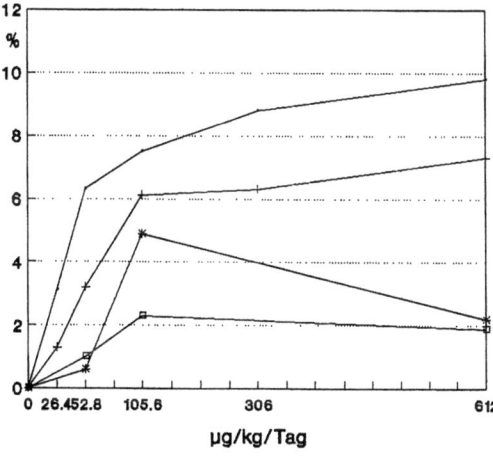

μg/kg/Tag

Wirkungseffekte
- SP 1-4:COOH VK/NK
- SP 1-4:COOH VK/SP
- SP 1-4:NH2 NK/NK
- SP 1-4:NH2 VK/SP

Abb. 6. Dosis-Wirkung-Beziehungen von SP_{1-4} : COOH und SP_{1-4} : NH_2 bei chronischer Insomnie von Ratten mit experimenteller Neurose (Streß), die jeweils die dosisabhängigen Normalisierungsraten als Wertedifferenzen SP_{1-4} : COOH/Vorkontrolle (SP/VK) bzw. SP_{1-4} : COOH/Nachkontrolle (SP/NK) darstellen. *Unten:* SP/VK – Normalisierungseffekte (*oben*) und SP/NK – Nachhaltigkeitsverlauf der Normalisierungseffekte auf den Deltaschlaf – Stadium IV (*unten*). *Oben:* Normalisierungsraten (*oben*) und ihre Nachhaltigkeit (*unten*) für Stadium V (paradoxer Schlaf bzw. REM)

Schlafes aus (Abb. 4). Dieser Effekt blieb nach einer 4tägigen Applikationsmethode nur 1 Tag aufrechterhalten. REM-Rebound trat in keinem der untersuchten Fälle auf (Tabelle 3).

Die partielle Restaurierung des Schlafes infolge der Verabreichung der C-terminalen Sequenz SP_{5-11} : NH_2 war nicht nachhaltig. Ebenfalls erwies sich als kurzfristig der vollständige Normalisierungseffekt vom SP-Nonanpeptid SP_{1-9} : NH_2, so daß am 1. Tag nach dem Absetzen seiner Gabe (Nachkontrolle) die Schlafstörungen in einem deutlichen Ausmaß wieder erschienen (Tabelle 3).

Die nachhaltigen und vollständigen Normalisierungseffekte standen in Verbindung mit Applikation von SP_{1-11} : NH_2 und SP_{1-4} : COOH zusammen. Diese Effekte waren mindestens 1 Woche nachweisbar (Abb. 5).

Bei der Prüfung der Dosis-Wirkung-Beziehungen von N-terminalen Tetrapeptiden SP_{1-4} : COOH und SP_{1-4} : NH_2 wurde festgestellt, daß diese Sequenzen einen den Peptiden eigenen, glockenförmigen Kurvenverlauf (Abb. 6) haben. Im Gegensatz zum DSIP besitzt die Glocke für SP-Peptide ein breiteres Plateau, womit auf eine günstige therapeutische Breite verwiesen wird.

Diskussion

Von den erzielten Ergebnissen wird abgeleitet:
– daß der Effekt zur Beseitigung der streßinduzierten chronischen Schlafstörungen am Modell der experimentellen Neurose an die N-terminalen Sequenzen der Substanz P gebunden ist,
– daß sich die Information für die homöostaseregulierende Wirkung mit größter Wahrscheinlichkeit in der Sequenz SP 1-4 befindet und an die Dipeptidverbindung SP 3-4 (Lys-Pro) gebunden ist, da diese N-Terminale eine vollständige und nachhaltige Normalisierung auch im Wachverhalten bei streßgestörten Lern- und Gedächtnisvorgängen bewirkten [3, 6, 10, 17],
– daß die C-terminalen Sequenzen offensichtlich in der Regulation der streßbedingten Insomnie kaum beteiligt sind; damit werden früher mit Substanz P erzielte Ergebnisse, die besagen, daß die N- und C-terminalen Sequenzen als Antagonisten homöostaseregulierend wirken und somit die streßbedingten hyper- und hyporeaktiven Regulationsabweichungen korrigieren, bestätigt [5, 6, 8],
– daß die N-terminale Sequenz SP_{1-4} : COOH die größte therapeutische Breite analog zur SP_{1-11} : NH_2 ausweist,
– daß ein Vergleich mit der Wirkung des DSIP zugunsten der SP_{1-11} und SP_{1-4} : COOH ausgeht, weil sie über eine außerordentliche therapeutische Breite verfügen [10, 18].

Schlußfolgerung

Mit diesen Ergebnissen wurden neue Erkenntnisse zum Mechanismus der unspezifischen Wirkung von SP_{1-4} auf die streßbedingte Insomnie für die Grundlagenforschung gewonnen, die eine Voraussetzung für die klinische Erprobung von Substanz-P-Sequenzen geben, die derzeitig mit der Muttersubstanz erfolgt [6], wobei sich eine intranasale Applikationsform gut bewährt hat.

Unseren tierexperimentellen Ergebnissen zufolge besteht die Möglichkeit, die Substanz-P-Sequenzen für einen Einsatz als unspezifische schlafregulierende Wirkstoffe mit dem Charakter eines natürlichen Heilmittels zu verwenden.

3.5 Modulierende Funktion von Substanz-P-Sequenzen

Die SP-Sequenzen hätten den Vorteil, daß sie
- keine psychobiologischen Arzneimittelschäden verursachen, weil sie eine Halbwertszeit von wenigen Minuten haben [3, 8] und keine unerwünschten Histaminfreisetzungseffekte hervorrufen [6, 10, 13],
- über die Eigenschaft verfügen, einmal ausgelösten Antistreßeffekt für längere Zeit aufrecht zu erhalten,
- kein Abhängigkeitspotential besitzen und
- einen körpereigenen Stoff darstellen.

Literatur

1. Blumberg S, Teichberg VJ (1979) Biological activity and enzymatic degradation of substance P analogs; implications for studies of the substance P-receptor. Biochem Biophys Res Commun 90:347–354
2. Bury RW, Mashford ML (1976) Biological activity of C-terminal partial sequences of substance P. J Med Chem 19:854–856
3. Drescher J, Wachtel E, Hecht K, Oehme P, Kolometzewa IA (1990) The importance of substance P in the organization of biological microrhythms. In: Oehme P, Löwe H, Göres E (Hrsg) Peptide und Adaptation. Beiträge zur Wirkstofforschung Heft 36. Akademie-Industrie-Komplex Arzneimittel, S 168–172
4. Fewtrell CMS, Foreman JC, Jordan CC, Oehm P, Renner H, Stewart JM (1982) The effects of substance P on histamine and 5-hydrotryptamine release in the rat. J Physiol 330:393–441
5. Görne RC, Morgenstern E, Oehme P, Bienert M, Neubert K (1982) Wirkung von Substanz P und Substanz P-Fragmenten auf die Schmerzschwelle von Mäusen. Pharmazie 37:289–300
6. Hecht K, Oehme P (1985) Substanz P in der pathophysiologischen Regulation. In: Zwiener U (Hrsg) Pathogenese, Funktionsdiagnostik und Therapie gestörter Körperfunktionen. Ergebnisse der Experimentellen Medizin. VEB Verlag Volk und Gesundheit, Berlin 46:72–80
7. Hecht K, Kolometzewa IA, Ljowschina IP, Oehme P, Poppei M, Airapetjanz MG, Wachtel E (1980) The influence of a substance P-analogue on the sleep disturbance of stressed rats. In: Popovice L, Asgijan B, Badin G (eds) Sleep 1978. Karger, Basel, S 507–510
8. Hecht K, Poppei M, Hilse H, Airapetjanz MG, Oehme P (1983) Katecholaminspiegel im Plasma von Ratten unter akutem Streß ohne und mit Substanz P-Applikation. Pharmazie 38/6:424–426
9. Hecht K, Wachtel E, Vogt W-E, Oehme P, Airapetjanz MG (1990) Schlafregulierende Peptide. Beitr Wirkstoff, Inst Wirkstoffforsch Berlin 37:1–188
10. Jentzsch K-D, Oehme P, Hecht K, Roske I, Siems W-E, Heider G, Wachtel E, Drescher J (1984) Biological actions of N-terminal substance P-sequences. In: Satellite Symp IUPHAR, 9th Int Congr Pharmacol, Maidstone/Kent, pp 243–245
11. Kato T, Hama T, Nagatsu T, Kuzuya H, Sakakibara S (1979) Changes of X-propyl-dipeptidylaminopeptidase activity in development of rat brain. Experienta 35:1329–1330
12. Oehme P, Hecht K, Piesche L, Hilse H, Poppei M, Morgenstern E, Göres G (1980) Substance P – new aspects to its modulatory function. Acta Biol Med Ger 39:469–477
13. Oehme P, Bienert M, Hecht K, Bergman J (1981) Substanz P. Beitr Wirkstoff, Inst Wirkstoffforsch Berlin 12:1–185
14. Oehme P, Hecht K, Piesche L, Hilse H, Rathsak R (1982) Relation of substance P to stress and catecholamine metabolism. In: Ciba Found Symp 91, Substance P in the nervous system. Pitman, London, pp 298–306, abstracts
15. Poppei M, Hecht K (1980) Stressorenwirkung und chronischer Streß in Abhängigkeit von Zuständen des Organismus. Wiss Z HUB Math Nat R 39:667–680
16. Stewart JM, Hall ME (1983) Substance P: the yin-yang of behaviour. In: Blaha K, Malon P (eds) Peptides 1982. De Gruyter, Berlin New York, pp 511–516

17. Wachtel E (1986) Wirkung verschiedener Substanz-P-Sequenzen auf Lernen, Gedächtnis und Schlaf bei normalen und chronisch gestreßten Ratten. Diss, Math Nat HUB
18. Wachtel E, Koplik E, Kolometzewa IA, Hecht K, Oehme P (1987) Vergleichende Untersuchungen zur Wirkung von DSIP und SP 1-11 auf streßinduzierte chronische Schlafstörungen der Ratte. Pharmazie 42, 3:188–190
19. Wachtel E, Kolometzewa IA, Balzer H-U, Hecht K, Siems R, Oehme P, Vogt W-E (1989) REM-Zyklen als Kriterium zur Beurteilung pathologischer Zustände des Schlafes. Wiss Beitr HUB R Med 38:468–483
20. Wachtel E, Hecht K, Cordova A, Iglesias E et al. (1990) Beziehungen zwischen Schlaf, Substanz P und Serotonin-System. In: Peptide und Adaptation. Beitr Wirkstofforsch, Inst Wirkstofforsch Berlin 36:279–283

4 Schlafbezogene Atmungsstörungen

4.1 Schlafbezogene Atmungsstörungen: eine Herausforderung für die pathologische Physiologie

J. H. Peter

Einleitung

Die pathologische Physiologie soll die Abläufe von Krankheiten wissenschaftlich untersuchen und systematisch darstellen. Sie soll damit die Grundlagen schaffen für eine rationale Diagnostik einschließlich der methodischen und der differentialdiagnostischen Voraussetzungen sowie die Grundlagen für eine effektive Therapie. Dabei benutzt sie die Methoden und Begriffe der Grundlagenwissenschaften wie Psychologie, Biochemie, Anatomie; sie orientiert sich aber im Gegensatz zu den medizinischen Grundlagenwissenschaften an den von der Klinik gestellten Anforderungsprofilen. Indem die Pathophysiologie Voraussetzungen für die Diagnostik wie auch die Therapie liefert, erstreckt sie sich weit über die Aufgabe der bloßen Definition des Übergangs vom noch Physiologischen ins schon Pathologische hinaus in die Felder der klinischen Medizin. Auch die Ausschaltung von Störfaktoren im Sinne von präventivem Vorgehen und die Wiedereingliederung durch gängige Therapieverfahren nicht mehr vollständig restituierbarer Patienten im Rahmen von Rehabilitationsmaßnahmen sind nur auf pathophysiologischer Grundlage mit Aussicht auf Erfolg zu betreiben.

Mit der Einführung zuverlässiger und patientengeeigneter Langzeitmeßmethoden (Induktionsplethysmographie, transkutane O_2-Sättigung, Langzeitblutdruckmessung) und mit der Einführung der nasalen Ventilationstherapie war es im Lauf der 80er Jahre möglich, auf einer pathophysiologischen Grundlage Konzepte für eine Stufendiagnostik und Stufentherapie sowie für die Differentialdiagnostik der schlafbezogenen Atmungsstörungen (SBAS) und anderer intrinsischer Dyssomnien zu erarbeiten. Wesentliche praktische Probleme der Diagnostik und Therapie der schlafbezogenen Atmungsstörungen sind aber bisher ungelöst und das nicht in erster Linie, weil methodische Fragen ungelöst oder weil wesentliche Probleme noch nicht verstanden wären, sondern hauptsächlich deswegen, weil die Problematik noch nicht angegangen wurde und weil es an der Integration erfolgssicheren pathophysiologischen Arbeitens in die klinischen Abläufe mangelt. Unter Aspekten der Ökonomie besteht aber bei weiterem Mangel an Aufklärung wichtiger Basismechanismen der SBAS die Gefahr, daß hohe Kosten durch die Anwendung nicht begründeter Verfahren entstehen und daß auf der anderen Seite die therapeutischen Möglichkeiten nicht rechtzeitig genutzt werden.

Schlafbezogene Atmungsstörungen (SBAS)

Unter den Aspekten der sog. Schlafmedizin werden die schlafbezogenen Atmungsstörungen den Dyssomnien zugeordnet, d. h. sie können sowohl in Form einer vermehrten Einschlafneigung am Tag mit einer Hypersomnie einhergehen als auch mit einer Insomnie in Form von Ein- und Durchschlafstörungen am Abend bzw. in der Nacht. Da die schlafbezogenen Atmungsstörungen auf einer autonomen Dysfunktion im Schlaf beruhen, werden sie auch als Schlafstörungen aus intrinsischer Ursache oder als intrinsische Dyssomnien bezeichnet. Der Häufigkeit und der Gefährlichkeit nach stellen die schlafbezogenen Atmungsstörungen die bedeutsamste Gruppe der intrinsischen Dyssomnien dar.

Die schlafbezogenen Atmungsstörungen werden unter klinischen Gesichtspunkten eingeteilt in:

1) Apnoesyndrom:
   a) obstruktives Schlafapnoesyndrom,
   b) zentrales Schlafapnoesyndrom,

2) Hypoventilationssyndrome:
   a) primäre alveolare Hypoventilation,
   b) sekundäre alveolare Hypoventilation.

Das obstruktive Schlafapnoesyndrom (OSAS) ist gekennzeichnet durch lautes und unregelmäßiges Schnarchen während des Nachtschlafs sowie durch intermittierendes Sistieren des Luftflusses an Nase und Mund infolge Verlegung der Atemwege oberhalb des Larynx. Diese extrathorakale Obstruktion im Bereich der oberen Atemwege kann inkomplett sein, dann reden wir von obstruktivem Schnarchen, oder sie kann komplett sein, dann reden wir von einer obstruktiven Apnoe. Leitsymptom tagsüber ist beim ausgeprägten obstruktiven Schlafapnoesyndrom (mehr als 35 Atemstillstände von mehr als 10 s Dauer durchschnittlich je h Schlafzeit) die vermehrte Tagesschläfrigkeit. Sie ist Ausdruck der durch die SBAS gestörten Schlafstruktur. Von obstruktivem Schlafapnoesyndrom betroffen sind meist Männer der mittleren Altersgruppe, die Prävalenz in der gesamten Bevölkerung beträgt für das manifeste obstruktive Schlafapnoesyndrom mehr als 1%, Männer sind ca. 7mal so häufig betroffen wie Frauen.

Patienten mit obstruktivem Schlafapnoesyndrom sind häufig übergewichtig, sie können aufweisen: Polyglobulie, überwiegend nächtliche Herzrhythmusstörungen, essentielle Hypertonie, Rechtsherzinsuffizienz. Die mit obstruktivem Schlafapnoesyndrom einhergehenden Symptome und Befunde wie Übergewicht, arterieller Hypertonus, Herzrhythmusstörungen, psychische Leistungsdefizite und Tagesschläfrigkeit sowie Schnarchen sind sehr unspezifisch. Allgemein kann gelten, daß um so eher ein obstruktives Schlafapnoesyndrom vorliegt, je ausgeprägter die Einzelsymptome und Befunde sind und je eindeutiger die Kombination von Symptomen bzw. Befunden aus den 3 verschiedenen Bereichen sind: Veränderungen im Schlaf, psychische Veränderungen tagsüber und Funktionsstörungen des kardiovaskulären bzw. des kardiopulmonalen Systems (zur Übersicht s. a. S. 216, Abb. 2).

4.1 Schlafbezogene Atmungsstörungen

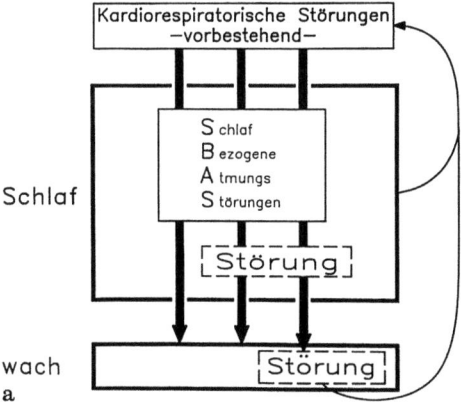

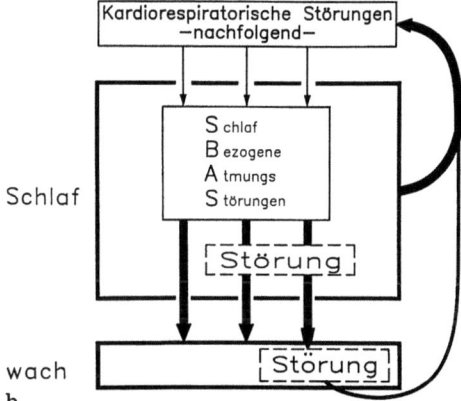

Abb. 1a, b. Schema zum Verhältnis von kardiorespiratorischen Erkrankungen, schlafbezogenen Atmungsstörungen sowie Wachstörungen am Tag und sekundären kardiorespiratorischen Störungen. **a.** kardiorespiratorische Störungen vorbestehend; **b.** kardiorespiratorische Störungen nachfolgend. In beiden Fällen können die schlafinduzierten Atmungsstörungen den Schlaf beeinträchtigen oder nicht (*linker Pfeil*) beeinträchtigen. Die intrinsische Schlafstörung kann so ausgeprägt sein, daß eine Wachstörung tagsüber als ein Leitsymptom resultiert (*rechter Pfeil*) oder nicht resultiert (*mittlerer Pfeil*)

Das zentrale Schlafapnoesyndrom ist gekennzeichnet durch Atemstillstände während des Schlafs, die nicht durch pharyngeale Obstruktion bedingt sind, sondern dadurch, daß die Anstrengung im Bereich aller sonst an der Atmung beteiligter Muskelgruppen sistiert. Die Klinik des zentralen Schlafapnoesyndroms gleicht bis auf das Schnarchen im wesentlichen derjenigen des obstruktiven Schlafapnoesyndroms. Das zentrale Schlafapnoesyndrom kommt äußerst selten vor.

Die primäre alveolare Hypoventilation ist beim Erwachsenen ebenfalls äußerst selten. Sie ist gekennzeichnet durch ein Nachlassen des Atemantriebs, zunächst während des Schlafs, später auch im Wachzustand sowie durch eine progrediente Schlafstörung, verursacht durch die schlafbezogene Hypoventilation. In deren Folge kommt es auch zu Wachstörungen am Tag sowie zu einer progredienten Hyperkapnie und Hypoxämie tagsüber. Charakteristisch für die Anamnese der primären alveolaren Hypoventilation sind Durchschlafstörungen mit Aufwachen, gelegentlich einhergehend mit Erstickungsgefühl in der Nacht, ferner mit morgendlichen Kopfschmerz, mit Abgeschlagenheit tagsüber und mit rascher Progredienz einer Rechtsherzinsuffizienz. Bei der primären alveolaren Hypoventilation ist eine früh-

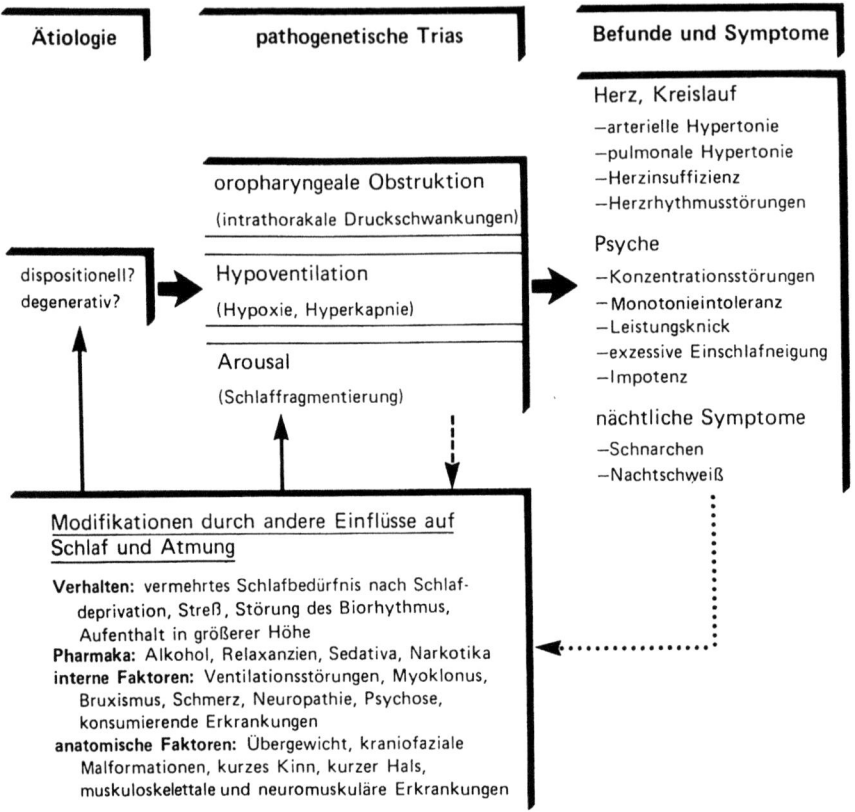

Abb. 2. Ätiologie, pathophysiologische Mechanismen, klinische Befunde und Symptome sowie mögliche modifizierende Einflüsse bei der Schlafapnoe und anderen schlafbezogenen Atmungsstörungen

zeitige Diagnose wichtig; ohne Einleitung einer adäquaten nächtlichen Ventilationstherapie sterben die Patienten in weniger als 2 Jahren nach Diagnosestellung.

Die sekundäre alveolare Hypoventilation hat eine ähnliche Klinik wie die primäre alveolare Hypoventilation, jedoch besteht bei der sekundären Form immer vorausgehend eine manifeste neurologische oder muskuloskelettale oder kardiale und/oder pulmonale Erkrankung. Infolge der bevorstehenden schwerwiegenden Grunderkrankung werden die – ansonsten auch beim Gesunden vorkommenden – Hypoventilationsphasen während des Nachtschlafs nicht mehr kompensierbar. Es ist davon auszugehen, daß die sekundäre alveolare Hypoventilation heute zumeist nicht diagnostiziert wird und daß undiagnostiziert die Folgen der sekundären alveolaren Hypoventilation in den meisten Fällen fälschlich als Aggravation der Grunderkrankung interpretiert werden. Dieser Fehlschluß ist aber fatal, da durch adäquate Therapie der sekundären Hypoventilation rasch eine Besserung des Gesamtbildes der betroffenen Patienten herbeigeführt werden könnte.

Schnarchen

Begrifflich abzugrenzen von den eigentlichen schlafbezogenen Atmungsstörungen sind die verschiedenen Formen des Schnarchens. Das sog. primäre Schnarchen ist definiert als Schnarchen ohne relevante Auswirkungen auf Blutgase und auf Hämodynamik. Da im Alter von 50 Jahren ca. 50% der Männer schnarchen, wird vermutet, daß es sich in den meisten Fällen um sog. primäres Schnarchen handelt. Exakte Daten darüber, inwieweit und nach welchen Kriterien aus dem Befund bzw. aus dem Muster des Schnarchens allein auf die kardiovaskuläre bzw. kardiopulmonale Gefährdung geschlossen werden kann, gibt es jedoch bis heute nicht.

Ähnlich problematisch ist die Diskussion um das Schnarchen als Risikofaktor. In der Literatur finden sich zahlreiche Hinweise darauf, daß Scharchen als kardiovaskulärer Risikofaktor anzusehen ist. Ähnlich wie beim primären Schnarchen ist jedoch bis heute die Frage offen, ab welchen Schwellenwerten und anhand welcher Parameter Schnarchen als Risikofaktor zu werten ist. Den bisherigen Veröffentlichungen über repräsentative Erhebungen an Schnarchern liegen lediglich Fragebogenergebnisse zugrunde und keine physiologisch begründeten Langzeitregistrierungen. Die Auswirkungen auf Atmung und Kreislauf sind bisher nicht repräsentativ untersucht worden und dementsprechend gibt es keine Schwellenwerte für den Übergang vom primären zum gesundheitsgefährdenden Schnarchen. Es kann vermutet werden, daß die in den epidemiologischen Untersuchungen berichtete Gefährlichkeit des Schnarchens pathophysiologisch im Zusammenhang mit der Obstruktion der oberen Atemwege zu sehen ist.

Interaktionen von Schlafen, Wachen und kardiorespiratorischer Störung

Die Interaktion von Schlafen, Wachen und kardiorespiratorischer Störung läßt sich für alle schlafbezogenen Atmungsstörungen in folgender Weise systematisieren: der Schlaf induziert die Störungen der autonomen Funktion, welche ihrerseits den Schlaf stören können, und die so induzierten Schlafstörungen können wiederum so ausgeprägt sein, daß hieraus Wachstörungen resultieren. Vermehrtes Schlafbedürfnis und leichtes Einschlafen können – bei schlechter Schlafqualität und objektiv gestörtem Schlaf – somit symptomatisch auf eine anbahnende Gefährdung des kardiovaskulären und kardiopulmonalen Systems hinweisen. Die schlafbezogenen Atmungsstörungen liefern somit ein Musterbeispiel für die Ereigniskette einer sog. intrinsischen Dyssomnie. Abb. 1a stellt die wechselseitige Beziehung zwischen vorbestehender kardiorespiratorischer Störung und sekundärem Hypoventilationssyndrom einerseits dar; andererseits wird in Abb. 1b der Zusammenhang von SBAS mit nachfolgenden kardiorespiratorischen Schäden aufgezeigt.

Praxisbezug

Während der letzten 10 Jahre hat die Anwendung pathophysiologischer Arbeitsweisen auf den Problemkreis der schlafbezogenen Atmungsstörungen zu einer praxisgerechten Einteilung derselben beigetragen, desgleichen zur Entwicklung erfolgreicher diagnostischer und therapeutischer Konzepte. Es liegen jedoch weitere erhebliche Erkenntnisdefizite vor, aus denen sich eine Herausforderung für die Anwendung pathophysiologischen Arbeitens auf diesem Gebiet ergibt.

Dies betrifft zum einen den Mangel an Informationen über den Übergang vom Physiologischen zum Pathologischen bei dieser Thematik. Sowohl bei den SBAS selbst, allen voran beim Schnarchen, aber auch bei den Apnoen und bei der Hypoventilation fehlt es an gesicherten Informationen, um die Grenzwerte für die pathologischen Ereignisse festlegen zu können. Zum anderen ist die Interaktion mit anderen Erkrankungen des Herz-Kreislauf-Systems, des kardiopulmonalen Systems sowie des zentralen Nervensystems weitgehend ungeklärt. Aus diesem Grund kann in vielen Fällen nicht relevant entschieden werden, ob es sich um primäre oder sekundäre Störungen handelt, und somit fehlen häufig die Vorraussetzungen für eine rationale Therapie.

Angesichts der erkannten prinzipiellen Gefährlichkeit der SBAS führten in der Vergangenheit die Unsicherheiten im diagnostischen und therapeutischen Bereich zwangsläufig zu einem heute vermehrten Einsatz diagnostischer und/oder therapeutischer Mittel zur Bekämpfung schlafbezogener Atmungsstörungen und deren Folgen, da falsch-negative Urteile für die Betroffenen fatale Konsequenzen haben und deshalb nicht in Kauf genommen werden dürfen.

Zukünftige Forschungsaufgaben

Aus heutiger Sicht ergeben sich bezüglich der in der Abb. 2 (s. S. 216), für das OSAS gezeigten Zusammenhänge und bezüglich des gesamten Komplexes der SBAS zahlreiche Herausforderungen an die pathophysiologische Forschung der Zukunft:

Die Ätiologie der SBAS ist als weitgehend ungeklärt anzusehen. Es ist ungeklärt, inwieweit und auf welchem Wege die dispositionellen Faktoren wie z. B. Alter, Geschlecht, Gewicht, Erkrankungen von zentralem Nervensystem, von Bewegungsapparat, von Herz-Kreislauf-System und Lunge zu SBAS disponieren und mit welchem Grad an Wahrscheinlichkeit sie zu welcher Form dieser Störungen führen. Es sind eine Reihe von modifizierenden Einflüssen beschrieben (s. Abb. 2), unklar ist aber in den meisten Fällen die genaue Art des Zusammenhangs zwischen modifizierenden Faktoren aus Verhalten, Pharmakaeinfluß, aus internen und anatomischen Faktoren; erst recht unklar sind zumeist die pathophysiologischen Grundlagen der betreffenden Interaktion.

Bezüglich der pharyngealen Obstruktion wurde bereits angesprochen, daß der Zusammenhang mit dem Schnarchen noch einer weiteren Klärung bedarf. Insbe-

4.1 Schlafbezogene Atmungsstörungen

sondere ist nicht klar, unter welchen Bedingungen die durch partielle oder komplette pharyngeale Obstruktion ausgelösten intrathorakalen Druckschwankungen zu gesundheitsgefährdenden hämodynamischen Veränderungen führen. Weitgehend unklar sind auch die Zusammenhänge zwischen anatomischen und funktionellen Faktoren bei der Funktion der oberen Atemwege im Wachzustand und bei der schlafbedingten pharyngealen Obstruktion. Bisherige Anstrengungen zur Vorhersage von Grad und Art der schlafbedingten Obstruktion aus Funktionstests im Wachzustand sind als weitgehend gescheitert anzusehen.

Auch bezüglich des mangelnden Atemantriebs sind die Zusammenhänge zwischen Blutgaskonzentrationen im Wachzustand und Veränderungen der Atmungsregulation im Schlaf als weitgehend ungeklärt anzusehen. Es fehlen sowohl genaue Vorstellungen zum Übergang von noch physiologischen in schon pathologische Bereiche, sowohl bezüglich der Blutgase als auch bezüglich der Veränderungen der Atemfrequenz, von Atemamplitude, von in- und von exspiratorischen Zeitintervallen.

Bei der Schlaffragmentierung sind als relevant erkannt bisher zum einen die sog. zentralnervösen Mikroaktivierungszustände (Mikroarousals). Sie führen zu einer Beendigung der Apnoeereignisse mit SBAS, und sie gehen einher mit u. U. nur sehr kurzfristigen Anhebungen der zentralnervösen Vigilanz. Diese Mikroreaktionen konstituieren eine Schlafstörung. Aber auch die häufigen Wechsel der Schlafstadien und mit Fortschreiten der SBAS auch der Umbau der gesamten Makrostruktur der Schlafzyklen (gekennzeichnet durch das Fehlen von Tiefschlaf, durch die Reduktion von REM-Schlaf und durch das Überwiegen von Leichtschlaf) stellen Muster einer tiefgreifenden Schlafstörung dar. Des weiteren lassen sich aber bei fortgeschrittenen SBAS, so z. B. bei der obstruktiven Schlafapnoe, auch tiefgreifende Veränderungen der zirkardianen Rhythmik (Körperkerntemperatur) beobachten. Noch unbekannt ist, wie die einzelnen bisher bekannten Mechanismen hinsichtlich der schlafstörenden und der die Wachleistung beeinträchtigenden Funktionen zu gewichten sind.

Für das Herz-Kreislauf-System sind die Koinzidenzen zwischen der obstruktiven Schlafapnoe und der arteriellen Hypertonie epidemiologisch gut belegt. Weitgehend unklar geblieben ist jedoch der pathophysiologische Hintergrund für die beobachteten Zusammenhänge. Handelt es sich bei der arteriellen Hypertonie von Patienten mit obstruktivem Schlafapnoesyndrom beispielsweise um eine sekundäre Hypertonie, oder haben diese Patienten eine essentielle Hypertonie, und die obstruktive Schlafapnoe wirkt lediglich als ein Faktor, der die Expression dieser Gesundheitsstörung vorantreibt? Für letzteren Weg könnten die bei Schlafapnoe wirksamen und als potentiell Bluthochdruck auslösenden Faktoren sprechen: Hypoxie, erhöhter Sympathikotonus, intrathorakale Druckschwankungen, Veränderungen der Volumenregulation und des Elektrolytstoffwechsels.

Auch für die psychischen Veränderungen tagsüber fehlt es an pathophysiologisch begründeten Konzepten zur Beurteilung des Einflusses von intrinsischer Schlafstörung und bestehenden psychischen Leistungsdefiziten. Insbesondere ist nicht klar, inwieweit die psychische Beeinträchtigung tagsüber eine Funktion der Art oder der Ausprägung der in der Nacht gestörten Schlafprozesse ist.

Schließlich ist auch bezüglich der Impotenz, einer bei der Hälfte der betroffenen Männer klinisch führenden Symptomatik, nicht bekannt, inwieweit es sich hier um eine allgemeine Leistungseinschränkung infolge chronifizierter Dyssomnie handelt oder inwieweit spezifische, z. B. endokrinologische Faktoren, vorliegen. Schließlich ist auch das Symptom „Nachtschweiß" bisher nicht pathophysiologisch aufgeklärt. Die bisherige Auffassung eines bestimmten Einflusses der Hypoxie auf die pulmonale Hypertonie ist unzureichend, vielmehr spielen die intrathorakalen Druckschwankungen eine entscheidende Rolle.

So ließe sich die Liste der zu lösenden Probleme noch lang fortsetzen: insbesondere wäre hier nach der Interaktion der einzelnen Pathomechanismen im Dreieck Schlaf/Atmung/Kreislauf zu fragen. Ich meine aber, daß das bisher Dargelegte ausreicht, um einerseits die Größe der anstehenden Probleme einschätzen zu können und um andererseits einen Eindruck von den positiven Möglichkeiten zu bekommen, die sich in Richtung auf eine Verbesserung der diagnostischen und der therapeutischen Möglichkeiten bei Patienten mit schlafbezogenen Atmungsstörungen dann eröffnen, wenn die Probleme offensiv angegangen werden.

Bibliographie

Berger M (Hrsg) (1992) Handbuch des normalen und gestörten Schlafs. Springer, Berlin, Heidelberg, New York (im Druck)
Guillemenault C, Partinen M (eds) (1990) Obstructive sleep apnea syndrom. Clinical research and treatment. Raven, New York
Kryger MH, Roth T, Dement WC (eds) (1989) Principles and practice of sleep medicine. Saunders, Philadelphia
Martin RJ (ed) (1990) Cardiorespiratory disorders during sleep. Futura, New York
Meier-Ewert K (1988) Tagesschläfrigkeit. Ursachen, Differentialdiagnose, Therapie. VCH Weinheim
Peter JH, Podszus T, Wichert P von (eds) (1987) Sleep related disorders and internal diseases. Springer, Berlin, Heidelberg, New York
Peter JH, Penzel T, Podszus T, Wichert P von (eds) (1991) Sleep and health risk. Springer, Berlin, Heidelberg, New York
Podszus T (1988) Pulmonale Hypertonie bei schlafbezogenen Atemregulationsstörungen. Internist 29: 681–687
Rühle KH, Peter JH, (Hrsg) (1987) Deutsche Gesellschaft für Pneumologie und Tuberkolose. Symposium der Arbeitsgruppe „Nächtliche Atmungs- und Kreislaufregulationsstörungen". Prax Klin Pneumol 10: 351–460
Saunders N, Sullivan CE (eds) (1984) Sleep and breathing. Dekker, New York, Basel (2nd edn in press)

4.2 Verlaufsbeobachtungen von Patienten mit schlafbezogener Atemregulationsstörung

P. Dorow, S. Thalhofer

Zusammenfassung

Es wird über 16 Patienten mit zentraler Apnoe und 108 Patienten mit obstruktiver Apnoe berichtet. Die Gesamtbeobachtungszeit lag zwischen 1 Jahr und 3,5 Jahren. Bei den Patienten mit zentraler Apnoe kam es zu einer kontinuierlichen Verschlechterung der Blutgase. Alle Patienten verstarben am Rechtsherzversagen. Bei einem Patienten konnte durch die Implantation eines Zwerchfellschrittmachers eine teilweise Besserung der Blutgase während der Nacht erreicht werden. Die Therapie mit CPAP bei Patienten mit obstruktiver Apnoe hatte ein optimales Therapieergebnis zur Folge.

Eigene Untersuchung

Zwischen 1977 und 1990 wurden in unserer Abteilung 1877 Fälle mit schlafbezogener Atemregulationsstörung diagnostiziert. Im folgenden soll auf diejenigen Patienten (n = 16) mit zentraler Apnoe eingegangen werden, bei denen zum Zeitpunkt der Diagnosestellung eine respiratorische Globalinsuffizienz bestand (Tabelle 1). In allen Fällen führte eine zunehmende Leistungsminderung und in 9 Fällen zusätzliche Tagesmüdigkeit zu einer internistischen Untersuchung. Bei allen Patienten war eine Polyglobulie festgestellt, die in 7 Fällen zur Überweisung in eine hämatologische Abteilung führte. Die restlichen Patienten wurden in eine kardiologische oder pneumologische Abteilung zur weiteren Abklärung überwiesen. Der maximale Hb-Wert lag bei 22,8 g %, der minimale bei 17,9 g %. Eine obstruktive oder re-

Tabelle 1. pO_2 und pCO_2 in Ruhe am Tage, nach 10 min O_2-Insufflation und nach 1 min Hyperventilation (in mm Hg) (n = 16)

	Ruhe [Pa]		Nach 10 min O_2-Insufflation		Nach 1 min Hyperventilation	
	Min.	Max.	Min.	Max.	Min.	Max.
pO_2 (torr)	50	67	201	371	97	98
pCO_2 (torr)	60	75	80	88	29	37

striktive Ventilationsstörung konnte ausgeschlossen werden. Die bei allen Patienten bestimmte statische und dynamische Compliance ergab keine Auffälligkeiten, ebenso lag der Transferfaktor für CO im Bereich der Normwerte.

Nach 1 min Gabe von O_2 kam es zu einem starken Anstieg des Sauerstoffpartialdruckes, nach kommandierter Hyperventilation trat in allen Fällen eine sofortige Normalisierung der Blutgase ein (Tabelle 1).

Die Atemantwortkurven ergaben einen hochpathologischen Befund. Der Erregbarkeitsquotient (EQ) war in allen Fällen bei 5% CO_2 negativ. In der Schlafphase kam es in allen Fällen zu einem dramatischen Anstieg des Pulmonalarterienmitteldruckes bei gleichzeitigem Abfall des Sauerstoffpartialdruckes und Anstieg des Kohlendioxidpartialdruckes. Der Pulmonalarterienmitteldruck stieg von 20 mmHg im Wachzustand auf Werte um 42 mmHg in der Schlafphase an. In allen Fällen bestanden über 500 Apnoephasen mit einer mittleren Apnoedauer von 100 s.

Verlauf

Der Versuch einer medikamentösen Therapie war in allen Fällen erfolglos. Bei einem Patienten erfolgte die Implantation eines Zwerchfellschrittmachers, welcher zu einer guten Kontraktion der entsprechenden Zwerchfellseite führte. Dieses hatte eine Abnahme der respiratorischen Globalinsuffizienz in der Nacht zur Folge. Es bestand jedoch weiterhin eine pulmonale Hypertonie, so daß eine nächtliche Beatmung (Bennet-Respirator) durchgeführt wurde. Während 3monatiger Verlaufskontrollen über 3,5 Jahre ergaben die funktionsanalytischen Parameter (pO_2, pCO_2, EQ) keine relevanten Veränderungen im Vergleich zum Ausgangswert. Allerdings ergaben die nach einem Jahr gemessenen hämodynamischen Parameter eine Zunahme des Pulmonalarteriendruckes am Tage in Ruhe von ursprünglich 20 mmHg auf 26 mmHg. Dies bedeutet, daß sich eine permanente pulmonale Hypertonie entwickelt hat. Unter der Therapie mit Digitalis, Furosemid und Aldactone traten keine klinischen Rechtsherzdekompensationszeichen auf. Nach 3,5 Jahren verstarb der Patient nachts zu Hause, ohne daß die Todesursache geklärt wurde.

Von den übrigen 15 Patienten konnte bei 8 Patienten eine Verlaufsbeobachtung durchgeführt werden. 4 Patienten führten nachts eine Beatmung (Bennett, Bird) durch. Die restlichen Patienten lehnten jede therapeutische Maßnahme ab. Bei konstanter Zunahme der respiratorischen Globalinsuffizienz (Tabelle 2) trat in allen Fällen eine nicht beherrschbare Rechtsherzinsuffizienz ein, an der die Patienten verstarben.

Von den 108 Patienten mit obstruktiver Apnoe wurden 37 Patienten (Alter von 36–59 Jahre, $\bar{x}$ = 43 Jahre) mit einem retardierten Theophyllin behandelt und in die Langzeitbeobachtung aufgenommen. Alle Patienten wurden über 2 Jahre mit einem oral retardierten Theophyllinpräparat behandelt. Die Theophyllindosis wurde so eingestellt, daß die Theophyllinserumkonzentration bei morgendlicher Abnahme zwischen 5–7 ng/ml lag. Zum Zeitpunkt der polysomnographischen Kontrolluntersuchung hatte kein Patient die Therapie abgebrochen. 32 Patienten gaben die

Tabelle 2. Verlauf des pO_2 und pCO_2 bei 8 Patienten mit zentraler Apnoe in Torr. *A* zum Zeitpunkt der Diagnosestellung, *B* nach 6 Monaten, *C* nach 12 Monaten, *D* nach 18 Monaten

Patient Nr.	A		B		C		D	
	pO_2	pCO_2	pO_2	pCO_2	pO_2	pCO_2	pO_2	pCO_2
1	54	60	51	61	50	64	50	63
2	60	72	60	74	58	76		
3	63	61	62	64	60	66	59	68
4	51	70	49	72	48	74		
5	65	71	66	70	68	71	72	74
6	58	70	55	72	50	76		
7	66	69	65	68	64	69	63	70
8	61	64	58	67				

Verträglichkeit als gut an. 4 Patienten beklagten deutliche Einschlafschwierigkeiten. Unruhegefühl gaben 5 Patienten, gastrointestinale Beschwerden 4 Patienten an. 34 Patienten fühlten sich subjektiv deutlich leistungsfähiger; dieses konnte bei 28 Patienten in der Spiroergometrie objektiviert werden. Die bei allen Patienten bei Einschluß in die Verlaufsbeobachtung polysomnographisch nachgewiesene Abnahme der Apnoephasen und des Apnoe-Index zeigte bei 28 Patienten keine Verschlechterung. Die mittlere Anzahl der Apnoephasen vor Therapiebeginn betrug 108, unter Theophyllin 60. Der Apnoe-Index reduzierte sich unter Medikation von $\bar{x} = 30$ auf $\bar{x} = 14$. Bei 9 Patienten kam es allerdings zu einer Zunahme der Apnoephasen und des Apnoe-Index bereits bei der ersten Kontrollmessung, so daß eine Umstellung auf eine mechanische Therapie erfolgen mußte.

Bei 71 Patienten erfolgte eine Verlaufsbeobachtung unter mechanischer Therapie mit CPAP über 1 $^1/_2$ Jahre. Bei allen Patienten kam es zu einer deutlichen Verbesserung der Lebensqualität, die sich in der Beseitigung der Tagesmüdigkeit und Zunahme der körperlichen Leistungsfähigkeit ausdrückte. Bei 60% der mit nasalem CPAP behandelten Patienten wurden bei den Kontrolluntersuchungen keine Apnoephasen und entsprechend keine Sauerstoffabfälle mehr beobachtet. Bei 20 Patienten wurden nach der ersten Kontrolluntersuchung (6 Monate) im Mittel 30 Apnoephasen mit geringfügigen Entsättigungen registriert, die durch Erhöhung des Druckes sofort beseitigt werden konnten. Bei diesen Patienten zeigten die folgenden Kontrolluntersuchungen ein unauffälliges polysomnographisches Muster. Bei 10 Patienten konnte eine Druckregistrierung durchgeführt werden, die auch bei der weiteren Beobachtungszeit zu keiner erneuten Verschlechterung führte.

Diskussion

Aufgrund unserer Untersuchungsergebnisse läßt sich feststellen, daß bei der obstruktiven Apnoe das therapeutisch wirksamste Verfahren mit nasal appliziertem kontinuierlich positivem Atemwegsdruck, dem sogenannten nasalen CPAP (continous positive air pressure ventilation), erfolgt. Dies stimmt mit Angaben in der

Literatur überein [3]. Bei milderen Formen des obstruktiven Schlafapnoesyndroms kann die Therapie mit einem retardierten Theophyllin zu einer Abnahme der Apnoephasen und Minderung der Sauerstoffentstättigung führen [2]; eine vollständige Beseitigung der Atemstillstandsphasen gelingt jedoch nicht.
Patienten, bei denen eine zentrale Apnoe Ursache einer ausgeprägten schlafbezogenen Atemregulationsstörung ist (Globalinsuffizienz in Ruhe), erscheint eine medikamentöse Therapie nicht erfolgversprechend zu sein [1]. Eine maschinelle Therapie muß in dieser Situation empfohlen werden. Ob ein Zwerfellschrittmacher bei der zentralen Apnoe eine wirkliche Alternative zu einer Beatmung darstellt, kann aufgrund der Ergebnisse der einmaligen Zwerchfellschrittmacherimplantation bei unserem Krankengut nicht abschließend geklärt werden.

Literatur

1. Dorow P (1991) Verlaufsbeobachtungen bei Patienten mit Undines Fluch. Pneumologie 45, Sonderheft 1, 1991, S 11–15
2. Mayer J, Fuchs E, Hügens M, Penzel T, Peter JH, Podszus T, Wichert P von (1984) Long-term theophylline therapy of sleep apnea syndrome. Am Rev Respirat Dis 129(SII): H 252
3. Sullivan CE, Issa FG, Berthon-Jones M, Eves L (1981) Reversal of obstructive sleep apnea by continous positive air pressure applied through the nares. Lancet I:862–865

4.3 Erste Erfahrungen bei der Diagnostik und Therapie von schlafbezogenen Atmungsstörungen im Schlaflabor der Charité

I. Fietze, R. Warmuth, S. Quispe-Bravo, B. Reglin

Epidemiologische, klinische und polysomnographische Studien belegen die Gefährlichkeit von schlafbezogenen Atmungsstörungen (SBAS). An der Charité, die über 10jährige Erfahrungen auf dem Gebiet der Schlafforschung unter Leitung von Prof. K. Hecht verfügt, wurde für die Versorgung von Patienten mit einem Schlafapnoesyndrom das Schlafmedizinische Zentrum am Institut für Pathologische Physiologie der Charité gegründet – als erstes seiner Art in den neuen Bundesländern. Somit ist seit 1990 auch im Osten Deutschlands eine umfangreiche Schlafapnoetherapie möglich geworden, was nach unseren ersten Erfahrungen dringend erforderlich war. Felduntersuchungen zufolge haben 1–2% der Gesamtbevölkerung einen erhöhten, klinisch relevanten Apnoeindex (durchschnittliche Anzahl der Apnoeereignisse je Stunde Schlafzeit). Das Verhältnis der Erkrankung von Männern und Frauen beträgt schätzungsweise 8:1 [1]. Prognostische Studien in den alten Bundesländern beziffern die Anzahl der potentiellen Patienten innerhalb der erwerbsfähigen (berufstätigen) Bevölkerung mit schlafbezogenen Atmungsstörungen auf rund 200 000 Personen [4]. Berücksichtigt man auch die neuen Bundesländer, dann dürfte sich die Zahl der Schlafapnoepatienten in Deutschland nach unseren Schätzungen auf weit über 300 000 erhöhen.

Die Schlafapnoe ist eine Form der schlafbezogenen Atmungsstörungen mit (obstruktive Apnoe/Hypopnoe) und ohne (zentrale Apnoe/Hypopnoe) Obstruktion der oberen Atemwege. Apnoephasen sind im Schlaf vorkommende Atemstillstände mit einer Dauer von 10 und mehr Sekunden. Als obstruktives Schnarchen (Heavy Snoring) wird das Schnarchen ohne Atemaussetzer, bei vorhandenem klinischem Befund, bezeichnet. Die bestimmenden pathophysiologischen Mechanismen für die klinische Ausprägung des obstruktiven Schlafapnoesyndroms (OSAS) sind: oropharyngeale Obstruktion und die zentralnervöse Aktivierungsreaktion im Schlaf am Ende einer jeden Apnoephase (Arousal). Die enge Wechselbeziehung zwischen Schlafstörung und Atmungsstörung bei OSAS-Patienten besteht in der durch den Schlaf und der damit verbundenen Erschlaffung der oropharyngealen Muskulatur hervorgerufenen obstruktiven Atmungsstörungen und der Schlaffragmentierung, hervorgerufen durch die apnoebedingten Blutgasveränderungen und der damit verbundenen Aktivierung zentralnervöser Alarmreaktionen (Weckreaktionen) im Schlaf. Das Schlafapnoesyndrom ist ein komplexes Krankheitsbild mit einer meist charakteristischen klinischen Symptomatik. Wesentlich sind Schnarchen, Adipositas, zum Teil bedrohliche Einschränkung der Vigilanz am Tage (mit Einschränkung der physischen und psychischen Leistungsfähigkeit, SBAS-induzierte überwiegend nächtliche Herzrhythmus-Störungen (Bradykardie, Sinusarrhythmie, Extrasystolie) und beträchtliche nächtliche Blutdruckschwankungen mit Manifestation einer Hypertonie auch am Tage. Die Schlafapnoe ist ein lebensbedrohliches Zusatzrisiko bei schweren pulmonologischen, kardialen, neurologischen und anderen Grunderkrankungen. Für die Prognose sind eine rechtzeitige und eindeutige Diagnostik, sowie die entsprechende Therapieentscheidung bedeutend. Die Lebenserwartung sinkt schon bei einem Apnoeindex von 20 bei nichtbehandelten Patienten mit dem Überschreiten des 50. Lebensjahres auf die Hälfte, während sie bei erfolgter Therapie (medikamentös, Beatmungstherapie, Operation) normal ist [4]. Vorwiegend mit den Symptomen des Schnarchens, der exzessiven Tagesschläfrigkeit und Schlafstörungen in Form von häufigem nächtlichem Aufwachen (mit Herzbeschwerden, Schwitzen und Atemnot) haben sich die Patienten in unserer Schlafambulanz vorgestellt.

Diagnostik von schlafbezogenen Atemstörungen

Entsprechend der Richtlinien des Arbeitskreises Klinischer Schlafzentren und den neuen Therapieempfehlungen haben wir ein ambulantes Diagnostikprogramm aufgestellt. Es beinhaltet:
– Fragebogen
– Anamnese
– Laboruntersuchung
– internistischen und HNO-Status
– Lungenfunktionsuntersuchung
– Thoraxröntgenaufnahme
– Ruhe- und Belastungs-EKG
– ambulantes Monitoring
Seit 1. September 1990 wurden in der Schlafambulanz in zirka 9 Monaten 321 (251 m, 70 w) Patienten im mittleren Alter von 52,2 Jahren (10–79 Jahre), mit dem Verdacht auf ein Schlafapnoesyndrom, ambulant diagnostiziert.
Eine Auflistung der geschilderten Hauptbeschwerden ist in Abb. 1 dargestellt.
Weitere diagnostizierbare Symptome waren: Polyglobulie, hormonelle, meist sexuelle Störungen, Nykturie und Kopfschmerzen.
Als Grundlage für die Verifizierung von nächtlichen Atemstillständen diente das ambulante Monitorsystem MESAM IV (Madaus Medizinelektronik) zur Registrierung von Atemgeräuschen über dem Larynx, momentaner Herzfrequenz, Körperlage und Sauerstoffsättigung im Blut (SaO_2).
Die visuell kontrollierte automatische Auswertung der MESAM-Aufzeichnungen erlaubte gute diagnostische Aussagen in bezug auf die Ausprägung der Atmungsstörungen im Schlaf. Als ein sicheres diagnostisches Kriterium erwies sich in unseren Untersuchungen die Sauerstoffsättigung im Blut. Wie in Abb. 2 zu erkennen ist, besteht ein unmittelbarer Zusammenhang zwischen der Anzahl der Apnoen und dem Grad der Sauerstoffsättigung. Je größer der Apnoeindex, desto gravierender war auch der mittlere und maximale O_2-Sättigungsabfall. Für das Ausmaß der Entsättigung spielen Regulationsprozesse im Organismus und die Länge

4.3 Erfahrungen bei der Diagnostik und Therapie von schlafbezogenen Atmungsstörungen   227

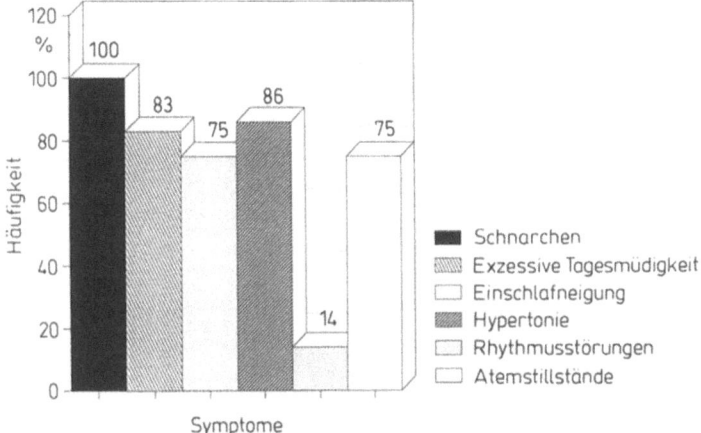

Abb. 1. Häufigkeit der bei der ambulanten Neuaufnahme geschilderten Symptome bei 317 Patienten mit dem Verdacht auf ein Schlafapnoesyndrom

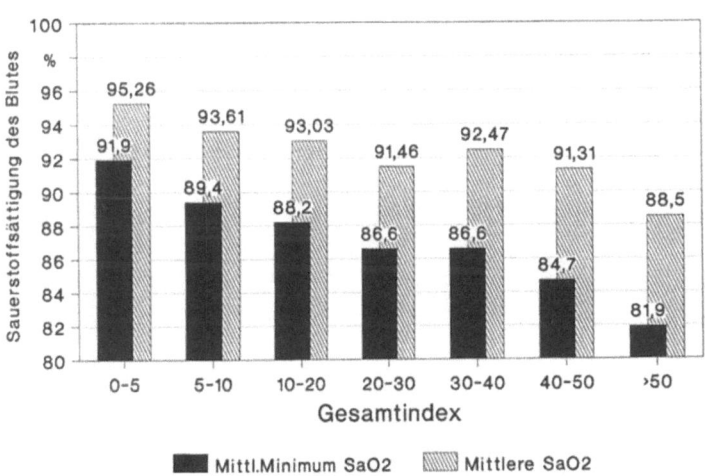

Abb. 2. Durchschnittliche Sauerstoffsättigung und durchschnittlicher minimaler Sättigungswert in der Nacht in Abhängigkeit vom Gesamtindex [Apnoeindex (AI) und Hypopnoeindex (HI)]

der Apnoen eine Rolle. Obwohl die eigentliche Ätiologie der Krankheit noch weitgehend ungeklärt ist, sind die Risikofaktoren bekannt: Adipositas, Alkohol, sedierende Medikamente, Rückenlage. Die Abhängigkeit des Apnoeindex vom Gewicht der Patienten ist in Abb. 3 dargestellt. Klinisch von Bedeutung ist ein hoher Broca-Index bei einer Apnoeanzahl von mehr als 50 pro Stunde Schlafzeit. Daraus resultieren therapeutische Konsequenzen, die wir in der Patientenbetreuung (Änderung der Lebensweise, Diät) berücksichtigen.

Alle Patienten mit ausgeprägtem Schlafapnoesyndrom wurden zusätzlich, entsprechend vorhandener Herz-Kreislauf-Pathologien (Hypertonie, Rhythmusstö-

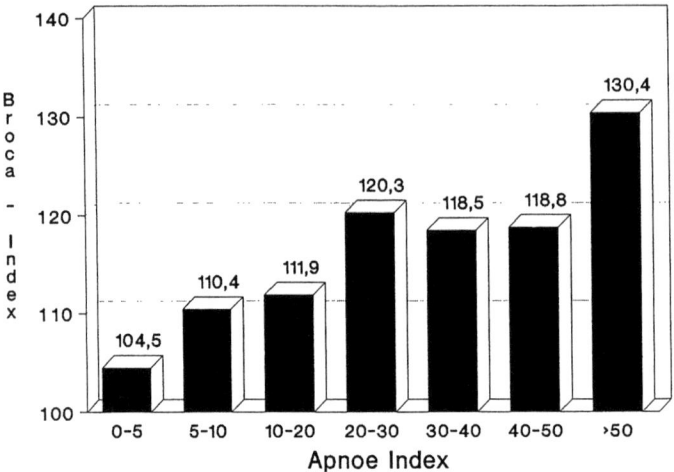

Abb. 3. Beziehung zwischen Gesamtindex und Körpergewicht bei Patienten mit Schlafapnoe

rungen, CIHK, A. pectoris) ambulant mit einem 24-h-Blutdruck- bzw. 24-h-EKG-Monitoring untersucht.

Für die Verifikation des Schlafes sowie der Untersuchung des Herz-Kreislauf- und Atmungssystems wurden im Schlaflabor, mit Hilfe einer auf optimal 14 Kanäle ausgerichteten Schlafpolygraphie, folgende Parameter abgeleitet: 2 EEG, EOG (links, rechts), EMG (Kinn, Bein), EKG, momentane Herzfrequenz, SaO_2, Atemgeräusch über dem Larynx, Luftfluß durch Nase und Mund, Thoraxexkursion, Abdomenexkursion, Körperlage, Aktivität (Arm) (Abb. 4).

Insgesamt wurden 68 (3 w, 65 m) Patienten mit einem ambulant diagnostizierten, ausgeprägten Schlafapnoesyndrom polysomnographisch untersucht. Dabei konnte bei allen Patienten in der ersten Nacht im Schlaflabor die ambulante MESAM-Diagnose bestätigt werden. Von den untersuchten Patienten hatten 8 Patienten einen 1.-Nacht-Effekt. Er erklärt sich als Adaptationsreaktion an die neue Schlafumgebung und die ungewöhnlichen Schlafbedingungen (Polysomnographie) und äußert sich in Form eines unruhigen, meist oberflächlichen Schlafes mit häufigen Wachphasen. Der ambulant festgestellte Apnoeindex konnte bei diesen Patienten erst in der 2. Nacht bestätigt werden. Empfohlen werden von uns 1–3 Diagnostik-Nächte in Abhängigkeit vom Schlafprofil und der Tagesaktivität des Patienten.

Therapie von SBAS

Entsprechend einem gestuften Vorgehen der Einleitung von therapeutischen Maßnahmen bei unterschiedlichem Ausmaß der Beschwerden und Symptome [3] wurden die folgenden Maßnahmen eingeleitet:

4.3 Erfahrungen bei der Diagnostik und Therapie von schlafbezogenen Atmungsstörungen   229

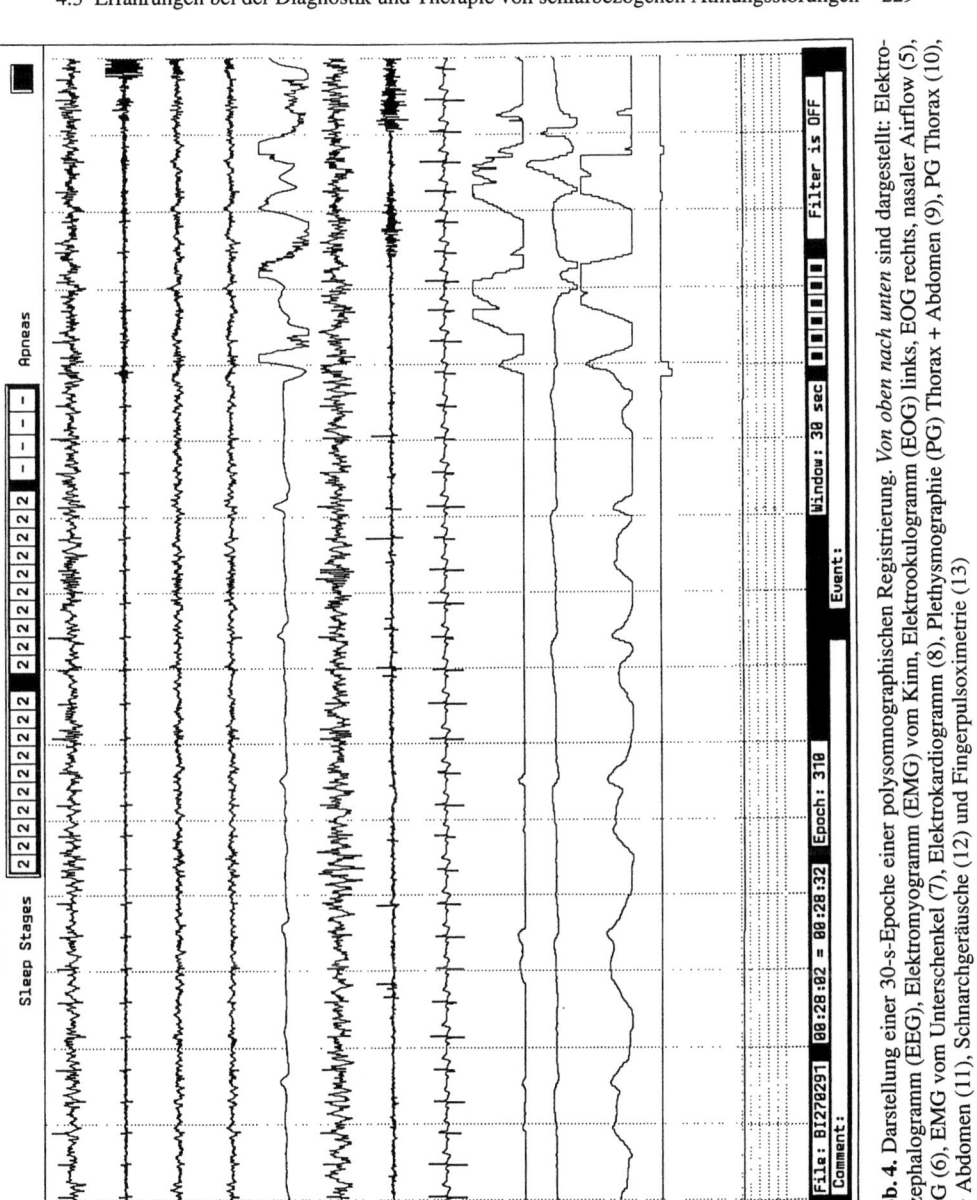

Abb. 4. Darstellung einer 30-s-Epoche einer polysomnographischen Registrierung. *Von oben nach unten* sind dargestellt: Elektroenzephalogramm (EEG), Elektromyogramm (EMG) vom Kinn, Elektrookulogramm (EOG) links, EOG rechts, nasaler Airflow (5), EEG (6), EMG vom Unterschenkel (7), Elektrokardiogramm (8), Plethysmographie (PG) Thorax + Abdomen (9), PG Thorax (10), PG Abdomen (11), Schnarchgeräusche (12) und Fingerpulsoximetrie (13)

26 Patienten, die „nur" geschnarcht haben („heavy snorer") und unter starkem Leidensdruck standen, wurden HNO-ärztlich weiterbetreut.

40 Patienten mit einem Grenzbefund (Apnoeindex: 3–10, keine ausgeprägte Symptomatik) bekamen ärztliche Instruktionen zur Änderung ihrer Lebensweise mit dem Ziel, die vorhandenen, oben genannten, Risikofaktoren zu beseitigen. Für diese Patienten wurde eine Wiedervorstellung und Kontrolluntersuchung in 6 Monaten vereinbart.

Eine medikamentöse Therapie mit retardiertem Theophyllin (Euphylong®) wurde bei 26 Patienten mit unterschiedlichem Effekt durchgeführt. Nur sehr wenige Patienten zeigten einen deutlichen positiven Effekt mit Verringerung des Apnoe-Hypopnoeeindex und subjektivem Wohlbefinden.

2 Patienten tolerierten die provozierte ausschließliche Seiten- und Bauchlage im Schlaf (dieser Therapieversuch wurde bei Patienten mit geringem Leidensdruck, geringem Ausmaß der Schlafapnoe und Auftreten der Apnoen/Hypopnoen ausschließlich in der Rückenlage vorgenommen).

Eine nCPAP-Therapie wurde bei allen Patienten mit ausgeprägtem Schlafapnoesyndrom bei normalem HNO-Befund durchgeführt bzw. geplant.

Von den 321 ambulant untersuchten Patienten wurde bei 161 Patienten ein ausgeprägtes Schlafapnoesyndrom diagnostiziert. 65 von diesen Patienten konnten bereits im Schlaflabor therapiert werden. Die stationäre Therapie mit der nasalen Überdruckbeatmung dauerte jeweils 3 Nächte. In 2 Therapienächten wurde im Schlaflabor der effektive Beatmungsdruck ermittelt, mit dem Ziel, die Apnoen/Hypopnoen vollständig zu beseitigen. In der 3. Nacht wurde eine Therapiekontrolle durchgeführt, um den positiven Einfluß der Therapie auf den vorher gestörten Schlaf und das Herz-Kreislauf-System nachzuweisen.

Ein Vergleich der Hypnogramme vor und nach nCPAP-Therapie bei 16 randomisierten Patienten ergab die in Tabelle 1 dargestellten Ergebnisse:

Die Anzahl der Movement Arousal im Schlaf, nach Rechtschaffen und Kales [5] analysiert, nahm unter nCPAP-Therapie signifikant ab. Mit der Beseitigung der Apnoephasen verschwanden somit die apnoebedingten Arousals. Die visuelle Schlafstadienanalyse (Epoche: 20 s) ergab eine signifikante Verlängerung der Wachphasen, eine Reduzierung der Schlafstadien 1 und 2 und eine Zunahme des Tiefschlafs (3 und 4) nach nCPAP-Therapie. Die Verlängerung der Wachphasen ist mit der Verkürzung der Schlafdauer, die Änderung der anderen beschriebenen Schlafparameter mit dem nach Therapie qualitativ (physiologische Schlafstruktur) besseren Schlaf zu erklären. Nur tendenziell ist eine Erhöhung des REM-Anteils im Schlaf unter Therapie zu erkennen.

Mit Hilfe der Schlafpolygraphie läßt sich somit der Therapieeffekt nachweisen und die Wiederherstellung einer gesunden Schlafstruktur dokumentieren.

Eine Normalisierung der Herz-Kreislauf-Probleme, soweit schlafapnoebedingt, ist in bzw. nach den ersten 3–12 Monaten Therapie zu erwarten [6].

Der effektive Beatmungsdruck betrug bei den 65 therapierten Patienten im Durchschnitt 9,7±2,1 (5–14 cm H_2O bzw 970±210) (500–1400) Pa. Die Akzeptanz der Patienten gegenüber der nCPAP-Therapie war bei allen Patienten nach der Entlassung aus dem Schlaflabor sehr gut. Bei 5 Patienten bildete sich nach 2- bis 4wöchiger Anwendung der cCPAP-Therapie eine extreme Nasenschleimhautreizung

Tabelle 1. Schlafparameter vor und nach nCPAP-Therapie (p Signifikanzniveau)

	Vorkontrolle	p	3. Nacht nCPAP
Anzahl der Movement Arousels	249 ±189	<-0,01->	74 ±39
Anteile der Schlafstadien [%]			
REM	16,95± 9,08		19,47± 6,15
Stadium 3+4	5,49± 7,02	<-0,01->	15,13± 7,62
Stadium 1+2	69,49± 14,55	<-0,01->	55,72±12,32
Wach	5,61± 5,19	<-0,05->	9,68± 6,08

(chronische Rhinitis) aus. Diese als Nebenwirkung der cCPAP-Therapie bekannte Erscheinung veranlaßte die Patienten, von der Therapie Abstand zu nehmen. Bei diesen Patienten wurde daraufhin die Überdruckbeatmung mit einem Kalt- oder Warmluftbefeuchter kombiniert und der Therapieerfolg wiederhergestellt.

Die Mehrzahl der Patienten berichtete, daß mit der nCPAP-Therapie eine Erhöhung der Leistungsfähigkeit aufgrund der fehlenden Tagesmüdigkeit, eine erhöhte physische Aktivität am Tage, Gewichtsreduktion als Folge der veränderten Lebensweise, ein Absinken des Blutdrucks oder eine subjektive Abnahme der Herzrhythmusstörungen zu verzeichnen waren. Die Änderungen der Lebensweise führte bei 2 Patienten innerhalb von 3 Monaten zur erheblichen Gewichtsreduktionen (113 auf 96 kg; 100 auf 80 kg). Bei diesen Patienten konnte bei einer stationären Neueinstellung der Therapie im Schlaflabor der nCPAP-Druck von 1 300 auf 900, bzw. von 1 000 auf 700 Pa verringert werden.

Eine Dispensairebetreuung wird bei allen therapierten Schlafapnoepatienten in 3- bis 6monatigen Intervallen durchgeführt. Sie erfolgt ambulant und stationär in Abhängigkeit vom ambulanten Untersuchungsergebnis.

Schlußfolgerungen

Es zeigt sich an der in unserer Schlafambulanz ständig wachsenden Anmeldungsrate, daß der Bedarf (in den alten Bundesländern der BRD) und Nachholbedarf (neue Bundesländer und Berlin) an speziell ausgerüsteten Schlafzentren groß ist und die Kapazitäten den Anforderungen nicht genügen. In Europa, speziell in der BRD sollte man sich am amerikanischen Standard orientieren, wonach für je 1 Million Einwohner mindestens ein Schlafzentrum existiert.

Wichtig für den Therapieerfolg beim Schlafapnoesyndrom ist ein gutes Arzt-Patienten-Verhältnis, da in der Mehrzahl der Fälle eine Änderung der gesamten Lebensweise der Patienten angestrebt werden muß. Die medikamentöse Therapie sollte in der Regel nur als Therapieversuch deklariert werden und mit einer kontinuierlichen Kontrolle der Lebens- und Schlafgewohnheiten der Patienten einhergehen. Eine Operation (Uvulo-/Palato-/Pharyngoplastik-UPPP- oder kieferchirurgisch) sollte dann primär vorgenommen werden, wenn morphologisch faßbare Obstruktionen im Bereich des Rachens und des weichen Gaumens oder eine Dysgnathi vorliegen.

Die nasale CPAP-Therapie hat gegenüber der medikamentösen Therapie und operativen Maßnahmen den Vorteil, daß sie kaum Nebenwirkungen zeigt, eine gute Verträglichkeit und Eingewöhnung der Patienten vorhanden ist, ein in der Regel schneller, auch subjektiv erfaßbarer Therapieerfolg erkennbar ist und die neuen Beatmungsgeräte mit Verbesserungen in Verringerung der Größe und Lautstärke vom Patienten wesentlich besser akzeptiert werden.

Die Schlafapnoe stellt ein sich in der Nacht dramatisch ausprägendes Krankheitsbild dar, welches in der allgemeinmedizinischen Praxis nur mit gezielter Anamnese und dem Wissen um die Vielzahl von Schlafstörungen und deren Auswirkungen auf die verschiedenen Organsysteme des Menschen verifiziert werden kann. Mit der gezielten Aus- und Weiterbildung junger und erfahrener Ärzte auf dem Gebiet der Schlafmedizin kann in Zukunft die gegenwärtig in Unkenntnis oft nur symptomatische Therapie von Schlafapnoe-charakteristischen Symptomen, wie Hypertonus, Herz-Rhythmus-Störungen, Atemstörungen, Kopfschmerzen und neurologisch-psychiatrische Beschwerden, einer gezielten Therapie weichen.

Literatur

1. Diagnostic Classification Steering Committee of the American Sleep Disorders Association (ed) (1990) The international classification of sleep disorders: diagnostic and coding manual. Rochester, Minn
2. Guilleminault c (1989) Clinical features and evaluation of obstructive sleep apnea. In: Kryger MH, Roth T, Dement WC (eds) Principles and practice of sleep medicine. Saunders, Philadelphia, pp 552–59
3. Peter JH, Faust M (1990) Therapie der Schlafapnoe. Atemwegs Lungenkrankh 6/16:251–256
4. Peter JH, Faust M, Fett I, Podszus T, Schneider H, Weber K, Wichert P von (1990) Die Schlafapnoe. Dtsch Med Wochenschr 115:182–186
5. Rechtschaffen A, Kales A (eds) (1968) A manual of standardized terminology, techniques and scoring system for sleep stages of human subjects. ULCA Brain Inf Serv Brain Res Ins, Los Angeles
6. Sullivan CE, Grunstein RR (1989) Continuous positive airways pressure in sleep-disordered breathing. In: Kryger MH, Roth T, Dement WC (eds) Principles and practice of sleep medicine. Saunders, Philadelphia pp 559–71

4.4 Schlafbezogene Atmungsstörungen: Unfallgefahr als psychosozialer Risikofaktor

W. Cassel, T. Ploch

Einführung

Eine wichtige Voraussetzung des sicheren Führens eines Fahrzeugs ist ein Mindestmaß von Wachheit. Ist das aktuelle Vigilanzniveau zu niedrig, so resultiert eine beeinträchtigte Reaktionsbereitschaft. Im Extremfall des einschlafenden Fahrers ist ein Unfall wahrscheinlich, sobald eine Reaktion des Fahrers erforderlich wird.

Verläßliche Zahlen über die Bedeutung reduzierter Vigilanz als Unfallursache liegen nicht vor. Schätzungen, daß bei 45% aller tödlichen Unfälle Einschlafneigung als kausaler Faktor beteiligt sei [29], erscheinen unrealistisch hoch, während die Angabe des Statistischen Bundesamtes [30], daß etwa 0,5% aller Verkehrsunfälle durch Übermüdung verursacht seien, wahrscheinlich zu niedrig ist.

Unfallursachen werden meist von nicht direkt beteiligten Personen (in der Regel von den unfallaufnehmenden Polizeibeamten) retrospektiv bestimmt. Die Abschätzung des tatsächlichen Beitrags von zu niedriger Vigilanz am Unfallgeschehen wird zusätzlich dadurch erschwert, daß wohl die wenigsten Verkehrsunfälle auf eine einzige Ursache zurückzuführen sind. „Zu geringer Sicherheitsabstand" oder „nicht angepaßte Geschwindigkeit" können in Einzelfällen auf müdigkeitsbedingtem, verspätetem Erkennen einer gefährlichen Situation beruhen. Auch bei alkoholbedingten Leistungseinschränkungen spielt Müdigkeit eine Rolle: die gleiche Alkoholdosis führt nach vorhergegangenem partiellem Schlafentzug zu stärkeren Beeinträchtigungen als nach normalem Schlaf [28].

Daß ein relevanter Einfluß des aktuellen Vigilanzniveaus auf das Unfallgeschehen wahrscheinlich ist, zeigt Abb. 1. Die durchgezogene Linie entspricht der zirkadianen Verteilung von 6052 Alleinunfällen (verändert nach Mitler [19], Daten von Duff [unveröff.]; Langlois et al. [15] und Lavie et al. [18]). Die Verteilung der Schlafbereitschaft über den Tag wird aus der gestrichelten Linie deutlich, die Einschlaflatenzen im Mehrfach-Schlaf-Latenz-Test über 24 h zeigt (verändert nach Richardson et al. [27]). Die Zeiten mit höheren Unfallzahlen entsprechen gut den Zeiten mit eher kürzerer Schlaflatenzen, was einer erhöhten Schlafbereitschaft entspricht. Um einen besseren Überblick über tageszeitliche Schwankungen zu gewinnen, sind die über 24 h gemessenen Werte in Abb. 1 über 2 Tage dargestellt.

Einen ähnlichen Verlauf weist z. B. die zirkadiane Fehlerverteilung der Bedienung der Sicherheitsfahrschaltung in Lokomotiven der Deutschen Bundesbahn [13] und die 24-h-Verteilung der Reaktionszeiten auf akustische Stimuli auf [12].

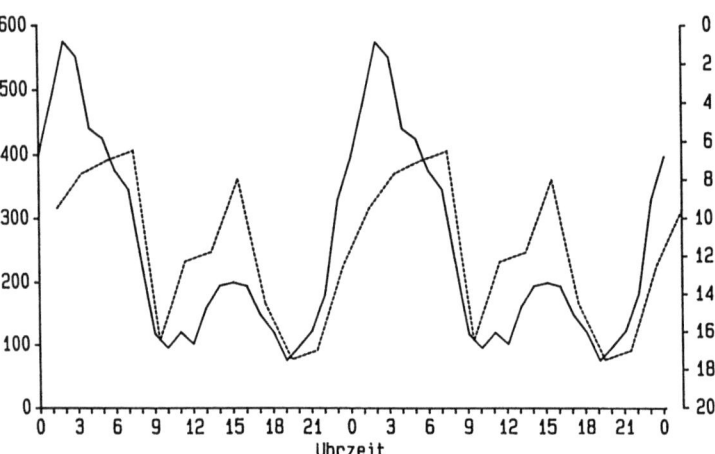

Abb. 1. Zirkadiane Verteilung von Alleinunfällen (*linker Maßstab, durchgezogene Linie*; verändert nach Mitler [19]) und zirkadiane Schlafbereitschaftskurve (*rechter Maßstab, gestrichelte Linie*; verändert nach Richardson [27]) jeweils über 2 Tage

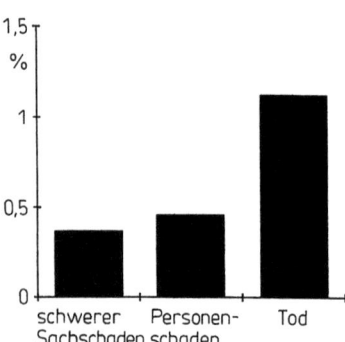

Abb. 2. Anteil von durch Übermüdung verursachten Verkehrsunfällen bei Unfällen mit schwerem Sachschaden, Personenschaden und Todesfolge

Neben der Anzahl von Verkehrsunfällen ist auch deren Ausmaß von Bedeutung; aus der offiziellen deutschen Unfallstatistik [30] ist ableitbar, daß der Anteil müdigkeitsbedingter Unfälle bei schwereren Verkehrsunfällen zunimmt. Werden von Unfällen mit Sachschaden etwa 0,3% auf Übermüdung des Unfallverursachers zurückgeführt, so nimmt dieser Anteil bei Unfällen mit Personenschaden leicht, bei Unfällen mit Todesfolge deutlich auf knapp über 1% zu ($p < .001$, vgl. Abb. 2).

Die aktuelle Vigilanz resultiert aus der Interaktion der Wahrnehmung und Verarbeitung äußerer Bedingungen mit der zirkadianen Phasenlage der Schlafbereitschaft und dem internen Tiefschlafdruck.

– Je niedriger der Stimulationscharakter der äußeren Situation ist, desto niedriger ist die aktuelle Vigilanz. In monotonen Situationen ist die Gefahr ungewollten Einschlafens am größten. Auch im Straßenverkehr oder noch mehr beim weitgehend automatisierten Führen einer Lokomotive bzw. eines Verkehrsflugzeugs sind durch Monotonie charakterisierte Situationen nicht selten.

- Die zirkadiane Vigilanzkurve weist einen relativen Höhepunkt am späten Vormittag auf, der von einem relativen Tief am frühen Nachmittag gefolgt ist. Am frühen Abend ist der absolute Vigilanzhöhepunkt des Tages zu beobachten, so daß z. B. Lavie von der „forbidden zone of sleep" spricht [17]. Während der Nacht etwa zwischen 0 und 5 Uhr ist der absolute Tiefpunkt des 24stündigen Vigilanzverlaufs erreicht.
- Der Tiefschlafdruck wird vom zeitlichen Abstand zur letzten Hauptschlafphase sowie von deren Dauer und Qualität beeinflußt. Eine häufige Ursache für gesteigerten Tiefschlafdruck bzw. ausgeprägte Tagesmüdigkeit ist freiwillige oder sozial erzwungene Verkürzung der Hauptschlafphase. Aber auch die Qualität des Schlafs kann beeinträchtigt sein, so daß auch bei langer Schlafdauer keine adäquate Erholung erreicht wird.

Schlafbezogene Atmungsstörungen und Verkehrssicherheit

Die Schlafapnoe ist mit einer Prävalenz von etwa 5% bei Männern mittleren Lebensalters [3, 22] eine recht häufige intrinsische Schlafstörung, bei der oft eine ausgeprägte Einschlafneigung am Tag vorliegt.

Im Rahmen dieser Erkrankung können während des Schlafs bis zu einige hundert Atmungsstillstände auftreten. Das Wiedereinsetzen der Atmung nach solchen Apnoen ist regelhaft begleitet von zentralnervösen Aktivierungsreaktionen, die zu einer stärkeren Tonisierung der Pharynxmuskulatur und einer Restabilisierung der respiratorischen Koordination führen. Sie sind einerseits also lebensrettend, andererseits verschieben sie aber das momentane Vigilanzniveau in Richtung „wach". Der Anteil erholsamen Tiefschlafs kann so beim Vorliegen einer ausgeprägten Schlafapnoe massiv reduziert sein. Die Erholungsfunktion des Schlafs ist beeinträchtigt, das Befinden und die Leistungsfähigkeit am Tag sind gestört [5].

Auch durch eine verlängerte Schlafdauer kann das Tiefschlafdefizit bei Schlafapnoe nur begrenzt ausgeglichen werden. Es kommt zu einer pathologischen Einschlafneigung am Tag, die sich als tatsächliches Einschlafen wider Willen besonders in monotonen Situationen und zu den Tiefpunkten der zirkadianen Vigilanzkurve manifestiert. Da dies auch beim Führen eines Kraftfahrzeugs vorkommen kann, erscheint es plausibel, daß Patienten mit Schlafapnoe ein erhöhtes Risiko im Straßenverkehr haben.

Empirische Untersuchungen

Die Bedeutung von Ermüdung und Einschlafen am Steuer für die Verkehrssicherheit wurde bereits 1955 von Prokop u. Prokop diskutiert [25], die ausdrücklich die Bedeutung von Erkrankungen als Ermüdungsursache betonen. Von Schlafapnoe ist naturgemäß 1955 noch nicht die Rede, aus heutiger Sicht spricht aber viel dafür, daß sich nicht wenige Patienten mit Schlafapnoe hinter den von den Autoren geschilderten „narkoleptoiden" Typen verbergen.

Im Zusammenhang mit Schlafapnoe haben 1978 Guilleminault et al. [11] auf ein möglicherweise erhöhtes Unfallrisiko hingewiesen, erste Untersuchungsergebnisse zu diesem Thema stammen von George et al. [10], der die Unfallwahrscheinlichkeit von 27 Patienten mit dem Verdacht auf Schlafapnoe mit der von 270 Kontrollpersonen verglich. Bei 93% der Patienten waren Unfälle im Register der „Motor Vehicle Branch of Manitoba" (Kanada) bekannt, in der Kontrollgruppe traf dies nur für 53% der Probanden zu. Angaben zu dem Zeitraum, auf den sich diese Unfallzahlen beziehen, werden von George nicht gemacht. Bei 7 der Patienten fehlt eine Verifizierung der Verdachtsdiagnose Schlafapnoe; ohne diese Patienten ist der Unterschied der Unfallwahrscheinlichkeit beider Gruppen nicht statistisch zu sichern.

Findley et al. [7] fanden bei 29 Patienten mit polygraphisch bestätigter erhöhter Apnoeaktivität (Apnoe/Hypopnoeindex > 5) ein im Vergleich mit der mittleren Unfallwahrscheinlichkeit aller Führerscheinbesitzer in Virginia (USA) etwa um den Faktor 3 erhöhtes Unfallrisiko. Verglichen mit einem Kontrollkollektiv von 35 gesichert nicht an Schlafapnoe leidenden Personen war die Unfallzahl sogar 7mal so hoch. In einer weiteren Studie konnten Findley et al. [8] zeigen, daß Patienten mit Schlafapnoe signifikant schlechtere Leistungen bei Fahrsimulationsversuchen erzielten als Kontrollpersonen.

Eigene Untersuchung

In einer eigenen Untersuchung [6] wurden Angaben zu müdigkeitsassoziierten Problemen beim Führen eines Kraftfahrzeugs mittels eines Fragebogens erhoben und in bezug zum Ausmaß schlafbezogener Atmungsstörungen gesetzt. Objektive Daten zum Unfallrisiko von Patienten mit Schlafapnoe sind in Deutschland aus datenschutzrechtlichen Gründen bisher nicht zu erhalten. Im Folgenden werden die Ergebnisse dieser Untersuchung, ergänzt um Resultate der Untersuchung einer Kontrollgruppe ohne den Verdacht auf das Vorliegen nächtlicher Atmungsstörungen, dargestellt.

Methode

180 Personen füllten einen Fragebogen aus, in dem nach der jährlichen Fahrleistung, Unfällen in den letzten 3 Jahren und deren Ursachen, der Häufigkeit ausgeprägter Müdigkeit und der Frequenz von Einnicken beim Fahren gefragt wird. Personen mit bekannter längerfristiger Einnahme von Sedativa, mit Narkolepsie oder schlafbezogenen Myoklonien, bekanntem Alkoholabusus und Personen ohne Führerschein wurden von der Studienteilnahme ausgeschlossen.

Bei 123 Patienten war vor der Studienteilnahme von den überweisenden Ärzten bzw. von den Patienten selbst das Vorliegen einer schlafbezogenen Atmungsstörung vermutet worden. Diese Patienten beantworteten die oben beschriebenen Fragen vor der ersten polygraphischen Untersuchung, so daß weder der Patient noch die Betreuungspersonen zu diesem Zeitpunkt Klarheit über das Vorliegen einer Schlafapnoe hatten. So konnte ein aufgrund klinischer Vorerfahrungen möglicher Bias vermieden werden: Patienten, bei denen die Diagnose Schlafapnoe gestellt wird, neigen eher dazu, vigilanzassoziierte Probleme zuzugeben, da bei ihnen begründete Hoffnung auf eine effiziente Therapie besteht, die solche Probleme vermindern oder beseitigen kann.

In der folgenden Nacht wurde die Schlafapnoeaktivität durch induktionsplethysmographische Messung von thorakaler und abdominaler Atmung sowie pulsoximetrische Messung der O_2-Sättigung bestimmt. Alle Registrierungen wurden visuell ausgewertet und die Anzahl von mehr als 10sekündigen Atemstillständen/h Schlaf, der Apnoeindex (AI), ermittelt.

Zum Vorliegen einer Schlafapnoe mußten mehr als 5 Apnoephasen/h Schlaf auftreten. Patienten, die dieses Kriterium nicht erfüllten, also keine relevante Schlafapnoeaktivität aufwiesen, dienten als Kontrollgruppe (KG 2). Aus den apnoepositiven Patienten wurden nach der Schwere des Apnoebefundes 4 Gruppen gebildet: AI 5 – < 10, AI 10 – < 20, AI 20 – < 35 und AI ≥ 35. Bei Patienten mit einem AI ≥ 20 ist von einem mit großer Sicherheit behandlungsbedürftigen Befund auszugehen, während bei Patienten mit einem AI zwischen 5 und 20 eine erhöhte Schlafapnoeaktivität vorliegt, wobei die Art und Dringlichkeit der Therapie aber aus dem individuellen Risikoprofil abgeleitet werden muß.

Eine weitere Kontrollgruppe wurde aus 57 Personen gebildet, bei denen kein Verdacht auf das Vorliegen einer Schlafapnoe vorlag (KG 1). Diese Probanden füllten lediglich den oben beschriebenen Fragebogen aus; bis auf die anamnestische Überprüfung der Ausschlußkriterien wurden bei diesem Subkollektiv keine weiteren Untersuchungen vorgenommen.

Die statistische Ergebnisanalyse wurde mit dem Programmpaket Statgraphics Plus der Statistical Graphics Corporation durchgeführt [31]; außer deskriptiven Verfahren zur Stichprobenbeschreibung wurden folgende inferenzstatistische Verfahren verwendet: χ^2-Test zur Analyse von Häufigkeitsverteilungen sowie nonparametrische Varianzanalysen, wobei die oben beschriebenen Abstufungen der Apnoeaktivität bzw. Zugehörigkeit zu den Kontrollgruppen als unabhängige Variable diente. Da 5 Signifikanztests zur Anwendung kamen, wurde eine Adjustierung des α-Risikos vorgenommen [4]. Erst bei Unterschreitung der resultierenden kritischen Irrtumswahrscheinlichkeit von $p = .0102$ gilt ein Ergebnis als statistisch bedeutsam, diese Irrtumswahrscheinlichkeit ist also bei der Anwendung eines Signifikanztests gültigen kritischen Irrtumswahrscheinlichkeit von $p = .05$ äquivalent.

Ergebnisse

Die 53 männlichen und 4 weiblichen Probanden der Kontrollgruppe ohne Verdacht auf Schlafapnoe (KG 1) waren im Mittel 42,3 Jahre alt mit einer Standardabweichung (s) von 15,8. Der mittlere Body-Mass-Index betrug 25,4 kg/m² (s 3,1), der Mittelwert der Jahresfahrleistung betrug 19572 km (s 18489).

Das mittlere Alter der 121 männlichen und 2 weiblichen Patienten mit dem Verdacht auf Schlafapnoe betrug 49,8 Jahre (s 10,2), der mittlere Body-Mass-Index 29 kg/m² (s 4,8). Der mittlere Apnoeindex dieses Kollektivs lag bei 20,9 Apnoen/h Schlaf (s 22,6). In dieser Gruppe lag die durchschnittliche jährliche Fahrleistung bei 23905 km (s 17501).

Tabelle 1. Anthropometrische Daten, Apnoebefund und jährliche Fahrtstrecke in 1000 km, Mittelwerte ± Standardabweichungen (*KG* Kontrollgruppe, *AI* Apnoeindex, *BMI* Body-Mass-Index)

Apnoe	KG 1 kein Verdacht	KG 2 AI < 5	AI 5– < 10	AI 10– < 20	AI 20– < 35	AI ⩾ 35
n	57	27	31	22	19	24
BMI [kg/m²]	25,4± 3,1	27,6± 3,8	27,4± 4,9	28,2± 4,8	30,3± 5,4	32,4±3,3
Alter (Jahre)	42,3±15,8	47 ± 9,6	47,6±10,9	54,3± 9,3	52,3±10,9	49,7±9,2
Fahrleistung [10³ km]	19,6±18,4	20,6±14,5	21,1±17,7	20,5±11,7	21,4±13	36,3±22,8
AI	/	2,4± 1,3	6,8± 1,1	13,8± 3	27,1± 4,3	61,3±15,4

Tabelle 1 zeigt die anthropometrischen Daten der Einzelkollektive.

Die jährliche durchschnittliche Fahrtstrecke der Subkollektive ist signifikant unterschiedlich; daher werden, soweit sinnvoll, im folgenden Ergebnisse jeweils standardisiert bezüglich der Fahrtstrecke dargestellt.

So wurde die angegebene Häufigkeit des Einnickens beim Fahren auf eine Fahrtstrecke von jeweils 1000 km bezogen. Während bei Probanden ohne den Verdacht auf Schlafapnoe (KG 1) und bei Patienten ohne Schlafapnoe (KG 2) Einnicken nur extrem selten vorkommmt (0,07- und 0,02mal), tritt es bei Patienten mit Schlafapnoe mit zunehmender Ausprägung dieser Erkrankung signifikant (p = .00001) häufiger auf (AI 5 - < 10:0,7mal; AI - <20 1,4mal, AI 20 - < 35:1,3mal). In der Gruppe mit einem AI über 35 kommt es so durchschnittlich 3,4mal pro 1000 km zum Einnicken (vgl. Abb. 3).

Das Gefühl starker Müdigkeit beim Autofahren wurde mittels einer 5stufigen Ratingskala erhoben (Abstufungen siehe Abb. 4). Während der Median der Selbsteinschätzungen bei den beiden Kontrollkollektiven bei „selten" liegt, steigt er auf „manchmal" (AI 5 - < 35) bis zu „häufig" bei Patienten mit der massivsten Schlafapnoe (AI ⩾ 35). Auch hier ist der Anstieg dieser Problematik mit zunehmender Apnoeaktivität von zufallsbedingten Veränderungen abgrenzbar. (p = .0037).

Die relative Anzahl von berichteten Verkehrsunfällen in der hier untersuchten Stichprobe – 1 Unfall pro 276000 km – ist niedriger, als dies nach Angaben des Statistischen Bundesamtes – 1 Unfall auf etwa 200000 km – zu erwarten ist. Es muß allerdings berücksichtigt werden, daß möglicherweise nicht alle Patienten auftre-

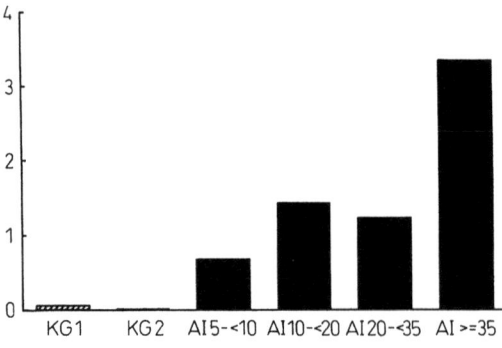

Abb. 3. Häufigkeit von Einnicken pro 1000 km (Mittelwerte)

4.4 Schlafbezogene Atmungsstörungen: Unfallgefahr als psychosozialer Risikofaktor 239

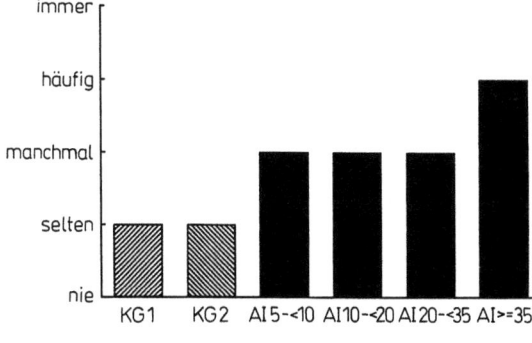

Abb. 4. Starke Müdigkeit beim Autofahren (Mediane)

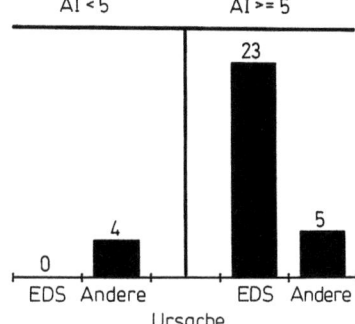

Abb. 5. Unfälle und berichtete Ursachen (*EDS* = „excessive daytime sleepiness", steht als Oberbegriff für Einschlafneigung und Konzentrationsprobleme)

tende Unfälle berichten, da sie negative Konsequenzen solcher Angaben befürchten könnten. Außerdem spielt bei retrospektiven Berichten über zurückliegende Unfälle natürlich der individuelle Bewertungsmaßstab eine Rolle. Unter Umständen wird nicht jeder von Betroffenen als „Kleinigkeit" bewertete Unfall berichtet.

In den einzelnen Subkollektiven ist ein signifikanter Anstieg ($p = .0039$) der auf die gefahrene Strecke standardisierten Unfallhäufigkeit aufzeigbar, bei Berücksichtigung der von den Betroffenen gemachten Angaben zur Unfallursache zeigt sich, daß von Patienten mit Schlafapnoe überzufällig häufig Einnicken oder eingeschränkte Konzentrationsfähigkeit als kausal für das Unfallgeschehen gesehen wird. Von 28 Unfällen werden hier 23 auf Einschlafneigung oder Konzentrationsprobleme zurückgeführt, die 4 Unfälle von Patienten ohne Schlafapnoe werden auf andere Ursachen zurückgeführt. ($p = .0035$, vgl. Abb. 5).

Schlußfolgerungen

Die oben dargestellten Ergebnisse belegen im Einklang mit internationalen Studien [7,10], daß von einer relevanten Gefährdung der Verkehrssicherheit durch Patienten mit schlafbezogenen Atmungsstörungen auszugehen ist. Die Schlafapnoe ist eine häufige Erkrankung, Unfälle aufgrund von Müdigkeit oder Einschlafen sind überdurchschnittlich schwere Unfälle [21].

Auf den ersten Blick mag es erstaunlich erscheinen, daß Personen, die an Schlafapnoe leiden, sich als müder und häufiger von Einnicken betroffen beschreiben und auch Unfälle selbst eher auf eigene Fehler attribuieren, jedoch im Regelfall nicht die Konsequenz ziehen, das Führen eines Kraftfahrzeugs zu unterlassen. Hier sollte allerdings berücksichtigt werden, daß ein interindividueller Vergleich, wie er in wissenschaftlichen Untersuchungen durchgeführt wird, für den betroffenen einzelnen praktisch nicht möglich ist. Einschlafneigung und Konzentrationsprobleme, die sich meist sehr langsam entwickeln, werden häufig über lange Zeit gar nicht wahrgenommen oder als „altersbedingt" interpretiert. Patienten berichten oft erst **nach** erfolgreicher Therapie der Schlafapnoe, daß sie nun wüßten, wie schlecht ihr Befinden **vorher** gewesen sei.

Die Frage, ob das Unfallrisiko von Patienten mit Schlafapnoe, die effektiv behandelt werden, wieder dem von vergleichbaren gesunden Fahrern entspricht, kann bisher nicht abschließend beantwortet werden. Für die Therapie mit kontinuierlicher nasaler Überdruckbeatmung (nCPAP) liegen Untersuchungsergebnisse vor, die eine weitgehende Normalisierung des Vigilanzniveaus nahelegen [14] und z.B. auch eine Verbesserung der Leistungen bei Fahrsimulationsversuchen belegen [8].

Die Schlafapnoe ist eine Erkrankung, bei der die Relevanz von durch Schlafqualitätsstörungen induzierter Tagesmüdigkeit für die Verkehrssicherheit exemplarisch illustriert werden kann. Es ist davon auszugehen, daß auch andere sozial oder medizinisch induzierte Beeinträchtigungen von Schlafqualität und Schlafquantität ähnliche Folgen haben. Hier sind zu nennen:

– Insomnien, besonders passagere Ein- und Durchschlafstörungen, die oft ohne adäquate Behandlung bleiben und gesteigerte Einschlafneigung am Tage nach sich ziehen; Myoklonien, Muskelzuckungen, die ähnlich wie Atmungsstillstände mit häufigen zentralnervösen Aktivierungsreaktionen einhergehen und so auf nahezu äquivalente pathophysiologische Weise Vigilanzbeeinträchtigungen am Tage bewirken können und nicht zuletzt die Narkolepsie mit den charakteristischen Kataplexien [2].

– Äußere Faktoren wie Schichtdienst, Nachtdienst, Jet lag und durch Geräuschbelästigung gestörter Nachtschlaf [1].

Daneben werden unter Unfallverhütungsgesichtspunkten oft auch situative Faktoren bei sicherheitsrelevanten Tätigkeiten nicht oder nur ungenügend berücksichtigt. Wie weiter oben dargelegt, sind monotone, bequeme und auf den ersten Blick angenehme Situationen dem Einschlafen wider Willen und der nachlassenden Vigilanz förderlich. So sind technische Entwicklungen, die z.B. das Autofahren immer leichter, leiser und bequemer machen und oft unter dem Stichwort der passiven Sicherheit genannt werden, nicht immer positiv zu bewerten.

Mindestens ebenso kritisch zu betrachten ist die Tatsache, daß Berufskraftfahrer, Piloten und Lokomotivführer oft unregelmäßige Arbeitszeiten haben und häufig im Schichtdienst arbeiten [1, 13, 20, 16].

Bei der Deutschen Bundesbahn ist man sich vigilanzbedingter Probleme bei Lokomotivführern zumindest zum Teil bewußt. Die in Lokomotiven eingebaute Sicherheitsfahrschaltung, die vom Lokomotivführer in der Regel spätestens alle 30 s bedient werden muß, erfüllt ihre Funktion aber nur eingeschränkt. Aufgrund der langjährigen Übung mit dieser getakteten Sekundäraufgabe scheinen Lokomotivführer zu lernen, sie buchstäblich „fast im Schlaf" zu bedienen. So konnten Peter et al. [23, 24] in Simulationsexperimenten zeigen, daß Lokomotivführer trotz stärkerer Vigilanzabfälle weniger Fehler in der Bedienung dieses Sicherheitssystems machen als relativ wachere, aber hierin ungeübte Kontrollpersonen (Berufskraftfahrer).

Einfache Kontrollaufgaben scheinen also eine adäquate Reaktionsbereitschaft nicht sicherstellen zu können. Es ist daher eine wichtige Aufgabe, Erkenntnisse der Schlafmedizin, Chronobiologie und der Vigilanzforschung in die Gestaltung sicherheitsrelevanter Arbeitsplätze einzubeziehen. Die häufigen Unfallursachen „menschliches Versagen" und „technisches Versagen" sind oft tatsächlich fehlerhafte Interaktionen zwischen Mensch und Technik. Besser als die künstliche Konstruktion von Sekundäraufgaben ist das Vermeiden von Monotonie bei der Primäraufgabe. Dies kann z. B. bedeuten, daß Flugzeuge nicht von Autopiloten, sondern tatsächlich von Piloten geflogen wreden, die so eher ständig reaktionsbereit sind. Die Boeing 737-100, die weder eine automatische Schubabschaltung noch ein „flight management system" hat, ist bei der Lufthansa der Flugzeugtyp mit den wenigsten Un- und Zwischenfällen [26].

Die Vorstellung, daß ein Patient mit unbehandelter ausgeprägter Schlafapnoe im Schichtdienst arbeitet und nachts zwischen 1 und 5 Uhr eine monotone Überwachungstätigkeit (z. B. in einem Kernkraftwerk) ausführt, ist unangenehm, aber leider ist dies zur Zeit noch keine völlig unwahrscheinliche Situation.

Das Leck im Kühlungssystem des Three-Mile-Island-Reaktors trat zwischen 4 und 6 Uhr auf und wurde in dieser Zeit übersehen. Die Fehlentscheidung zum Challenger-Start am 27. Januar 1986 wurde in den frühen Morgenstunden von Personen getroffen, die z. T. seit 1 Uhr nachts im Dienst waren und vorher sehr unregelmäßige Arbeitszeiten mit oft nur 2stündigen dazwischenliegenden Schlafperioden hatten [16]. Die Ursache von Tschernobyl war „menschliches Versagen" um 1.35 Uhr [20].

Danksagung. Die Autoren werden von der Bundesanstalt für Straßenwesen (Projekt 2.9107) unterstützt.

Literatur

1. Åkerstedt T (1988) Sleepiness as a consequence of shiftwork. Sleep 11(1):17–34
2. Aldrich MS (1989) Automobile accidents in patients with sleep disorders. Sleep 12(6):487–494
3. Bearpark H, Elliott L, Cullen S et al. (1991) Home monitoring demonstrates a high prevalence of sleep disordered in men in the Busselton (Western Australia) population. Sleep Res 20A:411
4. Bortz J (1985) Lehrbuch der Statistik, 2. Aufl. Springer, Berlin Heidelberg New York
5. Cassel W, Mengel S, Becker H et al. (1989) Psychological effects of long term nasal continuous positive airway pressure therapy in obstructive sleep apnea. Sleep Res 18:116
6. Cassel W, Ploch T, Peter JH, von Wichert P (1991) Unfallgefahr von Patienten mit nächtlichen Atmungsstörungen. Pneumologie 45:271–275

7. Findley LJ, Unverzagt ME, Surrat PM (1988) Automobile accidents involving patients with obstructive sleep apnea. Am Rev Respirat Dis 138:337–340
8. Findley LJ, Fabrizio MJ, Knight H et al (1989) Driving simulator performance in patients with obstructive sleep apnea. Am Rev Respirat Dis 140(2):529–530
9. Findley LJ, Weiss WJ, Jabour ER (1991) Drivers with untreated sleep apnea – a cause of death and serious injury. Arch Intern Med 151:1451–1452
10. George C, Nickerson P, Hanly P et al (1987) Sleep apnea patients have more automobile accidents (letter). Lancet 1:447
11. Guilleminault C, van den Hoed J, Mitler MM (1978) Clinical overview of the sleep apnea syndromes. In: Guilleminault C, Dement WC (eds) Sleep apnea syndromes. Liss, New York, pp 1–12
12. Hildebrandt G (1976) Chronobiologische Grundlagen der Leistungsfähigkeit und Chronohygiene. In: Hildebrand G (Hrsg) Biologische Rhythmen und Arbeit. Springer, Wien New York, S 1–19
13. Hildebrandt G, Rehmert W, Rutenfranz J (1974) Twelve- and 24-h rhythms in error frequency of locomotive drivers and the influence of tiredness. Int J Chronobiol 2:175–180
14. Lamphere J, Roehrs T, Wittig R et al. (1989) Recovery of alertness after CPAP in apnea. Chest 96(6):1364–1367
15. Langlois PH, Smolensky MH, Hsi BP et al. (1985) Temporal patterns of reported single-vehicle car and truck accidents in Texas, U.S.A. during 1980–1983. Chronobiol Int 2:132–140
16. Lauber JK, Kayten PJ (1988) Sleepiness, circadian dysrythmia, and fatigue in transportation system accidents. Sleep 11(6):503–512
17. Lavie P (1985) Ultradian rhythms: gates of sleep and wakefulness. Exp Brain Res (Suppl) 12:148–164
18. Lavie P, Wollman M, Pollack I (1986) Frequency of sleep related traffic accidents and hour of the day. Sleep Res 15:275
19. Mitler MM (1991) Two-peak 24-hour pattern in sleep, mortality, and error. In: Peter JH, Penzel T, Podszus T, von Wichert P (eds) Sleep and health risk. Springer, Berlin Heidelberg New York, S 65–77
20. Mitler MM, Carskadon MA, Czeisler CA et al. (1988) Catastrophes, sleep, and public policy: consensus report. Sleep 11(1):100–109
21. Parsons M (1986) Fits and other causes of loss of consciousness while driving. Q J Med 227:295–303
22. Peter JH, Fuchs E, Köhler U et al. (1986) Studies in the prevalence of sleep apnea activity: evaluation of ambulatory screening results. Eur J Respirat Dis 69 (Suppl 146):451–458
23. Peter JH, Cassel W, Ehrig B et al. (1990) Occupational performance of a paced secondary task under conditions of sensory deprivation (I): heart rate changes in train drivers as a result of monotony. Eur J Appl Physiol 4:309–314
24. Peter JH, Cassel W, Ehrig B et al. (1990) Occupational performance of a paced secondary task under conditions of sensory deprivation (II): the influence of professional training. Eur J Appl Physiol 4:315–320
25. Prokop O, Prokop L (1955) Ermüdung und Einschlafen am Steuer. Dtsch Z Gerichtl Med 44:343–355
26. Reiser P (1991) Fliegen ohne Hand und Fuß. GeoWissensch 2:153–165
27. Richardson G, Carscardon MA, Orav EJ, Dement WC (1982) Circadian variation of sleep tendency in elderly and young adult subjects. Sleep 5:82–94
28. Roehrs TA, Roth T (1991) Circadian rhythm of sleepiness/alertness and drug effects. Sleep Res 20A:171
29. Seko Y, Kataoka S, Senoo T (1986) Analysis of driving behaviour under a state of reduced alertness. Int J Vehicle Design (Spec Issue on vehicle safety):318–330
30. Statistisches Bundesamt Wiesbaden (Hrsg) (1988) Fachserie 8 Verkehr. Reihe 3.3. Straßenverkehrsunfälle 1987. Kohlhammer, Stuttgart Mainz
31. STSC (ed) (1991) Statgraphics version 5. User manual reference manual. STSC Inc

4.5 Kardiovaskuläre Hormone und Schlafbedeutung für die Hypertonie

K. Ehlenz, J. H. Peter, H. Kaffarnik, P. von Wichert

Einleitung

Körperfunktionen werden komplex reguliert und zeigen häufig rhythmisch wiederkehrende Änderungen im zirkadianen und ultradianen Zeitrahmen, die durch endogene Zeitgeber bestimmt werden. Exogene Störeinflüsse können je nach Stabilität der endogenen Rhythmen zu Überlagerungseffekten bzw. einer Maskierung der endogenen Rhythmen führen. In der letzten Zeit haben zunehmend auch chronobiologische Aspekte in der Medizin an Bedeutung gewonnen. Einerseits kann eine Störung physiologischer Rhythmen, z. B. durch Zeitverschiebungen und Schichtarbeit, zur Krankheitsentwicklung beitragen; andererseits können Erkrankungen umgekehrt auch zu einer Aufhebung charakteristischer zirkadianer Muster führen. Der Schlaf stellt eine Phase dar, in der exogene Störgrößen eine geringe Rolle spielen und endogene Prozesse überwiegen. Deswegen kann im Schlaf häufig eine Synchronisierung beobachtet werden. Eine Störung dieser wichtigen Regenerationsphase kann für die Entwicklung von Krankheiten bedeutsam sein.

Zwar sind im Schlaf durch das Wegfallen exogener Störgrößen die endogenen rhythmischen Prozesse besser erkennbar, allerdings ist die Analyse des Schlafs und die Erfassung von Meßgrößen im Schlaf mit der Schwierigkeit behaftet, daß die Messung per se schon eine Störgröße darstellt und deswegen eine Adaptation notwendig macht. Im Vergleich zu einfach zu erfassenden Parametern wie der Herzfrequenz ist man bei der Analyse von pulsatilen Hormonsekretionsmustern mit der Problematik der Probengewinnung konfrontiert, die nur mit einer begrenzten Samplingrate kontinuierlich oder diskontinuierlich möglich ist. In den letzten Jahren wurden in der Chronoendokrinologie so die zirkadianen und ultradianen Sekretionsmuster einiger Hormone charakterisiert; insbesondere konnten Zusammenhänge zwischen Schlafstruktur und Hormonsekretion aufgezeigt werden [32]. Dennoch ist nur wenig über die zirkadiane und ultradiane Sekretionsdynamik kardiovaskulärer Hormone bekannt.

Die Hypertonie ist eine Volkskrankheit von erheblicher gesundheitspolitischer Relevanz; fast 20 % der Bevölkerung leiden an einer Hypertonie. Nur bei einem geringen Prozentsatz der Hypertoniker kennt man die pathogenetischen Hintergründe im Detail und kann kausal therapieren. Das Gros der Hypertoniker wird deswegen mit der Verlegenheitsdiagnose „essentielle Hypertonie" belegt. Obwohl man mittlerweile viel über die Komplexität der Kreislaufregulation weiß, ist man heute noch weit davon entfernt, die Pathomechanismen der Hypertonie genau zu kennen. Eine multifaktorielle Genese ist sehr wahrscheinlich.

An der Blutdruckregulation sind neben dem Nervensystem humorale Faktoren beteiligt. Zunehmend mißt man auch lokalen Regelsystemen im Gefäßsystem (lokales Renin-Angiotensin-System, Prostaglandine, Endothelfaktoren wie EDRF und Endothelin) Bedeutung bei. Somit ergibt sich ein vielschichtiges System von Regelkreisen bei der Kontrolle des Blutdrucks. So sind z. B. die zentralnervösen Strukturen, die für die Kreislaufregulation wichtig sind, mit dem humoralen System über Hypothalamus und Hypophyse verknüpft.

Die Volumenhomöostase spielt für den Blutdruck eine zentrale Rolle, wobei Störungen im Volumenhaushalt sich zwar nicht akut wesentlich auswirken, jedoch auf die Dauer von großer Bedeutung sind. Somit wird verständlich, warum kardiovaskuläre Hormone häufig auch eine Rolle in der Volumenregulation spielen und über diese Schiene den Blutdruck steuern. Dies gilt für das Renin-Angiotensin-Aldosteron-System (RAAS) und für das atriale natriuretische Peptid (ANP). Zentrales Regelorgan für die Volumenhomöostase ist die Niere. Störungen des Volumenhaushalts spielen für bestimmte Hochdruckformen eine eminent wichtige Rolle, so für die sog. „Low-renin-Hypertension".

Bei der Vielschichtigkeit der Blutdruckregulation muß zusätzlich die zeitliche Dimension Beachtung finden: Die verschiedenen Regelkreise reagieren unterschiedlich schnell und sind unterschiedlich lang wirksam. Während neuronale Mechanismen (z. B. der Barorezeptorreflex) durch eine prompte Reaktion eine schnelle Adaptation ermöglichen, sind humorale Systeme träger, haben jedoch meistens einen länger anhaltenden Effekt. Dies gilt insbesondere für das Renin-Angiotensin-Aldosteron-System und für die übrigen volumenregulierenden Hormone. Änderungen der Volumenhomöostase wirken sich erst über einen längeren Zeitraum auf den Blutdruck aus und können eine eminente Bedeutung für die Hochdruckentwicklung gewinnen.

Bis vor einiger Zeit hat die Hochdruckforschung überwiegend die Situation am Tag berücksichtigt. Die Beobachtung des zirkadianen Blutdruckverhaltens hat in der letzten Zeit zunehmend an Bedeutung gewonnen, seitdem kontinuierliche Blutdrucklangzeitregistrierungen möglich sind. Bestimmte zirkadiane Blutdruckmuster scheinen sich bezüglich der Entwicklung von Hypertoniekomplikationen, z. B. der Herzhypertrophie, ungünstiger auszuwirken. Die Abhängigkeit des Blutdrucks vom Schlaf-Wach-Rhythmus und insbesondere von den Schlafstadien konnte durch kontinuierliche Blutdruckregistrierungen erkannt werden. Dies ermöglichte es, den Einfluß von Schlafstörungen auf den Blutdruck und umgekehrt der Hypertonie auf die Schlafstruktur zu erfassen und pathogenetisch relevante Zusammenhänge zu erkennen. So ist ein gestörtes zirkadianes Blutdruckmuster für Patienten mit schlafbezogener Atmungsstörung (SBAS) charakteristisch [38]. Im Gegensatz zum reinen Hypertoniker ist für den Patienten mit SBAS die „Nachthypertonie" typisch.

Die Regulation des Blutdrucks im Schlaf ist im Gegensatz zu derjenigen im Wachzustand noch wenig untersucht. In diesem Zusammenhang muß bedacht werden, daß an den Kreislauf im Schlaf ganz andere Anforderungen gestellt sind, insbesondere fällt der orthostatische Streß vollkommen weg. Noch weniger weiß man über die Interaktion von kreislaufwirksamen Hormonen und Blutdruck im Schlaf. Welchen Einfluß eine gestörte Schlafstruktur auf Kreislaufhormone hat und was

4.5 Kardiovaskuläre Hormone und Schlafbedeutung für die Hypertonie   245

dies für die Hochdruckentwicklung bedeutet, ist noch vollkommen unbekannt. Inwieweit Hypertoniker Unterschiede in der zirkadianen Rhythmik von Kreislaufhormonen haben und ob sich hier Ansätze finden, die Entwicklung der Hypertonie bei der Schlafapnoe zu erklären, ist noch ungeklärt.

Schlaf und Sympathikus

Der Sympathikus als Teil des vegetativen Nervensystems spielt eine entscheidende Rolle in der schnellen Adaptation des Blutdrucks. Die Erfassung der Sympathikusaktivität ist jedoch mit methodischen Problemen behaftet [39]. Benutzt man die Plasmaspiegel des Noradrenalins (NA) als Maß für die Sympathikusaktivität, so ist zu berücksichtigen, daß nur ein geringer Teil des an der sympathischen Nervenendigung freigesetzten NA in der Tat in die Zirkulation gelangt ("spillover"). Der überwiegende Teil wird wieder in die Nervenendigung aufgenommen ("re-uptake"). Diese Mechanismen können unter verschiedenen physiologischen Bedingungen (mentalen und physischen Streßsituationen) und pathophysiologischen Situationen (z. B. der Herzinsuffizienz) unterschiedlich stark zum Tragen kommen. So sind unter diesen Umständen die Plasmaspiegel der Katecholamine im venösen Blut nicht in jedem Fall ein korrektes Maß für die Sympathikusaktivität [29,31].

Durch die mikroneurographische Messung der muskulären sympathischen Nervenaktivität (MSA) ist es jedoch möglich geworden, die Sympathikusaktivität „eines Organs" besser zu erfassen; insbesondere können schnelle Änderungen und Reaktionen registriert werden [52]. Aus tierexperimentellen Untersuchungen ist schon lang bekannt, daß die Sympathikusaktivität während des synchronisierten Schlafs absinkt und beim Erwachen oder Arousalreaktionen im Schlaf ansteigt [2]. Im allgemeinen korreliert die Sympathikusaktivität im Schlaf gut mit dem Blutdruck. Dies läßt den Schluß zu, daß der Blutdruck im Schlaf überwiegend über den Sympathikus gesteuert wird [2]. Bei Untersuchungen am Menschen konnte Wallin kürzlich zeigen, daß die MSA ebenfalls von den Schlafstadien abhängt: Sie ist im Tiefschlaf am niedrigsten und im REM-Schlaf am höchsten. Er fand, daß ein Arousal zu einer Zunahme der MSA führt und daß danach erst der Blutdruckanstieg und die Herzfrequenzsteigerung zu beobachten ist [52]. Hier können wir also eine pathophysiologische Kette zwischen gestörter Schlafstruktur bzw. Schlaffragmentierung, ausgelöst durch ein Arousal, und der Sympathikusaktivierung herstellen. Dies wird in Zukunft zunehmende Bedeutung bei der Diskussion um die Hypertoniepathogenese bei schlafbezogenen Krankheiten gewinnen.

Zirkadiane Veränderungen des Sympathikus lassen sich demonstrieren, wenn man die Plasmaspiegel oder die Exkretion der Katecholamine untersucht. Im Schlaf werden niedrigere Spiegel beobachtet, so daß wir auch hier einen inhibierenden Einfluß des Schlafs auf die Sympathikusaktivität erkennen können [1]. Weiterhin konnte gefunden werden, daß die zirkadiane Variation des Blutdrucks gut mit den NA-Plasmaspiegeln korreliert. Schlafstadienabhängige Unterschiede konnten jedoch nicht beobachtet werden [50]; dies hängt wahrscheinlich mit der unzureichenden zeitlichen Auflösung dieser Meßgröße zusammen, die als Marker für die Sympathikusaktivität dient.

Im Alter sind die Plasmakatecholaminspiegel i. allg. höher, insbesondere im Schlaf [47]. Prinz et al. bringen dies mit der erfahrungsgemäß reduzierten Schlafeffizienz des alten Menschen in Zusammenhang [47]. Erstaunlicherweise fanden Stern et al., daß die NA-Spiegel bei normotensiven älteren Patienten höher liegen als bei hypertensiven älteren Patienten [51]. Diese Dissoziation von NA-Spiegeln und Blutdruck erstaunt. Aus anderen Arbeiten ist jedoch ebenfalls bekannt, daß die NA-Plasmaspiegel im interindividuellen Vergleich nur schlecht mit dem Blutdruck korrelieren. Dies läßt vermuten, daß wahrscheinlich die Rezeptorsensibilität eine wesentliche Determinante für die interindividuellen Unterschiede darstellt. Es kann festgehalten werden, daß die Sympathikusaktivität im Alter ansteigt, wenn man die NA-Plasmaspiegel zugrunde legt. Dies korreliert jedoch nicht mit einem höheren Blutdruck bzw. der Entwicklung einer Hypertonie. Weiterhin scheint die schlechtere Schlafqualität im Alter mit einem gesteigerten Sympathikotonus assoziiert zu sein.

Im Gegensatz zum Noradrenalin (NA) reagiert das Adrenalin (A) v. a. auf mentale Streßsituationen. Auch das Adrenalin zeigt im Schlaf ein zirkadianes Tief. Nishihara et al. fanden eine sehr gute Korrelation zwischen Schlafeffizienz und der Exkretion von Adrenalin [44]. Ein gestörter Schlaf scheint einen größeren Einfluß auf die Adrenalin- als auf die Noradrenalinsekretion zu haben. Das Adrenalin kann somit als Maß für die Schlafqualität bzw. als Marker für die Vigilanz verwandt werden.

Bedeutung des Sympathikus für die Hochdruckentwicklung bei der Schlafapnoe

Die Entwicklung eines Hochdrucks bei Patienten mit einer schlafbezogenen Atemregulationsstörung wird i. allg. mit einer gesteigerten Sympathikusaktivität im Schlaf in Verbindung gebracht [7]. Diese Annahme stützt sich auf Untersuchungen, die eine Abnahme der Noradrenalinplasmaspiegel bzw. der Noradrenalinexkretion bei Schlafapnoepatienten unter einer nCPAP-Therapie zeigen konnten [25].
In eigenen Untersuchungen konnten wir jedoch keine Beziehung zwischen der Schwere der Schlafapnoe und der Höhe der Noradrenalinplasmaspiegel bei 9 unbehandelten Patienten mit einem Schlafapnoesyndrom demonstrieren. So fanden wir bei einem Patienten mit einer extremen Schlafapnoe sogar sehr niedrige NA-Plasmaspiegel [11]. Dennoch hatten die Schlafapnoepatienten mit einer Hypertonie höhere NA-Spiegel als Patienten ohne bzw. mit einem leichten Hochdruck. Dem widersprechend berichtete die Arbeitsgruppe um Lavie jedoch von einer sehr guten Korrelation zwischen dem mittleren NA-Plasmaspiegel und dem Grad der nächtlichen Hypoxie [23]. Somit scheint der kausale Zusammenhang zwischen Schlafapnoe, Hypoxie, Sympathikusaktivierung und Hochdruckentwicklung nicht so einfach zu sein, wie allgemein angenommen.

Zur weiteren Klärung untersuchten wir bei 25 Patienten die zirkadiane Variation der Katecholaminexkretion vor und unter nCPAP-Therapie. Wir beobachteten eine Abnahme der NA-Exkretion unter Therapie nur bei den Patienten, die eine relativ hohe NA-Exkretion hatten. Eine Korrelation zwischen Schwere der Schlafapnoe und der NA-Exkretion konnten wir hier ebenfalls nicht zeigen (noch unveröffentlichte Daten). In einer weiteren Studie wurde bei 7 Patienten mit einer schweren Schlafapnoe der Einfluß der nCPAP-Therapie auf die NA-Plasmaspiegel untersucht. Hierbei beobachteten wir bei allen Patienten einen Abfall des NA unter Therapie (unveröffentlichte Ergebnisse).

Dies korreliert mit Ergebnissen von Hedner et al., die zeigen konnten, daß die MSA (muskuläre sympathische Nervenaktivität) zum Ende der Apnoe ansteigt, parallel zum Blutdruckanstieg zeitlich korrelierend zur Arousalreaktion [28]. Durch die nCPAP-Therapie konnte dies verhindert werden. Somit besteht aufgrund dieser Daten eine klare Relation zwischen Apnoe, MSA als Maß für die Sympathikusaktivität und hypertensiver Reaktion im Schlaf während der Apnoen.

Bei der Klärung der Frage, welche Apnoepatienten für die Entwicklung einer „Tageshypertonie" disponiert sind, halfen allerdings die Daten zur MSA auch nicht weiter. Hedner et al. konnten zwar eine signifikant höhere MSA im Wachzustand bei Apnoepatienten im Vergleich zu Kontrollpersonen feststellen. Jedoch fanden sie keine Unterschiede zwischen normotensiven und hypertensiven Apnoepatienten [28].

Wir schließen daraus, daß eine Sympathikusaktivierung für die nächtliche Hypertension des Apnoepatienten eine zentrale pathogenetische Rolle spielt. Dies scheint insbesondere für Patienten zuzutreffen, die schon einen erhöhten Sympathikotonus aufweisen bzw. eine Disposition für eine Hypertonie haben. Diese Patientengruppe scheint mit einer besonders ausgeprägten Aktivierung des Sympathikus auf die Apnoen zu reagieren. Wahrscheinlich profitieren gerade diese Patienten von der nCPAP-Therapie mit einer Besserung der Hypertonie. Die Schwere der Apnoe korreliert allerdings nicht mit der Schwere der Hypertonie bzw. mit der Ausprägung der Sympathikusaktivierung. Welche Mechanismen schließlich zur Sympathikusaktivierung führen, bleibt allerdings noch offen. Es spricht jedoch vieles dafür, daß die Arousalreaktionen, die die Apnoe terminieren, zu einer zentralen Aktivierung des sympathischen Nervensystems führen. Weiterhin ungeklärt bleibt jedoch die Frage, ob die Entwicklung einer Tageshypertonie auf einen gesteigerten Sympathikotonus zurückzuführen ist.

Das Renin-Angiotensin-Aldosteron-System im Schlaf-Wach-Zyklus

Das Renin-Angiotensin-Aldosteron-System (RAAS) spielt eine wichtige Rolle in der Hypertoniegenese [24]. Es beeinflußt den Blutdruck über mehrere Angriffspunkte. Zum einen kontrolliert das RAAS durch seine Wirkung auf die Niere die Elektrolyt- und Volumenhomöostase. Dies beeinflußt über längere Zeiträume den

Blutdruck. Neben dem systemischen Renin-Angiotensin-System (RAS) findet man lokale RAS in verschiedenen Organen. So spielt das lokale RAS des Gefäßsystems wahrscheinlich eine wichtige Rolle in der Kontrolle des Gefäßtonus und damit der Blutdruckregulation [10]. Dies ist vielleicht auch eine Erklärung dafür, daß die Plasma-Renin-Aktivität kein guter Indikator für das Ansprechen der Hypertonie auf eine ACE-Hemmertherapie ist. Darüber hinaus existiert auch im Zentralnervensystem ein RAS, das in Kerngebieten zu finden ist, die für die Blutdruckregulation und für die Regulation der Flüssigkeits- und Salzaufnahme bedeutsam sind. Der bedeutendste Antagonist des RAS ist auch hier das atriale natriuretische Peptid (ANP). Somit kann das RAS auf verschiedenen Ebenen in der Hochdruckentwicklung wirksam sein: renal, systemisch, lokal im Gefäßsystem oder im ZNS. Es spricht einiges dafür, daß die ACE-Hemmer über verschiedene Angriffspunkte ihre Wirkung entfalten. So konnte z. B. bei einem experimentellen Hochdruckmodell (DOCA-Salt-Hypertension) der Blutdruckanstieg durch zentralnervöse Gabe eines ACE-Hemmers abgeschwächt werden [30].

Die Reninsekretion wird über intrarenale, humorale und neuronale Mechanismen gesteuert [49]. Blutdruckveränderungen können über arterielle Barorezeptoren, Volumenänderungen über kardiopulmonale Volumenrezeptoren und die Kochsalzzufuhr über die Macula densa die Reninsekretion modulieren. Insbesondere die Körperlage beeinflußt das RAAS. So beobachtet man im Orthostasetest einen Anstieg des Renins als kompensatorische Antwort auf die eintretenden Veränderungen der Hämodynamik und die Umverteilung des Blutvolumens. Die zirkadianen Schwankungen der Reninsekretion sind überwiegend durch solche exogenen Einflüsse bestimmt. Im Gegensatz zum Wachzustand ist im Schlaf ein pulsatiles Sekretionsmuster zu beobachten, das von der Schlafstruktur bestimmt wird [4]. Insbesondere die Arbeitsgruppe um Brandenberger konnte zeigen, daß das Renin ein NREM/REM-zyklusabhängiges Sekretionsmuster hat, wobei im REM-Schlaf eine Sekretionspause zu beobachten ist. Die Periodendauer eines Sekretionspulses liegt bei etwa 100 min, entsprechend der Länge des von Kleitmann postulierten "basic-rest-activity-cycle" (BRAC). Störungen der Schlafstruktur ziehen korrespondierende Veränderungen der Reninsekretion nach sich. Insbesondere häufiges Aufwachen, Arousals und Schlaffragmentierung führen zu einem gedämpften und irregulären Sekretionsmuster [4].

Zentralnervöse Strukturen und Mechanismen scheinen für die Reninsekretion eine übergeordnete Rolle zu spielen [41,45]. Es konnte gezeigt werden, daß paraventrikuläre Kerngebiete des Hypothalamus und Raphekerngebiete für die Kontrolle der Reninsekretion wichtig sind. Läsionen in diesen Bereichen verhindern den Anstieg der Reninspiegel aufgrund von Streß und Orthostase [8]. Weiterhin konnte durch pharmakologische Beeinflussung gezeigt werden, daß serotoninerge und katecholaminerge Neurone für die streßinduzierte Reninsekretion bedeutsam sind [41, 42]. Interessanterweise ergeben sich hier Parallelen zur Hypothalamus-Hypophysen-Nebennieren-Achse (HPA-„hypothalamus-pituitary-adrenal-system" [41]). Tierexperimentelle Untersuchungen lassen vermuten, daß die Reninsekretion bei der streßinduzierten Hochdruckentwicklung eine Rolle spielt. So konnte bei spontan hypertensiven Ratten unter Streß eine gesteigerte Reninsekretion im Vergleich zu Kontrolltieren beobachtet werden [46].

4.5 Kardiovaskuläre Hormone und Schlafbedeutung für die Hypertonie

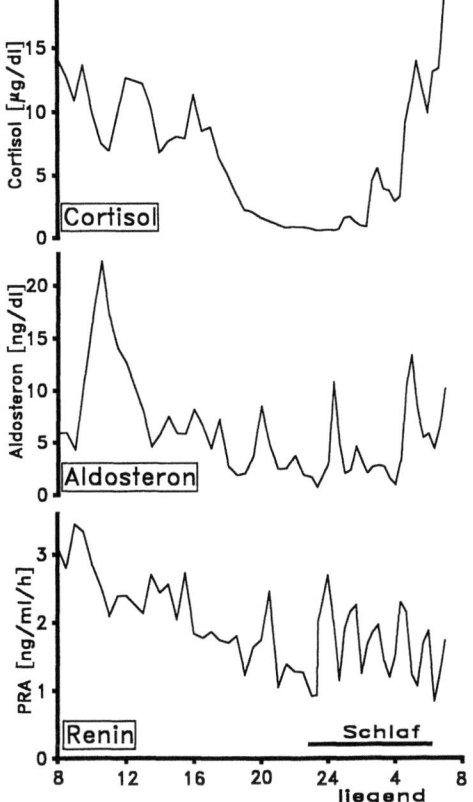

Abb. 1. Zirkadiane Hormonprofile von Cortisol, Aldosteron und Renin [Plasmareninaktivität PRA (ng/ml/h)] bei einer Normalperson. Das Renin zeigt während des Schlafs ein hoch pulsatiles Muster, während tagsüber die Sekretion irregulärer ist. Die Aldosteronsekretion folgt überwiegend dem Renin (Hormonanalysen tagsüber in halbstündlichen und nachts in 20minütigen Intervallen)

In eigenen Untersuchungen bei 6 gesunden Probanden gingen wir der Frage nach, welche Zusammenhänge zwischen den zirkadianen Sekretionsmustern von Renin, Aldosteron und Cortisol bestehen. Das Studiendesign war so konzipiert, daß die Probanden tagsüber überwiegend saßen. Ab 21.30 Uhr nahmen sie dann eine liegende Körperposition ein. Somit entsprach dieses Design in etwa einem normalen Tagesablauf. In Abb. 1 sind bei einem Probanden deutliche Unterschiede des Reninsekretionsprofils vom Wachzustand zum Schlaf zu beobachten. Tagsüber sind einige irreguläre Sekretionspulse zu beobachten, wobei insbesondere ein postprandialer Anstieg des Renins auffällt. Im Schlaf hingegen ist ein sehr regelmäßiges, pulsatiles Sekretionsmuster zu erkennen. Jedoch war ein solch reguläres Sekretionsmuster im Schlaf nicht bei allen Probanden zu beobachten. Bei einem weiteren Probanden (Abb. 2) verlief die Reninsekretion im Schlaf sehr gedämpft, während tagsüber die Reninspiegel genauso hoch lagen wie bei dem ersten Probanden. Wir können festhalten, daß die Reninsekretion vom Schlaf-Wach-Rhythmus beeinflußt wird, wobei tagsüber überwiegend exogene Faktoren eine Rolle spielen, im Schlaf hingegen endogene Rhythmen bestimmend werden. Das Studiendesign muß deswegen bei der Interpretation der Reninsekretionsprofile berücksichtigt werden.

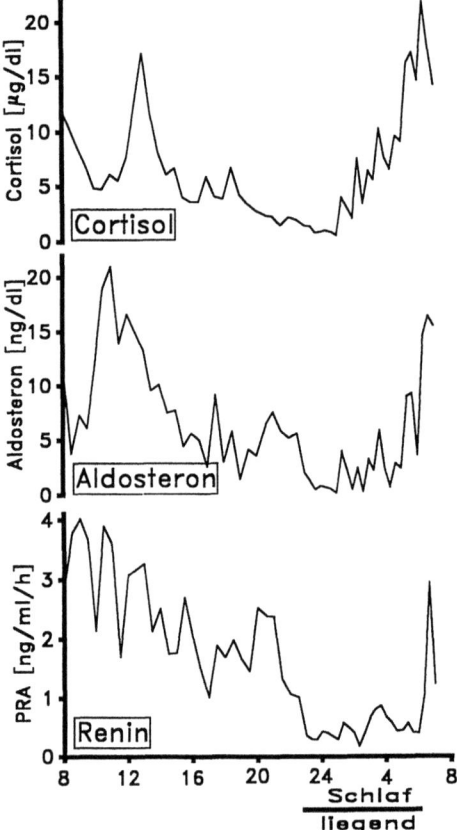

Abb. 2. Zirkadiane Hormonprofile bei einer Normalperson. Hier zeigt sich während des Schlafs ein abgeschwächtes Reninsekretionsmuster. Die nächtliche Aldosteronsekretion läuft in diesem Fall überwiegend parallel zum Cortisol

Während wir bei unserem Protokoll exogene Einflüsse tagsüber nicht ausgeschaltet hatten, führten Brandenberger et al. Untersuchungen durch, die den Einfluß der Körperlage und Nahrungszufuhr mitberücksichtigten (liegender Proband, kontinuierliche parenterale Ernährung). Sie fanden im Gegensatz zu unseren Ergebnissen im Schlaf teilweise höhere Reninspiegel als tagsüber [3]. Allerdings ergaben sich dennoch manchmal erhebliche interindividuelle Unterschiede. In weiteren Untersuchungen konnten sie zeigen, daß die nächtliche Reninsekretion nicht nur von der Schlafstruktur bestimmt wird. Die Quantität der nächtlichen Reninsekretion konnte durch Volumenmangel (induziert durch Furosemid), durch kochsalzarme Diät [6] und durch Erhöhung der Umgebungstemperatur stark stimuliert werden [5], ähnlich wie es auch im Wachzustand zu beobachten ist. Durch diese Manipulation trat das pulsatile Sekretionsmuster deutlicher hervor.

Es ist nicht klar, wie die pulsatile Reninsekretion im Schlaf generiert wird. Die klare Assoziation zum NREM/REM-Zyklus läßt vermuten, daß zentralnervöse Mechanismen eine Rolle spielen. Es ist sehr wahrscheinlich, daß die Reninsekretion über einen zentralen "pacemaker" im Schlaf moduliert wird, da der Hypothalamus eine übergeordnete Kontrollfunktion für die Reninsekretion hat. Andererseits ist auch denkbar, daß es über schlafstadienabhängige Änderungen anderer Körperfunktionen sekundär zu einer Beeinflussung der Reninsekretion kommt, z. B. über Blutdruckänderungen im Schlaf (barorezeptorvermittelt) oder über eine veränderte Nierendurchblutung.

Es bleibt auch noch die Frage zu klären, welche physiologische Bedeutung die Pulsatilität der nächtlichen Reninsekretion hat. Weiterhin muß noch geklärt werden, welche Zusammenhänge zwischen der zirkadianen und ultradianen Variation des Blutdrucks und den entsprechenden Reninsekretionsmustern bestehen. Es erscheint jedoch eher unwahrscheinlich, daß das systemische RAAS eine Bedeutung für die akute Blutdruckregulation hat. In diesem Fall müßten die Personen mit einem hochpulsatilen Reninsekretionsmuster die höchsten Blutdruckwerte aufweisen. Nach dem jetzigen Kenntnisstand spricht vieles dafür, daß das systemische RAAS v. a. für die Elektrolyt- und Volumenhomöostase, insbesondere im Schlaf, wichtig ist.

Die Frage nach einer eventuellen Bedeutung des zirkadianen/ultradianen Reninsekretionsmusters für die Pathogenese der arteriellen Hypertonie steht ebenfalls noch offen. Ob z. B. Schlafstörungen über eine veränderte Reninsekretion für den Blutdruck wirksam sein können und bestimmte Reninsekretionsmuster insbesondere unter dem Gesichtspunkt des Schlaf-Wach-Rhythmus für bestimmte Hochdruckformen pathognomonisch sein können, müssen weitere Untersuchungen zeigen.

Dem Aldosteron kommt eine Sonderstellung zu, da seine Sekretion neben anderen Faktoren nicht nur vom Renin-Angiotensin-System abhängt, sondern das ACTH eine ganz wesentliche Rolle spielt. Es ist allerdings schwierig, im Detail den Beitrag des Angiotensin II und des ACTH zur Aldosteronsekretion zu differenzieren.

Wie in Abb. 1 zu erkennen, korreliert die Aldosteronsekretion tagsüber überwiegend mit den Renin. Im Schlaf hingegen sind die Aldosteronsekretionspeaks trotz kräftiger, pulsatiler Reninsekretion in den ersten Nachtstunden sehr schwach. Erst mit Einsetzen der Cortisolsekretion finden wir eine Zunahme der Aldosteronsekretion. Insgesamt korrelieren die Aldosteronpeaks jedoch sowohl mit dem Renin- als auch mit den Cortisolsekretionspeaks, wobei berücksichtigt werden muß, daß das Aldosteron kaskadenartig zeitlich versetzt zum Renin, jedoch parallel zum Cortisol erscheint. Etwas andere Verhältnisse sind bei einem weiteren Probanden anzutreffen (Abb. 2). Hier läuft die nächtliche Aldosteronsekretion überwiegend parallel zum Cortisol, da die Reninsekretion nur schwache Sekretionspulse zeigt. Die Arbeitsgruppe um Brandenberger konnte durch selektive Blockade der Renin- bzw. ACTH-Sekretion (nach Gabe von β-Blockern respektive Dexamethason) die beiden Komponenten herausarbeiten und entsprechend zuordnen [33]. Das Verhältnis von hypophysärer Kontrolle bzw. Einfluß des RAS auf die Aldosteronsekretion scheint interindividuell variabel zu sein. Ob dies eine physiologische oder pathophysiologische Bedeutung hat, ist unbekannt. In diesem Zusammenhang ist erwähnenswert, daß die ACTH-Cortisol-Achse (HPA-System) und das Renin auf hypothalamischer Ebene nach tierexperimentellen Daten einer ähnlichen Regulation unterliegen [42]. Dies weist auf eine Parallelität hin und erklärt, warum die Aldosteronsekretion im Schlaf so gut synchronisiert ist.

Das Renin-Angiotensin-Aldosteron-System (RAAS) bei der Schlafapnoe

Auf der Suche nach den Mechanismen der Hochdruckentstehung bei der Schlafapnoe ist das RAAS von besonderem Interesse. Wir untersuchten dazu mittlerweile bei fast 20 Apnoepatienten die nächtlichen Sekretionsprofile von Renin und Aldosteron in Abhängigkeit von der nCPAP-Therapie. Wir fanden bei fast allen Patienten ein uniformes Bild. Während sich die Renin- und Aldosteronspiegel vor Schlafbeginn nicht signifikant unterschieden, waren diese im Schlaf unter Therapie um das 2- bis 3fache höher (s. Abb. 3) [15]. Somit muß man einen gravierenden Einfluß der Schlafapnoe auf das RAAS konstatieren.

Zur weiteren Klärung, welche Mechanismen für diese Veränderungen verantwortlich sind, wurden in 10minütigen Intervallen die Reninspiegel gemessen; insbesondere sollte der Einfluß der Schlafstruktur auf die Reninsekretion geklärt werden. Wir konnten zeigen, daß die Reninsekretion vor Therapiebeginn sehr stark gedämpft ist, exemplarisch dargestellt bei einem Apnoepatienten in Abb. 4. Unter Therapie war i. allg. wieder ein kräftiges pulsatiles Muster zu beobachten. Soweit die Reninspiegel vor Therapie nicht sehr niedrig und stark supprimiert waren, konnte auch in der Nacht vor Therapiebeginn ein NREM/REM-abhängiges Sekretionsmuster beobachtet werden [14]. Jedoch waren die Sekretionsprofile ohne Therapie deutlich inhomogener, bedingt durch Schlaffragmentierung. Dies konnte durch Follenius et al. aus der Straßburger Arbeitsgruppe in einer kürzlich publizierten Arbeit bestätigt werden [26].

Das Aldosteron zeigte kein so konsistentes Verhalten unter nCPAP-Therapie. Einige Patienten hatten vor Therapie supprimierte Aldosteronprofile, während an-

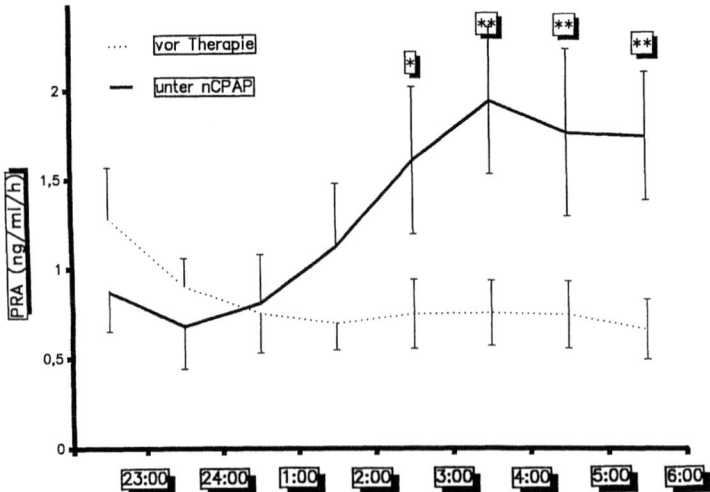

Abb. 3. Einfluß der nCPAP-Therapie auf die nächtlichen Reninspiegel bei 6 Patienten mit einem obstruktiven Schlafapnoesyndrom. Unter Therapie steigen die Reninspiegel ab 2.00 Uhr signifikant über die Werte der Kontrollnacht. (Nach [15])

4.5 Kardiovaskuläre Hormone und Schlafbedeutung für die Hypertonie

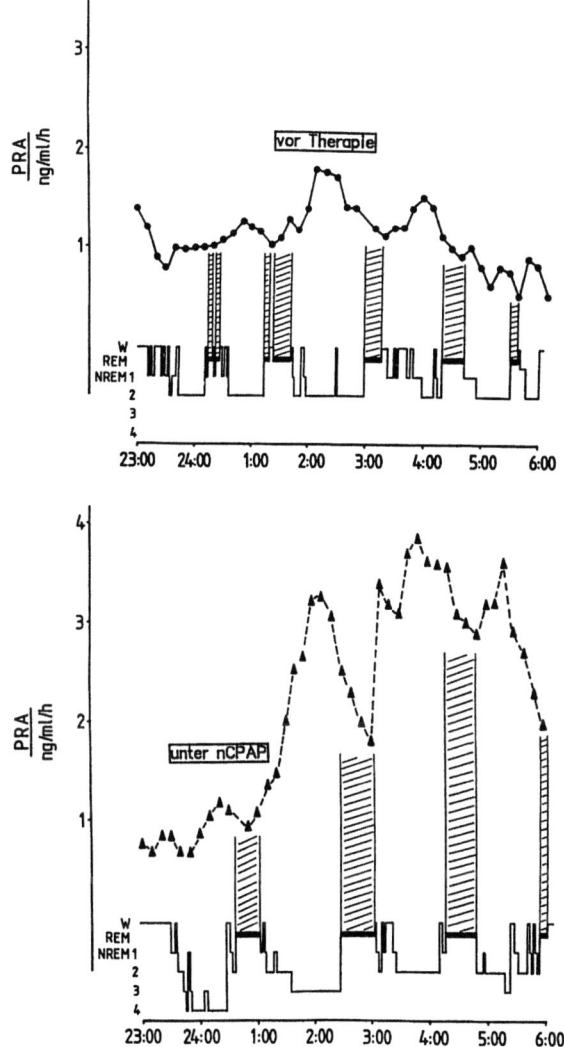

Abb. 4. Schlafstruktur und Reninsekretion bei einem Patienten mit einem obstruktiven Schlafapnoesyndrom in einer Nacht ohne Therapie und in einer 2. Nacht unter nCPAP-Ventilation. (Nach [14])

dere Patienten trotz supprimierter Reninspiegel eine z. T. kräftige pulsatile Aldosteronsekretion aufwiesen (noch unveröffentlichte Ergebnisse). Es ist anzunehmen, daß bei diesen Patienten die ACTH-abhängige Aldosteronsekretion überwiegt. Ob dies eine pathophysiologische Bedeutung hat in Hinblick auf die Entwicklung einer Hypertonie, kann aufgrund der kleinen Fallzahl noch nicht gesagt werden. Dies korreliert mit Ergebnissen, die keine signifikante Änderung der nächtlichen Aldosteronexkretion unter nCPAP-Therapie demonstrieren konnten [20]. Es kann insgesamt festgehalten werden, daß die Aldosteronsekretion durch die nCPAP-Therapie in ihrer Quantität zwar beeinflußt wird, jedoch nicht in dem Ausmaß wie das Renin. Allerdings kommt es zu klaren Veränderungen des Sekretionsmusters.

Die Frage nach der Bedeutung des RAAS für die Hochdruckentwicklung bei der Schlafapnoe muß zu diesem Zeitpunkt enttäuschend beantwortet werden, da die Aktivität des RAAS unter Therapie zunimmt, obwohl aus zahlreichen Studien bekannt ist, daß die Blutdruckwerte unter nCPAP-Therapie abfallen [38]. Somit kann das systemische RAAS zumindest für die nächtliche Hypertonie keine wesentliche Bedeutung haben [16]. Allerdings muß an die Möglichkeit gedacht werden, daß es tagsüber zu einer überschießenden Reaktion des RAAS kommen könnte im Sinne einer Entzügelung nach der ausgeprägten Suppression während des Schlafs, möglicherweise auch über ein Resetting von Volumen/Dehnungsrezeptoren im Niederdrucksystem [20]. In diesem Zusammenhang ist auch die gute Ansprechbarkeit der Hypertonie des Apnoepatienten auf eine ACE-Hemmertherapie anzumerken. Wie weiter unten diskutiert, müssen die Veränderungen des RAAS bei der Schlafapnoe eher im Licht einer gestörten Volumregulation gesehen werden.

Volumenregulation im Schlaf

Ein ausgeglichener Volumenhaushalt spielt für den Blutdruck eine wichtige Rolle. So regeln die meisten kardiovaskulären Hormone auch den Volumen- und Elektrolythaushalt; dies gilt insbesondere für das RAAS und das ANP. Das zentrale Organ, über das Volumen und Elektrolyte kontrolliert werden, ist die Niere. Auch für die Nierenfunktion und für den Volumen- und Elektrolythaushalt kennt man eine typische zirkadiane Rhythmik, die durch eine Antidiurese während des Schlafs gekennzeichnet ist. Diese Rhythmik bleibt auch bestehen bei einer kontinuierlichen parenteralen Ernährung und kann somit nicht durch eine geringere Flüssigkeitszufuhr während des Schlafs erklärt werden [43].

Wie diese Rhythmik zustande kommt, ist noch nicht geklärt. In diesem Zusammenhang muß nochmals auf die zirkadiane Rhythmik des RAAS und des ANP eingegangen werden. Die Aldosteronsekretion ist zu Beginn der Nacht gering, steigt allerdings in den Morgenstunden parallel zum Cortisol an. Ähnlich verhält sich das Renin. Somit könnte mit dem nächtlichen Sekretionsmuster des RAAS die nächtliche Antidiurese zum Teil erklärt werden.

Die Ergebnisse verschiedener Studien zur zirkadianen Variabilität der ANP-Plasmaspiegel sind widersprüchlich. In eigenen Untersuchungen konnten wir allerdings einen deutlichen Anstieg bei allen Probanden nach dem Hinlegen gegen 21.00 Uhr beobachten [12]. Dies ist mit einer Blutumverteilung und einem vermehrten venösen Rückstrom aus der unteren Körperpartie erklärbar. Ähnliches fanden auch andere Autoren [9]. Die Diskrepanzen zwischen den verschiedenen Studien sind im wesentlichen durch die Unterschiede der Studiendesigns und insbesondere der Körperposition erklärbar. In den Studien, in denen die Probanden liegend untersucht wurden, fand sich keine größere Variation der ANP-Spiegel [48]. Somit muß festgehalten werden, daß das ANP keine eigentliche, endogen bestimmte zirkadiane Rhythmik besitzt, sondern im wesentlichen von exogenen Faktoren beeinflußt wird.

Betrachtet man nun die beiden antagonistisch wirksamen Hormonsysteme, das ANP und das RAAS, so ist ein gegenläufiges Muster zu beobachten. Der Anstieg des ANP nach dem abendlichen Hinlegen führt zu einer initialen und passageren Suppression des RAAS, während im weiteren Verlauf der Nacht nach Absinken der ANP-Spiegel die Aktivität des RAAS kontinuierlich zunimmt. Somit ergibt sich ein komplexes Bild zur Regulation der Volumen- und Elektrolythomöostase im Schlaf. Die Bedeutung des Zusammenspiels von ANP und RAAS wird noch klarer, wenn wir die Verhältnisse bei Schlafapnoepatienten betrachten (s. unten). Zusätzlich kompliziert werden diese Überlegungen durch die Tatsache, daß der diuretische und natriuretische Effekt des ANP während des Schlafes schwächer als im Wachzustand ist [40]. Dies wäre eine weitere Erklärung für die nächtliche Antidiurese.

Volumenregulation beim obstruktiven Schlafapnoesyndrom

Es konnte mittlerweile durch mehrere Arbeitsgruppen belegt werden, daß Apnoepatienten eine gesteigerte nächtliche Diurese und Natriurese haben, die allerdings unter nCPAP-Therapie erstaunlich schnell reversibel ist [21, 34, 53]. Krieger et al. konnten zeigen, daß dies zu einer Hämokonzentrierung im Schlaf führt und damit zu einer Pseudopolyglobulie [36]. Dies spricht für eine extreme Störung der Volumenhomöostase. Zur weiteren Klärung wurde von unserer Arbeitsgruppe parallel zur Straßburger Arbeitsgruppe um Krieger der Einfluß der Schlafapnoe auf die volumenregulierenden Hormone untersucht. Die Ergebnisse zum Renin wurden oben schon demonstriert. Die supprimierten Reninwerte vor Therapie sprechen für eine vermehrte Volumenbelastung bzw. Volumenexpansion.

Auf der Suche nach dem Grund für die gesteigerte Natriurese und Diurese wurden parallele Veränderungen der renalen cGMP-Exkretion gefunden als Hinweis auf eine gesteigerte ANP-Sekretion [21, 37]. Gleichzeitig mit der Arbeitsgruppe von Krieger wiesen wir nach, daß die ANP-Plasmaspiegel im Schlaf ohne Therapie teilweise doppelt so hoch lagen [13, 35]. Somit sind die Veränderungen der Nierenfunktion im Rahmen der obstruktiven Apnoen durch eine gesteigerte ANP-Sekretion zu erklären.

Die obstruktive Apnoe imitiert offensichtlich eine Hypervolämie. Durch ausgeprägte negative Druckschwankungen während der Apnoen nimmt der venöse Rückstrom zu und führt zu einer Umverteilung von Blut in zentrale Kreislaufabschnitte. Wir haben also keine echte Hypervolämie, sondern eine zentrale Hypervolämie („Pseudohypervolämie"; [15]). Dies führt zu einer unphysiologisch gesteigerten kardialen Volumenbelastung des Apnoepatienten während des Schlafs. Eine ähnliche Situation läßt sich auch bei Normalpersonen durch repetitive Müller-Manöver imitieren mit einem entsprechenden Anstieg der ANP-Plasmaspiegel (noch unveröffentlichte Untersuchungen).

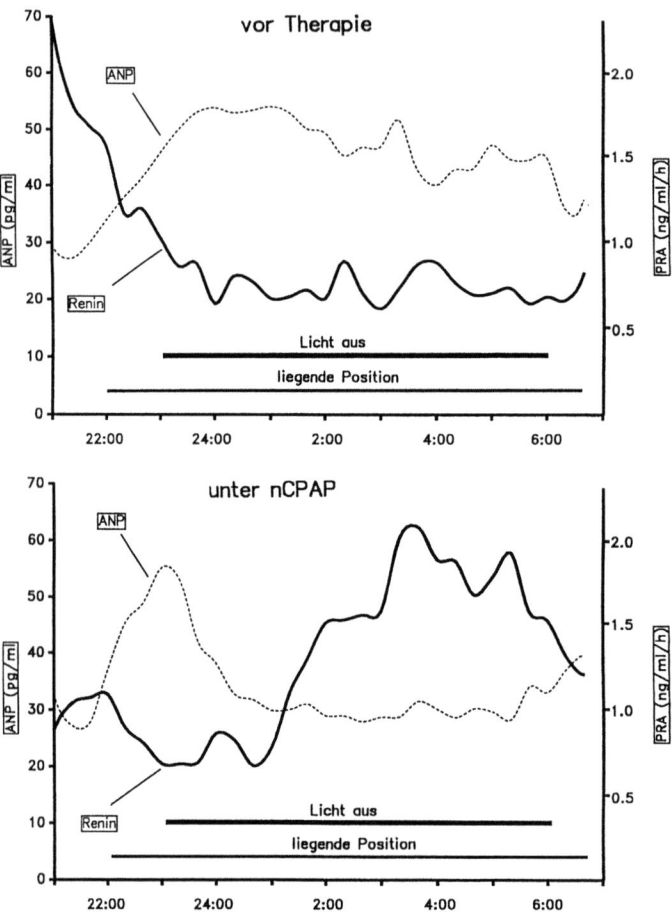

Abb. 5. Interaktion zwischen Renin und dem atrialen natriuretischen Peptid (ANP) beim obstruktiven Schlafapnoesyndrom (OSAS) vor und unter nCPAP-Therapie. Die Kurven geben die Mittelwerte der in 20minütigen Intervallen gemessenen Plasmahormonspiegel bei 6 Patienten wieder. (Nach [17])

Die gestörte Volumenhomöostase sieht man noch deutlicher, wenn man die Sekretionsprofile von Renin und ANP zusammen betrachtet [17]. Jetzt erkennt man, daß sich das Renin und das ANP spiegelbildlich verhalten (Abb. 5). Im Wachzustand waren keine signifikanten Unterschiede zu beobachten, insbesondere stieg das ANP an beiden Untersuchungstagen gleich stark an, nachdem sich die Patienten hingelegt hatten. Parallel dazu erreichte das Renin seinen Nadir. Erst ab 24.00 Uhr waren die therapiebedingten Unterschiede zu erkennen. Während in der Nacht ohne Therapie die ANP-Spiegel erhöht blieben, sanken sie in der Nacht mit nCPAP-Ventilation wieder auf das Ausgangsniveau ab. Dementsprechend stieg das Renin nur in der Therapienacht an.

Daraus muß geschlossen werden, daß die Reninsekretion beim Schlafapnoepatienten im wesentlichen durch das ANP gesteuert wird, insbesondere ist die Suppression des Reninanstiegs beim unbehandelten Apnoepatienten auf erhöhte ANP-Spiegel zurückzuführen. Die Konstellation erhöhte ANP-Spiegel und supprimierte Reninwerte ist typisch für eine vermehrte Volumenbelastung, die durch die nCPAP-Ventilation verhindert wird. Wahrscheinlich spielt die vermehrte kardiale Volumenbelastung im Rahmen der obstruktiven Apnoen neben anderen Faktoren wie der Hypoxie eine ganz wesentliche Rolle für die Entstehung der kardiovaskulären Komplikationen beim Schlafapnoepatienten [22].

Konzepte, zur Hochdruckpathogenese beim obstruktiven Schlafapnoesyndrom

Die Einordnung der beobachteten Veränderungen kardiovaskulärer Hormone in den Kontext der kardiovaskulären Pathophysiologie bei der Schlafapnoe ist schwierig und sehr komplex. Die akuten Blutdruckanstiege während der Apnoen kommen wahrscheinlich durch eine Sympathikusaktivierung zustande. Das RAAS scheint für die nächtliche Hypertension des Apnoepatienten keine direkte Rolle zu spielen. Die Suppression des RAAS-Systems und die Aktivierung des ANP müßte vielmehr zu einer Blutdrucksenkung führen.

Ob lokale Mechanismen im Gefäßbett eine Rolle spielen, wissen wir noch nicht. Denkbar ist, daß es im Rahmen der Hypoxie zu einer veränderten Bildung von gefäßaktiven Substanzen in den Widerstandsgefäßen kommt (lokales Renin-Angiotensin-System, Prostaglandine, "endothelium-derived factors"). Kürzlich konnten wir zeigen, daß die renale Exkretion von Endothelin (ET), dem am stärksten vasokonstriktiv wirksamen Peptid, unter nCPAP-Therapie abnimmt. Dies könnte ein Hinweis darauf sein, daß eine gesteigerte Bildung von ET für die Hypertonie bei der Schlafapnoe eine Rolle spielt [18].

Dennoch können alle diese Ansätze z. Z. noch keine schlüssige Erklärung für die Entstehung einer Tageshypertonie bei der Schlafapnoe sein. Immerhin ist der gestörten zirkadianen Rhythmik kreislaufwirksamer Hormone eine Bedeutung ebenso zuzumessen wie der gestörten zirkadianen Volumenhomöostase. Es ist sogar sehr wahrscheinlich, daß die Störung des Volumenhaushalts eine zentrale Rolle für die Entstehung des Hochdrucks beim Apnoepatienten spielt, da sich die Veränderungen des Volumenhaushalts nicht so schnell zurückbilden und damit über die Nacht hinaus am Tag wirksam werden können.

Die sog. "low-renin hypertension" oder "volume-expanded hypertension" ist bei etwa $1/4$ der Hochdruckpatienten zu finden. Bei dieser Form der Hypertonie ist der Hochdruck wahrscheinlich Folge einer gestörten Natriumausscheidung. Dies führt zu einer Volumenexpansion, die wiederum kompensatorische Mechanismen in Gang setzt. Niedrige Reninspiegel und eine gesteigerte ANP-Sekretion sind typisch. Bei dieser Hochdruckform konnten Inhibitoren der membranständigen Na-K-ATPase gefunden werden, die wahrscheinlich für die Hochdruckentwicklung eine zentrale Rolle spielen. Da sie an den Digitalisrezeptor binden, werden sie auch digitalisähnliche Faktoren (DLF) genannt. Wir gingen auf diesem Hintergrund der

Frage nach, ob die zentrale Hypervolämie beim obstruktiven Schlafapnoesyndrom zu einer volumenexpandierten Hypertonie führen könnte. Wir konnten in der Tat zeigen, daß sowohl die Plasmaspiegel als auch die renale Exkretion von DLF unter nCPAP-Therapie abnimmt [19]. Hiermit haben wir wahrscheinlich ein Bindeglied zwischen der gestörten Volumenhomöostase und der Hochdruckentwicklung des Apnoepatienten.

Zusammenfassung

Chronobiologische Aspekte gewinnen in der Diskussion um die Krankheitsgenese zunehmende Bedeutung. Dies gilt insbesondere für Erkrankungen, die in den Schlaf-Wach-Rhythmus störend eingreifen, wie z. B. die Schlafapnoe. Hierbei ist allerdings die Bedeutung einer Störung der zirkadianen Rhythmik kardiovaskulärer Hormone für die Hochdruckentstehung noch wenig erforscht. Gerade bei der Schlafapnoe fallen komplexe Störungen in der zirkadianen Rhythmik bei einer Vielzahl von Körperfunktionen auf. Die Sympathikusaktivität sinkt normalerweise im Schlaf ab und korreliert mit der Schlafqualität. Arousals und Schlaffragmentierung sind wahrscheinlich über eine gesteigerte Sympathikusaktivität für die nächtliche Hypertonie des Schlafapnoepatienten ursächlich verantwortlich zu machen, jedoch interindividuell unterschiedlich stark ausgeprägt. So korreliert die Schwere der Schlafapnoe offensichtlich nicht per se mit der Ausprägung der Sympathikusaktivierung.

Das Renin-Angiotensin-Aldosteron-System ist durch eine komplexe neuroendokrine Regulation gekennzeichnet mit einer engen Kopplung an die Schlafstruktur. Die Therapie der Schlafapnoe führt zu einer Restaurierung der gedämpften und gestörten Reninsekretion. Die Suppression der Reninspiegel während der obstruktiven Apnoen ist auf eine gesteigerte ANP-Sekretion zurückzuführen. Hohe ANP-Spiegel bei niedrigen Reninwerten sind Indiz einer vermehrten kardialen Volumenbelastung, die sich klinisch als Nykturie manifestiert. Die „zentrale Hypervolämie" während obstruktiver Apnoen muß als ein wesentlicher Punkt in der Pathogenese der kardiovaskulären Komplikationen des Apnoepatienten angesehen werden. Gerade der Störung der zirkadianen Rhythmik der Volumenhomöostase kommt wahrscheinlich eine wesentliche Rolle in der Perpetuierung der Hypertonie über den Schlaf hinaus zu. Jedoch sind bei der Schlafapnoe Veränderungen bei fast allen kardiovaskulären Hormonen nachzuweisen, so daß die Entstehung der akuten und chronischen Blutdruckveränderungen sehr komplex ist.

Literatur

1. Ackerstedt T, Gillberg M (1983) Circadian variation of catecholamine excretion and sleep. Eur J Appl Physiol 51:203–210
2. Baust W, Weidinger H, Kirchner F (1968) Sympathetic activity during natural sleep and arousal. Arch It Biol 106:379–390

4.5 Kardiovaskuläre Hormone und Schlafbedeutung für die Hypertonie 259

3. Brandenberger G, Simon C, Follenius M (1987) Night–day in the ultradian rhythmicity of plasma renin activity. Life Sci 40:2325–2330
4. Brandenberger G, Follenius M, Simon C, Ehrhart J, Libert JP (1988) Nocturnal oscillations in plasma renin activity and REM-NREM sleep cycles in humans: a common regulatory mechanism? Sleep 11:242–250
5. Brandenberger G, Follenius M, Di Nisi J, Libert JP, Simon C (1989) Amplification of nocturnal oscillations in PRA and aldosterone during continuous heat exposure. J Appl Physiol 66:1280–1287
6. Brandenberger G, Krauth MO, Ehrhart J, Libert JP, Simon C, Follenius N (1990) Modulation of episodic renin release during sleep in humans. Hypertension 15:370–375
7. Clark RW, Boudoulas H, Schaal SF, Schmidt HS (1980) Adrenergic hyperactivity and cardiac abnormality in primary disorders of sleep. Neurology 30:113–119
8. Davis BJ, Blair ML, Sladek JR, Sladek CD (1987) Effects of lesions of hypothalamic catecholamines on blood pressure, fluid balance, vasopressin and renin in the rat. Brain Res 405:1–15
9. Donckier J, Anderson JV, Yeo T, Bloom SR (1986) Diurnal rhythm in the plasma concentration of atrial natriuretic peptide. N Engl J Med 315:710–711
10. Dzau VJ (1986) Significance of the vascular renin-angiotensin pathway. Hypertension 8:553–559
11. Ehlenz K, Köhler U, Mayer J, Peter JH, von Wichert P, Kaffarnik H (1986) Plasma levels of catecholamines and cardiovascular parameters during sleep in patients with sleep apnea syndrome. In: Peter JH, Podszus T, von Wichert P (eds) Sleep related disorders and internal diseases. Springer, Berlin Heidelberg New York, pp 321–325
12. Ehlenz K, Schneider H, Tremmel P, Schmidt P, Kaffarnik H (1989) Circadian rhythm of atrial natriuretic peptide in normal subjects. In: Kaufmann W, Wambach G (eds) Endocrinology of the heart. Springer, Berlin Heidelberg New York, pp 181–183
13. Ehlenz K, Schmidt P, Becker H, Podszus T, Peter JH, Kaffarnik H, von Wichert P (1989) Hat die Bestimmung des atrialen natriuretischen Faktors (ANF) eine Bedeutung in der Beurteilung der kardialen Belastung während der Apnoe bei Schlafapnoe-Patienten? Pneumologie 43(S1):580–584
14. Ehlenz K, Schneider H, Elle T, Peter JH, Kaffarnik H, von Wichert P (1990) Influence of nCPAP therapy on nocturnal renin secretion in oSAS. Sleep Res 19:100
15. Ehlenz K, Peter JH, Schneider H, Elle T, Scheele B, von Wichert P, Kaffarnik H (1990) Renin secretion is profoundly influenced by obstructive sleep apnea syndrome. In: Horne JA (ed) Sleep '90. Pontenagel, Bochum, pp 193–195
16. Ehlenz K, Schneider H, Dugi K, Peter JH, von Wichert P, Kaffarnik H (1991) Welche Rolle spielt das Renin-Angiotensin-Aldosteron-System (RAAS) in der Pathogenese der Hypertonie beim obstruktiven Schlafapnoe-Syndrom (oSAS). Nieren Hochdruckkrankh 20:548–550
17. Ehlenz K, Peter JH, Schneider H, Elle T, Kaffarnik H, von Wichert P (1991) Changes in volume regulating hormones during treatment of obstructive sleep apnea (OSA) indicating disturbances in volume homeostasis. Sleep Res 20:94
18. Ehlenz K, Herzog P, von Wichert P, Kaffarnik H, Peter JH (1991) Renal excretion of endothelin in obstructive sleep apnea syndrome. In: Gaultier C, Escourrou P, Curzi-Dascalova L (eds) Sleep and cardiorespiratory control. John Libbey Eurotext, Montrouge (Colloque Inserm, vol 217), p 226
19. Ehlenz K, Peter JH, Kaffarnik H, von Wichert P (1991) Disturbances in volume regulating hormone system – a key to the pathogenesis of hypertension in obstructive sleep apnea syndrome? Pneumologie 45(S1):239–245
20. Ehlenz K, Peter JH, Dugi K, Firle K, Goubeaud R, Weber K, Schneider H, Kaffarnik H, von Wichert P (1991) Changes in volume- and pressure-regulating hormone systems in patients with obstructive sleep apnea syndrome. In: Peter JH, Podszus T, Penzel T, von Wichert P (eds) Sleep and health risk. Springer, Berlin Heidelberg New York, pp 518–531
21. Ehlenz K, Firle K, Schneider H, Weber K, Peter JH, Kaffarnik H, von Wichert P (1991) Reduction of nocturnal diuresis and natriuresis during treatment of obstructive sleep apnea (OSA) with nasal continuous air pressure (nCPAP) correlates to cGMP excretion. Med Klin 86:294–296

22. Ehlenz K, Peter JH (submitted) Central hypervolemia and cardiovascular sequelae in obstructive sleep apnea syndrome.
23. Eisenberg E, Zimlichman R, Lavie P (1990) Plasma norepinephrine levels in patients with sleep apnea syndrome. N Engl J Med 322:930–931
24. Ferrario CM (1990) Importance of the renin-angiotensin-aldosterone system (RAAS) in the physiology and pathology of hypertension. Drugs 39(S2):1–8
25. Fletcher EC, Miller J, Schaaf JW, Fletcher JG (1987) Urinary catecholamines before and after tracheostomy in patients with obstructive sleep apnea and hypertension. Sleep 10:35–44
26. Follenius M, Krieger J, Krauth MO, Sforza F, Brandenberger G (1991) Obstructive sleep apnea treatment – peripheral and central effects on plasma renin activity and aldosterone. Sleep 14:211–217
27. Gotoh E, Murakami K, Bahnson TD, Ganong WF (1987) Role of brain serotonergic pathways and hypothalamus in regulation of renin secretion. Am J Physiol 253:R179–R185
28. Hedner J, Ejnell H, Sellgren J, Hedner T, Wallin G (1988) Is high and fluctuating muscle nerve sympathetic activity in the sleep apnoea syndrome of pathogenetic importance for the development of hypertension. J Hypertens 6(S4):S529–S532
29. Hjemdahl P (1987) Physiological aspects of catecholamine sampling. Life Sci 41:841–844
30. Itaya Y, Suzuki H, Matsukawa S, Kondo K, Saruta T (1986) Central renin-angiotensin system and the pathogenesis of DOCA-salt hypertension in rats. Am J Physiol 252:H261–H268
31. Jörgensen LS, Bönlökke L, Christensen NJ (1985) Plasma adrenaline and noradrenaline during mental stress and isometric exercise in man. The role of arterial sampling. Scand J Clin Lab Invest 45:447–452
32. Kern W, Born J, Fehm HL (1991) Chronobiologische Phänomene in der Endokrinologie. Internist 32:289–396
33. Krauth MO, Saini J, Follenius M, Brandenberger G (1990) Nocturnal oscillations of plasma aldosterone in relation to sleep stages. J Endocrinol Invest 13:727–735
34. Krieger J, Imbs JL, Schmidt M, Kurtz D (1988) Renal function in patients with obstructive sleep apnea – effects of nasal continuous positive airway pressure. Arch Intern Med 148:1337–1340
35. Krieger J, Laks L, Wilcox I, Grunstein RR, Costas LJV, McDougall JG, Sullivan CE (1989) Atrial natriuretic peptide release during sleep in patients with obstructive sleep apnea before and during treatment with nasal continuous positive airway pressure. Clin Sci 77:407–411
36. Krieger J, Sforza E, Barthelmebs M, Imbs JL, Kurtz D (1990) Overnight decrease in hematocrit after nasal CPAP treatment in patients with OSA. Chest 97:729–731
37. Krieger J, Schmidt M, Sforza E, Lehr L, Imbs JL, Coumaros G, Kurtz D (1990) Urinary excretion of guanosine 3':5'-cyclic guanosine monophosphate during sleep in obstructive sleep apnoea patients with and without nasal continuous positive airway pressure. Clin Sci 76:31–37
38. Mayer J, Weichler U, Herres-Mayer B, Moser R, Schneider H, Peter JH (1990) Sleep-related breathing disorders and arterial hypertension. In: Peter JH, Penzel T, Podszus T (eds) Sleep and health risk. Springer, Berlin Heidelberg New York, pp 310–318
39. McCance AJ (1991) Assessment of sympathoneural activity in clinical research. Life Sci 48:713–721
40. Miki K, Shiraki K, Sagawa S, De Bold AJ, Hong SK (1988) Atrial natriuretic factor during heat-out immersion at night. Am J Physiol 254:R235–R241
41. Morton KDR, Van de Kar LD, Brownfield MS, Bethea CL (1989) Neuronal cell bodies in the hypothalamic paraventricular nucleus mediate stress-induced renin and corticosterone secretion. Neuroendocrinology 50:73–80
42. Morton R, Van de Kar LD, Brownfield MSD, Lorens SA, Napier TC, Urban JH (1990) Stress-induced renin and corticosterone sectretion is mediated by catecholaminergic nerve terminals in the hypothalamic paraventricular nucleus. Neuroendocrinology 51:320–328
43. Muratani H, Kawasaki T, Ueno M, Kawazoe N, Fujishima M (1985) Circadian rhythms of urinary excretions of water and electrolytes in patients receiving total parenteral nutrition (TPN). Life Sci 645:649–737
44. Nishihara K, Mori K, Endo S, Ohta T, Ohara K (1985) Relationship between sleep efficiency and urinary excretion of catecholamines in bed-rested humans. Sleep 8:110–117

45. Porter JP (1988) Electrical stimulation of paraventricular nucleus increases plasma renin activity. Am J Physiol 254:P325–P330
46. Porter JP (1990) Effects of stress on the control of renin release in spontaneously hypertensive rats. Hypertension 15:310–317
47. Prinz PN, Halter J, Benedetti C, Raskind M (1979) Circadian variation of plasma catecholamines in young and old men: relation to rapid eye movement and slow wave sleep. J Clin Endocrinol Metab 49:300–304
48. Richards AM, Tonolo G, Fraser R, Morton JJ, Leckie BJ, Ball SG, Robertson JIS (1987) Diurnal change in plasma atrial natriuretic peptide concentrations. Clin Sci 73:489–495
49. Stella A, Zanchetti A (1987) Control of renal renin release. Kidney Int 31:S89–S94
50. Stene M, Panagiotis N, Tuck ML, Sowers JR, Mayes D, Berg G (1980) Plasma norepinephrine levels are influenced by sodium intake, glucocorticoid administration, and circadian changes in normal man. J Clin Endocrinol Metab 51:1340–1345
51. Stern N, Beahm E, McGinty D, Eggena P, Littner M, Nyby M, Catania R, Sowers JR (1985) Dissociation of 24-hour catecholamines levels from blood pressure in older men. Hypertension 7:1023–1029
52. Wallin BG (1991) Human sympathetic nerve activity during normal sleep and in sleep apnoea. In Gaultier C, Escourrou P, Curzi-Dascalova L (eds) Sleep and cardiorespiratory control. John Libbey Eurotext, Montrouge (Colloque Inserm, vol 217), pp 73–78
53. Warley ARH, Stradling JR (1988) Abnormal diurnal variation in salt and water excretion in patients with obstructive sleep apnoea. Clin Sci 74:183–185

5 Methodische Aspekte der Schlafforschung

5.1 Schlaflabor für Kinder: Instrument der Früherkennung und kontrollierten Therapie

M. E. Schläfke, T. Schäfer, C. Schäfer, D. Schäfer

Einleitung

Der Ableitung biologischer Signale während des Schlafes kommt in der Diagnostik und Präventivmedizin bei Säuglingen und Kleinkindern eine besonders hohe Bedeutung zu. Sie erlaubt auch beim nichtkooperativen Kind die systemphysiologische Langzeitbeobachtung ohne Sedierung und läßt unerklärbare bzw. sonst unerkannte Auffälligkeiten autonomer Regulationen objektivieren; auch kann eine Anfallsneigung frühzeitig entdeckt werden. Ferner bewährt sich das Schlaflabor bei der Therapieeinstellung und -kontrolle von Patienten mit schlafbezogener Atemstörung sowie im Rahmen der Nachsorge von Frühgeborenen und anderen Risikokindern. Schließlich wurde die Schlafableitung integraler Bestandteil unseres Präventionsprogrammes zur Bekämpfung des plötzlichen Kindstodes.

Methode

Die technische Ausstattung eines Schlaflabors für Kinder muß in eine kindgerechte Umgebung integriert sein. Gleichermaßen muß die altersentsprechende Versorgung des Kindes mit der Untersuchung abgestimmt werden. Ein Elternteil bzw. die vertraute Pflegeperson sollte in Rufbereitschaft und damit in Schlaflabornähe untergebracht werden können. Ferner muß die Still- bzw. Fütterungsphase des Säuglings weitgehend aufgezeichnet werden können. Das Schlaflabor und die zugehörigen Funktionen sollten vom übrigen klinischen Versorgungsbereich akustisch und optisch sowie organisatorisch getrennt sein:
  1) Die Diagnostik erfolgt weitgehend während des Nachtschlafs.
  2) Die Kinder sollten am Tag der Schlafableitung nicht durch aufwendige Untersuchungen, Röntgenaufnahmen, Blutnahmen o. ä. erregt bzw. verängstigt werden. Der hierdurch erhöhte Katecholaminspiegel würde noch Stunden später die zu untersuchenden vegetativen Funktionen einschließlich des Schlafverlaufs beeinflussen.
  Die technische Grundausrüstung des Schlaflabors ist in Abb. 1 dargestellt. Die kontinuierliche und sorgfältige Messung der Blutgase mittels möglichst rasch ansprechender transkutaner Elektroden spielt besonders beim Säugling und Klein-

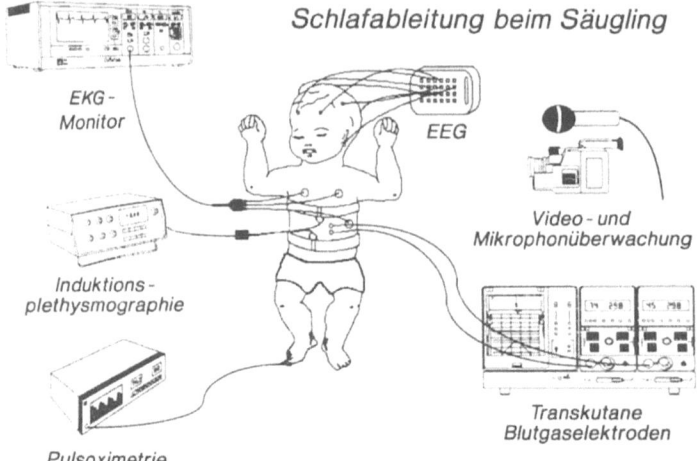

Abb. 1. Für die atmungsphysiologische Schlafuntersuchung des jungen Säuglings besonders geeignete Signalaufnehmer. Videokamera und Mikrophonaufzeichnung ergänzen empfindliche Elektrodensysteme zur kontinuierlichen Blutgasmessung. Dies erlaubt die Reduzierung von Signalaufnehmern im Trigeminusbereich zugunsten der Beobachtung der homöostatischen Systeme. Kardiorespiratorische Funktionen werden mit Induktionsplethysmographie und EKG registriert

kind neben der Registrierung des EEG und der thorakalen und abdominalen Atembewegungen eine bedeutende Rolle. Obstruktionen werden dabei mit einem empfindlichen Mikrophon aufgezeichnet. Für viele Fragestellungen genügt beim Säugling und Kleinkind die Unterscheidung von ruhigem und aktivem Schlaf. Zu ihrer Erfassung kann das regelmäßige bzw. unregelmäßige Atemmuster dienen, entsprechend die Herzfrequenz sowie die Blutgase (Harper et al. 1987). Wir verzichteten auf die Registrierung mit Thermistoren, zur Messung des nasalen Luftstroms da sie Irritationen im empfindlichen Versorgungsgebiet des Trigeminus erzeugen, die sich sowohl auf die Schlafqualität als auch auf die Atmungsregulation auswirken, was zu fehlerhaften Aussagen führen kann (Dolfin et al. 1983). Auf die mehrstündige Registrierung des EEG nach der Durchführung der respiratorischen Funktionstests haben wir dagegen mit Rücksicht auf ihre Unerläßlichkeit bei der Früherkennung von Krampfleiden, der Differentialdiagnostik der Apnoe, der Entwicklung des Schlafmusters und der Beurteilung der Arousalfunktionen nicht verzichtet. Darüber hinaus haben wir zur Darstellung der chemischen und nervösen Atemantriebe und ihrer Wirkung auf das Arousalsystem Atemgasgemische (CO_2/O_2 und CO_2/Luft) und O_2 zur Verfügung sowie definierte akustische und optische Reizparameter. Entsprechend gehören O_2- und CO_2-Meßsysteme zur endexspiratorischen Analyse des Atemgases in ein atmungsphysiologisch orientiertes Schlaflabor.

Die Darstellung der Funktionen der peripheren und zentralen chemosensiblen Atemantriebe erfolgt unter Steady-state-Bedingungen und erfordert die Berücksichtigung des zirkadianen Rhythmus und der Schlafphase. Wir ermittelten beim Säugling und Kleinkind dafür die optimale Meßperiode in der Zeit zwischen 22.00 Uhr und 23.30 Uhr, in der wir die tiefste NREM-Phase ausnutzten und ein Erwachen durch die chemischen und sensorischen Stimulationen vermeiden konnten.

Die CO_2-Empfindlichkeit haben wir anhand von Atemantworten auf eine Einatmung von 1,5% CO_2 in Luft über 5 min im "steady state" beurteilt, wobei wir den prozentualen Anstieg der Ventilation, des Atemzugvolumens und der Atemfrequenz pro 1 mmHg Zunahme des $tcpCO_2$ errechneten. Die O_2-Mangelempfindlichkeit bewerteten wir anhand der initialen Hemmung bei Ansteigen des $tcpO_2$ durch Vorlage von Sauerstoff (1,5 l/min) auf max. 100 mmHg (≈13,3 kPa) über 30 s. Dieser nach Dejours et al. (1957) modifizierte Test ist für Kinder ohne Herzmißbildungen ungefährlich und einfach.

Zur Bewertung einer Standardableitung benutzten wir folgende Parameter: CO_2-Empfindlichkeit, initiale Ventilationshemmung durch O_2, NREM-Anteil, Apnoegramm (Apnoen ab 2 s), Anteil periodischer und phasenverschobener Atmung an der gesamten Schlafzeit (TST), Seufzerverhalten und folgende Apnoen, Head-Paradoxreflexe (vertiefte, auf die normale Einatmung aufgesetzte, Inspirationen), O_2- und CO_2-Druckverlauf, rasche pO_2-Abfälle [ab 10 mmHg (≈1,33 kPa) innerhalb 60 s], O_2-Sättigungsverlauf, Arousalwirkungen chemischer und sensorischer Stimulationen, EEG-Frequenzanalyse.

Referenzdaten gesunder Säuglinge und Kleinkinder

Im Rahmen einer seit 1982 laufenden Studie zur Erkennung von Risikofaktoren für das Phänomen des plötzlichen Kindstodes konnten wir atmungsphysiologische Daten im Nachtschlaf von 181 gesunden Kindern für die Entwicklungszeit vom ersten bis zum 18. Lebensmonat erarbeiten (Schäfer 1989; Schäfer u. Schläfke 1991). In Übereinstimmung mit anderen Autoren beobachteten wir die stärksten Veränderungen der Schlaf- und Atemparameter innerhalb des ersten Lebenshalbjahres (Abb. 2; Hoppenbrouwers et al. 1982). Dies betrifft den Anteil periodischer Atmung, den

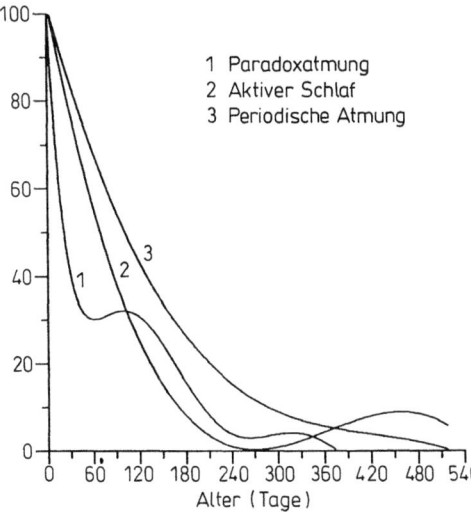

Abb. 2. Zeitgang des Anteils von Paradoxatmung, aktivem Schlaf und periodischer Gesamtnachtschlaf während der ersten 18 Lebensmonate. Polynomregressionen von 181 gesunden Kindern. Maximum auf 100, Minimum auf 0 gesetzt

Anteil phasenverschobener Atembewegungen von Thorax und Abdomen und den Anteil von REM-Schlaf. Da die meisten Atempausen (ab 2 s) im REM-Schlaf erfolgen, sinkt die Anzahl der Atempausen entsprechend (D. Schäfer et al. 1991). Der Sauerstoffpartialdruck steigt von einem Mittel von 65,4 mmHg ($\approx$8,719 kPa) im 1. Lebensmonat auf ein Mittel von 69,7 mmHg ($\approx$9,393 kPa) jenseits des 9. Lebensmonats bei anfänglich stärkeren Schwankungen; der CO_2-Partialdruck dagegen bleibt während der gesamten postnatalen Entwicklung stabil. Seine Mittelwerte liegen im NREM-Schlaf etwas höher (tcpCO_2=40,4 mmHg, $\approx$5,386 kPa) als im REM-Schlaf (tcpCO_2=38,5 mmHg, $\approx$5,133 kPa; Schläfke u. Schäfer 1991). Die Stärke der Sauerstoffantwort der peripheren Chemorezeptoren nimmt im Laufe des ersten Lebensjahres ab, die CO_2-Antwort des CO_2-/pH-empfindlichen Systems erfährt ebenso wie der CO_2-Partialdruck keine altersabhängige Änderung.

Diagnostik und Prävention

Im Schlaflabor für Kinder haben wir v. a. folgende Diagnosen bzw. Befunde ermittelt: schlafphasenbezogene, z. T. durch Adenoide bedingte, z. T. infektbegleitende Obstruktionen oder Apnoen, vagale Hyperreflexie, gastroösophagealer Reflux, Krampfanfälle, verminderte Chemorezeptorfunktionen, schlafbezogene Hypoventilation, zentrales Hypoventilationssyndrom, Herzrhythmusstörungen, Störungen des Schlaf- und Arousalsystems. Sehr oft standen solche Befunde im Zusammenhang mit einem akut lebensbedrohlichen Ereignis (ALE). Bei 23 Kindern fanden wir eine passager herabgesetzte CO_2-Empfindlichkeit. Gegenüber den Kindern mit hoher CO_2-Empfindlichkeit zeichneten sie sich durch eine signifikant geringere Stabilität des tcpCO_2 im NREM-Schlaf bei insgesamt leicht erhöhten CO_2-Werten in allen Schlafphasen aus (Schläfke u. Schäfer 1991). Bei manchen Kindern traten in dieser Phase ein oder mehrere ALE auf, bei anderen bestand ein zeitlicher Zusammenhang mit einem leichten Infektgeschehen (Knipker u. Schläfke 1990).

Bei 30 Patienten konnten wir ein zentrales Hypoventilationssyndrom nachweisen. Diese schlafbezogene Atemstörung ist selten und zeichnet sich durch eine völlige Unempfindlichkeit gegenüber CO_2 bei erhaltener peripherer Chemorezeptorfunktion aus. Häufig sind Paresen oder zerebrale Schädigungen vorhanden. Die Diagnose "Ondine's curse syndrome" (OCS) behalten wir solchen Fällen vor, in denen außer der Unempfindlichkeit für CO_2 keine weiteren Auffälligkeiten erkennbar sind. Zwei dieser Kinder erhielten eine kontrollierte O_2-Therapie und atmeten spontan im Schlaf bei kontinuierlicher apparativer und personeller Überwachung, 3 weitere Kinder waren ebenfalls nicht tracheotomiert und erhielten während des Schlafs eine extrathorakale Negativdruckbeatmung, die übrigen Kinder waren tracheotomiert und wurden während des Schlafs beatmet, davon hatte 1 Kind einen Phrenikusschrittmacher. Die Kinder mit OCS zeigten bei Spontanatmung im NREM-Schlaf eine hohe Instabilität ihrer CO_2-Partialdrücke, wobei der tcpCO_2 im NREM-Schlaf ebenso stark schwankte wie im REM-Schlaf, dabei aber bis über 70 mmHg ($\approx$9,333 kPa) gegenüber einem Mittel von 47,8 mmHg ($\approx$6,373 kPA) in den REM-Phasen anstieg. Am Verhalten des CO_2 beim OCS ist erkennbar, daß das

respiratorische System im NREM-Schlaf des Gesunden stärker von der Afferenz des zentralen chemosensiblen Systems abhängig ist als im REM-Schlaf. Andererseits ist die Wirkung der peripheren Chemorezeptoren auf das Arousalsystem im REM-Schlaf effektiver als im tiefen NREM-Schlaf. Im Wachsein kompensieren sie den Ausfall der zentralen Chemosensibilität noch besser, die Blutgase zeigen normale Werte. Breiten Raum widmeten wir einem Präventivprogramm zur Bekämpfung des plötzlichen Kindstodes. Wir haben Kinder in der Zeit ab der 2. Lebenswoche im Verlauf des 1. Lebensjahrs 4mal im Schlaflabor untersucht. Bei ungewöhnlichen Abweichungen von unseren Normdaten sowie bei eingeschränkter CO_2-Empfindlichkeit haben wir die Kinder ebenso mit einem Heimmonitor versorgt wie diejenigen aus den bekannten Risikogruppen (Kinder nach einem ALE, Frühgeborene bzw. Kinder aus Risikoschwangerschaften). Letztere haben an der Zahl von plötzlichen Kindstodfällen nur einen Anteil von etwa 30%. Die Monitore wurden individuell und entsprechend dem ersten polysomnographischen Ergebnis ausgewählt, z. B. Apnoemonitor bei ausgeprägter periodischer Atmung, EKG-Monitor bei Herzrhythmusstörungen, EKG-Apnoe-Monitor bei kardiorespiratorischen Auffälligkeiten und bei eingeschränkter CO_2-Empfindlichkeit, Pulsoximeter bei O_2-Druckabfällen und Obstruktionen. Durch die Zwischenuntersuchungen im Schlaflabor wurden Beratungen und die Kooperation mit dem Kinderarzt intensiviert. Die Einstellung der Monitorüberwachung wurde nach folgenden Kriterien entschieden:
- Fehlen von Alarmen innerhalb der letzten 3 Monate,
- normaler, durch den Kinderarzt begutachteter Entwicklungsstatus,
- Abstand zur letzten Schutzimpfung mindestens 3 Wochen,
- keine Infekte,
- altersentsprechende Befunde bei einer abschließenden Polysomnographie.

Diese Kriterien waren bei den meisten Kindern nach Vollendung des 1. Lebensjahrs erfüllt. Ehemalige Frühgeborene und zu prolongierten Apnoen neigende Kinder benötigten häufig weitere Kontrolluntersuchungen und ein längeres Heimmonitoring. Stets erfolgte die Entscheidung trotz sorgfältiger klinischer oder kinderärztlicher Abschlußuntersuchung erst nach einer Nachtschlafableitung. Kinder mit prolongierten Apnoen erhielten ein HNO-Konsil. Dieses Präventionsprogramm ist aufwendig, hat sich jedoch unter der Voraussetzung der Kooperationsbereitschaft von Ärzten und Eltern bewährt. Unter 2 000 Ableitungen gehört eine zu einem Kind, das 6 Monate später unter der Diagnose des plötzlichen Kindstodes starb. Die Polysomnographie dokumentiert weder Apnoen noch Herzrhythmusstörungen. Die CO_2-Antwort der Atmung jedoch fehlte, die tcpCO_2-Werte verhielten sich im NREM-Schlaf instabil und lagen insgesamt etwas höher als bei den Kontrollkindern (Schläfke u. Schäfer 1991). Das Präventionsprogramm war abgelehnt worden.

Therapiekontrolle

Im Rahmen der Prävention des plötzlichen Kindstodes spielen Theophyllin und Phenobarbital eine große und noch umstrittene Rolle. Das Schlaflabor bietet sich

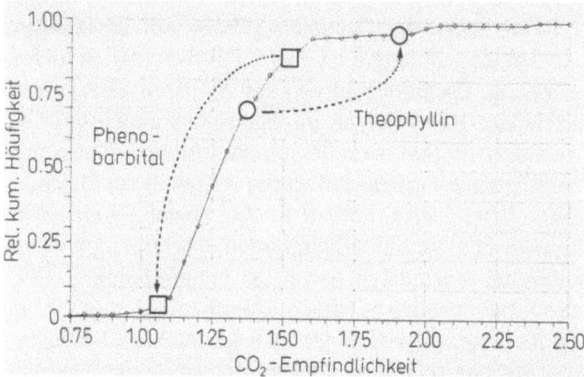

Abb. 3. Wirkung von Phenobarbital und Theophyllin auf die CO_2-Empfindlichkeit im NREM-Schlaf

für die Klärung solcher Fragen an. Im Schlaflabor können individuell die REM-Schlafunterdrückung durch das Phenobarbital sowie seine inhibierende Wirkung auf den zentralen chemosensiblen Atemantrieb oder die Steigerung des CO_2-empfindlichen Atemantriebs durch Theophyllin sowie dessen unerwünschte Wirkungen nachgewiesen werden (Abb. 3).

Die Einstellung von Beatmung, Atemhilfen und Sauerstofftherapie bei Säuglingen und Kleinkindern sowie bei Frühgeborenen oder ehemaligen Frühgeborenen mit Atemantriebsstörungen erfolgte in unserem Schlaflabor im Rahmen diagnostischer Begutachtungen. Der Schlafphasenwechsel ist mit Umstellungen der vegetativen Regulationen und des motorischen Systems verbunden. Bei OCS konnte z. B. die Atemhilfe oder die Beatmung im REM-Schlaf reduziert oder völlig eingestellt werden. Bei zentralen Hypoventilationssyndromen mit Obstruktionen kann bei extrathorakaler Negativdruckbeatmung eine zusätzliche Atemhilfe mit nasalem CPAP oder biphasischem positivem Druck im REM-Schlaf notwendig werden.

Eine kontrollierte O_2-Therapie haben wir für solche Kinder entwickelt, die durch den Verlust der zentralen Chemosensibilität bei guter peripherer Chemorezeptorfunktion (OCS) schlafabhängig ateminsuffizient werden. Durch die Rückkopplung des O_2-Meßfühlers (Pulsoximetrie oder rasch ansprechende $tcpO_2$-Elektrode) mit dem die O_2-Zufuhr regulierenden Ventil konnte genau soviel O_2 zugeführt werden, daß die Wirkung der peripheren Chemorezeptoren gerade noch nicht blockiert ist (Schläfke et al. 1988; Schäfer u. Schläfke 1990). Dabei wird eine respiratorische Azidose insbesondere im NREM-Schlaf in Kauf genommen, die jedoch nicht stärker ist als unter Atmung von Raumluft. Ein ausgeprägtes Cor pulmonale verschwand unter dieser Therapie.

Grenzen

Trotz hohem Aufwand, den die Betreibung eines Schlaflabors für Kinder erfordert, muß man sich der Einschränkung der Schlafqualität unter Ableit- und Laborbedin-

5.1 Schlaflabor für Kinder: Instrument der Früherkennung und kontrollierten Therapie

gungen bewußt sein und damit auch der Grenzen der Aussagefähigkeit der dadurch gewonnenen Daten. So informierten uns zahlreiche Eltern, daß sich ihr Kind nach Verlassen der Klinik erst einmal „ordentlich ausgeschlafen" habe. In 2 von 1 000 Fällen vermochten die Kinder im Schlaflabor überhaupt nicht zu schlafen. Zur Beurteilung schlafbezogener Atemstörungen ist die Aufzeichnung von Tiefschlafphasen jedoch unbedingt notwendig. Wie gravierend die Unterschiede zwischen dem Schlaf im Schlaflabor und dem Schlaf im häuslichen Bett unter technisch etwa vergleichbaren Bedingungen sein können, läßt sich anhand des CO_2-Druckverlaufs im Nachtschlaf beim OCS nachweisen, bei dem der Atmungsregelkreis aufgeschnitten ist. Während im geschlossenen Regelkreis der CO_2-Druck die Ventilation bestimmt, wird im Fall des OCS der CO_2-Druck von der Ventilation bestimmt. Diese aber folgt dem Programm der Schlafphasen, der Homöostat ist ausgeschaltet. Der $tcpCO_2$ liegt beim Kind mit OCS im klinischen Schlaflabor deutlich niedriger als im eigenen Kinderzimmer, trotz vergleichbarer Behandlung und gleichen O_2-Sättigungswerten. Dafür ist das Kind zu Hause am Morgen ausgeschlafen und verzichtet auf den Mittagsschlaf. Nach Ableitungen im Schlaflabor wird zu Hause am Morgen noch einmal für einige Stunden geschlafen, der Mittagsschlaf wird ausgedehnt. Am aufgeschnittenen Regelkreis der Atmung ließe sich die Schlafqualität am CO_2-Partialdruck ablesen, leider auf Kosten der Homöostase. Dieses pathophysiologische Beispiel lehrt jedoch, daß ein Schlaflabor für Kinder die Möglichkeit der Heimableitung vorsehen sollte.

Literatur

Dejours P, Labrousse Y, Raynaud J, Teillac A (1957) Stimulus oxygène chémoreflexe de la ventilation à basse altitude (50 m) chez l'homme. I Au repos. J Physiol (Paris) 49:115–120

Dolfin T, Duffty P, Wilkes D, England S, Bryan H (1983) Effects of a face mask and pneumotachograph on breathing in sleeping infants. Am Rev Respirat Dis 128:977–979

Harper RM, Schechtman VL, Kluge KA (1987) Machine classification of infant sleep state using cardiorespiratory measures. Electroencephal Clin Neurophysiol 67:379–387

Hoppenbrouwers T, Hodgman JE, Harper RM, Sterman MB (1982) Temporal distribution of sleep states, somatic activity, and autonomic activity during the first half year of life. Sleep 5:131–144

Knipker E, Schläfke ME (1990) Altersabhängige Beeinträchtigungen der Nachtschlaf-Ableitungen durch einen leichten Infekt bei Säuglingen und Kleinkindern. Atemwegs Lungenkrankh 16(9):445

Schäfer T (1989) Entwicklung der Atmung gesunder Säuglinge im ersten Lebensjahr – polysomnographische Untersuchungen. Diss, Ruhr-Univ Bochum

Schäfer C, Schläfke ME (1990) Pulsoximetrisch gesteuerte Sauerstofftherapie bei Patienten mit mangelnder CO_2-Empfindlichkeit. Atemwegs Lungenkrankh 16(9):446–447

Schäfer T, Schläfke ME (1991) Vulnerability of the respiratory system: disposition for sudden infant death syndrome? In: Takishima T, Cherniack NS (eds) Control of breathing and dyspnea. Advances in the biosciences, vol 79. Pergamon, Oxford New York, pp 127–129

Schäfer D, Schäfer T, Schläfke ME (1991) Breathing pauses in healthy infants during sleep within the first 18 months of life. Pflügers Arch Suppl 1, 418:R111

Schläfke ME, Schäfer T, Kronberg H, Ullrich GJ, Hopmeier J (1988) Transcutaneous monitoring as trigger for therapy of hypoxemia during sleep. Adv Exp Med Biol 220:95–100

Schläfke ME, Schäfer T (1991) Sleep-phase related pCO_2-values in infants with normal and reduced respiratory response to CO_2. Pflügers Arch Suppl 1, 418:R111

5.2 Auswertung von Biosignalen des Schlafs unter besonderer Berücksichtigung von Nicht-EEG-Parametern

T. Penzel, U. Brandenburg, J. H. Peter, P. von Wichert

Einleitung

Die Funktionen des menschlichen Körpers im Schlaf geraten zunehmend in den Blickpunkt klinischen Interesses, da die Bedeutung von schlafbezogenen Störungen für die am Tage gefundenen Erkrankungen zunehmend erkannt wird. Die klinisch besonders bedeutsamen schlafbezogenen Atmungsstörungen machen deutlich, daß neben der Aufzeichnung des konventionellen Polysomnogramms mit EEG, EOG und EMG gerade auch die sog. Nicht-EEG-Signale überwacht werden müssen. Unter diesen nehmen die Atmungsparameter mit Atemfluß, Atmungsanstrengung und Blutgasen eine herausragende Rolle ein, was durch die hohe Prävalenz schlafbezogener Atmungsstörungen begründet ist. Aber auch das EKG, das EMG der Beine und der arterielle Blutdruck zählen zu den Parametern, die bei einer umfassenden Polysomnographie heute nicht mehr fehlen dürfen (Kurtz 1988, 1990; Penzel et al. 1991 a).

In Abb. 1 werden alle Parameter dargestellt, die im Schlaflabor bei einer umfassenden Polysomnographie abgeleitet werden. Die Auswahl der tatsächlich ausgewählten Parameter hängt jeweils von der diagnostischen Fragestellung ab. Entsprechend muß zwischen invasiven und nichtinvasiven Verfahren entschieden werden. Ein Schlaflabor mit umfassenden differentialdiagnostischen Ansprüchen sollte alle aufgeführten Möglichkeiten zur Verfügung stellen können. Neben den Verstärkereinheiten gehört dazu eine Überwachung auf Monitoren und Polygraphen. Eine Dokumentation auf Bandgerät bzw. auf digital speichernden Medien ("optical disk") ist für wissenschaftliche Auswertungen von hohem Wert. Schlafanalysecomputer können ebenfalls die Archivierung und einen Teil der aufwendigen Auswertungen erleichtern.

Es stehen für die Polysomnographie neben analogen Aufzeichnungsmethoden wie Tonband, Videoband und langsam laufende Kassettenrecorder eine Reihe moderner digitaler Aufzeichnungsmethoden zur Verfügung. Letztere, die computergestützte Aufzeichnung des Schlafs, erlaubt langwierige visuelle Auswertearbeiten durch die Zuhilfenahme des Computers zu erleichtern und zu verkürzen – ohne sie jedoch gänzlich zu ersetzen. Vielfältige Auswerteprogramme stehen für die EEG-Analyse zur Verfügung, von denen die meisten bereits mit visuellen Auswertungen verglichen und validiert wurden. Die verschiedenen Methoden der computergestützten Auswertung der Atmung, der Blutgase und des Blutdrucks sind wesentlich neuer und z. T. noch in der Entwicklung. Für die bereits vorhandenen Methoden

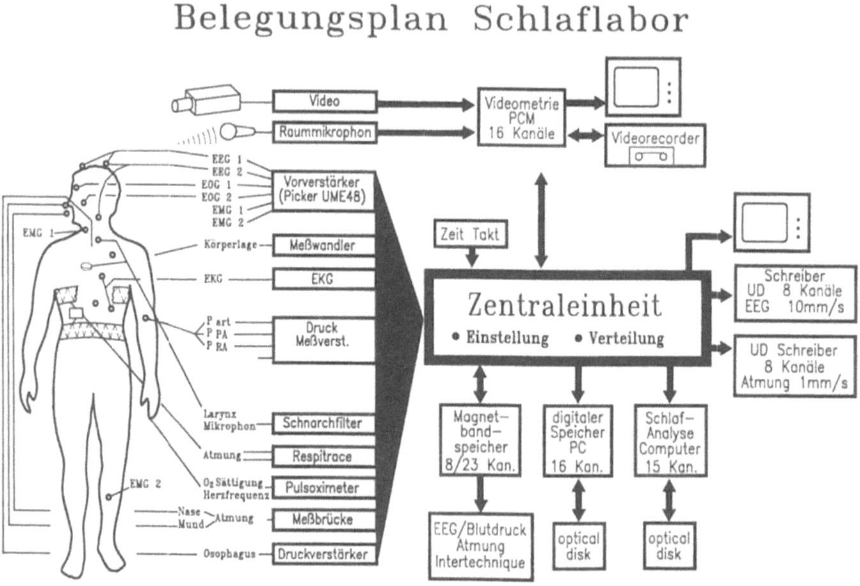

Abb. 1. Die im Schlaflabor bei einer umfassenden Polysomnographie dargestellten Parameter lassen sich ähnlich wie für EEG-Auswerteprogramme jeweils eine bestimmte Validität und Reliabilität angeben. Das ist jedoch leider bisher nicht üblich.

Entscheidend für das Entwickeln und anschließende Überprüfen von neuen Auswertealgorithmen ist neben der Validität der Methode mit Spezifität und Sensitivität auch die Handhabbarkeit in der klinischen Praxis. Denn dort müssen Computerprogramme immer als Hilfe für die klinische Befunderstellung angesehen werden und können, zumindest heute, eine visuelle Schlafauswertung nicht vollständig ersetzen.

Auswertung des EEG

Die computergestützte Auswertung des EEG kann inzwischen auf eine lange Geschichte zurückblicken (Hasan 1983). Es existieren eine Vielzahl unterschiedlicher Methoden zur Analyse des EEG. Prinzipiell können frequenzorientierte und musterorientierte Verfahren unterschieden werden. Die ersten Systeme basierten auf analogen Filtern zum Trennen der verschiedenen bekannten EEG-Frequenzen. Die analogen Ausgänge dieser Filter für δ-, ϑ-, α-, σ- und β-Frequenzen wurden in einem Computer verarbeitet. Dies entsprach der begrenzten technischen Möglichkeit in den 60er Jahren. Die Aufgabe des Computers bestand dann darin, aus geeigneter Bewertung der extrahierten Parameter ein Hypnogramm zu berechnen. Es wurden also die logischen Verknüpfungsregeln zur Erstellung eines Hypnogramms im Computer implementiert. Heute stehen sehr viel schnellere und leistungsfähigere Computer zur Verfügung, so daß auch die Signalvorverarbeitung mit Hilfe von di-

5.2 Auswertung von Biosignalen des Schlafs 275

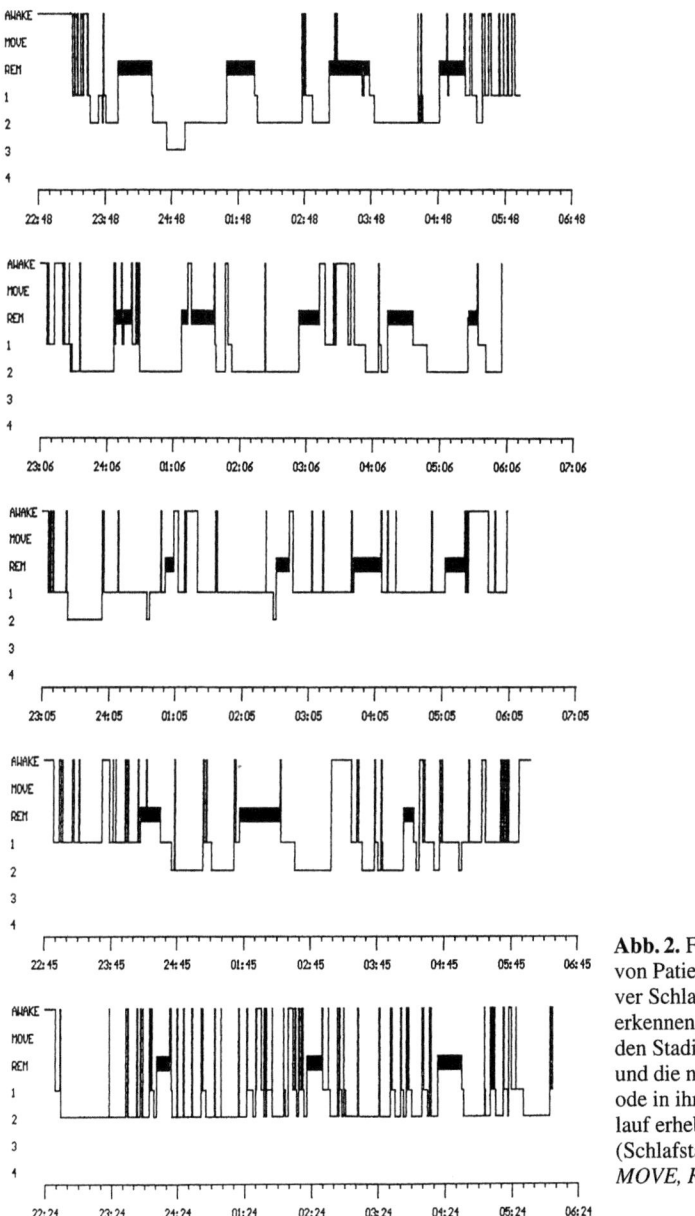

Abb. 2. Fünf Hypnogramme von Patienten mit obstruktiver Schlafapnoe: man kann erkennen, daß Tiefschlaf mit den Stadien 3 und 4 fehlt und die normale Schlafperiode in ihrem zeitlichen Ablauf erheblich gestört ist (Schlafstadien *AWAKE, MOVE, REM, 1, 2, 3, 4*)

gitalen Filtern ebenso wie eine Mustererkennung im Zeitbereich im Computer erfolgt. Mehrere Kanäle des EEG werden mit 100–500 Hz digitalisiert und können parallel analysiert werden. Als Ergebnis solcher aufwendigen Analysen wird ein Hypnogramm erstellt, welches die Kriterien der visuellen Auswertung nach den Richtlinien von Rechtschaffen u. Kales (1968) imitiert. Je nach System und Untersuchungsprotokoll werden Übereinstimmungen mit der visuellen Analyse von 70–90% gefunden. Dies entspricht der Übereinstimmung zwischen 2 geschulten Auswertern.

Die allermeisten Verfahren beziehen eine Auswertung des EOG zur Erkennung von schnellen Augenbewegungen und des EMG submentalis zum Bestimmen des Muskeltonus mit in die Auswertung ein. Damit werden die Stadien „wach", „1" und „REM" unterschieden.

Ein Hypnogramm, ob maschinell oder visuell erstellt, ist jedoch nur begrenzt in der Lage, den gestörten Schlaf zu charakterisieren. In Abb. 2 sind 5 visuell erstellte Hypnogramme von Patienten mit ausgeprägter Schlafapnoe dargestellt. Deutlich wird das Vorliegen starker Schlafstörungen, da nur ein Patient Slow-wave-Schlaf (Stadium 3) aufweist. Und auch bei diesem ist der Slow-wave-Schlaf auf eine sehr kurze Zeit begrenzt. Die zahlreichen Stadienwechsel und Arousals dokumentieren den fragmentierten Schlaf bei allen Patienten. Jedoch kann die eigentliche Dynamik des Vigilanzabfalls mit Mikroarousals im Minutenrhythmus, die mit der Atmungsstörung einhergehen, durch ein solches vereinfachendes Hypnogramm nicht dargestellt werden. Dazu sind Deskriptoren notwendig, die eine erheblich höhere zeitliche Auflösung bieten. Als adäquate zeitliche Auflösung dafür ist 1 s anzusehen. Eine Spektralanalyse mit autoregressiven Filtern erlaubt die Berechnung von EEG-Parametern für jede einzelne Sekunde. Eine solche Darstellung der Parameter wird dem dynamischen Verlauf des Schlafs eher gerecht. Ziel der Festlegung von hochauflösenden Schlafparametern muß es sein, einen Parameter zu finden, der die Schlaftiefe beschreibt, einen Parameter, der den REM-Schlaf beschreibt, und einen Parameter, der die Neigung zum Aufwachen beschreibt oder der ein Maß für das Arousal ist. Wir können heute annehmen, daß durch 3 solche Parameter, gewonnen aus EEG, EOG und EMG, der Schlaf ausreichend für die meisten Fragestellungen in der klinischen Praxis beschrieben werden kann.

Atmung

Die Auswertung der Atmung basiert primär auf dem Erkennen jedes einzelnen Atemzuges. Als grundsätzliches Problem ist hierbei die Andersartigkeit des Signals in Abhängigkeit von der benutzten Meßmethode zu sehen. Oronasale Thermistoren liefern Signale, die am besten für eine automatische Auswertung geeignet sind. Jedoch kann man damit allein den Atemfluß erfassen. Eine erschöpfende Erfassung der Atmung erfordert 3 unterschiedliche Größen:
  a) den Atemfluß,
  b) die Atmungsanstrengung,
  c) den Effekt der Atmung.

Die Messung des Atemflusses erfolgt quantitativ mit einem Pneumotachographen, in der klinischen Routine jedoch mit ausreichender Genauigkeit mit Thermoelementen oder den genannten Thermistoren (Raschke 1981). Zur quantitativen Messung der Atmungsanstrengung ist die Messung des Ösophagusdrucks die anerkannte Referenzmethode. Weiter verbreitet ist die nichtinvasive Methode der Induktionsplethysmographie, zu der alternativ auch Dehnungsmeßstreifen eingesetzt werden. Der Effekt der Atmung spiegelt sich direkt in den Blutgasen wider, von denen sich die O_2-Sättigung mit Hilfe moderner Pulsoximeter am einfachsten messen läßt.

Bei der Auswertung der Atmung wird initial noch jeder einzelne Atemzug ausgemessen (Korten u. Haddad 1989). Bei der summarischen Auswertung wird dann gewöhnlich nur noch die Gesamtzahl der Apnoen und Hypopnoen angegeben. Die parallele Registrierung von Atemfluß und Atmungsanstrengung erlaubt eine Klassifizierung der respiratorischen Ereignisse in zentrale, obstruktive und gemischte Formen. Eine Auswertung der Dauer der Apnoen in Form eines Histogramms über Inspirationszeitenintervalle (Raschke et al. 1987) oder über die Dauer der Apnoen läßt weitere Auswertungen über den Zusammenhang zwischen Atmungsregulation und Schlaftiefe zu (Penzel et al. 1991 c). Veränderungen, d. h. Abfälle der O_2-Sättigung, dienen zur Bestätigung des jeweiligen respiratorischen Ereignisses und erlauben darüber hinaus eine Aussage darüber, inwieweit der Patient seine Apnoen und Hypopnoen durch die folgenden Hyperventilationen zu kompensieren vermag. Als Einzelereignis wird ein O_2-Abfall dann gewertet, wenn er mindestens 4% beträgt. Als summarische Aussage wird neben einem mittleren Sättigungswert während des Schlafs ein kumulatives Histogramm der O_2-Sättigung aufgestellt (Penzel et al. 1991 a). Daraus läßt sich ablesen, welchen zeitlichen Anteil der Registrierung der Patient unter einem bestimmten O_2-Wert lag. Die Beurteilung der Schwere der zugrunde liegenden nächtlichen Atmungsstörung kann damit quantitativ ausgedrückt werden. Zusätzlich muß das Muster der O_2-Sättigung beurteilt werden, denn daraus läßt sich ablesen, ob beim einzelnen Patienten eine langanhaltende Hypoventilation oder zahlreiche – jedoch kompensierte – Apnoen vorliegen. Patienten mit ausgeprägten Hypoventilationsphasen sind besonders gefährdet und bedürfen dringender Therapie.

Blutdruck

Die Aufzeichnung und Auswertung des Blutdrucks während des Schlafs gewinnt zunehmend an Wichtigkeit mit dem Erkennen der nächtlichen Hypertonie. Prinzipiell müssen kontinuierlich und in Intervallen messende Verfahren unterschieden werden. Letztere sind sehr verbreitet und beruhen auf nichtinvasiver Messung mittels Armmanschette. Solche stichprobenartigen Messungen können nur punktuell mit den anderen Signalen des Schlafs in Bezug gesetzt werden. Es kann also eine Blutdruckmessung im REM-Schlaf mit einer Blutdruckmessung im Non-REM-Schlaf verglichen werden. Statistische Aussagen können gewonnen werden – weitere Aussagen über den Verlauf des Blutdrucks sind jedoch nur mit kontinuierlich messenden Verfahren möglich. Die Auswertung der kontinuierlichen Blutdruckmessung konzentriert sich auf das Erkennen des systolischen und des diastolischen Drucks. Beide können leicht und ohne große Artefaktanfälligkeit aus der Blutdruckkurve bestimmt werden, wenn das EKG zusätzlich zum Finden der Systole herangezogen wird. Ein arithmetischer Mitteldruck des Blutdrucks kann bestimmt werden, indem alle kontinuierlich gemessenen Blutdruckwerte gemittelt werden. Dadurch ist ein solcher Mitteldruck genauer als der üblicherweise nach Faustregel

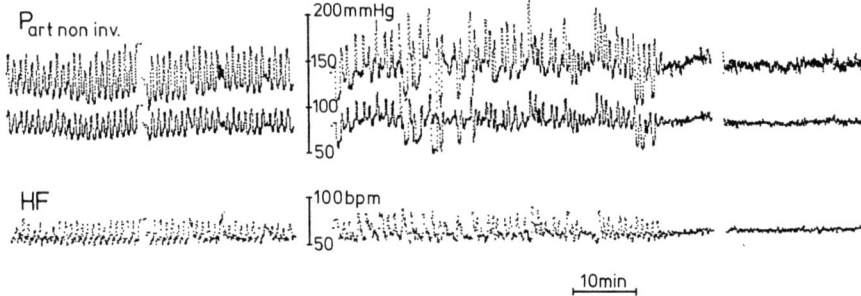

Abb. 3. Der nichtinvasiv kontinuierliche Blutdruck ($P_{art\,non\,inv}$) im Verlauf seiner systolischen und diastolischen Werte. Zuunterst ist die Herzfrequenz (HF) dargestellt. Im linken Drittel der Abb. lag regelmäßig Apnoe im Schlafstadium 2 vor, im mittleren Drittel wurde REM-Schlaf mit sehr unregelmäßigen Apnoen gefunden, und im rechten Drittel lag der Patient wach im Bett. Die Registrierung wurde fortlaufend durchgeführt. Die 2 Unterbrechungen waren notwendig, um den Finger des Patienten kurzzeitig zu entlasten, da die Fingermanschette einen venösen Stau verursacht

aus systolischen und diastolischen Werten berechnete. Neben der invasiven Blutdruckmessung (A. brachialis) steht heute mit der Fingerservoplethysmographie ein nichtinvasives Verfahren zur Verfügung (Peñáz 1973), welches bereits im Schlaflabor erprobt wurde (Penzel et al. 1991 b). Das derzeit erhältliche Gerät liefert einerseits das analoge Blutdrucksignal und andererseits direkt berechnete systolische, diastolische und mittlere Drücke für jeden Herzschlag über eine digitale Schnittstelle. Durch Anschließen eines Computers an die Schnittstelle können diese Daten empfangen und einer weiteren Auswertung zugeführt werden (Abb. 3).

Der kontinuierliche Verlauf des systolischen und des diastolischen Blutdrucks läßt die mit anderen Störungen des Schlafs einhergehenden Variationen deutlich erkennen. Insbesondere sind die mit der Atmungsregulationsstörung einhergehenden Schwankungen besonders ausgeprägt (Mayer et al. 1987; Podszus et al. 1987) (Abb. 3). Im Verlauf der Apnoe sinkt der Blutdruck ab, und während der Hyperventilation steigt der Blutdruck wieder an. Die Differenz zwischen Abfall und Anstieg innerhalb 1 min kann für den systolischen Druck regelmäßig 50 mmHg betragen (s. Abb. 3). Typischerweise sind die Variationen des Blutdrucks während des Non-REM-Schlafs sehr regelmäßig, ebenso wie die Apnoen, wohingegen die Schwankungen im REM-Schlaf sehr viel stärker werden können und dabei sehr unregelmäßig werden. Die ausgeprägten Schwankungen des Blutdrucks tragen einen erheblichen Teil zum Risiko des plötzlichen nächtlichen Herztods bei Patienten mit schlafbezogenen Atmungsstörungen bei (Peter 1990; Podszus et al. 1991).

EKG und Herzfrequenz

Für die Auswertung des EKG stehen etablierte Langzeit-EKG-Systeme zur Verfügung. Standards für die digitale Aufzeichnung und Auswertung wurden inzwischen

5.2 Auswertung von Biosignalen des Schlafs

von der American Heart Association festgesetzt (Bailey et al. 1990). Danach muß das EKG mit 500 Hz bei einer Auflösung von 10 µV je Bit digitalisiert werden. Wird ein neues digitales System zur EKG-Auswertung entwickelt, so muß es seine Validität an für diesen Zweck aufgestellten EKG-Datenbanken überprüfen. Einige Systeme, die allein die Herzfrequenz aus dem EKG bestimmen wollen, benutzen eine Digitalisierung von 100 Hz. Das hat sich für diesen beschränkten Zweck als ausreichend erwiesen.

Die Auswertung des nächtlichen EKG und der Vergleich von Tag- und Nacht-EKG hat das Wissen über das Auftreten von Herzrhythmusstörungen entscheidend erweitert. Daher nimmt die Auswertung des nächtlichen EKG in der Diagnostik der schlafbezogenen Atmungsstörungen eine herausragende Rolle ein (Köhler et al. 1990; s. auch Abb. 4).

Besonders deutlich wurde die Auswirkung der nächtlichen Apnoen auf den Verlauf der Herzfrequenz. Die typischen periodischen Schwankungen der Herzfrequenz, die in Phase mit den Apnoen und Hypopnoen erfolgen, werden als zyklische Variation der Herzfrequenz bezeichnet (Guilleminault et al. 1984) und können diagnostisch ausgenutzt werden. Meistens findet sich während der Apnoephase eine relative Bradykardie, und während der Hyperventilation folgt eine relative Tachykardie. Zeigt ein Patient bereits eine hohe Ausgangsherzfrequenz, so ist allein eine Verlangsamung während der Apnoe zu beobachten, da eine weitere Steigerung der Herzfrequenz oft nicht mehr möglich ist. Selbstverständlich hängt das Ausmaß der Herzfrequenzschwankungen von einer Reihe apnoeunabhängiger Faktoren ab wie Alter, Übergewicht oder kardiale Vorschädigung. Der hohe diagnostische Wert dieser typischen apnoeassoziierten Herzfrequenzschwankungen führte zur Entwicklung eines hierauf basierenden ambulanten Früherkennungsverfahrens, welches in dem MESAM apparativ umgesetzt wurde (Peter et al. 1987; Penzel et al. 1990). Die automatische Auswertung der Herzfrequenz in Hinblick auf das Quantifizieren der Schlafapnoe gestaltete sich als sehr schwierig aufgrund der zahlreichen modulierenden Faktoren. Neben den bereits genannten Einflüssen ist die Variabilität voll-

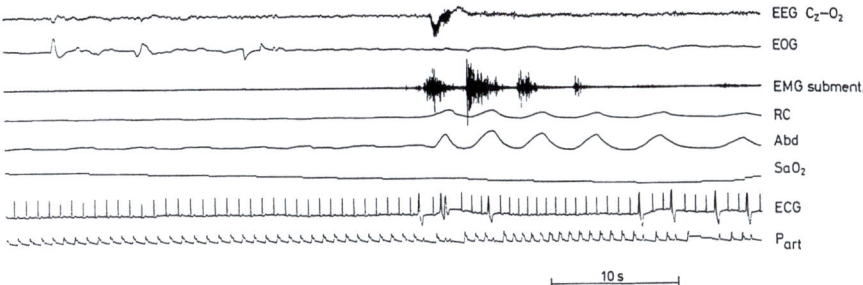

Abb. 4. Ein Ausschnitt einer polysomnographischen Messung am Ende einer obstruktiven Apnoe während REM-Schlaf (schnelle Augenbewegungen im EOG). In der Mitte der Abbildung erfolgt das zentralnervöse Arousal mit Einsatz der Atmung. Es wurde hier die induktionsplethysmographische Atmungstätigkeit des Thorax (*RC*) und des Abdomen (*Abd*) aufgezeichnet, ebenso O_2-Sättigung (*SaO$_2$*) und Elektrokardiogramm (*ECG*). Dann treten mehrere ventrikuläre Extrasystolen auf. Der arterielle Blutdruck wurde nichtinvasiv gemessen (P_{art}.)

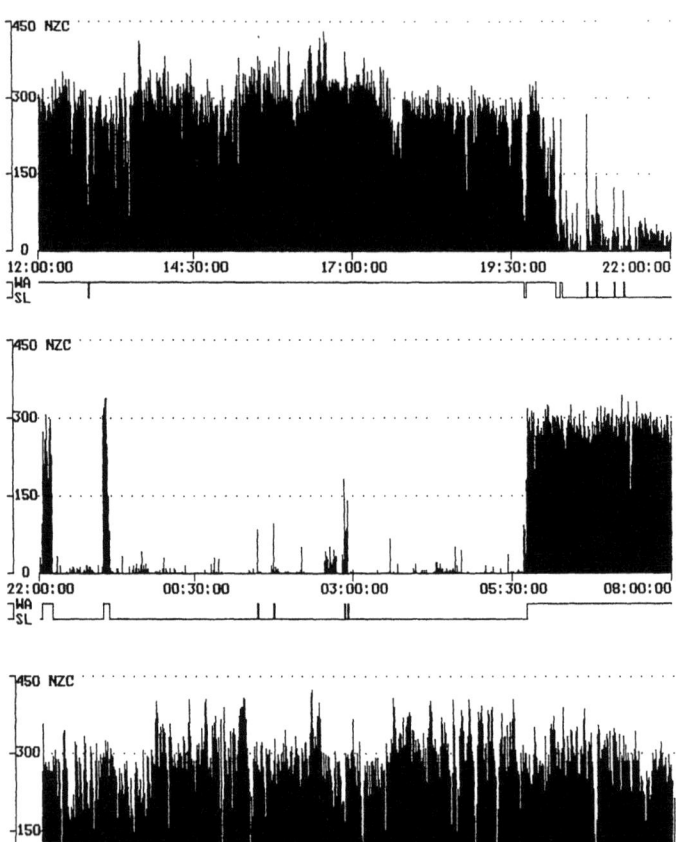

Abb. 5 a. Die Registrierung mit dem Aktigraph eines Patienten mit normaler Bewegungsverteilung über Tag und Nacht. Deutlich ist die aktive Phase der Wachheit am Tag vom Schlaf in der Nacht mit minimaler Aktivität zu trennen. Unter der Kurve markiert ein Linienzug die nach Sadeh et al. (1989) berechneten Zustände „wach" (*WA*, oben) und „Schlaf" (*SL*, unten). (NCZ bedeutet number of zero crossings)

ständig gestört bei Patienten mit Herzschrittmacher oder Dysfunktion des autonomen Nervensystems.

Aktivität und Bewegung

Die Registrierung der Körperbewegung kann direkt aus konventionellen polysomnographischen Parametern erfolgen, indem das EMG herangezogen wird. Die

5.2 Auswertung von Biosignalen des Schlafs 281

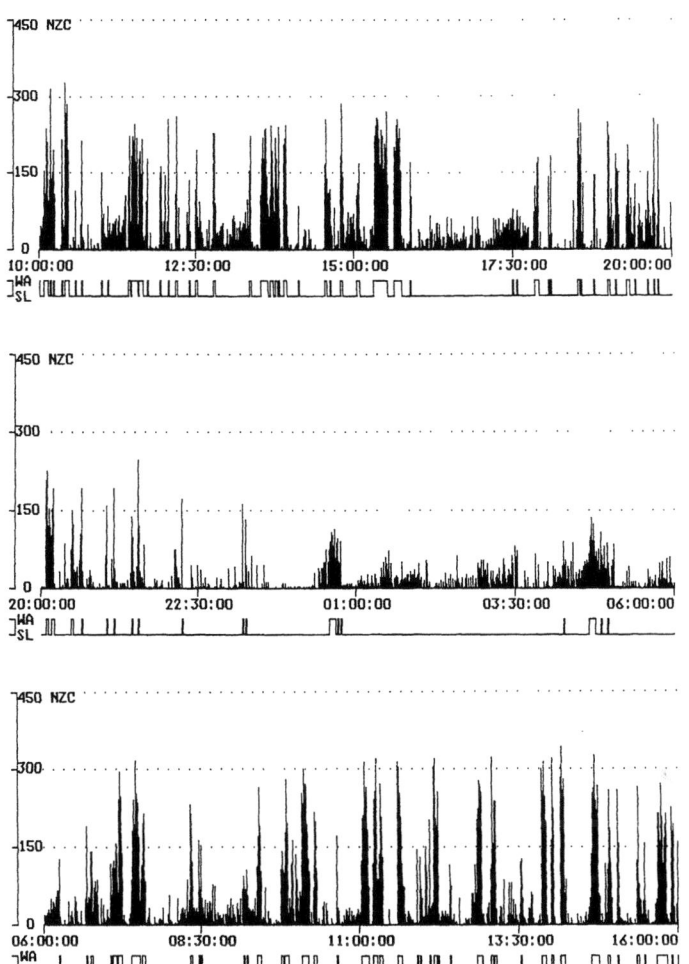

Abb. 5 b. Die Registrierung mit dem Aktigraph eines Patienten mit ausgeprägter Schlafapnoe läßt weder einen normalen aktiven Tagesablauf noch eine ruhige ungestörte Nacht erkennen. Dies spiegelt auch der berechnete Linienzug wider, der überwiegend den Zustand „Schlaf" (*SL*, unten) auch am Tag anzeigt, jedoch mit zahlreichen Unterbrechungen, die einen sehr fragmentierten Schlaf kennzeichnen

Auswertung des EMG erlaubt eine Beschreibung der Schlaftiefe in einer dynamischen Art, mit der die Grenzen von Rechtschaffen u. Kales (1968) überschritten werden können (Haustein et al. 1986). Solange jedoch keine Standards für die dynamischen Schlafdeskriptoren existieren, werden sie an ihrer Fähigkeit gemessen, die visuelle Klassifikation von Rechtschaffen u. Kales (1968) zu imitieren. Dieser Vergleich kann natürlich dem Wesen nach immer nur teilweise gelingen. Darüber hinaus kommt dem EMG der Beine eine sehr wesentliche Bedeutung in der Differentialdiagnostik der Schlafapnoe zu. Parallel zu den Arousals am Ende jeder Apnoe werden häufig ausgeprägte Myoklonien beobachtet. Diese können aber auch unabhängig von Apnoe auftreten und werden dann als PMS ("periodic movement syndromes") bezeichnet. Sie bedürfen einer vollständig anderen Therapie als die Schlafapnoe und dürfen nicht fehldiagnostiziert werden. Weitere im Schlaflabor benutzte EMG-Ableitungen versuchen, spezifische Muskeln der Atmung zu erfassen. Dabei sind das EMG intercostalis und abdominalis von besonderem Interesse. Bei der Signalverarbeitung dieser EMG-Ableitungen ist die Elimination des dominanten EKG-Anteils die wichtigste Aufgabe.

Zur Gewinnung eines einfachen Motilitätssignals stehen eine Reihe von Methoden zur Verfügung, die noch geringere Voraussetzungen haben als eine elektrophysiologische EMG-Ableitung, zu der immer noch Klebeelektroden notwendig sind.

Piezoelektrische Sensoren (Wildschiodtz et al. 1990) oder optoelektrische Aufnehmer (Penzel et al. 1989) sind Beispiele solcher einfacher Sensoren. Die Auswertung der Aktivität, z. B. des Handgelenks, erlaubt zumindest eine Beurteilung, ob Schlaf oder Wachheit vorliegt. Daher läßt sich die Fragmentation des Schlafs anhand dieses einfachen Parameters gut bestimmen. Der Einsatz kleiner, ambulant einsetzbarer Meßaufnehmer mit digitalem Speicher zur Aufnahme der Bewegung am Handgelenk oder Bein (Aktigraph) ermöglicht Langzeitaufzeichnungen über mehrere Wochen des Schlaf-/Wachverhaltens von Patienten bei nur geringer apparativer Beeinträchtigung. Validierte statistische Methoden erlauben eine sichere Diskriminierung von Schlaf und Wachsein (Sadeh et al. 1989; s. auch Abb. 5).

Außerdem ließen sich mit Hilfe von diskriminanzanalytischen Methoden 2 Gruppen von Schlafstörungen unterscheiden. Sadeh et al. (1989) fand unterschiedliche Faktoren, berechnet aus aktigraphischen Messungen für 3 Patientengruppen: Patienten mit Insomnie, Patienten mit schlafbezogenen Atmungsstörungen und unauffällige Patienten. Damit eignet sich die Auswertung der Bewegung als einfachste ambulant einsetzbare Langzeitaufnahmemethode gut zur Erfassung des Schlafverhaltens von Patienten nach dem Verlassen des Krankenhauses.

Zusammenfassung

Die zunehmende Zahl von Schlafuntersuchungen macht eine valide Aufzeichnung und besonders auch eine effiziente Auswertung erforderlich. Der Einsatz von Computern im Schlaflabor kann helfen, diesen neuen Anforderungen gerecht zu werden. Denn die computergestützte Auswertung der Signale des Schlafs ermöglicht einerseits eine Erleichterung der klinischen Auswertung von umfassenden Polysomnogrammen, andererseits machen detaillierte Analysen die Zusammenhänge zwischen Schlaf und Atmung leichter verständlich. Moderne Methoden der Signalanalyse können aus EEG, Atmung und Blutdruck Parameter und Muster gewinnen, die es rasch erlauben, die Polysomnographie eines Patienten zu beurteilen. Dabei dürfen die Möglichkeiten der computergestützten Auswertung nicht überschätzt werden, denn es handelt sich dabei um ein Werkzeug, welches nur bei umsichtigem und adäquatem Einsatz zu der gewünschten erheblichen Arbeitserleichterung führt. Die computergestützte Aufzeichnung von Polysomnogrammen wird einen Datenaustausch zwischen verschiedenen Schlaflaboren erleichtern, da nur noch der Datenträger, z. B. eine "optical disk", versandt zu werden braucht. Sobald sich mehrere Hersteller auf ein einheitliches Datenformat (z. B. das von der Europäischen Gemeinschaft erarbeitete EDF; Kemp et al. 1992) geeinigt haben, wird man auch die Auswertung verschiedener Methoden miteinander vergleichen können. Dann ist eine zentrale Datenbank mit Polysomnogrammen anzustreben, die nach dem Vorbild der EKG-Datenbanken benutzt werden kann, um die Qualität neuer Schlafanalysecomputer zu beurteilen.

Literatur

Bailey II, Besson AS, Garson A, Horan LG, Macfarlane PW, Mortara DW, Zywietz C (1990) Recommendations for standardization and specifications in automated electrocardiography: bandwidth and digital signal processing. Circulation 81:730–739

Guilleminault C, Connoly S, Winkle R, Melvin R (1984) Cyclical variations of the heart rate in sleep apnea syndrome: mechanisms and usefulness of 24 h electrocardiography as a screening technique. Lancet i:126–131

Hasan J (1983) Differentiation of normal and disturbed sleep by automatic analysis. Acta Physiol Scand Suppl 526:1–103

Haustein W, Pilcher J, Klink J, Schulz H (1986) Automatic analysis overcomes limitations of sleep stage scoring. Electroencephal Clin Neurophysiol 64:364–374

Kemp B, Värri A, Rosa A et al. (1992) A simple format for exchange of digitized polygraphic recordings. Electroencephal Clin Neurophysiol 82:391–393

Köhler U, Becker H, Peter JH, von Wichert P (1990) Langzeit-EKG in der Diagnostik und Verlaufskontrolle der Schlafapnoe. In: Schuster HP (ed) Langzeitelektrokardiographie – Grundlagen und Praxis. Fischer, Stuttgart New York, pp 103–138

Korten JB, Haddad GG (1989) Respiratory waveform pattern recognition using digital techniques. Comput Biol Med 19:207–217

Kurtz D (1988) The polysomnographic sleep recordings. A guideline for studies of sleep related respiratory disturbances. In: Duron B, Lévi-Valensi P (eds) Sleep disorders and respiration, vol 168. Colloque Inserm/John Libbey Eurotext, London, pp 43–59

Kurtz D (1990) How much polysomnography is enough? Lung 168 Suppl:933–942

Mayer J, Becker H, Köhler U, Penzel T, Peter JH, Weber K, von Wichert P (1987) Variabilität von arteriellem Blutdruck und Herzfrequenz bei Schlafapnoe. Prax Klin Pneumol 41:385–386

Peñáz J (1973) Photoelectric measurement of blood pressure volume and flow in the finger. In: Digest 10th Int Conf Medicine and Biol Eng, Dresden, p 104

Penzel T, Peter JH, Schneider H et al. (1989) Diagnosis of sleep related breathing disorders with a new mobile sleep laboratory. Biotelemetry X. Proc 10th Int Symp Biotelemetry, Fayetteville 1988. Univ Ark Press, Fayetteville, pp 709–714

Penzel T, Amend G, Meinzer K, Peter JH, von Wichert P (1990) MESAM: a heart rate and snoring recorder for detection of obstructive sleep apnea. Sleep 13:175–182

Penzel T, Stephan K, Kubicki S, Herrmann WM (1991 a) Integrated sleep analysis, with emphasis on automatic methods. In: Degen R, Rodin EA (eds) Epilepsy, sleep and sleep deprivation, 2nd edn. Epilepsy Res Suppl. 2. Elsevier, Amsterdam, pp 177–204

Penzel T, Ducke E, Peter JH, Podszus T, Schneider H, Stahler J, von Wichert P (1991 b) Noninvasive monitoring of blood pressure in a sleep laboratory. In: Rüddel H, Curio E (eds) Non-invasive continuous blood pressure measurement. Methods, evaluations and applications of the vascular unloading technique (Penaz-Method). Lang, Frankfurt Bern New York, pp 95–105

Penzel T, Peter JH, Schneider H, von Wichert P (1991 c) Computeranalyse der gestörten Atmung bei Patienten mit Schlafapnoe. Pneumologie 45 (Sonderh 1):213–216

Peter JH (1990) Sleep apnea and cardiovascular diseases. In: Guilleminault C, Partinen M (eds) Obstructive sleep apnea syndrome: clinical research and treatment. Raven, New York, pp 81–98

Peter JH, Fuchs E, Hügens M, Köhler U, Meinzer K, Müller U, von Wichert P, Zahorka M (1987) An apnea-monitoring device based on variation of heart rate and snoring. In: Peter JH, Podszus T, von Wichert P (eds) Sleep related disorders and internal diseases. Springer, Berlin Heidelberg New York, pp 140–146

Podszus T, Mayer J, Peter JH, von Wichert P (1978) Blutdruckabfall im Schlaf bei obstruktiver Schlafapnoe. Intensivmedizin 24:366–369

Podszus T, Feddersen O, Peter JH, von Wichert P (1991) Cardiovascular risk in sleep-related breathing disorders. In: Gaultier C, Escourrou P, Curzi-Dascalova L (eds) Sleep and cardiorespiratory control, vol 217. Colloque Inserm/John Libbey Eurotext, London Paris, pp 177–186

Raschke F (1981) Die Kopplung zwischen Herzschlag und Atmung beim Menschen. Diss, Univ Marburg

Raschke F, Mayer J, Penzel T et al. (1987) Assessment of the time structure of sleep apneas. In: Peter JH, Podszus T, von Wichert P (eds) Sleep related disorders and internal diseases. Springer, Berlin Heidelberg New York, pp 135–139

Rechtschaffen A, Kales A (1968) A manual of standardized terminology, techniques and scoring system for sleep stages of human subjects. NIH Publ 204, US Gov Print Off, Washington

Sadeh A, Alster J, Urbach D, Lavie P (1989) Actigraphically based automatic bedtime sleep-wake scoring. J Ambul Monit 2:209–216

Wildschiodtz G, Clausen J, Langemark M (1990) The somnolog system: home monitoring of sleep-EEG, other physiological data, and sound pressure level. In: Miles LE, Broughton RJ (eds) Medical monitoring in the home and work environment. Raven, New York, pp 285–294

5.3 Messung von Tagesvigilanz durch Leistungstests und Selbstbeurteilungsskalen

H. Ott

Einführung

Das Niveau und die Schwankungen der Vigilanz während eines Tages sind offensichtlich in hohem Maße abhängig von der Schlafqualität der vorausgegangenen Nacht. Betrachtungen zur Vigilanz erfordern deshalb einen Blick auf das Schlafverhalten des Menschen.

Schlaf

Der Schlaf des erwachsenen Menschen stellt einen Sonderfall der Ruhe- und Aktivitätsperiodenverteilung innerhalb der 24stündigen Tag-Nacht-Folge dar. Im Gegensatz zu allen anderen Spezies, die polyphasische, d. h. mehrfache Schlaf-Wach-Wechsel aufweisen, zeigt der erwachsene Mensch einen monophasischen Verlauf, d. h. die Schlaf-Wach-Phase tritt nur 1mal pro Tag auf (Tobler 1989). Normalerweise dauert der Schlaf Erwachsener rund 7–8 h (Oswald u. Adam 1984).

Der Schlaf im Säuglings- und Kleinkindalter folgt dagegen einer polyphasischen Charakteristik. Im höheren Lebensalter wird die Frequenz des Erwachsenenschlafs durch den Mittags- und Nachmittagsschlaf ("napping") häufig verdoppelt, d. h. es entsteht ein biphasischer Rhythmus.

Weithin erforscht ist das Phänomen, daß der Schlaf rhythmisch verschiedene Schlafstadien, normalerweise 3–5 sog. Non-REM-/REM-Zyklen durchläuft. Ein solcher Zyklus dauert etwa 90 min und kann auch tagsüber – allerdings mit geringerer Ausprägung – als sog. ultradiane Periodik beobachtet werden. Im angloamerikanischen Sprachraum ist für die ultradiane Periodik auch die Bezeichnung "basic rest/activity cycle" (BRAC) im Gebrauch.

Unter einer „REM-Phase" versteht man eine sog. „Traumphase", ein Schlafstadium, in dem man viele rasche synchrone Augenbewegungen ("rapid eye movements") sowie, beim Erwecken des Schläfers, intensive Traumberichte registrieren kann. Als Non-REM-Schlaf bezeichnet man die Gesamtheit der Stadien 1, 2, 3 und 4 (vgl. Clarenbach et al. 1991). Schläft eine Person über eine oder gar mehrere Nächte schlecht, so werden die erlebbaren Müdigkeitsgefühle als „Schlafdruck" empfunden, der sich negativ auf die Leistung der nächsten Tage und auf die Schlafqualität der nächsten Nächte auswirkt. Je größer hierbei der Mangel an Tiefschlaf im Verhältnis zu den anderen Schlafstadien ausfällt, desto empfindlicher machen sich diese Beeinträchtigungen bemerkbar.

Tagesvigilanz

Die Tagesvigilanz mit ihren Schwankungen wird gemäß diesen Vorstellungen als eine Resultante aus Tiefschlafdruck und REM-Zyklus verstanden (Broughton 1989 a); somit läßt sich der Verlauf der Vigilanz allgemein wie folgt beschreiben:

Am Morgen schwingt sich die Vigilanz in wellenförmigen Bewegungen im Rhythmus von 90 min vom Tiefpunkt zu einem ersten Tageshöhepunkt empor. Um oder nach der Mittagszeit folgt ein kräftiger Vigilanzeinbruch, berühmt-berüchtigt als Mittagstief. Die anschließende fortlaufende Steigerung führt zum Tagesgipfel der Vigilanz am frühen Abend und leitet über zu einem leichten Abfall in Richtung Ermüdung. Diese abendliche Hochvigilanzphase wird nach Lavie (1986) als sog. verbotene (Schlaf-)Zone ("forbidden zone") apostrophiert. Kurz nach dem Zubettgehen fällt die Vigilanzkurve innerhalb von 30 min scharf ab, ausgelöst durch die Akrophase des "slow wave sleep" (SWS). Diese Periode wird nach Winfree (1982) die verbotene Wachzone genannt.

Einschlafen und Aufwachen sind i. allg., mit einem gewissen Nachlauf, an das Absinken bzw. Ansteigen der Körpertemperaturkurve gekoppelt (Broughton 1989 a).

Zur Methodik

Die Erkenntnisse der Biorhythmik basieren zu einem bedeutsamen Teil auf der Anwendung der polygraphischen Elektroenzephalographie (Berger 1932) und insbesondere auf der Bewertung des Schlaf-EEG und des Schlafprofils nach den Kriterien von Rechtschaffen u. Kales (1973).

Als ein hervorragendes Erfassungsinstrument der Tagesvigilanz gilt der sog. "multiple sleep latency test" (Broughton 1989 b). Bei dieser Methode wird der Proband tagsüber alle 2 h unter Schlaf-EEG-Bedingungen abgeleitet und die Einschlafzeit bis zum Beginn des Stadiums 2 ("latency") gemessen. Der Proband wird anschließend geweckt. Je kürzer die Latenz zur Erreichung des Stadiums 2 in diesen Testbedingungen ausfällt, desto stärker ist der Schlafdruck tagsüber (Richardson et al. 1982). Interessanterweise gibt es einen altersabhängigen Einfluß auf den Schlafdruck. Junge Leute leiden nicht im selben Ausmaß unter Tagesmüdigkeit wie alte Menschen.

Vigilanzmessung durch Leistungstests und Selbstbeurteilungsskalen

Aus dem in der Einleitung Gesagten geht hervor, daß die elektrophysiologisch definierte Vigilanz (Wachheit, "alertness") den allgemeinen, jedoch unterschiedlich schnell ablaufenden und sich überlagernden Biorhythmen folgt. Vigilanz drückt sich jedoch nicht nur in den Indikatoren des EEG aus, sondern auch in objektiven Leistungstests und subjektiven Selbstbeurteilungsskalen. Die Termini „objektiv" und „subjektiv" beziehen sich auf unterschiedliche Meßwertequellen, nämlich äußerlich beobachtbares Verhalten bzw. inneres Erleben. Zur Anwendung solcher

5.3 Messung von Tagesvigilanz durch Leistungstests und Selbstbeurteilungsskalen

z. T. computergestützten Tests in experimentellen, insbesondere pharmakopsychologischen Untersuchungen bedarf es jedoch bestimmter Kontrolltechniken.

Kontrollaspekte für die Variation der Tagesvigilanz

Zur Optimierung der Vigilanzmessungen ist es nützlich, u. a. die folgenden Bedingungen einzuhalten:
- In der Nacht vor dem Prüftag sollen Schlafbeginn, Schlafqualität und Schlafdauer der Probanden kontrolliert werden.
- Die Schlaftrunkenheit ("sleep inertia") am Morgen darf nicht mit Testzeiten zusammenfallen. Die experimentelle Erfahrung lehrt, daß die Probanden unter Disphorie, schlechter Stimmung und niedriger Leistung im Zeitraum zwischen den ersten 5–20 min nach dem Erwachen aus einem guten Nachtschlaf oder aus einem Nachmittagsschlaf leiden. Daher haben wir beim Einsatz von visuellen Analogskalen (erklärender Hinweis s. unten) die Regel eingeführt, daß die Probanden diese Tests frühestens 30 min nach dem Erwachen bzw. erst nach dem Frühstück vorgelegt bekommen.
- Das Meßzeitraster für die Tests sollte bei allen Probanden und für alle Behandlungen gleich sein, damit sich biorhythmische Veränderungen in den Meßzeitpunkten gleichartig ausprägen können.
- Die Experimentalgruppen sollten nach Geschlecht und Alter homogen sein, weil diese Faktoren Einfluß auf die verschiedenen Leistungsparameter haben.
- Die Auswahl der Probanden nach ihren Eigenschaften als Morgen- oder Abendtypen mit Hilfe von Selbstbeurteilungsverfahren (z. B. Horne u. Oestberg 1976) ist ein wesentliches Element, um zirkadiane Einflüsse zu kontrollieren. Die Leistungshochs dieser Persönlichkeitstypen klaffen 1–2 h auseinander.
- Gedächtnistests sind am besten morgens abzufragen, da sie zu dieser Zeit, im Gegensatz zu anderen kognitiven und psychomotorischen Testverfahren, optimale, d. h. zuverlässige Tagesbestwerte liefern. Gründe hierfür sind noch nicht bekannt.
- Für alle Tests und elektrophysiologischen Messungen gilt, daß die Probanden adaptiert werden müssen; für komplexere Testverfahren sind ausreichende Lernphasen einzuplanen. Häufig sind die Lerneffekte naiver Probanden größer als die zu erwartenden Medikationseffekte. Mit zunehmendem Lernniveau werden auch die Reliabilitätskoeffizienten für die einzelnen Tagesleistungen größer (Ott et al. 1990a).
- Die Aktivität der Probanden zwischen den Testsitzungen sollte kontrolliert werden, damit nicht Erschöpfungszustände aufgrund vermehrten Bewegungsdrangs oder Erholungsphasen aufgrund verlängerter Ruhepausen die nächste Testsitzung in unterschiedlicher Weise beeinflussen können.

Eignung von psychologischen Tests zur Erfassung biorhythmischer Verläufe

Im folgenden werden beispielhaft 2 Verfahren vorgestellt, die zur Erfassung von ultradianen Schwankungen menschlicher Verhaltensaspekte geeignet sind:

Der Pauli-Test (Pauli u. Arnold 1951; Arnold 1975; PAN) ist ein Rechentest, bei dem der Proband 1stellige Zahlen, die auf einem Display nebeneinander dargeboten werden, entweder addieren oder subtrahieren muß und die Ergebnisse in eine Gerätetastatur einzugeben hat.

Bei dem speziellen Aufgabentypus Pauli-Test mit Gedächtnis (PAN G) muß sich der Proband den Summand oder den Subtrahend der letzten Rechenoperation ins Gedächtnis einprägen, bevor er das Ergebnis eintippt und fortfährt, mit der zu erinnernden Zahl die nächste Aufgabe zu bearbeiten.

Der Pauli-Test dient dazu, die Konzentrationsfähigkeit bei Rechenoperationen zu untersuchen. Vor allem bei längerer Durchführungsdauer, ggf. bis zu 60 min, erlaubt der Test Aussagen zur Daueraufmerksamkeit ("sustained attention") und zur Dauerbelastbarkeit. In dieser Form – als Papier-Bleistift-Version – ist er auch als Pauli-Arbeitsprobe bekannt.

Mit dem Pauli-Test konnte der Nachweis erbracht werden, daß sich Morgen- und Abendtypen, ausgewählt nach dem oben erwähnten Fragebogen von Horne u. Oestberg (1976), in ihrem Tagesleistungsverlauf zwischen 8.00 Uhr und 24.00 Uhr deutlich differenzieren lassen (Stephan 1984). Die Morgentypen erreichen ihr morgendliches Leistungshoch im o. g. Aufgabentypus des fortlaufenden Addierens bzw. Subtrahierens (ohne Gedächtnisbelastung) gegen 10.00 Uhr, während die Abendtypen zu dieser Zeit noch im Leistungstief liegen und erst um 12.00 Uhr ihr morgendliches Maximum erfahren. In vergleichbarer Weise setzt bei den Morgentypen die abendliche Hochleistung früher ein und bricht eher und stärker ab als bei den Abendtypen. Zudem lassen die beiden Leistungskurven das jeweilige Mittagstief sowie relativ regelmäßige ultradiane Leistungsrhythmen mit einer Periodendauer von 90–110 min erkennen.

Ähnliche Verlaufsunterschiede zwischen Morgen- und Abendtypen, einschließlich der ultradianen Rhythmen, finden wir in der subjektiven Selbsteinschätzung zur momentanen Wachheit (Tagesvigilanz) in der visuellen Analogskala mit den Polen „frisch" und „müde" (Stephan 1984).

Die visuelle Analogskala (VIS) ist ein sehr einfaches Instrument zur Erfassung der momentanen subjektiv eingeschätzten Befindlichkeit. Der Proband markiert auf einer 100 mm langen Skala mit 2 polaren Begriffen, wie „frisch/müde" (s. oben) oder „ängstlich/gelassen" (in anderer Form und Polung auch als Angstthermometer bekannt; Höfling et al. 1988), seinen gegenwärtigen emotionalen Zustand. Falls der Proband sich „wie gewöhnlich" fühlt, setzt er seinen Strich in die Mitte (sog. Mitteninstruktion) zu Verankerung des normalen Befindlichkeitszustands (Ott et al. 1981, 1984).

Standardisierungsmaßnahmen bei neu entwickelten computergestützten psychologischen Labormeßgeräten

In der Psychologie im allgemeinen und in der Pharmakopsychologie im besonderen genügt es nicht ausschließlich, neue psychologische Testgeräte zur Erfassung spezifischer psychischer Funktionen und Verhaltensaspekte nach modernstem technischem Standard zu konstruieren, vielmehr muß die Zuverlässigkeit (Reliabilität), Gültigkeit (Validität) sowie die Lernabhängigkeit der Verfahren geprüft und dokumentiert werden. Dies gilt insbesondere im Hinblick auf die seit einiger Zeit gültigen nationalen und internationalen Richtlinien zur Präparateentwicklung, z. B. die der Kommission der Europäischen Gemeinschaft für die Zulassung medizinischer Produkte (CEC 1990), die den Nachweis dokumentierter Methodenstandards innerhalb der sog. "standard operating procedures" (SOP) verlangen.

Die in den Schering-Forschungslaboratorien eingesetzten Testgeräte wurden entwickelt, um eine gezielte Auswahl aus dem Spektrum menschlicher Verhaltensweisen zur Profilierung unterschiedlicher Präparate an gesunden jungen, aber auch älteren Probanden treffen zu können.

Computergestützte psychoexperimentelle Testverfahren

Hierzu werden im folgenden aus der computergestützten psychoexperimentellen Testbatterie (CPEB; Ott 1991) einige Testverfahren beispielhaft dargestellt und einige Befunde zu Standardisierungsmaßnahmen vorgelegt.

Einer der einfachsten psychomotorischen Tests ist der Klopftest (TAP) oder "tapping test". Die Aufgabe für den Probanden besteht darin, mit dem Griffel in einer festgelegten Zeit, z. B. 1 min, möglichst viele Anschläge ("taps") auf einer metallischen Arbeitsplatte zu erzielen.

Der Test mißt die psychomotorische Komponente der Arm-, Handgelenks- und Fingerbeweglichkeit, so daß sich Aussagen über die Ermüdbarkeit der Motorik treffen lassen. Das Verfahren erlaubt eine exakte elektronische Aufzeichnung des gesamten Bewegungsablaufs. Zu jedem Versuchsdurchgang liegen pro Proband folgende Angaben vor: die Anzahl der Berührungen des Griffels auf dem Tableau ("taps"); die Anzahl der "taps" pro min; der mittlere zeitliche Abstand der "taps" (TpAb/ms) sowie die Anzahl der "taps", die vom Gerät zwar erkannt, aber aufgrund ihres kurzen Abstands zum vorherigen "taps" nicht bewertet werden konnten (TpAb<1/100 s). Als pharmasensitive Meßkennwerte für die konfirmative Statistik haben sich die Hauptzielvariable „Anzahl taps" sowie die Nebenzielvariablen „durchschnittliche Gesamtdauer der Pausen in ms" und „durchschnittliche Gesamtdauer der Tableauberührung in ms" bewährt.

Mit einem anderen Verfahren, dem Umstecktest (PEG) oder "pegboard test", werden die grobmotorischen Komponenten Schnelligkeit und Genauigkeit der Augen-Hand-Koordination und ihre Ermüdungstendenzen gemessen.

Der Proband wird instruiert, möglichst viele Stifte von der linken in die rechte Lochreihe einer 40 cm breiten Metallplatte zu stecken und umgekehrt. Die Testlänge beträgt in der Regel 5 min. Der Test kann jeden einzelnen Arbeitsvorgang (Stecken und Holen) aufzeichnen und graphisch sichtbar machen. Das rechnergesteuerte Testgerät gibt nach Durchführung der Aufgabe auf dem Anzeigedisplay dem Versuchsleiter folgende Angaben: Anzahl der Aktionen, d. h. sowohl das Stecken als auch das Herausziehen eines Stiftes; Anzahl der gesteckten Stifte; Anzahl der korrekt umgesteckten Stifte sowie die Anzahl von mehreren gleichzeitig ausgeführten Aktionen (Fehler). In humanpharmakologischen Prüfungen hat sich die Zielgröße „Anzahl korrekt umgesteckter Stifte" als bestes Leistungsmaß bewährt.

Der Videotrackingtest (VTT) ist ein Verfahren, das ebenfalls sensibel die feinmotorische Hand-Augen-Koordination mißt. Das Arbeitstempo wird, anders als beim Umstecktest, bei diesem Verfahren dem Probanden vorgegeben. Die Aufgabendarstellung erfolgt über einen PC-Bildschirm. Der Proband hat die Aufgabe, mit einem Steuerhebel ("joy stick") ein Verfolgersignal zu lenken und es mit einem Vorgabesignal, das sinusförmig über den Bildschirm wandert, in Deckung zu bringen. Meßwert ist der durchschnittliche radiale Abstand zwischen Vorgabe- und Verfolgersignal, wobei die Abweichung mit einer Genauigkeit von 0,1 mm pro Einzeldurchgang aufgezeichnet wird. Die Testdauer beträgt üblicherweise 5 min, kann jedoch variiert werden.

Zudem bietet das Gerät die Möglichkeit, parallel das EEG abzuleiten, so daß Tracking-Parameter und elektrophysiologische Zielgrößen zeitlich synchron und relativ artefaktfrei ermittelt und miteinander in Beziehung gesetzt werden können (aufgabenbezogenes EEG oder Aktivierungs-EEG; Becker 1992).

Der Multireaktionszeittest mißt psychomotorische Reaktionszeiten bei unterschiedlichen Reizgebungs- und Bewertungsaufgaben, von denen 2 geschildert werden sollen.

In der sog. „einfachen visuellen Reaktionszeitaufgabe" (SVRT; "simple visual reaction time test") hat der Proband auf einen auf dem Gerätedisplay erscheinenden Lichtreiz so rasch wie möglich mit dem Zeigefinger auf eine Reaktionstaste zu drücken. Die Zielgröße „Reaktionszeit" zwischen Signal und Reaktion wird in ms aufgezeichnet.

Bei der Testvariante „verzögerte Musterzuordnung" ("delayed matching to sample paradigm" DMS; Sahakian et al. 1988) werden dem Probanden 2 Symbole auf dem Display gezeigt, die – in variablen Intervallen – zeitlich versetzt dargeboten werden. Der Proband hat die Symbole auf Gleichheit zu prüfen und entsprechend die JA- oder NEIN-Taste zu betätigen. Die Meßgrößen umfassen Anzahl der richtig und falsch gelösten Aufgaben und die zugehörigen Reaktionszeiten.

Standardisierungsmaßnahmen: Zuverlässigkeit und Gültigkeit

Für die hier kurz dargestellten Tests liegen Reliabilitäts- und Validierungsstudien vor, die in der Arbeit von Seitz (1989) ausführlich dargestellt sind.

Eine der wichtigsten Erkenntnisse in der Pharmakopsychologie ist die, daß alle psychologischen Funktionen bei wiederholter Übung unterschiedlich schnell erlernt werden. Die unterschiedlichen Lernverläufe lassen sich in Lernkurven darstellen; z. B. werden einfache psychomotorische Tätigkeiten, wie das "tapping", rasch erlernt und das Lernplateau schon nach 2–3 Sitzungen erreicht, während bei komplexen Koordinationsfunktionen, wie bei den Videotrackingaufgaben, der Lernzuwachs erst nach 6 und mehr Wiederholungen gegen 0 geht (Rohloff 1992). Für die o. g. Testverfahren sind nach unseren Erfahrungen bei gesunden jungen und mit den Geräten noch nicht vertrauten Probanden mindestens 3–6 Übungssitzungen erforderlich, um relativ stabile Lernplateaus für pharmakopsychologische Untersuchungen zu erzielen (Ott et al. 1990a).

Im Rahmen der Standardisierungsbemühungen zur o. g. Testbatterie wurde die Zuverlässigkeit bei wiederholtem Testeinsatz empirisch überprüft und in sog. Re-

Tabelle 1. Retestreliabilitätskoeffizienten einer computergestützten Testbatterie

Testverfahren	Retestreliabilitätskoeffizient (r_{tt})
Klopftest (TAB)	0,95
Umstecktest (PEG)	0,96
Videotrackingtest (VTT)	0,86
Einfache Reaktionszeit (SVRT)	0,78
Verzögertes Zuordnen (DMS)	0,86
Pauli-Test mit Gedächtnis (PAUG)	0,88
Visuelle Analogskala „energetisch/erschöpft" (VIS)	0,74

liabilitätskoeffizienten ausgedrückt, die zwischen 0 (kein Zusammenhang) und ±1 (starker positiver bzw. negativer Zusammenhang) schwanken können. Zum Beispiel ergaben sich nach 7tägigem Zeitabstand der Übungssitzungen die in Tabelle 1 genannten Wiederholungszuverlässigkeitskoeffizienten (r_{tt} nach Fischer 1974; vgl. auch Seitz 1989, S. 9).

Bemerkenswerterweise verringern sich die Reliabilitätskoeffizienten entsprechend dem biorhythmischen Tagesgang: in Mittags- und Nachmittagssitzungen fallen sie niedriger aus als in Morgensitzungen (vgl. Ott 1991). Weiterhin ließen sich die Anwendungszeiten der einzelnen Tests aufgrund von Korrelationsberechnungen verkürzen, ohne die Reliabilitätskennziffern wesentlich zu senken, z. B. beim Klopftest, der als sehr anstrengend empfunden wird, von 60 auf 30 s und beim Pauli-Test von 10 auf 5 min.

Testtheoretisch stellt sich die wichtige Frage nach der Konstruktvalidität, d. h. welche grundlegenden psychologischen Eigenschaften mit einer solchen Testbatterie erfaßt werden. Mittels einer orthogonal rotierten Faktorenanalyse konnten ca. 75% der Varianz aufgeklärt und die folgenden 4 Faktoren identifiziert werden: Befindlichkeit (vorwiegend geladen durch visuelle Analogskalen), Kognition (u. a. Pauli-Rechentest), Motorik (vornehmlich Klopfen und Umstecken) und visumotorische Koordination (vorzugsweise Videotracking; vgl. Ott et al. 1990 a).

Pharmakosensitivität der psychometrischen Testverfahren

Im Aufgabenbereich der Pharmakopsychologie erstreckt sich die Validitätsfrage, also die Frage nach der Gültigkeit des jeweiligen Testverfahrens, auch auf die Pharmakosensitivität. Für jede Testmethode muß nachgewiesen werden, daß sie zwischen Plazebowirkungen und Wirkungen von Substanzen in Standarddosierungen zu trennen imstande ist und zwischen verschiedenen Stufen des Dosierungsspielraums derselben Substanz Unterscheidungen erlaubt.

Die hier vorgestellten Testverfahren wurden in humanpharmakologischen Prüfungen bei verschiedenen Präparaten und Dosierungsstufen aus diversen Substanzklassen eingesetzt. Publizierte Beispiele solcher klinischer Prüfungen vermittelt Tabelle 2.

Aus der Übersicht der Tabelle, beruhend auf den Ergebnissen der zitierten Literatur, geht hervor, daß die einzelnen Testverfahren Wirkungen von verschiedenen Präparaten zu differenzieren vermögen und in hohem Maße pharmakosensitiv sind.

Tabelle 2. Beispiele klinischer Prüfungen mit der computergestützten psychoexperimentellen Testbatterie (CPEB) bzw. einzelner Verfahren oder Vorläufertests zum Nachweis der Pharmakosensitivität in verschiedenen Substanzklassen (*Pbn* Probanden, *Ptn* Patienten, *PLA* Plazebo, *VER* Verum, *BD* Benzodiazepin)

Substanz (Generic); Substanzklasse	Pharmakologische Charakterisierung	Indikation	Anzahl Pbn/Ptn	Differenzierung PLA/VER: +: positiv 0: keine	Literatur
Abecarnil, β-Carbolin	BD-Rezeptor-partialagonist	Anxiolytikum	80 Pbn	0	Duka et al. (1991)
Bromergurid, Ergotalkaloid vs. *Haloperidol*, Butyrophenon	Dopaminrezeptorantagonisten	Neuroleptika	45 Pbn	+	Rohloff u. Ott (1989)
Koffein vs. 15 andere Psychopharmaka	Diverse	Diverse	75 Pbn	+	Ott et al. (1980)
Lisurid, Ergotalkaloid	Dopaminrezeptoragonist	Anti-Parkinson-Mittel	24 Pbn	+	McDonald u. Rohloff (1983)
Lormetazepam vs. andere Benzodiazepine: Diazepam, Flunitrazepam, Flurazepam	BD-Rezeptor-vollagonisten	Hypnotika	40 35 62 Ptn 100 Pbn 16 Pbn	+ + + +	Becker (1992) Ott (1984 b) Ott et al. (1985) Hippler u. Ott (unveröff. 1986)
Scopolamin	Anticholinergikum	Mydriatikum	36	+	Ott et al. (1990 b)
ZK 93426, β-Carbolin	Schwach inverser BD-Partialagonist	Anti-Alzheimer-Mittel	36	+	Rohloff (1992)

Vigilanz, lokale Vigilanz, Aufmerksamkeit, Subvigilanz und Aktivierung: Definitionen und konzeptionsgeleitete Integration

In der psychologischen, psychophysiologischen, neurophysiologischen und pathophysiologischen Forschung und Theorienbildung werden die Begriffe der Vigilanz, Wachheit und Aufmerksamkeit teils mit synonymen, teils mit diskrepanten Konnotationen belegt. Nachstehend erfolgt daher eine kurze Begriffsabklärung und Integration in ein Modell.

Vigilanz

Der Terminus „Vigilanz", bzw. angloamerikanisch "vigilance", wurde von dem englischen Neurologen Head (1924) in den wissenschaftlichen Sprachgebrauch eingeführt. Für Head war Vigilanz neurophysiologisch definiert als die Bereitschaft des Organismus, auf Veränderungen diskriminativ und adaptiv zu reagieren. Die aus Untersuchungen am dezerebrierten Katzenmodell gewonnenen Erkenntnisse lassen auch die Schlußfolgerung zu, daß diese organische Reaktionsbereitschaft Bewußtsein nicht voraussetzt, z. B. vermag eine Katze, deren Hirn entfernt worden ist, bei adäquater Reizung eine gewisse Anzahl diskriminativer und adaptiver Reflexe, wie Schlucken oder Bewegungen der Ohrmuschel, zu vollführen.

Der im alltäglichen psychologischen Sprachgebrauch verwendete Begriff Vigilanz geht ebenfalls von einem notwendigen Grad der Bereitschaft aus, adäquat auf kleine Veränderungen in der Umwelt zu reagieren. In diesem Sinne nahm Mackworth (1949) den Vigilanzbegriff wieder auf und untersuchte die Vigilanzleistungen von Personen anhand von Radarüberwachungstätigkeiten und an seinem berühmten Uhrentest. Hierbei hatten die Versuchspersonen auf irreguläre Doppelsprünge des Uhrenzeigers zu achten und zu reagieren. Die Experimente zeigten, daß die Entdeckungsleistung nach ca. 30 min abnahm. Die physiologische Bereitschaft des Organismus, wie bei Head definiert, ist für diesen Vigilanzbegriff von untergeordneter Bedeutung.

An der Schnittstelle der Physiologie und der Psychologie ist der Vigilanzbegriff von Bente (1977; Bente et al. 1978) angesiedelt. Für ihn bedeutet Vigilanz ein variables, von niedrigen bis zu hohen Stufen reichendes, anpassungsfähiges und dynamisches Niveau informationsverarbeitender Prozesse. Die neuronalen Massenaktivitäten, die die informationsverarbeitenden Prozesse begleiten, können mit dem Elektroenzephalogramm (EEG) registriert werden. Es bietet daher hervorragende Indikatoren zur Erfassung der jeweiligen Vigilanzlage des Individuums. Nach Bente ist Vigilanz ein theoretisches Konstrukt innerhalb der Psychophysiologie und auf der Ebene der Ordnungsbegriffe als Disposition aufzufassen.

Lokale Vigilanz

Koella (1982) differenziert die Vigilanz in einzelne „lokale Vigilanzen". Auch für ihn ist Vigilanz in erster Linie „der Grad der Bereitschaft eines Organismus, auf ein spezifisches Muster externer und/oder interner Reize mit einem funktional erfolgreichen Verhaltensakt zu antworten" (S. 13). Systeme, die zur Ausführung eines Verhaltensaktes nicht benötigt werden, besitzen dann eine geringere „lokale Vigilanz" als Systeme, die primär an der Ausführung des Verhaltensaktes beteiligt sind. Psychopathologische Verhaltensabweichungen, wie z. B. Psychosen, sind dann Ausdruck einer Störung im Vigilanzsystem (Koella 1984).

Aufmerksamkeit

Unter Aufmerksamkeit wird in der psychologischen Forschung ein spezifischer Grad der Aktivierung verstanden, um psychische Funktionen auszuführen (Rohracher 1965). Zubin (1975) unterteilt Aufmerksamkeit in 3 Aspekte, nämlich „Selektivität", „Aufrechterhaltung" und „Umschaltung". Er bietet mit seinem Ansatz eine theoriegeleitete Möglichkeit, Teilaspekte der Aufmerksamkeit getrennt für sich zu erfassen und einer differentiellen Überprüfung zu unterziehen. Er begründet dabei Selektivität durch die Notwendigkeit, die hohe Zahl der Umgebungsreize, die unsere Verarbeitungskapazität überschreiten, auf jeweils relevante Reize, bezogen auf den entsprechenden Kontext, selektiv zu beschränken. Im Prozeß der Aufrechterhaltung der Aufmerksamkeit soll dann die getroffene Auswahl über die Zeit beibehalten und wird nach Zubin in "vigilance attention behavior", gleichbedeutend einer kontinuierlichen Aufrechterhaltung, und eine "preparatory attention behavior" eingeteilt. Letztere kann als intermittierende Aufrechterhaltung angesehen werden. Schließlich versteht er unter Umschaltung einen Prozeß, bei dem von der im Moment bestehenden Auswahl auf eine neue, nun aktuelle Reizauswahl umgeschaltet wird. Diese wird dann ihrerseits aufrechterhalten.

Subvigilanz

Für das schmale Fenster zwischen Wachen und Schlafen – "the state of drowsiness" – verwenden Ott et al. (1982), in der Tradition des Bente-Vigilanzkonzepts, den Terminus „Subvigilanz". Er konstituiert sich aus einem „langsamen α-Faktor" (8,5–10,5 Hz) und einem „schnellen α-Faktor" (10,5–12,5 Hz), die als unabhängige varianzanalytische Faktoren des powerspektralanalysierten Spontan-EEGs (z. B. Herrmann 1982, S. 282) imponieren. Der langsame α-Faktor gilt als Indikator neuronaler Hemmungsphänomene, der durch Sedativa, insbesondere vom Benzodiazepintyp, verstärkt wird. Der schnelle α-Faktor bildet die Aktivitäten eines exzitatorischen Systems ab, sichtbar in einer vorbereitenden α-2-Erhöhung, wenn unmittelbar nach dem Ruhe-EEG (z. B. mathematische) Aufgaben gefordert werden (Becker-Carus 1971; s. unten und Abb. 1). Abbildung 1 vermittelt einen Überblick über 6 verschiedene Interpretationsniveaus, die in einem zunehmenden Prozeß der Datenverdichtung, Abstraktion und Generalisierung zum Konzept der Aktivierung führen.

Auf der *untersten* Ebene befinden sich die Testapparate und Testaufgaben: links das 5minütige Ruhe-EEG, bei dem der Proband entspannt mit geschlossenen Augen liegt („F" bedeutet, daß die Frequenzbandgrenzen nicht der klassischen Einteilung, sondern der Einteilung von Herrmann et al. 1980 folgen); rechts die im Anschluß an die EEG-Ableitung zu absolvierenden psychologischen Tests unterschiedlicher Provenienz, die im Verhaltensspektrum von der einfachen Psychomotorik (Klopfen) über Wahrnehmungsaufgaben (Flimmerverschmelzungsfrequenzschwellendetektion) bis zu kognitiven Aufgaben (Pauli-Rechentest) reichen.

Aus einer empirischen Untersuchung mit 60 Probanden unter Plazebobedingungen wurden verdichtete Zielgrößen gewonnen und auf der *ersten* Interpretationsebene mittels singulärer Faktorenanalysen und/oder Angaben aus der Literatur Validitätsaspekte jedes Verfahrens eingefügt.

5.3 Messung von Tagesvigilanz durch Leistungstests und Selbstbeurteilungsskalen

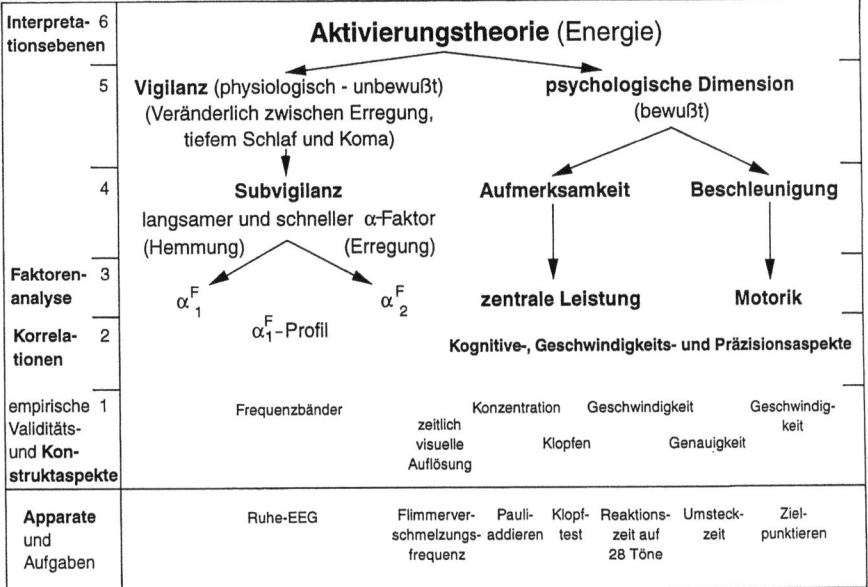

Abb. 1. Interpretationsschema zur hierarchischen Integration von verschiedenen EEG-Indikatoren und psychologischen Meßverfahren in das Konzept der Aktivierung: Bereitschaft zu adaptivem Verhalten

Auf der *zweiten* Ebene enthüllen Korrelationsanalysen jeweils innerhalb der EEG- bzw. der psychologischen Variablengruppe einerseits das bekannte α-Profil mit hohem α-1-Anteil und niedrigem δ-Anteil, das den Zustand beginnender Schläfrigkeit ("drowsiness state") kennzeichnet, andererseits ein psychologisches Profil mit den Verhaltensaspekten Kognition, Geschwindigkeit und Genauigkeit.

Auf der *dritten* Ebene erbringt eine Faktorenanalyse mit 13 ausgewählten Zielgrößen die Faktoren α1 und 2 sowie zentrale (mentale und kognitive) Leistung und Motorik.

Auf der *vierten* Ebene werden sie als Subvigilanz – als Indizes für Erregungs- und Hemmungssysteme – sowie als die psychologischen Grundfaktoren Aufmerksamkeit und Beschleunigung ("impulsion") interpretiert.

Auf der *fünften* Ebene lassen sich zwanglos der Begriff der (elektrophysiologisch definierten) Vigilanz (die zwischen bewußtlosen und hochbewußten, aber nicht ausschließlich zielgerichteten Zuständen zu differenzieren vermag) und der Terminus der psychologischen Dimension des Verhaltens (der Aspekt der bewußten, primär zielorientierten Verhaltensakte) einsetzen.

Auf der *sechsten* Ebene schließlich übergreift die Aktivierungstheorie alle vorgenannten Begriffe unter Zuhilfenahme der Vorstellung des Energiezuflusses während der Vorbereitungsphasen ("preparatory states"), die zu jedem Verhaltensakt auszumachen sind. Metapsychologisch sind die Aktivierungs- (und Desaktivierungs-)Zustände auf der Ebene der Ordnungsbegriffe als psychophysiologische Konstrukte anzusiedeln.

Weitere Erläuterungen und Literaturangaben siehe Ott et al. (1982).

Aktivierung

Ein Rahmen zur Einordnung und Interpretation von Vigilanz kann durch die Aktivierungstheorie abgesteckt werden (vgl. Ott 1984 a). Unter dem Konstrukt „Aktivierung" wird nach Duffy (1972) eine geringere oder höhere Energiezufuhr in verschiedene interne physiologische und psychologische Systeme verstanden, wobei sich die Energieaufladung nicht notwendigerweise in angepaßtem Verhalten auswirken muß. Der Vorteil der Einführung des übergreifenden Aktivierungskonzepts liegt darin, sowohl passive Zustände, z. B. tiefen Schlaf oder Koma, als auch zielgerichtete Verhaltensleistungen integrieren zu können (Abb. 1, Interpretationsebene 6). In diesen Zusammenhang ist zu betonen, daß die vorgenannten Vigilanzbegriffe teleologisch gefaßt sind und passive Zustände außer acht lassen.

Die in Abb. 1 in der 5. und 4. Interpretationsebene angesiedelten neurophysiologisch definierten Konstrukte Vigilanz und Subvigilanz sowie die psychologisch definierten Konstrukte Aufmerksamkeit und Beschleunigung stellen in Wechselbeziehung stehende, übergreifende psychophysische Erregungs- und Erwartungszustände dar. Sie beinhalten zielgesteuerte, koordinative und fördernde Funktionen zur Vorbereitung von adaptiven Reaktionen und dienen zur Vermittlung zwischen Reizaufnahme und angemessener Verhaltensantwort. In diesem Sinne sind die Termini Vigilanz, Aufmerksamkeit etc. dem Begriff Aktivierung untergeordnet.

Auf der Interpretationsebene 3 befinden sich die faktorenanalytisch unabhängigen Variablengruppen $\alpha 1$, $\alpha 2$, zentrale Leistung und Motorik, während auf der Interpretationsebene 2 leichte bis mittlere korrelative Zusammenhänge eingefügt sind, die sich zwischen dem α-1-Profil und den Aspekten Kognition, Geschwindigkeit und Genauigkeit empirisch absichern ließen. Die Interpretationsebene 1 enthält empirische Validitäts- und Konstruktaspekte (durchaus auch im Sinne der „Augenscheinvalidität" nach Lienert 1969), die sich aus den Frequenzbandeinteilungen des spontanen Ruhe-EEGs (Pharmako-EEG) und den psychologisch wesentlichen Parametern der in der untersten Zeile vermerkten apparativen Verfahren und Testaufgaben ableiten lassen.

Die empirische Datenbasis des Interpretationsschemas zur hierarchischen Integration von verschiedenen EEG-Indikatoren und psychologischen Meßverfahren beruht auf einer humanpharmakologischen Untersuchung der Plazebowerte mit 60 gesunden jungen Probanden, die sich unmittelbar nach einem 5minütigen Ruhe-EEG einer 20minütigen Testsitzung mit den o. g. pharmakopsychologischen Tests unterziehen mußten (vgl. Ott et al. 1982).

Da die Indikatorengruppen des Schemas relativ unabhängig sind, muß angenommen werden, daß die elektrophysiologischen und psychologischen Merkmale „verschiedene biologische Funktionen abbilden, also sich nicht gegenseitig substituieren" (Kohnen 1983, S. 47). Die bestehenden geringen empirischen Korrelationen zwischen diesen Merkmalen hingegen erlauben die Vermutung, daß sich „unter" oder „hinter" den neurophysiologischen und psychologischen Konstrukten „Vigilanz" ein gemeinsamer Faktor, gemeinhin Aktivierung genannt, im Sinne einer allgemeinen Reaktionsbereitschaft ("preparatory state") verbirgt. Allerdings wäre eine präzisere Ausarbeitung dieser höchsten Interpretationsebene, aus der so etwas wie eine „übergreifende Steuerungsinstanz für alle (psycho-physiologischen) Funktionen zu postulieren wäre" (Kohnen 1983, S. 47), sehr zu wünschen. Eine in diesem Sinne gründliche Auseinandersetzung mit diesem Thema kann der interessierte Leser in der theoretisch und empirisch gut fundierten Arbeit von Pennekamp (1992) verfolgen.

Danksagung

Der Verfasser dankt Frau M. Goebbels, Herrn Dr. E. Becker, Herrn Dipl.-Psych. A. Rohloff sowie Herrn Dr. P. Pennekamp herzlich für ihre Unterstützung bei der Abfassung des Manuskripts.

Literatur

Arnold W (1975) Der Pauli-Rechentest. Springer, Berlin Heidelberg New York
Becker E (1992) EEG-Veränderungen bei einer psychomotorischen Koordinationsaufgabe. Europ. Hochschulschriften Lang, Frankfurt Basel New York
Becker-Carus C (1971) Relationship between EEG, personality and vigilance. Electroencephalogr Clin Neurophysiol 30:519–526
Bente D (1977) Vigilanz. Psychophysiologische Aspekte. Verh Dtsch Gesellsch Inn Med 83:945–952
Bente D, Chenchanna P, Scheuler W, Sponagel P (1978) Psychophysiologische Studien zum Verhalten der hirnelektrischen Wachaktivität bei definierter Vigilanzbeanspruchung, 3. Mitt. Zur Erfassung pharmakogener Effekte auf die hirnelektrische Aktivität beim Fahrverhalten und die Optimierung des Systems Fahrer–Fahrzeug–Straße. EEG-EMG 9:61–73
Berger H (1932) Über das Elektrenkephalogramm des Menschen, 3. Mitt. Arch Psychiat Nervenkrankh 94:16–60
Broughton RJ (1989 a) Chronobiological aspects and models of sleep and napping. In: Dinges DF, Broughton RJ (eds) Sleep and alertness: chronobiological, behavioral and medical aspects of napping. Raven, New York, pp 71–98
Broughton RJ (1989 b) Sleep attacks, naps and sleepiness in medical sleep disorders. In: Dinges DF, Broughton RJ (eds) Sleep and alertness, chronobiological, behavioral, and medical aspects of napping. Raven, New York, pp 267–298
Clarenbach P, Klotz U, Koella WP, Rudolf GAE (1991) Schering Lexikon Schlafmedizin. MMV Medizin, München
CEC – Commission of the European Communities (1990) Good clinical practice for trials on medicinal products in the european community. Provisional address: Rue de la loi 200, B-1049 Brussels, Belg
Duffy E (1972) Activation. In: Greenfield N, Sternbach RA (eds) Handbook of Psychophysiology. Holt, Rinehart & Winston, San Francisco Atlanta Chicago New York
Duka T, Schütt B, Mager T et al. (1991) Abecarnil, a β-carboline anxiolytic: phase I studies to establish safety, tolerability and drug effects. In: 5th World Congr Biological psychiatry, Florence
Fischer G (1974) Einführung in die Theorie psychologischer Tests. Huber, Bern
Head H (1924) The conception of nervous and mental energy (II) (vigilance: a physiological state of the nervous system). In: Myers CS, Bartlett FC, Brierley SS, Burt C (eds) Br J Psychol Gen Sect 14:126–144
Herrmann WM (ed) (1982) EEG in drug research. Fischer, Stuttgart New York
Herrmann WM, Fichte K, Kubicki ST (1980) Definition von EEG-Frequenzbändern aufgrund strukturanalytischer Betrachtungen. In: Kubicki ST, Herrmann WM, Laudahn G (Hrsg) Faktorenanalyse und EEG-Frequenzbänder. Fischer, Stuttgart, S 61–74

Höfling S, Hutner G, Ott H et al. (1988) Subjektiv verbale Methoden der präoperativen Angstmessung. Anaesthesist 37:374–380

Horne JA, Oestberg O (1976) A self-assessment questionnaire to determine morningness-eveningness in human circadian rhythms. Int J Chronobiol 4:97–110

Koella WP (1982) A modern neurobiological concept of vigilance. Experientia 38:1426–1437

Koella WP (1984) Zur Biochemie und Pharmakologie der Vigilanz: die Rolle der Neurotransmitter im Rahmen der Vigilanz-Kontrolle. Z EEG-EMG 15:173–179

Kohnen R (1983) Psychologische Aspekte der Vigilanz. In: Kugler J, Leutner V (Hrsg) Vigilanz. Editiones Roche. Mayr, Miesbach Basel, S 29–52

Lavie P (1986) Ultrashort sleep-waking schedule III. Gates and „forbidden zones" for sleep. Electroencephalogr Clin Neurophysiol 63:415–425

Lienert GA (1969) Testaufbau und Testanalyse. Beltz, Weinheim

Mackworth NH (1949) The breakdown of vigilance during prolonged visual search. Q Exp Psychol 1:6–21

McDonald R, Rohloff A (1983) Effects of lisuride on psychomotor functions and recall memory in elderly healthy volunteers. In: Calne DB, Wuttke W, McDonald RJ, Horowski R (eds) Lisuride and other dopamine agonists. Raven, New York, pp 515–528

Oswald I, Adam K (1983) So schlafen Sie besser. Orac, Wien

Ott H (1984 a) Zur Klärung der Konzepte Vigilanz und Aktivierung in Pharmakopsychologie und Elektrophysiologie. EEG-EMG 15:190–197

Ott H (1984 b) Are electroencephalographic and psychomotor measures sensitive in detecting residual sequelae of benzodiazepine hypnotics? In: Hindmarch I, Ott H, Roth T (eds) Sleep, benzodiazepines and performance. Springer. Berlin Heidelberg New York, pp 133–151

Ott H (1991) Appropriate psychometric testing of cognitive enhancers in human pharmacological studies with healthy volunteers. In: Hindmarch I, Hippius H, Wilcock G (eds) Dementia: molecules, methods and measures. John Wiley & Sons, New York London, pp 109–126

Ott H, Fichte K, Herrmann WM (1980) Beitrag zur humanpharmakologischen Klassifizierung von Psychopharmaka: das psychologische Leistungsprofil. Arzneimittelforsch/Drug Res 30/2/8:1198

Ott H, Oswald I, Fichte K, Sastre M (1981) Visuelle Analogskalen zur Erfassung von Schlafqualität. VIS-A und VIS-M. In: CIPS Collegium Internationale Psychiatriae Scalarum (ed) Internationale Skalen für Psychiatrie. Beltz, Weinheim, S VIS

Ott H, McDonald RJ, Fichte K, Herrmann WM (1982) Interpretation of correlation between EEG-power-spectra and psychological performance variables within the concepts of „subvigilance", „attention" and „psychomotoric impulsion". In: Herrmann WM (ed) EEG in drug research. Fischer, Stuttgart New York, pp 227–247

Ott H, Bischoff RC, Oswald I et al. (1985) Review of sleep induction and hangover effects with visual analogue scales. In: Kubicki S, Herrmann WM (eds) Methods of sleep research. Fischer, Stuttgart New York, pp 75–91

Ott H, Voet B, Bösel R (1990 a) Standardization of a computer supported psychoexperimental testbattery covering the psychological functions psychomotor performance, cognition, visumotor coordination, and mood: objectivity, reliability and validity. In: 10th Eur Winter Conf Brain research. Poster, Les Arcs

Ott H, Rohloff A, Seitz O, Voet B (1990 b) Acute CNS-depressive effects of Scopolamine 0,5 mg s.c. on EEG, psychomotor performance, cognitive functions and mood in healthy volunteers. In: 10th Congr Eur Sleep Res Society, 20.–25. 5. 90. Poster, Strasbourg

Pauli R, Arnold W (1951) Der Pauli-Test. Seine sachgemäße Durchführung und Auswertung. Barth, München

Pennekamp P (1992) Aufmerksamkeit unter Vigilanzbedingungen. Lang, Frankfurt Berlin Bern New York Paris Wien

Rechtschaffen A, Kales A (1973) A manual of standardized terminology, techniques and scoring system for sleep stages of human subjects. Brain Inf Serv, Brain Res Inst, UCLA

Richardson GS, Carskadon MA, Orav WC, Dement WC (1982) Circadian variation of sleep tendency in elderly and young adult subjects. Sleep 5(2):82–94

Rohloff A (1992) Psychometrische Erfassung von psychomotorischen Leistungen und Fahrsimulation im Rahmen von pharmakopsychologischen Untersuchungen in der Humanpharmakolo-

5.3 Messung von Tagesvigilanz durch Leistungstests und Selbstbeurteilungsskalen

gie. In: Lange L (ed) Konzepte in der Humanpharmakologie. Springer, Berlin Heidelberg New York (im Druck)

Rohloff A, Ott H (1989) Effects of the dopamin receptor antagonists haloperidol and bromerguride on mood, psychomotor performance, pharmaco-EEG, and prolatin secretion in healthy volunteers. In: Abstr 4th World Conf Clinical pharmacology and therapeutics. Eur J Clin Pharmacol 36:03.19

Rohracher H (1965) Einführung in die Psychologie. Urban & Schwarzenberg, Wien Innsbruck

Sahakian B, Morris RG, Evenden JL et al. (1988) A comparative study of visuospatial memory and learning in Alzheimer-type dementia and Parkinson's disease. Brain 111:695–718

Seitz O (1989) Standardisierung und Pharmakosensitivität einer computergestützten psychoexperimentellen Testbatterie. Diss, FU Berlin

Seitz O, Ott H, Bösel R, Voet B (1990) Standardisierung und Pharmakosensitivität einer computergestützten psychoexperimentellen Testbatterie. In: Kongr Dtsch Ges Psychol, Kiel

Stephan K (1984) Circadian variations of body temperature, psychomotor performance, and self-assessments of alertness in morning and evening „types". 7th ESRS Congr Abstr Vol

Tobler I (1989) Napping and polyphasic sleep in mammals. In: Dinges DF, Broughton RJ (eds) Sleep and alertness: chronobiological, behavioral and medical aspects of napping. Raven Press, New York, pp 9–30

Winfree AT (1982) Circadian timing of sleepiness in man and woman. Am J Physiol 243:R193–R204

Zubin J (1975) Problems of attention in schizophrenia. In: Kietzman ML, Sutton S, Zubin J (eds) Experimental approach to psychopathology. Academic Press, New York London, pp 139–166

5.4 Einfluß von Benzodiazepinrezeptorliganden auf die Fahrtüchtigkeit

H.-P. Willumeit, H. Ott, C. Kuschel

Einleitung

Autofahren gehört in der zivilisierten Welt für die meisten Menschen zu einer alltäglichen Tätigkeit. Diese ist jedoch – wie die Unfallzahlen belegen – mit hohem Risiko verbunden. Im Bereich der Europäischen Gemeinschaft sterben jährlich mehr als 50 000 Menschen, und es werden über 1,7 Mio. Menschen verletzt. Vom humanitären Gesichtspunkt abgesehen, entstehen den Volkswirtschaften hierdurch Verluste in Milliardenhöhe.

Eine Analyse der Unfallursachenstatistik zeigt eine gravierende Dominanz (80–90%) von menschlichen Fehlhandlungen bei der Fahrzeugführung. Dagegen hat die Unfallursache „technisches Versagen" nur einen äußerst geringen Anteil an der Gesamtheit der Unfallursachen.

Handelt es sich beim „technischen Versagen" um Störungen und Ausfälle des Fahrzeugs, so ist „menschliches Versagen" auf Unzulänglichkeiten des Fahrzeugführers zurückzuführen (Abb. 1).

Identifiziert man – in Anlehnung an Kramer (1986) und Janssen (1979) – die allgemeine Fahraufgabe bestehend aus den Teilkomponenten *„Navigation"* auf dem „strategischen Level", *„Koordination"* auf dem „Manöverlevel" und *„Stabilisierung"* auf dem „Control-Level", so können Defizite in den Wahrnehmungslei-

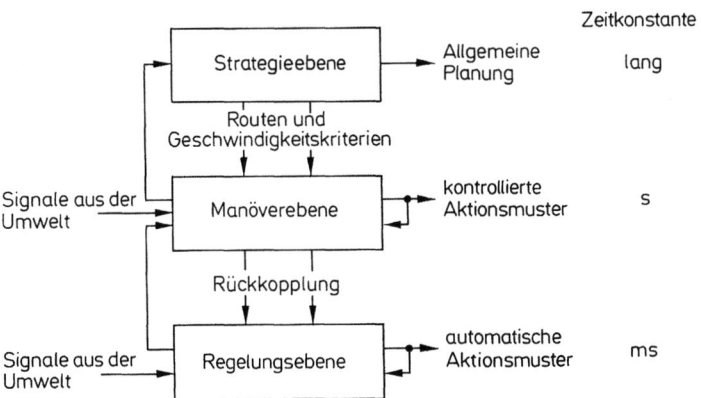

Abb. 1. Schematische Darstellung der hierarchischen Aufgabenebenen bei der Fahrzeugführung. (Nach Janssen 1979)

stungen, kognitiven Leistungen, Reaktionsauswahl und sensomotorischen Koordinationsleistungen auf allen 3 Ebenen auftreten.

Diese summarisch erbrachten Leistungen werden allgemein als Fahrtüchtigkeit bezeichnet. Diese individuelle, zeitvariable Größe wird beeinflußt durch den allgemeinen Zustand der Motivation, durch die Erfahrung und den Ermüdungsgrad des Fahrers sowie zusätzlich durch psychoaktive Substanzen. Das wird belegt durch die große Anzahl von Straßenverkehrsunfällen, die auf „Fahrerfehler" zurückgeführt werden und in denen der Fahrer innerhalb der letzten 24 h vor dem Unfall Medikamente eingenommen hat.

Zur Abschätzung des Fahrrisikos unter Einfluß psychoaktiver Substanzen bedarf es sehr komplexer Testmethoden. Leider existiert bislang keine systematische Analyse der unfallträchtigen Situationen und der hierzu kombinierten menschlichen Fahrleistungsmängeln. Bisher sind die üblichen Testverfahren überwiegend auf der – vom erforderlichen Intelligenzniveau gesehen – untersten Ebene der Fahraufgabe, d. h. der Spurhaltung bzw. Regelungsaufgabe, angesiedelt. Während einige Arbeitsgruppen reale Fahrzeuge in fast risikofreier Umgebung (z. B. Flugplatz, abgesperrte Straßenabschnitte, s. Bente et al. 1978; Betts 1986; Hindmarch 1986) benutzen, andere sogar Autobahnen (O'Hanlon 1983), führen wieder andere Gruppen die Tests mit Fahrsimulatoren im Labor durch (Moskowitz u. Robinson 1987). Darüber hinaus wenden einige Arbeitsgruppen psychologische Tests an, die mehr oder weniger mit den Funktionen der Verkehrstüchtigkeit zu tun haben (z. B. Seppaelae et al. 1982; Mattila et al. 1977; Ott 1984).

Testmethoden

Ich konzentriere mich hier auf Testverfahren im „Fahrsimulator TS 2" (Willumeit u. Neubert 1983) und den Over-the-road Test, der von verschiedenen Arbeitsgrup-

Abb. 2. Versuchsfahrzeug für den Over-the-road Test. (Mod. nach Volkerts 1989)

5.4 Einfluß von Benzodiazepinrezeptorliganden auf die Fahrtüchtigkeit

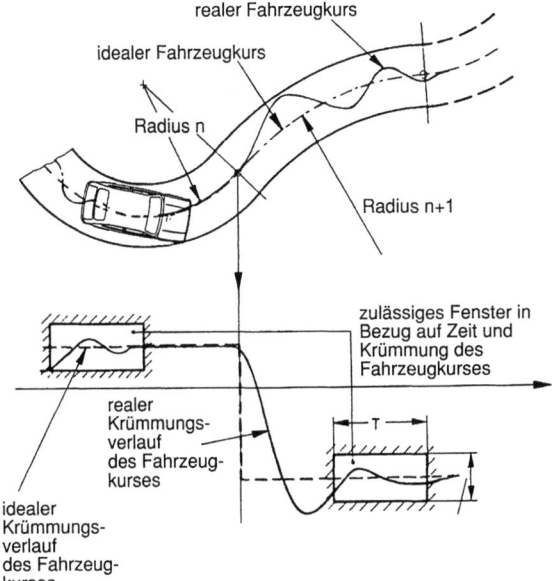

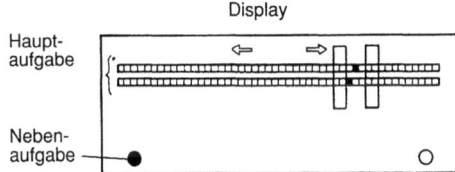

Abb. 3. Visuelles Display des Fahrsimulators TS 2 und Prinzipienerklärung der Hauptaufgabe. (Mod. nach Willumeit et al. 1984)

pen in Holland (Brookhuis et al. 1990) eingesetzt wird (s. Abb. 2). Der Over-the-road Test besteht aus dem Fahren eines mit speziellen Meßinstrumenten ausgestatteten Kraftfahrzeugs im normalen Autoverkehr. Der Fahrer soll dabei mit einer gleichbleibenden Geschwindigkeit von 90 km/h möglichst geradeaus auf dem rechten Fahrstreifen fahren. Eine Abweichung von dieser Anweisung ist nur zulässig, wenn ein langsamer fahrendes Fahrzeug überholt wird. Während des Tests wird kontinuierlich die Position des Fahrzeugs in Relation zur unterbrochenen Mittellinie der Fahrbahn aufgezeichnet. Hierzu dient eine elektronische Kamera, die auf dem Autodach montiert ist. Das Kriterium der Fahrtüchtigkeit ist die Spurabweichung innerhalb des rechten Fahrstreifens (in cm). Diese Abweichung wird als Standardabweichung von der vom Fahrer gewählten Lateralposition angegeben. Bemerkenswert ist hierbei, daß ausschließlich die Daten aus der reinen Spurhaltung auf dem Control-Level, aber nicht Daten aus anderen Verkehrssituationen (Überholen, Bremsmanöver) auf dem Manöverlevel analysiert werden. Insgesamt beinhaltet die Prüffahrt eine sehr niedrige, monotone Belastung, die während der Testfahrt zu einem Abfall des Vigilanzniveaus führt. Eine Alternative zu diesen Fahraufgaben im realen Verkehr eröffnet der Fahrsimulator TS 2 (Abb. 3).

Die Vorteile dieses Fahrsimulators liegen
1) in den niedrigen Kosten beim Messen,
2) in der Einfachheit, dynamische Parameter zu variieren,
3) in der Reproduzierbarkeit der experimentellen Ergebnisse und
4) im Fehlen jegliches Risikos bei der Ausführung gefährlicher Fahraufgaben.

Die relativ einfachen visuellen Informationen bzw. die hohen Kosten für eine High-fidelity Simulation sind als Nachteile zu nennen. Wie generell auch bei allen Laboruntersuchungen muß die externe Validität nachgewiesen werden.

Die wesentlichen Anforderungen an einen Simulator in Bezug auf die realen Fahrbedingungen sind folgende:
– Die Hauptaufgabe des Fahrers ist es, das Fahrzeug kontinuierlich auf dem Straßenkurs, der sich stochastisch verändert, zu halten. Dies ist eine Aufgabe auf dem Control-Level.
– Die Nebenaufgabe des Fahrers ist es, auf selten auftretende Signale zu reagieren, die sich, z. B. durch plötzlich auftretende Hindernisse, einstellen können. Diese Aufgabe wird auf dem Manöverlevel durchgeführt.

Diese Anforderungen können durch eine visuelle, kontinuierliche Nachführ-, d. h. Trackingaufgabe, mit stochastisch veränderlicher Sollwertvorgabe und einer zusätzlichen Wahlreaktionsaufgabe als Nebenaufgabe verwirklicht werden.

Im oberen Teil von Abb. 3 erkennt man ein Fahrzeug auf einer kurvigen Straße aus der Vogelperspektive. Die Mittellinie der Straße als geometrischer Straßenparameter stellt den Sollkurs des Fahrzeugs dar – im Bild mit „idealer Fahrzeugkurs" bezeichnet –. Das Fahrzeug kann durch den Fahrer und deren beider dynamische Eigenschaften während der Regelungsaufgabe nur auf dem realen Fahrzeugkurs – im Bild als „realer Fahrzeugkurs" bezeichnet – gehalten werden.

Im unteren Teil des Bildes ist das visuelle Display des TS 2-Fahrsimulators dargestellt. Dieses besteht aus 2 übereinanderliegenden Lampenreihen. Das Aufleuchten einer der 37 Lampen in der oberen Reihe repräsentiert – ausgehend von einer Null-Lage in der Mitte der Reihe – die Krümmung der zu durchfahrenden Straßenkurve als Sollwert; in der unteren Reihe dagegen leuchtet eine der ebenfalls

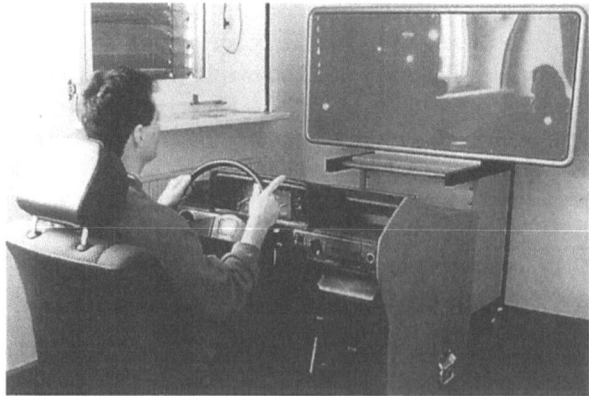

Abb. 4. Proband vor dem Display des Fahrsimulators

5.4 Einfluß von Benzodiazepinrezeptorliganden auf die Fahrtüchtigkeit

37 Lampen entsprechend der Lenkradstellung, jedoch überlagert durch die Dynamik des Fahrzeugs bei Lenkmanövern. Die Regelaktivitäten des Fahrers müssen also gleichzeitig die vorgegebenen, stochastisch veränderlichen, Straßenkrümmungen berücksichtigen wie auch das dynamische Verhalten des Fahrzeugs, um das Unfallrisiko, die Straße zu verlassen, zu minimieren.

Die Versuchspersonen vor dem visuellen Display haben auf das Führungssignal in der oberen Lampenreihe durch Drehen des Lenkrads zu reagieren, mit dem Ziel, die aufleuchtenden Lampen in beiden Reihen übereinander in Deckung zu bringen. Während dieser Aktivitäten in der Hauptaufgabe müssen die Versuchspersonen 2 Lampen, je eine an der unteren linken und rechten Ecke des Displays, beobachten und deren einzelnes Aufleuchten durch Betätigen eines jeweils entsprechenden Fußpedals quittieren; leuchten dagegen beide gleichzeitig auf, so darf nicht reagiert werden. Diese Zusatzaufgabe als Bremsreaktion dient als Nebenaufgabe.

Es sollte erwähnt werden, daß die Krümmungsänderung in der Hauptaufgabe nicht kontinuierlich, sondern in Sprüngen vorgenommen wird. Die beim realen Fahren vorhandene Vorausschau und die damit gewonnene Information über die vor einem liegende Kurvenrichtung wird am Display des Simulators durch Aufleuchten zweier Pfeile oberhalb der Lampenreihen simuliert.

Im mittleren Teil von Abb. 3 ist der zeitliche Verlauf der beiden Kurskrümmungen – Straßen- und Fahrzeugkurs – bei einem Übergang von einer Links- in eine Rechtskurve dargestellt. Da die Straßenkurse Teile von aneinandergereihten Kreisbögen sind, ändert sich die Krümmung der Straße sprungförmig (gestrichelte Linie). Der reale Fahrzeugkurs – beeinflußt durch die Dynamik des Fahrzeugs – ist dem Verlauf der idealen Straßenkrümmung als ausgezogene Linie überlagert. Um nun das Verlassen der Straße und damit ein Unfallrisiko zu vermeiden, muß das Fahrzeug über eine gewisse Zeit innerhalb vorgegebener Begrenzungen gehalten werden. Dieser Zeitraum und die Begrenzungen definieren das „zulässige Fenster". Kann der Fahrzeugkurs nicht darin gehalten werden, zählt dies als Fahrleistungsfehler, und der Fahrer riskiert einen Unfall (Abb. 4).

Abbildung 4 zeigt den Probanden vor dem Display. Die Parameter, die bei diesem Test evaluiert werden, sind:
1. die Anzahl der richtig gelösten Aufgaben bei der Trackingaufgabe (Hauptaufgabe)

und

2. die Bremsreaktionszeit aus der Nebenaufgabe.

Dieser Test erfordert in der Hauptaufgabe – auf dem Control-Level nach dem Janssen-Modell – eine hohe Konzentration, was zu einem hohen Vigilanzniveau der Probanden führt. Die Bremsreaktionsaufgabe als Nebenaufgabe ist dem Manöverlevel nach Janssen zuzuordnen.

Es muß darauf hingewiesen werden, daß die bislang weltweit publizierten Testmethoden mit Fahraufgabe im realen Verkehr nicht ausreichend validiert wurden, so daß man bis dato auch nicht zu standardisierten und akzeptierten Testverfahren gelangte.

Pharmakologische Fragen zur Beeinflussung der Fahrtüchtigkeit durch Hypnotika

Bei der Entwicklung von Hypnotika fordern die FDA (Food and Drug Administration)-Guidelines (Grout u. Finkel 1977) eine Überprüfung der Interaktion zwischen dem Entwicklungspräparat und vielgenutzten Medikamenten, insbesondere auch der Droge Alkohol. Darüber hinaus sollen Aussagen zu "hangover" bei Kurz- und Langzeitapplikationen gemacht werden. In Tabelle 1 findet man eine Übersicht zu solchen pharmakologischen Fragestellungen, die wir insbesondere für Lormetazepam durchgeführt haben.

Tabelle 1. Testmethode, Medikation, Interaktion mit Alkohol und zugehörige Referenz bez. Fahrtüchtigkeit und Hypnotika

	Effekte nach akuter Einnahme	Hangovereffekte nach abendlicher Einnahme	Hangovereffekte nach 7tägiger abendlicher Einnahme
Test	TS 2 Fahrsimulator	TS 2	TS 2
Medikation	Alkohol 0,8 mg/ml	Lormetazepam 1,5 mg	Flurazepam 30 mg Lormetazepam 2 mg zum Mittagessen
Interaktion	–	Alkohol 0,4 mg/ml abends	Alkohol 0,2 mg/ml
Publikation	Willumeit u. Neubert 1979	Willumeit et al. 1984	Rohloff u. Weiß 1988
Test	TS 2	OTRT Over-the-road-Test TS 2	TS 2
Medikation	Diazepam 10 mg, Lormetazepam 2 mg, Mepindolol 10 mg	Lormetazepam 1 mg Oxazepam 50 mg	Flurazepam 30 mg Lormetazepam 2 mg
Interaktion	Alkohol 0,6 mg/ml	–	–
Publikation	Willumeit et al. 1984	Volkerts u. Abbink 1990 Willumeit et al. 1992	Willumeit et al. 1983

	Effekte nach akuter Einnahme	Hangovereffekte nach 1 oder 2tägiger abendlicher Einnahme	Hangovereffekte nach 7tägiger abendlicher Einnahme
Test	TS 2	OTRT	OTRT
Medikation	Lorazepam 2,5 mg	Nitrazepam 5&10 mg Lormetazepam 1&2 mg Temazepam 20 mg Loprazolam 1&2 mg Zopiclone 7,5 mg Flunitrazepam 2 mg Flurazepam 15&30 mg Secobarbital 200 mg	Nitrazepam 10 mg
Interaktion	Alkohol 0,7 mg/ml	–	
Publikation	Ott et al. 1990	Brookhuis 1989	Brookhuis 1986

5.4 Einfluß von Benzodiazepinrezeptorliganden auf die Fahrtüchtigkeit

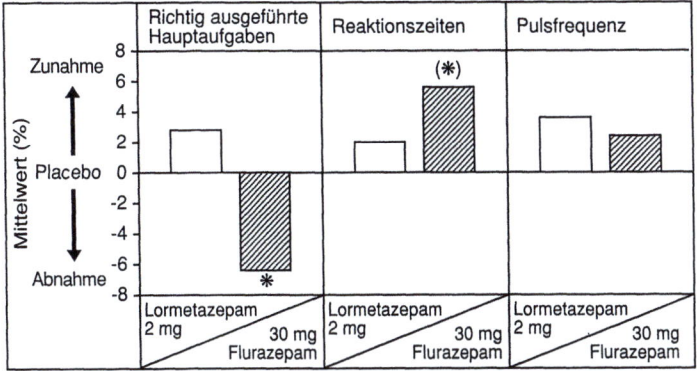

Abb. 5. Relative Änderungen in der Fahrleistung, Reaktionszeit und Pulsfrequenz durch subchronische Wirkung von Lormetazepam und Flurazepam gegen Placebo von 12 Probanden (* p<0,10). (Mod. nach Willumeit et al. 1983)

Wir unterscheiden hierbei die akute Wirkung eines Pharmakons, unmittelbar nach Einnahme, und bei Schlafmitteln die Überhangwirkung nach einmaliger bzw. nach längerfristiger Einnahme, in welcher besonders die Kumulationswirkung in Erscheinung tritt. In den Feldern der Tabelle findet man die publizierten Untersuchungen je nach Testmodellen, in Verbindung mit Alkohol und ggf. Interaktionswirkungen der entsprechenden Präparate mit Alkohol.

Im folgenden wird lediglich über Hangovereffekte und Interaktionen nach einmaliger und subchronischer abendlicher Applikation berichtet.

Schlafmittel werden überwiegend chronisch eingenommen, so daß eine Prüfung der Wirkung auf chronische und subchronische Wirkung einen besonders bedeutsamen Stellenwert im pharmakodynamischen Profil eines Hypnotikums einnimmt (Abb. 5).

Wir haben bereits 1983 die Wirkung von Lormetazepam im Vergleich zu Flurazepam und Placebo nach subchronischer Anwendung auf die Fahrleistung geprüft (Willumeit et al. 1983). Zwölf gesunde Probanden bekamen damals 2 mg Lormetazepam oder 30 mg Flurazepam oder Placebo über 7 Abende. Am 8. Tag morgens wurde die akkumulierte Wirkung bez. Fahrleistung, Reaktionszeit und Pulsfrequenz gemessen. Die Ergebnisse sind als Differenzen zu Placebo in Abb. 5 ersichtlich.

Sogar nach 2 mg Lormetazepam, was eine relativ hohe Dosis darstellt, wurden mehr richtige Aufgaben gelöst als unter Placebo. Dagegen fanden wir nach 30 mg des langwirksamen und metabolitenreichen Flurazepams eine statistisch signifikante Verschlechterung der Fahrleistungen verglichen mit Placebo.

Die Akkumulationswirkung führt bei Flurazepam zu einer signifikanten Verlängerung der Bremsreaktionszeit auf dem 10%-Niveau, wohingegen Lormetazepam in beiden Parametern – Bremsreaktionszeit und ausgeführte Aufgaben – keine vom Placebo abweichenden, statistisch signifikanten Veränderungen aufwies.

Im Hinblick auf Vitalfunktionen – repräsentiert durch die Pulsfrequenz – sind beide Benzodiazepinsubstanzen sichere Substanzen. Eine gefundene Änderung von 2–3 Schlägen/min ist klinisch ohne Bedeutung.

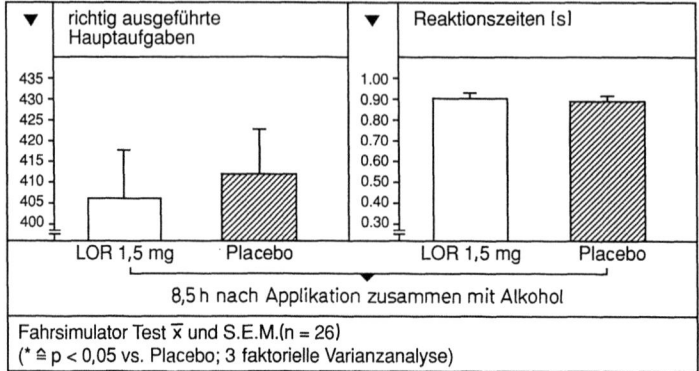

Abb. 6. Morgendliche Fahrleistung und Reaktionszeit nach abendlicher Gabe von 1,5 mg Lormetazepam (*Lor*) oder Placebo, kombiniert mit Alkohol ($\bar{x}$ Mittelwert, *S.E.M.* "standard error of mean value"). (Mod. nach Willumeit et al. 1984)

Selbst wenn – wie die Studie gezeigt hat – keine Hangovereffekte bei Lormetazepam auftraten, kann dies bei kurzzeitiger Anwendung nicht ohne weiteres erwartet werden. Dies trifft insbesondere für kurzfristige situative Schlafstörungen infolge von Jetlag, Examensängsten oder anderen Einflüssen zu.

Aus diesem Grund führten wir mit 26 gesunden Probanden eine kontrollierte Doppelblindstudie mit Parallelgruppen durch. Die Versuchspersonen nahmen zwischen 20.00 und 21.30 Uhr ihr Abendessen zusammen mit Bier oder Wein ein, gefolgt von der Medikamenteneinnahme (Abb. 6).

Dies ist in der Praxis eine häufige Situation. Auch unter diesen erschwerten Testbedingungen – nämlich der Interaktion zwischen 0,4‰ Blutalkohol (BAC) und

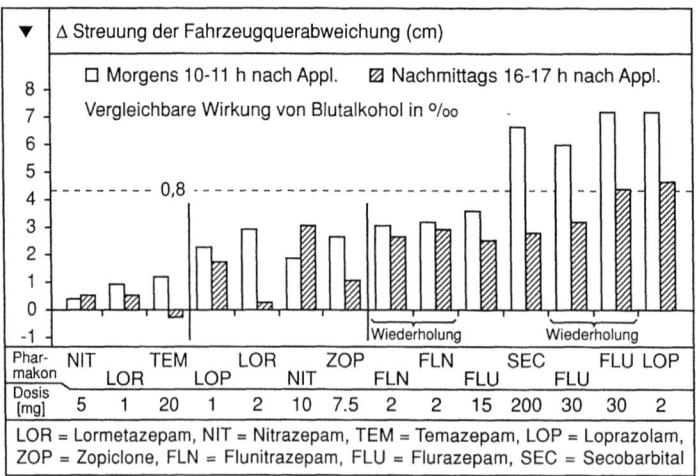

Abb. 7. Gemittelte relative Standardabweichung zu Placebo aus der morgendlichen und nachmittäglichen Fahrzeugquerabweichung nach 2tägiger abendlicher Medikation; dasselbe unter akuter Wirkung von Alkohol. (Mod. nach Brookhuis et al. 1990)

1,5 mg Lormetazepam – zeigt sich nach normaler Nachtruhe am nächsten Morgen keine signifikante Verschlechterung gegenüber Placebo. Dies gilt sowohl für die Fahrleistung als auch für die Bremsreaktionszeiten.

In den Arbeitsgruppen Brookhuis, Volkerts, O'Hanlon u. a. wurden eine Reihe von Substanzen im Over-the-road-Test geprüft. Ich erinnere nochmal, daß es sich um eine Testfahrt von 1 h auf der Autobahn unter monotoner Belastung bei gleichmäßiger Spurhaltung handelt (Abb. 7).

Auf der rechten Seite von Abb. 7 sind die Ergebnisse der langwirkenden Hypnotika nach 2tägiger abendlicher Einnahme, gemessen jeweils 10–11 h und 16–17 h nach der Einnahme dargestellt. Die morgendliche Beeinträchtigung der Fahrtüchtigkeit spiegelt sich wider in einem Bereich zwischen 4–8 cm mittlerer Änderung der Standardabweichung der Fahrzeugquerabweichung (SDLP).

Am Nachmittag sinken die Werte auf 2–5 cm SDLP.

Die Vormittagswerte übersteigen in ihrer Wirkung die Fahrleistungsminderungen, die sich bei 0,8‰ BAC vergleichsweise ergeben würden, dem in der alten Bundesrepublik gesetzlich zulässigen Grenzwert beim Autofahren (s. Abb. 8).

Der linke Teil zeigt die Ergebnisse der kurz- bis mittellang wirksamen Hypnotika, wobei noch zwischen den niedrigen Dosierungen (links) und den höheren Dosierungen (rechts) unterschieden werden muß. Während die höheren Dosierungen 2–3 cm SDLP erzeugen, liegen die Werte für die niedrigen Dosen zwischen 0,5 und 2 cm SDLP. Eine Ausnahme in dieser Gruppe bildet das langwirksame Nitrazepam mit einer Halbwertszeit von 15–50 h, das durch Nitroreduktion metabolisiert wird. Deutlich tritt mit zunehmender Zeit eine Verschlechterung der Fahrleistung ein, was durch den komplizierten Stoffwechsel erklärt wird.

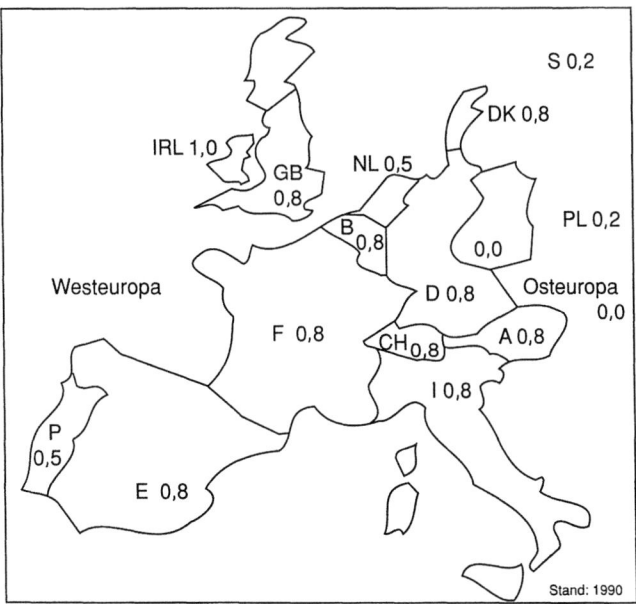

Abb. 8. In Westeuropa gesetzlich zulässige Blutalkoholkonzentrationen beim Autofahren [‰]

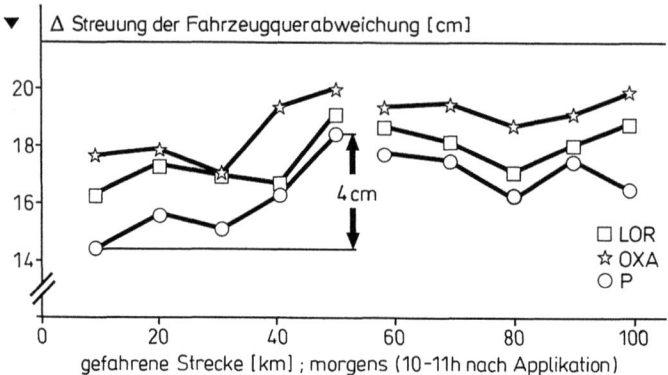

Abb. 9. Gemittelte Standardabweichung der Fahrzeugquerabweichung unter Lormetazepam (*LOR*), Oxazepam (*OXA*) und Placebo (*P*) als Funktion der zurückgelegten Wegstrecke. (Mod. nach Volkerts u. Abbink 1990)

Interessanterweise erzeugt auch das Zopiclone, welches nicht zur Benzodiazepinklasse gehört, in seiner Normaldosierung von 7,5 mg einen Fahrleistungshangover in der gleichen Größenordnung wie Flunitrazepam 2 mg. Lormetazepam zeigt in der Dosierung von 1 mg ebenso wie von 2 mg Ergebnisse, die – gemessen an der Wirkung nach akuter Alkoholeinnahme – deutlich unterhalb der 0,8‰-Grenze liegen.

Die bei einer Dosierung von 1 mg Lormetazepam ermittelte Abweichung von unter 2 cm SDLP liegt auch weit unterhalb des 4-cm-SDLP-Niveaus, das als Alkoholwirkung zur Kalibrierung von Drogeneffekten von Brookhuis et al. 1990 benutzt worden ist.

Dieselben 4-cm-SDLP werden – wie Abb. 9 zeigt – auch unter Placebobedingungen von den Versuchspersonen erzeugt, und zwar allein durch Abnahme des Vigilanzniveaus innerhalb $1/2$ h Autobahnfahrt.

Zusammenfassung

- Trotz der grundsätzlichen Verschiedenheit der eingesetzten Fahrtüchtigkeitsprüfmodelle zeigen die Ergebnisse vergleichbare Beurteilungswerte für die untersuchten Hypnotika.
- Beide Prüfmodelle zeigen, daß – im Vergleich zu anderen Hypnotika – Lormetazepam zu der Gruppe gehört, die keinen Hangover beim Autofahren erzeugt.
- Sogar zusammen mit abendlicher Alkoholeinnahme konnte bei Lormetazepam am nächsten Morgen keine Abnahme der Fahrtüchtigkeit ermittelt werden.
- In Übereinstimmung mit vielen anderen Befunden sieht es so aus, als hätten die 3-Hydroxybenzodiazepine, z. B. Lormetazepam oder Temazepam, aufgrund ihrer strukturellen, pharmakokinetischen und pharmakodynamischen Eigenschaften eine noch größere therapeutische Breite innerhalb der ohnehin schon großen Anwendungssicherheit der Benzodiazepine.

Literatur

Bente D, Chenchanna P, Scheuler W, Sponagel P (1978) Psychophysiologische Studien zum Verhalten der hirnelektrischen Wachaktivität bei definierter Vigilanzbeanspruchung, 3. Mitteilung: Zur Erfassung pharmakogener Effekte auf die hirnelektrische Aktivität beim Fahrverhalten und die Optimierung des Systems Fahrer–Fahrzeug–Straße. EEG-EMG 9:61–73

Betts T, Mortiboy D, Nimmo J, Knight R (1986) A review of research: the effects of psychotropic drugs on actual driving performance. In: O'Hanlon JF, de Gier JJ (eds) Drugs and driving. Taylor & Francis, London Philadelphia, pp 83–100

Brookhuis KA (1986) The effects of nitrazepam and temazepam on driving performance. In: De Bruin RA (ed) Annu Prog 1985 Traffic Research Centre, Univ Groningen, Neth, pp 96–101

Brookhuis KA (1989) Prüfung auf Verkehrstüchtigkeit unter Praxisbedingungen. Fortschr Med Monogr Lormetazepam 8:9–12

Brookhuis KA, Volkerts ER, O'Hanlon JF (1990) Repeated dose effects of lormetazepam and flurazepam upon driving performance. Eur J Clin Pharmacol 38:38 ff.

Grout JR, Finkel MF (1977) Guidelines for the clinical evaluation of hypnotic drugs. US Dep health, education and welfare, Washington DC 20402, Order FDA 78-3051

Hindmarch I (1986) The effects of psychoactive drugs on car handling and related psychomotor ability: a review. In: O'Hanlon JF, de Gier JJ (eds) Drugs and driving. Taylor & Francis, London Philadelphia, pp 71–82

Janssen WH (1979) Routeplanning en geleiding: en Literatuurstudie, Rapport IZF 1979 – C 13. Inst Perception, TNO Soesterberg

Kramer U (1986) Integrierte Assistenz- und Informationssysteme für den Fahrer. In: Sem Kraftfahrzeugtechnik, 03. 11. 86, Inst Fahrzeugtech TU Berlin, 34 S

Mattila MJ, Palva E, Seppaelae T, Saario I (1977) Effects of trithiozine on psychomotor skills related to driving: a comparison with diazepam and interactions with alcohol. Curr Ther Res 6,22:875–885

Moskowitz H, Robinson CD (1987) Effects of low doses of alcohol on driving-related skills: a review of the evidence. SRA Technologies, Alexandria Virg

O'Hanlon JF (1983) Alcohol and hypnotic hangovers as an influence on driving performance. Travel Traffic Med 1:147–152

Ott H (1984) Are electroencephalographic and psychomotor measures sensitive in detecting residual sequelae of benzodiazepine hypnotics? In: Hindmarch I, Ott H, Roth T (eds) Sleep benzodiazepines and performance. Springer, Berlin Heidelberg New York, pp 133–151

Ott H, Rohloff A, Kuschel C, Willumeit HP, Voet B (1990) Potentiated reduction of driving skills at a driving simulator after acute combined intake of a benzodiazepine-tranquilizer and alcohol. In: 10th Eur Winter Conf Brain research, 4 Posters

Rohloff A, Weiß M (1988) Fahrtüchtigkeit und Alkoholinterferenz von Lormetazepam 2,0 mg und Flurazepamhydrochlorid 30,0 mg subchronischer Gabe. Unpubl Pharma Res Rep, Schering AG, 1000 Berlin 65

Sanders AF (1986) Drugs, driving and the measurement of human performance. In: O'Hanlon JF, de Gier JJ (eds) Drugs and driving. Taylor & Francis, London Philadelphia, pp 3–16

Seppaelae T, Aranko K, Mattila MJ, Shrotriya RC (1982) Effects of alcohol on buspirone and lorazepam actions. Clin Pharmacol Ther 32:201–207

Volkerts ER (1989) De gele sticker. Dims 8:18–21

Volkers ER, Abbink F (1990) Kater-effecten op de rijvaardigheid na slaapmiddelgebruik? Lormetazepam en oxazepam versus placebo. JDR J Drug Ther Res 15:22–26

Willumeit HP, Neubert W (1979) Überprüfung der Fahrtüchtigkeit unter dem Einfluß von Medikamenten und Alkohol. In: BMV (Hrgs) Unfall- und Sicherheitsforschung Straßenverkehr, pp 364–375

Willumeit HP, Neubert W, Ott H, Hemmerling KG (1983) Driving ability following the subchronic application of lormetazepam, flurazepam and placebo. Ergonomics 26/11:1055–1106

Willumeit HP, Neubert W (1983) Verkehrstüchtigkeitsprüfung am Fahrsimulator nach akuter und subchronischer Einnahme von Hypnotika und psychotropen Substanzen. In: ADAC (Hrsg) ADAC Schriftr Straßenverkehr 27, Ber 4. Symp Verkehrsmedizin. ADAC, München, S 102–111

Willumeit HP, Ott H, Neubert W (1984) Simulated car driving as a useful technique for the determination of residual effects and alcohol interaction after short- and long-acting benzodiazepines. In: Hindmarch I, Ott H, Roth T (eds) Sleep benzodiazepines and performance/psychopharmacology, Suppl 1. Springer, Berlin Heidelberg New York, pp 133–151

Willumeit HP, Ott H, Kuschel C (1990) Driving performance models: Comparison of a tracking simulator and an over-the-road-test in relation to drug intake. In: Hindmarch I, Stonier PD (eds) Human psychopharmacology, vol 4: Measures and methods. John Wiley & Sons, Chichester (in press)

Sachverzeichnis

Abendfragebogen 72
Abendtyp 287
Abhängigkeit 135, 149, 178
ACE-Hemmer 248
ACTH 91, 251
Adaptation 45, 69, 75, 76, 80, 144, 244, 296
Adenosintriphosphat (ATP) 101
Adipositas 31, 225
Adrenalin 246
Akromegalie 88
Aktigraph 280
Aktivierungstheorie 295, 296
Akupunktur 181
Aldosteron 249
Alkohol 139, 146, 153, 157
Alkoholabusus 236
Alkoholiker 35, 36
Alleinunfälle 233
Amnesie 148
Anamnese 3, 71
Angstsymptomatik 124, 147
Antidepressiva 145, 153, 155
Antidiabetika 158
Antihistaminika 139, 153, 158
Antikoagulanzien 158
Antioxidantien 197
Antistreßeffekt 209
Antriebsschwäche 123
Apnoe 28, 268, 277
Apnoedauer 222
Apnoeindex 28, 223, 237
Apnoesyndrom 214
Arousals 245, 268, 276
Atemantrieb 219, 266, 270
Atembewegung 266
Atemregulationsstörungen 27, 221
Atem-Quotienten 59
Atmungsparameter 273
Atmungsstillstand 225, 235
Atmungsstörungen 233
Atriales Natriuretisches Peptid (ANP) 248
Aufmerksamkeit 292, 293
Aufwachvorgänge 123, 147
Autogenes Training 180

Autonome Dysfunktion 214
Autonome Regulation 265
Awakenings 93

B
Barbiturate 150
Barorezeptor 248, 251
Basic rest/activity cycle (BRAC) 285
Befindlichkeitsskala 72
Befindlichkeitsfragebogen (BFB) 71
Behandlungsprinzipien 127
Bennet-Respirator 189, 222
Benzodiazepinhypnotika 139, 145, 146, 294, 301
Berufskraftfahrer 240
Bindegewebsmassage 180
Biologische Uhr 19
Biorhythmik 286
Biorhythmometrische Verfahren 49
Biosignale 273
BiPAP 187
Blutdruck 273, 277
Blutgase 219, 225, 265, 273
Body-Mass-Index 237
Bradykardie 226
Breitbandrauschen 181
Broca-Index 227

C
Chloralhydrat 144, 157
Chronobiologie 49, 241
Chronobiologische Aspekte 57, 258
Chronoendokrinologie 243
Circulus vitiosus 135
Clomethiazol 153, 159
Continuous positive airway pressure (nCPAP) 185
Cortisol 249, 251
Cosinor-Methode 80
CO_2-Partialdruck 268
CPAP 186
Cyclopyrrolone 151
Cytochromoxidase 194, 196

D

Daueraufmerksamkeit („sustained attention") 288
Delirium 36
Delta sleep inducing peptide (DSIP) 19, 161
Deltaschlaf 21, 41
Depression 95, 97, 128, 154, 180
Desensibilisierung 133
Desynchronose 39, 45
Dexamethason 251
Differentialdiagnostik 138, 213, 266, 273
Digitalis 222
Dispensairebetreuung 231
Diurese 255
DOCA-Salt-Hypertension 248
DSIP 19, 161
Durchschlafstörungen 5, 19, 178, 214, 240
Dyspnoe 190
Dyssomnien 213, 235

E

Einnicken 236, 238
Einschlaflatenz 35, 233
Einschlafneigung 214, 240
Einschlafschwierigkeiten 223
Einschlafstörungen 5, 178, 214, 240
Elektrodermale Aktivität 6, 78
Elektroenzephalogramm (EEG) 71
Elektroheilschlaf 180
Elektrokardiogramm 62, 71, 273
Elektrolythaushalt 219, 247, 254
Elektromyogramm (EMG) 71, 194, 200, 273
Elektrookulogramm (EOG) 71
Emotion 54, 126
Endokrines System 88
Entspannungstherapie 131, 180
Entzug 36
Epidemiologische Untersuchungen 19, 124, 193
Erholungsdefizite 59
Erholungsfunktion des Schlafs 235
Ermüdungsgrad 289, 302
Experimentelle Neurose 193, 200
Extrathorakale Negativdruckbeatmung 270

F

Fahrleistung 237
Fahrsimulator 302
Fahrtauglichkeit 141
Fahrtüchtigkeit 301, 310
Fingerservoplethysmographie 278
First-night-Effekt 69
Fragebogen 35, 39, 72, 236
Frühgeborene 265
Furosemid 222

G

Gastroösophagealer Reflux 268
Gedächtnis 114, 148, 287
Gefäßsystem 244, 248
Geräuschbelästigung 240
Gesamtbehandlungskonzept 136
Gesamtschlafzeit 147
Gesundheits-Krankheits-Beziehung 3
Gewöhnungseffekt 78
GHRH-GH-Achse 88, 92
Glukose 200
Growth hormone – GH 87

H

Hämokonzentrierung 255
Häufigkeitsverteilungen 62, 202, 205, 237
Halbwertszeit 142
Hangovereffekte 308
Hautleitwert 49, 72
Hell-Dunkel-Rhythmus 95
Hell-Dunkel-Wechsel 57
Herzinsuffizienz 190
Herzrhythmusstörungen 155, 214, 225, 226, 268
Hirndurchblutung 102, 103, 112
Hirnelektrische Aktivität 112
Hirnstoffwechsel 101, 103, 112
Hochdruckentstehung 252
Homöostase 35, 208
Hormone 87, 93, 226, 243, 249
Hyperreflexie 268
Hypersomnie 27, 126, 214
Hypertonie 214, 226, 243, 245
Hyperventilation 222, 277
Hypervolämie 255
Hypnotika 124
Hypoglykämie im Gehirn 197
Hypopnoeindex 236
Hypopnoen 277
Hypothalamus-Hypophysen-Nebennierenrindenachse 87, 90, 248
Hypotonie 181, 197
Hypoventilation 190
Hypoventilationssyndrom 268
Hypoxämie 29
Hypoxie 219
Hypoxie im Gehirn 194

I

Idiopathische Insomnie 126
Imbalance neuronaler Mechanismen 106
Imidazopyridine 151
Immobilisation 97
Impedanzplethysmographie 109
Impotenz 219
Induktionsplethysmographie 277

Sachverzeichnis

Informationsverarbeitende Prozesse 293
Insomnie 3, 19, 49, 69, 123, 124, 130, 177, 196, 208, 240
Inspiration 62
Interaktionsmodell des Schlafs 107
Intervalltherapie 144, 145

J
Jahresrhythmen 64
Jet lag 240

K
Kataplexien 240
Katecholamine 199, 200, 265
Kety-Schmidt-Technik 102
Kleinkinder 265
Körpereigene Schlafsubstanz 146, 160
Kognitive Leistungen 302
Koma 296
Kombinationstherapie 145
Konditionierungen 129
Konflikte 126, 200
Kopfschmerzen 226
Kopplungsgrad 62
Kortisol 87, 200
Krampfleiden 266
Kruskal-Wallis-Test 73
Kumulation 178
Kurzschläfer 13
Kurzzeitflüge 39
Kurzzeitinsomien 140
Kurzzeittherapie 144

L
Langschläfer 13
Langzeitcompliance 144
Langzeitflüge 39, 43
Langzeitinsomnien 140
Langzeitschlafpolygraphie 69
Langzeittherapie 144
Leidensdruck 177
Leistungsfähigkeit 19, 123, 141, 177, 221, 235
Leistungstests 285, 286
Lernprozesse 114, 194
Liegezeit 4
Lokale RAS 248
Lokale Regelsysteme 244
Lokomotivführer 240
Lormetazepam 139, 306
Low-renin-Hypertension 244, 257
L-Tryptophan 19, 161
Luteinisierendes Hormon (LH) 87

M
Magnettherapie 181
Medikamentenentzug 130

Medikamentenplan 136
Medikamentöse Therapieverfahren 127, 134
Meditationsübungen 180
Melatonin 162
Merkfähigkeit 148
MESAM 279
Mikroarousals 219, 276
Miktionsbeschwerden 155
Minutenrhythmus 276
Mittagstief 286
Modellvorstellung 10, 70, 102, 193, 208
Monotonie 234
Morgentyp 60, 287
Mortalitätsrisiko 185
Motivation 180, 302
Movement Arousal 230
Müdigkeit 22, 123
Multimodales Therapiekonzept 127, 130
Multiple sleep latency test 286
Multireaktionszeittest 290
Mundtrockenheit 155
Muramylpeptide 161
Muskelrelaxation 133, 148
Muskuläre sympathische Nervenaktivität (MSA) 245, 247
Myoklonien 236, 282

N
Nachflugphase 42, 45
Nachthypertonie 244
Nachtschichtarbeit 59, 60, 240
Nächtliche Hypoxie 246
Narkolepsie 126, 235, 236
Nasale Überdruckbeatmung (nCPAP) 32, 240
Nasale Ventilationstherapie 213
Natriurese 255
Natriuretisches Peptid (ANP) 244
Naturpräparate 153, 159
nCPAP-Therapie 188, 230, 246
Neuraltherapie 181
Neuroleptika 139, 145, 153, 156
Neurose 193, 194, 197
Nichtinvasives Verfahren 110, 273
Nichtmedikamentöse Therapieverfahren 127, 131
Niere 244, 251
NREM-REM-Zyklus 87, 285
NREM-Schlaf 36, 103, 105, 283

O
Obstipation 155
Obstruktive Apnoe 29, 222, 268, 277
Obstruktives Schlafapnoesyndrom 214
Obstruktives Schnarchen 214
Ösophagusdruck 277

Oszillator 8
Over-the-road-test 303

P
Pacemaker 250
Paradoxe Intention 134
Parasomnien 126, 177
Patientenmitarbeit 131
Pauli-Test 288
Peptide 199
Perfusionsverteilung 108
Persönlichkeitsprofile 14, 24, 131
Pflanzliche Mittel 180
Pharmakodynamik 307
Pharmakokinetik 142
Pharmakosensitivität 291
Phasenkopplungen 61
Phasenverschiebung 57, 58
Physiotherapiemethoden 179
Pickwick-Syndrom 185
Plazebo 51, 69, 180, 291
Plethysmographie Messung 237
Plötzlicher Kindstod 267
Pneumotachograph 276
Polyglobulie 214, 221, 226
Polypeptide 161
Polysomnographie 16, 28, 49, 71, 128, 199
Positronenemissionstomographie (PET) 102
Präkursorsubstanzen 161
Präventivmedizin 265
Primäre alveolare Hypoventilation 214
Primäres Schnarchen 217
Prostaglandine 161
Proteinsynthese 200
Pseudohypervolämie 255
Pseudoinsomnie 127
Psychose 125
Psychodiagnostische Verfahren 14, 72, 289
Psychogene Erkrankungen 125
Psychophysiologische Insomnie 19, 126

R
Radioisotopentechniken 102
Rapid eye movements 285
Ratingskala 238
Raumfahrer 39
Readaptation 45
Reaktionssicherheit 72
Reboundphänomene 36, 142, 145, 150
Rechtsherzinsuffizienz 214
Regelkreise 244
Regenerationsprozesse 59
Regulation 3, 8, 52, 111
Regulationssystem 50, 52, 57
REM-Schlaf 21, 35, 36, 41, 43, 108, 111, 285

Renin-Angiotensin-Aldosteron-System 247ff
Respiratorische Globalinsuffizienz 221
Rezeptoren 90, 95, 97, 98
Rhythmen 8, 49, 67, 97, 243
Risikogruppen 269
Risikokinder 265
Ruhezustand 102

S
Säuglinge 265
Sanogenese 7
Sauerstoffmehrschritttherapie 181
Sauerstoffpartialdruck 194, 195, 226, 268
Sauerstofftherapie 270
Schädelgalvanisation 180
Schichtarbeit 59, 126, 240, 243
Schlaf 70, 160, 285
Schlafapnoe 126, 235, 236, 246, 252, 258, 276
Schlafapnoesyndrom 28, 225
Schlafbedürfnis 19, 123
Schlafbekleidung 178
Schlafbereitschaft 233
Schlafbezogene Atmungsstörungen 213, 225, 236, 265
Schlafdauer 20, 41, 43, 44, 178, 235, 287
Schlafdiagnostik 49, 71
Schlafeffizienz 6, 74, 147
Schlafenszeit 178
Schlafentzug 95
Schlaffragmentierung 258
Schlafhygiene 127, 132, 177, 178
Schlaflabor 3, 15, 69, 72, 265
Schlaflatenz 41, 147, 195
Schlafmedizin 241
Schlafmittel 124, 142, 177
Schlafmitteltherapie 135
Schlafmittelvergiftung 178
Schlafparameter 10, 44, 49, 74, 75, 203
Schlafphase 222
Schlafpolygraphie 39, 69, 71, 80, 228
Schlafprofil 145
Schlafprotokoll 4, 49, 72, 132
Schlafqualität 6, 41, 58, 123, 178, 240, 287
Schlafquantität 123, 240
Schlafraum 178
Schlafregulation 20
Schlafrestriktionstherapie 133
Schlafrhythmik 195
Schlafstadien 35, 103, 104, 201, 206
Schlafstellung 178
Schlafstörungen 3, 21, 49, 57, 69, 145, 177, 193, 197, 200, 219, 226
Schlafstruktur 43, 200
Schlaftrunkenheit („sleep inertia") 287

Sachverzeichnis

Schlaftypen 13
Schlafzeremoniell 178
Schlafzimmeratmosphäre 178
Schlafzyklendauer 201
Schlafzyklogramme 4
Schlaf-Streß-Beziehungen 199
Schlaf-Wach-Rhythmus 39, 49, 52, 57, 95, 126, 177, 247, 258
Schlaf-Wach-Rhythmusstörung 126
Schnarchen 214, 217, 225
Schwerelosigkeit 39
Schwitzen 155
Sehstörungen 155
Sekretionsprofile 252
Sekundäre alveolare Hypoventilation 214, 216
Selbstbeurteilungsskalen 285
Selbsteinschätzung 238
Sensomotorische Koordination 302
Sensorischer Deprivation 102
Sensorischer Stimulation 102
Serotoninerges System 95, 98, 161
Sexuelle Störungen 226
Siebentagesperiodik 79
Simulationsexperimente 241
Single-Photonemissionstomographie (SPECT) 102
Slow-wave-Schlaf 276
Spiroergometrie 223
Stadieneinteilung 200
Stadienwechsel 74, 276
Stimuluskontrolle 132
Streß 2, 28, 52, 95, 199
Streßresistenz 54
Substanz P (SP 1–11) 51, 193, 197
Substanz-P-Sequenzen 196ff, 203, 204
Subvigilanz 293
Suchtanamnese 143
Suchtentwicklung 135, 144
Suizidalität 143
Synchronisation 57, 58

T
Tachykardie 126
Tagarbeiter 59
Tagebuch 132
Tagesbefindlichkeit 140, 152
Tagesbelastungen 71
Tageshypertonie 257
Tagesmüdigkeit 221, 235, 240
Tagesschläfrigkeit 214, 226
Tagesvigilanz 285, 286
Tag-Nacht-Folge 285
Tapping test 289
Testverfahren 302
Theophyllin 222

Therapiekontrolle 265
Therapieregime 128, 144
Tiefschlaf (SWS) 35, 113, 296
Tiefschlafdefizit 235
Tiefschlafdruck 235
Tierexperimente 98, 104, 199, 245
Toleranzentwicklung 145
Tracheostoma 185
Tranquilizer 146
Transkranielle Dopplersonographie (TCD) 110
Transkutane elektrische Nervenstimulation (TENS) 181
Transmitterfreisetzung 95
Traumberichte 285

U
Übergewicht 214
Überhangeffekte 147
Übermüdung 234
Ultradiane Rhythmen 59, 92, 287
Umstecktest oder „pegboard test" 289
Unbestimmtheitsreaktion 54
Unfallrisiko 233, 236
Unfallursachen 233
Uvulopalatopharyngoplastik (UPPP) 185

V
Varianzanalyse 273
Ventilationsstörung 222
Verhaltensfragebogen (VFB) 71
Verhaltenstherapie 95, 131, 178, 287
Verkehrssicherheit 240
Videotrackingtest 290
Vigilanz 72, 225, 240, 246, 276, 292, 293, 296
Vigilanzforschung 241
Vigilanzmessung 286
Vigilanzniveau 233
Vigilanzstadien 95, 194, 285
Volumenhomöostase 219, 244, 247, 254
Vorflugphase 42

W
Wachheit 200, 233, 286, 292
Wachzeit 4
Wachzustand 103
Wahrnehmung 234
Wahrnehmungsleistungen 294, 301, 302
Weckreaktionen 113, 225
Wochenrhythmus 9, 69, 80, 83
Wohlbefinden 123, 177

Y
Yoga 180

Z

Zeitgeber 57, 243
Zeitliche Organisation des Schlafes 39, 203
Zeitreihen 10, 49
Zeitverschiebung 243
Zentrale Apnoe 221, 277
Zentrales Hypoventilationssyndrom 268
Zentrales Schlafapnoesyndrom 214, 215
Zentralnervöse Aktivierungsreaktionen 225, 235

Zerebraler Stoffwechsel 101, 103, 106
Zerebraler Blutfluß 103, 106, 194, 196
Zircadiane Rhythmik 19, 20, 95, 219, 234, 254, 258
Zirkadiane Blutdruckmuster 31, 244
Zirkaseptane Rhythmen 49, 50, 64, 84
Zolpidem 139, 151
Zopiclon 139, 151
Zwerchfellschrittmacher 222

If you have any concerns about our products,
you can contact us on
ProductSafety@springernature.com

In case Publisher is established outside the EU,
the EU authorized representative is:
**Springer Nature Customer Service Center GmbH
Europaplatz 3, 69115 Heidelberg, Germany**

Printed by Libri Plureos GmbH
in Hamburg, Germany